CINCO ENIGMAS MATEMÁTICOS

JAVIER DE MOSTEYRÍN HERNÁNDEZ

CINCO ENIGMAS MATEMÁTICOS

Queridos B, R y G: gracias por lo que os
debo… perdón por mis errores y defectos.

JAVIER DE MOSTEYRÍN HERNÁNDEZ

Círculo Rojo
EDITORIAL

Primera edición: junio 2024

Depósito legal: AL 1094-2023

ISBN: 978-84-1175-745-4

Impresión y encuadernación: Editorial Círculo Rojo

© Del texto: Javier de mosteyrín hernández
© Maquetación y diseño: Equipo de Editorial Círculo Rojo

Editorial Círculo Rojo
www.editorialcirculorojo.com
info@editorialcirculorojo.com

Impreso en España — Printed in Spain

PRÓLOGO DEL AUTOR

Apreciado lector: seguramente, tras haberlo ojeado, se debata usted en la razonable duda… de si comprar un libro que parece muy prometedor por su índice y semejas, pero cuyo autor es un absoluto Nadie; a secas, sin ni siquiera el don por delante. Lo que no me perturba ni un tris, pues no constituye delito ni baldón.

Sin embargo, por una vez me permitiré cierto atisbo de autobombo. No lo dude… adquiéralo (pese al palmario óbice de la insignificancia del autor, admitida… y tolerada aunque no sea más que por la elemental razón de que todo humano empezó siendo nadie) y léalo sin prejuicios; ignorando las rígidas convicciones heredadas sobre las materias que en estos temas se abordan… con el entusiasmo y aplicación con que se afanan los buenos aficionados a toda disciplina del saber. Lejos, pues, de la lectura rutinaria entre bostezos de funcionario hastiado de su oficio con que suelen leer importante mayoría de profesionales de cualquier actividad intelectual.

A medida que vaya apurando los argumentos que justifican y respaldan cada uno de los ensayos del libro; sus naturales dudas iniciales se irán trocando en sorpresa, asombro, grata satisfacción… para culminar al final del esfuerzo realizado, con la convicción cabal y duradera de que ha efectuado una excelente inversión de tiempo y dinero.

Así pues, sin titubeos, no renuncie al privilegio y al orgullo de ser uno de los pocos desprejuiciados que tuvo la audacia de atreverse a leer (y por qué no… intentar refutar) unos ensayos que tantos y tantos despreciaron sin argumento razonable… excepto la convicción adquirida de oficio de que ya lo saben todo sobre los problemas que en el libro se debaten; luego del ojeado previo que inauguró este prólogo. Le encarece el libro, le augura gozoso desenlace de la aventura y le ruega con fervor que le ayude a divulgar su contenido…

el autor.

$$A^N + B^N = C^N$$

¡POLIEUREKA!

I .- INTRODUCCIÓN

El jurista Pedro de Fermat (1601-1665) como lo llama mi vieja enciclopedia de tiempos de mi abuela, forma que bien sé que ya no se estila; pero como yo tampoco me estilo y soy por completo impermeable a la nueva costumbre de dejar los nombres y topónimos en el idioma de origen (que es el cuento de nunca acabar, porque nos forzaría a saber todos los idiomas de la Tierra… y lo que es peor, a postergar el propio en favor del ajeno) me atengo a la antigua usanza que es la que me place.

Decía que Fermat… ha pasado a la historia más bien como matemático que por su aportación al derecho… y sobre todo se lo suele recordar por un famoso secreto que se llevó a la tumba, que ha traído de cabeza a los científicos durante 300 años.

Rara vez publicaba sus descubrimientos, probablemente por no darle importancia; pero en su biblioteca se halló un libro con una nota al margen que decía, más o menos, lo siguiente:

'Sé una demostración maravillosa, pero no cabe en el margen de este libro, de que la ecuación

$$A^N + B^N = C^N$$

tiene infinitas soluciones con números enteros positivos para N=2… y para N>2, carece de ellas.'

Hasta ahí la nota de Fermat… que divulgó su hijo Samuel. La enigmática solución no se averiguaba, al punto que se llegó a establecer un premio para el matemático que la hallase. Por fin, en 1994, se descubrió una solución que según mis otras enciclopedias (una general y otra de grandes científicos que ya sí, ponen Pierre Fermat) es 'compleja' (tal relata la una) y 'ocupa doscientas páginas' (cual reza la otra).

Yo no la he visto, aunque sabía de su existencia… y también sabía que en principio se encontró en los cálculos un error que el autor subsanó. Lo cierto es que siempre he pensado que doscientas páginas es demasiada extensión, como para que Fermat dijera que no cabía en el margen de un libro, sino que se habría expresado de otro modo; por lo cual sospecho que no es la solución de Fermat a su último teorema.

Así que un día me remangué… y decidí meterme (en camisa de once varas) a darle vueltas al citado teorema, en busca de otra solución más sencilla (según dicen, la hallada se basa en matemáticas que ni existían en la época de Fermat, ni dominan los licenciados en exactas de hoy; sino en modernos recursos de posgrado sólo accesibles a especialistas) que hipotéticamente se aproxime a la que describió Fermat en el margen de su libro.

Aclaremos antes de concluir esta introducción, que en principio los ensayos primero y postrero de este libro nacieron con aspiraciones de servir de tesis doctoral de filosofía. Pero debido a que pese a tenaz búsqueda por diversas universidades y facultades, fueme imposible hallar doctor que me tutorase; opté … siguiendo el sabio consejo de uno de mis hijos, por abandonar el doctorado sin culminarlo… y dedicarme a escribir como me gusta y acerca de las cosas que me entusiasman, en lugar de intentar complacer, vanamente, pretensiones ajenas, tanto en el fondo como en la forma.

II .- ESTUDIO CON EXPONENTE N=2

Expongo a continuación amplio resumen de mis hallazgos relativos a la citada ecuación. Si son o no demostración del teorema de Fermat (en lo sucesivo omitiré la palabra último, pues aunque sé que Fermat estableció otros teoremas no cabe duda del aludido) decídanlo matemáticos sabios; el autor es aspirante a filósofo o sea, amante de todo saber… razón por la que el libro está redactado pensando en 'matemáticos' como yo.

En mis trabajos partí de la idea de que tal ecuación no admite más que una solución PRIMIGENIA para N=2… y el resto de las infinitas soluciones no son sino semejantes o variantes, derivadas todas de esa única primitiva; ya que los números se caracterizan básicamente por el incremento cuantitativo, siendo secundarios otros aspectos: primos, irracionales, etc. Digamos que varía la escala de los hechos, pero el fenómeno que los números expresan queda inalterado.

La solución única de la que, a mi juicio, derivan todas las demás, es la sabida **A=3, B=4 y C=5, que llamaremos básica o primigenia**. Todas las restantes tendrán que ser deducibles a partir de ésa.

Recuérdese al respecto que como salta a la vista, nuestro problema reposa sobre claro trasfondo geométrico; siendo así más comprensible lo afirmado de que lo esencial en él son los hechos y no tanto la escala, microscópica o gigantesca, a la que se produzcan los hechos. Resaltada esa idea crucial, estamos en condiciones de avanzar en nuestro objetivo.

Como son tres variables, habrá que demostrar que cada una de ellas sigue una ley repetitiva y exacta, que haga honor a ese carácter de rigurosa variación cuantitativa de los números, cuyas leyes no admiten ni la menor irregularidad; pues no cabe

en las matemáticas la intromisión de elementos perturbadores…
al ser ciencia purísima e impermeable a la intrusión de hados
que induzcan alteraciones. Por tanto, a la vista de la solución
básica (A=3, B=4, C=5) dividiremos el problema en tres etapas:

- Primera. Nos revelará la variación del parámetro
A. Esta regla o ley la llamaremos REGLA DE DIFERENCIA DE
CONSECUTIVOS, ya que A^2 resulta de C^2-B^2 que son cuadrados
sucesivos. La denominaremos también Regla de Impares. Más
adelante se verá el porqué de este nombre.

- Segunda. Nos permitirá desvelar el misterio que
rige la variación del parámetro B; el cual oculta varias
leyes que denominaremos REGLAS DE EQUIDISTANCIA o Reglas
de Múltiplos de Cuatro. El porqué de ambos nombres se
desvelará en su momento.

- Tercera. Nos afanaremos en comprender el mecanismo
que rige los valores de la variable C. A esta regla o ley
la denominaremos REGLA DE SUMA DE CONSECUTIVOS, ya que el
valor C^2 resulta de A^2+B^2, que así mismo son dos números
sucesivos elevados al cuadrado.

Expuesto a grandes rasgos el plan a seguir, iniciaremos
la tarea por el orden en que la hemos planteado, detallando los
razonamientos en la medida de lo posible.

A .- REGLA DE DIFERENCIA DE CONSECUTIVOS

Aquí el problema a resolver es desvelar qué otros valores
puede tomar la variable A, de modo que se mantenga la igualdad
de la ecuación con números naturales.

Pues bien, como A^2 resulta de la diferencia entre C^2-B^2 y
ambos son sucesivos, hay que estudiar cuál es la razón o ley
que rige la diferencia de cuadrados consecutivos cualesquiera.
Pronto se observan estos dos fenómenos:

- Las diferencias de cuadrados consecutivos: 4-1=3;
9-4=5; 16-9=7; 25-16=9, etc. conforman toda la serie de
impares: 3, 5, 7, 9, etc. por lo que no existirá ni un
solo impar, que no sea la diferencia de dos cuadrados
sucesivos.

- Todo número impar al cuadrado resulta ser también
impar. Claro que su contraria es así mismo cierta: todo
número par al cuadrado es también par.

La concurrencia de estas circunstancias es crucial, pues nos permite hacer la siguiente (y asombrosa) afirmación: todo número impar (excepto el uno) es solución para el parámetro A del teorema de Fermat… pues simultáneamente será raíz exacta de su propio cuadrado (como no puede ser menos) el cual cuadrado, como impar que tiene que ser, será sin más remedio diferencia de dos cuadrados consecutivos. En verdad más parece eso conjuro de chamán o bribia de trilero… que solución de un teorema; pero en realidad es de pasmosa sencillez.

Obsérvese que con esto no afirmamos que todo impar, tal que 17, tenga raíz exacta, lo cual sería grandísimo dislate. Sino que 17, tras elevarlo al cuadrado, es también impar (en este caso 289) y como la diferencia entre cuadrados sucesivos crece pareja con los números impares, todo será cuestión de remontarnos en la serie de cuadrados, hasta toparnos con dos sucesivos cuya diferencia sea 289. Por tanto 289 no sólo será la diferencia de dos cuadrados (consecutivos) sino que además tendrá raíz exacta (17, claro) por lo cual 17, será solución para el parámetro A del teorema de Fermat. Este razonamiento es extensivo a todos los números impares, excepto el uno.

Dado un número impar cualquiera, tal que A, expresaremos matemáticamente lo dicho, del modo siguiente:

A= 2ñ+1 (para todo ñ natural> 0, A será impar>1).

Elevemos este número A (impar) al cuadrado:

$$(2ñ+1)^2 = 4ñ^2+4ñ+1=Q$$

Hemos llamado provisionalmente Q, al cuadrado de A. Q será irremediablemente impar, por ser cuadrado de otro impar y por ser él mismo (Q) impar, será a su vez la diferencia de dos cuadrados… que no sabemos cuáles son, pero sí sabemos que han de ser sucesivos. Por consiguiente, despejemos en la ecuación de Fermat la variable A:

$$A^2 = C^2-B^2$$

Sustituiremos A^2 por su valor: Q… y anotaremos B y C como sucesivos (B=C-1).

Q= $C^2 -(C-1)^2$ (1)   Q= C^2-C^2+2C-1 así que: **Q=2C-1**

C y (C-1) son dos números sucesivos cualesquiera… y (C-1)= B. Cambiemos Q por su valor: $4ñ^2+4ñ+1$… y tendremos:

$4ñ^2+4ñ+1=2C-1$, que a su vez equivale a:

$2ñ^2+2ñ+1=C$ (recuérdese: A=2ñ+1 y B=C-1 o B+1=C)

Y he ahí diseñada la 'máquina de fabricar' valores de A, emparejados con otros de C y B que satisfacen la ecuación de Fermat (para N=2). Se trata de ecuaciones diofánticas con infinitas soluciones, una por cada valor de ñ. Veámoslo:

Ejemplo I: **Para ñ=1**   **A= 2ñ+1=** 2x1+1= **3**   así que
C= 2x1+2x1+1= **5**   **B= C-1=** 5-1= **4**

Ejemplo II: **Para ñ=2**   **A= 2ñ+1=** 2x2+1= **5**   de modo que
C= 2x4+2x2+1= **13**   **B=** 13-1= **12**

Ejemplo III: **Para ñ=3**   **A= 2ñ+1=** 2x3+1= **7**   por ende
C= 2x9+2x3+1= **25**   **B=** 25-1= **24**

Ejemplo IV: **Para ñ=17**   **A=** 2x17+1= **35**   resultando
C= 2x289+2x17+1= **613**   **B=** 613-1= **612**

La solución **3**, **4**, **5**, se resuelve de memoria… y aquéllos que duden… harán bien en comprobar que **5**, 12, 13; **7**, 24, 25… y en general todo número impar igual o mayor que 3, ha de estar emparejado con dos números consecutivos que cumplen la ecuación de Fermat (para N=2).

Podemos, pues, elevar nuestras conclusiones a definitivas y afirmar nuestro primer teorema, que se enuncia así:

Todo número impar excepto el uno, es solución del teorema de Fermat (con exponente 2) para el parámetro A; pues resulta ser raíz cuadrada de la diferencia de dos cuadrados perfectos consecutivos, cuyas raíces serán los valores que tomen los parámetros C y B.

Puesto que la cantidad de números impares es infinita; es evidente que el teorema de Fermat admite infinitas soluciones enteras positivas para su parámetro A (con los B y C que ello implique). Ahora es palpable por qué a esta primera ley la llamamos regla de números impares. No requiere [1] explicación.

Ocioso es comentar que de cada una de las soluciones anteriores, se derivan a su vez una infinidad, pues bastará multiplicar cada una de ellas por ñ (natural>1) para obtener otras soluciones que llamo **derivadas secundarias,** que parece

---

1 Cuando A, B y C se atienen a esta regla, se dará la circunstancia de que $A^2 =C+B$ (ejemplo: 49=24+25). La razón es sencilla, $A^2=C^2-B^2$, equivaldrá a: $A^2=(C+B)(C-B)$ y como siempre ocurrirá que C-B=1, pues C y B serán forzosamente consecutivos, llegamos al dicho: $A^2 =C+B$, puesto que multiplicar por C-B =1 nunca alterará la expresión. De $A^2 =C+B$, al ser C y B consecutivos, surge: $A^2 =C+(C-1)$ y por fin $C =(A^2+1)/2$. Estos razonamientos proporcionan otro camino, bonito y fácil: A=2ñ+1; $B=(A^2-1)/2$ y C=B+1… o bien, $C=(A^2+1)/2$ (para todo valor de ñ natural igual o mayor que 1). Ejemplo: para ñ=5, A=2x5+1=11, B=(121-1)/2=60, C=60+1=61, o bien C=(121+1)/2=61.

que no cumplen esta regla de diferencia de consecutivos, aunque no es sino apariencia, como veremos.

Las siguientes ternas 10, 24, 26; 15, 36, 39; etc. o bien 14, 48, 50; 21, 72, 75 etc. son valores aparentemente anómalos, pues solucionan el teorema de Fermat (con exponente 2) pero se diría de ellas que no se atienen a la regla de diferencia de consecutivos. Sin embargo, bastará multiplicar por ñ (para todo ñ natural>1) las ternas 5, 12, 13 (primeras dos) y 7, 24, 25 (segundas dos) para obtenerlas por proceso puramente mecánico. Por esta razón las calificamos de **derivadas secundarias**, pues se obtienen a partir de derivadas primarias (que sí cumplen la regla descrita de números impares) multiplicadas por ñ, por lo que resultan a modo de semejantes de las primarias.

B .- REGLA DE EQUIDISTANCIA FIJA Y VARIABLE

Estudiaremos a continuación la variación del parámetro B del citado teorema. La solución de esta segunda regla pasa por comprender la diferencia que media entre dos números cuadrados que equidisten de un tercero; los cuales han de cumplir otra condición impensada adicional y es la de que ambos serán pares o ambos impares. Observaremos que la diferencia entre ellos es igual a múltiplo de cuatro. O sea, de la forma 4ñ, dando a ñ cualquier valor natural mayor que cero.

Es decir, tomemos una relación de números sucesivos ya elevados al cuadrado (supongamos que del uno al veinte todos al cuadrado). Fijémonos en uno cualquiera de ellos, pongamos que en el 256 (que es el cuadrado de 16). La diferencia entre sus inmediatos posterior: 289 (cuadrado de 17) y anterior: 225 (cuadrado de 15) es 64; múltiplo, pues, de cuatro (adviértase que 17 y 15 son impares). A su vez, si nos alejamos de nuestro número eje (256) un lugar más en cada sentido (equidistancia) daremos con los números 324 (cuadrado de 18) y 196 (cuadrado de 14) ambos ahora son pares; la diferencia entre ellos es de 128, cifra que también resulta ser múltiplo de cuatro… y así hasta infinito.

Igual da que tomásemos por número central el 81, pues la diferencia entre sus vecinos (100-64=**36** o bien 121-49=**72** si nos alejamos más) también será múltiplo de cuatro. No proseguimos el razonamiento, pues el proceso ya ha quedado perfectamente claro.

Como por otra parte… y de nuevo esta es la ganzúa que abre todas las puertas, cualquier número múltiplo de cuatro, luego de elevarlo al cuadrado, nos vuelve a dar otro número múltiplo de cuatro… y este último número, como múltiplo de cuatro que es, necesariamente tendrá que ser la diferencia entre dos cuadrados equidistantes cualesquiera, porque esa es la ley que hemos descubierto que rige en las equidistancias… la sorprendente conclusión es la siguiente: todo múltiplo de cuatro, es solución para el parámetro B del teorema de Fermat (si N=2) que estará emparejado con otros dos valores, para los parámetros A y C, que le serán equidistantes.

Aquí de nuevo se da lo que llamamos en la anterior ley, 'conjuro o bribia'… y esto es lo difícil de digerir, pero vuelve a ser de pasmosa sencillez. Veámoslo:

Como las diferencias entre cuadrados equidistantes de un tercero son siempre múltiplos de cuatro… y la serie de números es infinita; escojamos el múltiplo de cuatro que escojamos, su cuadrado, por ser también múltiplo de cuatro, tendrá que ser necesariamente la diferencia entre dos cuadrados (cualesquiera que sean) equidistantes de B.

Curtidos por el trabalenguas con que se inició la regla anterior, las cosas no nos sorprenden tanto y se admiten con más naturalidad.

Para determinar las bases de esos números equidistantes, A y C, nos atendremos a otro curioso conjuro mágico, como es el de que si dos cuadrados equidistan de un tercero, sus bases también equidistarán… y lo que es más importante, las bases de los elementos extremos (C y A) distarán de la base central de la tríada (o sea, de B=4ñ) ¡el valor que haya tomado ñ! … en un caso sumado y en el otro restado.

Esto tampoco es fácil de asimilar,[2] mas una vez digerido, el resto es coser y cantar. Pondremos la fórmula del teorema de Fermat de este modo:

$$C^2 - A^2 = B^2$$

Para todo B (múltiplo de 4) equidistante de C y de A, la ecuación anterior se podrá transformar en esta otra:

$$C^2 - A^2 = (4ñ)^2$$

---

2 No es fácil aprehender este factor por abstracción. Quienes no lo capten pueden auxiliarse con la observación de una tabla de valores equidistantes de múltiplos de 4, encabezada por las tríadas A=3, B=4ñ=4.1=4, C=5; A=6, B=4ñ=4.2=8, C=10; etc. A la vista de esa tabla hallé un método algebraico basado en un sencillo sistema de ecuaciones: (C+A)/2=4ñ=B y (C-A)2=4ñ=B; cuyas soluciones son C=5ñ, A=3ñ y por supuesto B=4ñ; que a la postre conducen a lo expuesto. Hemos optado por el primer procedimiento porque salvada la dificultad de la apreciación nos resulta más simpático (y acaso más breve) pero ambos son válidos.

Por otra parte, puesto que C y A, equidistan de 4ñ (o sea de B, cualquiera que sea, el factor ñ) se deberá cumplir que:

C= B+ñ   y que   A= B-ñ   ¡qué bonito!

De este sencillo modo, con ecuaciones más propias de los inventos del tebeo, tenemos ya pergeñada la segunda 'máquina de fabricar' soluciones naturales para el teorema de Fermat; sin más que dar valores enteros positivos a ñ y operar. Veámoslo:

Ejemplo I: **Para ñ= 1**, tendremos **B= 4x1= 4**, por tanto
C= B+ñ= 4+1= 5 y   **A= B-ñ= 4-1= 3**

Ejemplo II: **Para ñ= 2**, resultará **B= 4x2= 8**, así que
C= B+ñ= 8+2= 10 y **A= B-ñ= 8-2= 6**

Ejemplo III: **Para ñ= 3**, obtendremos **B=4x3= 12**, de donde
C= 12+3= 15 y   **A= 12-3= 9**

Ejemplo IV: **Para ñ= 32**, se hace **B= 4x32= 128**, por tanto
C= 128+32= 160 y **A= 128-32= 96**

Además, todas ellas son deducibles de la primigenia, es decir de 3, 4, 5; pues basta con multiplicar dichos valores por ñ (para todo natural de ñ>1) y alcanzaremos las soluciones ya anotadas... más todas las demás que están sin desvelar, pero en potencia ocultas en la fórmula 3ñ, 4ñ y 5ñ. Y como ñ puede ser cualquier natural, se evidencia que el número de soluciones son de nuevo infinitas; según rezaba la nota del famoso matemático jurista.

Queda clara, en fin, la razón por la cual dimos a esta ley el nombre de Regla de los Múltiplos de Cuatro, tampoco se requieren explicaciones.

Culminemos estos párrafos, con la enunciación del teorema correspondiente en los siguientes términos:

Todo número múltiplo de 4 (tipo 4ñ, para todo ñ natural>0) constituirá solución para el parámetro B del teorema de Fermat (con exponente 2) y formará trío con otros dos valores para C y A, que equidistarán de B a la distancia +-ñ.

Pero no hemos concluido aquí las soluciones propias del parámetro B, que aún ofrece muchas más posibilidades; como veremos seguidamente con un razonamiento más general que nos descubre otras que con el método anterior han quedado ocultas.

Para establecer las bases del razonamiento que sigue, nos fijaremos en la solución primigenia del teorema: A=3, B=4, C=5. Obsérvese que B es par mayor que 2, en tanto que A y C son dos números impares consecutivos, que así mismo podrían ser pares; como se ha dejado evidenciado en los párrafos anteriores.

Por consiguiente, así como en el parámetro A estudiamos la ley que rige las diferencias entre cuadrados consecutivos; ahora analizaremos la ley que surja de restar 2 cuadrados pares o impares también consecutivos... y su relación con los pares mayores que 2, que es ahora B o sea, el parámetro diferencia. Igualmente se observan dos rasgos:

- Todo número par, tras elevarlo al cuadrado, es múltiplo de cuatro; como fácilmente podrá comprobarse.

- Las diferencias entre los cuadrados pares (o impares) consecutivos, componen toda la serie de múltiplos de 4; o sea: 9-1=**8**; 16-4=**12**; 25-9=**16**; 36-16=**20**; 49-25=**24**, 64-36=**28**, etc.

La concurrencia de estas dos felices circunstancias, nos permite hacer la siguiente afirmación: **todo par igual o mayor que 4, es solución para el parámetro B del teorema de Fermat;** ya que será forzosamente raíz de su propio cuadrado, el cual, como múltiplo de 4 que ha de ser, se obtendrá de la diferencia entre dos cuadrados (pares o impares, han de ser del mismo tipo de paridad) consecutivos.

En consecuencia con lo expuesto y deducido, anotaremos lo siguiente:

$$(C-2)^2 + B^2 = C^2 \qquad C^2-4C+4+B^2=C^2 \qquad \mathbf{B^2 = 4C-4}$$

ecuación en la que B, ha de ser par, por lo que dando a B los valores de los primeros pares a partir de B=4, surgirán las siguientes soluciones (claro que A=C-2 o C=A+2):

16=4C-4		luego: C=5, B=4, A=3
36=4C-4	C=10, B=6, A=8	así que: C=5, B=3, A=4
64=4C-4		es decir: **C=17, B=8, A=15**
100=4C-4	C=26, B=10, A=24;	o sea: C=13, B=5, A=12
144=4C-4		por ende: **C=37, B=12, A=35**
196=4C-4	C=50, B=14, A=48;	o sea: C=25, B=7, A=24
256=4C-4		esto es: **C=65, B=16, A=63**
324=4C-4	C=82, B=18, A=80;	o sea: C=41, B=9, A=40
400=4C-4		y en fin: **C=101, B=20, A=99**

Véase que ahora hemos obtenido, además de la primigenia, una derivada suya y las propias del parámetro A multiplicadas por dos; más alguna de **apariencia** nueva que son soluciones del parámetro B, propias en verdad. Se ha recalcado en apariencia nuevas, debido a que siempre B es múltiplo de B=4, por lo que C=17 y A=15 (con B=8) C=37 y A=35 (con B=12) etc. son en rigor equivalentes a: A=6, B=8, C=10; A=9, B=12, C=15, etc. ya que en todos los casos las diferencias entre parámetros extremos, coinciden con el cuadrado del respectivo B, que no es nuevo.

Ahora bien… todavía no está dicha la última palabra, pues a medida que B crece, el margen de maniobra de los parámetros extremos (A y C) se incrementa y cabe distanciarlos aún más de dos unidades… y en ocasiones, vuelven a surgir soluciones de apariencia nueva. Cabe también este otro razonamiento. Como la solución primigenia es: A=3, B=4 y C=5; es decir, de números consecutivos… y son multiplicables por ñ natural>1 (cualquiera que sea ñ) es claro que habrá soluciones del teorema de Fermat a todas las distancias imaginables: a la 2ª, a la 3ª, 4ª, 5ª, etc. hasta el infinito, pues 1.ñ es igual a ñ, cualquiera que sea su valor; donde ese 1 que anteponemos a ñ es el resultado de 5-4, valores de los parámetros C y B (o bien C y A, ya que los valores de A y B son permutables).

En consecuencia con lo razonado, la ecuación que antes hemos usado para A y C pares o impares consecutivos, es dable generalizarla a otra (que tiene la virtud de desvelar todas las soluciones sin excepción hasta infinito) con este [3] formato:

$$(C-ñ)^2 + B^2 = C^2 \qquad C^2-2ñC+ñ^2+B^2 = C^2 \qquad B^2 = 2ñC-ñ^2$$

Ecuación en la que ñ admite todos los naturales posibles, y en la que **A=C-ñ, cualquiera que sea ñ**. La sustitución se ha realizado en el parámetro A, pues según se ha dicho, A y B son permutables (cabría, pues, usar sin menoscabo la alternativa, es decir: **$A^2 + (C-ñ)^2 = C^2$, con B=C-ñ**). Como se resaltará más adelante, los resultados son idénticos con ambas ecuaciones.

Véase acto seguido el manejo de esta polivalente ecuación (que desvela todas las soluciones de los parámetros A y B) en algunos casos particulares que muestran ser más interesantes; empezando con ñ=1.

a) **$2C-1 = B^2$**   **$C= (B^2+1)/2$**   **$A = C-1$**

Dando valores a B (3, 5, 7, etc. ha de ser impar para que tras sumar 1 sea divisible por 2, que es el coeficiente de C) obtendremos soluciones naturales para C… y restando ñ a C, los valores de A. Con esta fórmula surgen las soluciones que hemos

---

3 Con este 'abrelatas' general de eficacia admirable, dimos días después, acuciados por la necesidad.

denominado de diferencia de consecutivos: 4, 3, 5; 12, 5, 13; 24, 7, 25, etc.

En este caso y algunos otros, los valores de A y B están intercambiados respecto a lo hasta ahora visto, pero tal cosa es indiferente en el problema. Sea ahora ñ=2:

b) **$4C-4 = B^2$**   **$C= (B^2+4)/4$**   **$A = C-2$**

Dando ahora a B valores (4, 6, 8, etc. o sea, pares, cuyo cuadrado será múltiplo de 4 y lo seguirá siendo tras sumarle el término independiente, por lo cual serán todos divisibles por el 4 del coeficiente de C) obtendremos los tercetos: 3, 4, 5; 8, 6, 10; 15, 8, 17; etc. que ya conocemos.

Ahora como se ve, A y B no están mutadas y se capta que son las de diferencia de pares o impares sucesivos; que puesto que cumplen C-A=2, denominaremos también a la 2ª. Sea ñ=3:

c) **$6C-9 = B^2$**   **$C= (B^2+9)/6$**   **$A = C-3$**

Ahora surgen los tríos mutados: 12, 9, 15; 36, 15, 39; 72, 21, 75, etc. todos a la 3ª y divisibles por 3. Sea ñ=8:

d) **$16C-64 = B^2$**   **$C= (B^2+64)/16$**   **$A = C-8$**

En este caso surgen muchas soluciones, que denominaremos a la 8ª (por ser C-A = 8) unas ya sabidas (claro que con la básica a la cabeza de ellas, el signo negativo de A no afecta al resultado) y otras con apariencia de novedad:

A=-3	B=4	C=5	**A= 5**	**B= 12**	**C= 13**
A=12	B=16	C=20	**A= 21**	**B= 20**	**C= 29**
A=32	B=24	C=40	**A= 45**	**B= 28**	**C= 53**
A=60	B=32	C=68	**A= 77**	**B= 36**	**C= 85**
A=96	B=40	C=104	**A= 117**	**B= 44**	**C= 125**
A=140	B=48	C=148	**A= 165**	**B= 52**	**C= 173**

Repárese en que las tríadas constituidas por tres pares, son divisibles por 2, por 4 y en ocasiones por 8… y truecan en otras que ya son conocidas; incluida la básica: 3, 4, 5; lo que avala que se trata de un problema a escala. Sea ñ=32:

e) **$64C-1024 = B^2$**   **$C=(B^2+1024)/64$**   **$A = C-32$**

Con esta nueva forma de la ecuación, en los primeros valores que se den a la variable B, aparecen las soluciones siguientes (todas ellas a la 32ª):

A=	-7	B=	24	C=	25		A=	9	B=	40	C=	41
A=	20	B=	48	C=	52		A=	33	B=	56	C=	65
A=	48	B=	64	C=	80		A=	65	B=	72	C=	97
A=	84	B=	80	C=	116		A=	105	B=	88	C=	137

De nuevo las soluciones de tres pares son simplificables y se resuelven en otras ya sabidas… entre ellas la básica.

No continuamos el proceso porque consideramos que todo ya ha quedado claro. Se han preferido los valores de ñ=8 y ñ=32 (potencias impares de dos) ya que con ellos surgen soluciones que tienen apariencia de novedad; no obstante el valor que toma el parámetro B manifiesta el parentesco con sus compañeras. Se trata de otras opciones, surgidas por consecuencia de ampliar la distancia entre los parámetros A y C. Se ha insistido en este tema, ya que a la vista de los resultados es patente algo muy importante: TODAS LAS SOLUCIONES DERIVAN DE LA BÁSICA (3, 4, 5) puesto que con frecuencia muchas de ellas se repiten o son múltiplos de otras conocidas, incluida la primigenia.

Puesto que la ecuación: **$2ñC - ñ^2 = B^2$**, ha revelado ser la **llave maestra** que nos ha dado acceso a absolutamente todas las soluciones del teorema de Fermat para N=2, que se alcanzan por la expeditiva vía de incrementar ñ y dar los valores adecuados a la variable B; se confirma que la hipótesis de trabajo (sólo existe una solución original del teorema de Fermat, siendo el resto variantes y semejantes de la básica o primigenia) es correcta. En suma, se ratifica la hipótesis de trabajo que como tal nunca estará roborada suficientemente; pues es el sino de toda hipótesis de trabajo tener que dar pruebas de su solvencia hasta el infinito.

Podría entenderse que el resto de teoremas y pasos dados son superfluos, pero debido a que nos permiten comprender las soluciones y además (y especialmente) han facilitado el acceso a la ecuación general (al hacer patente que hay soluciones a todas las distancias, o sea, todo valor de ñ) creemos preciso mantener el texto.

C .- REGLA DE SUMA DE CONSECUTIVOS

Esta nueva regla, en la que estudiaremos las variaciones del parámetro C, es, con diferencia, la más compleja de todas; ya que se atiene a una cadencia bastante oculta por razones que saltan a la vista. Comencemos estableciendo que la suma de dos cuadrados consecutivos (sean A y A+1 al cuadrado) será cuadrado perfecto (C^2) si cumple la siguiente ecuación:

$$A^2 + (A+1)^2 = C^2 \qquad \text{claro que B=A+1}$$

$$A^2+A^2+2A+1 = C^2 \qquad \mathbf{2A^2+2A+(1-C^2)= 0}$$

La anterior ecuación (diofántica de segundo grado) dará soluciones enteras, cuando el contenido del radical (o sea el discriminante): $\sqrt{4-8(1-C^2)} = \sqrt{8C^2-4}$ sea cuadrado perfecto.

Una solución entera de tal radical ya se sabía de partida (es C=5) por lo que al aplicar ese valor en la variable C, se obtuvo del radical el resultado exacto de 14. Por tanto:

$$A= (-2+- \sqrt{200-4})/4= (-2+-14)/4 = \mathbf{+3 \ y \ -4}$$

dichas soluciones eran, precisamente, las que esperábamos que completasen la terna básica, por lo que las aplicamos a esos parámetros: A=+3 y B=A+1=4. Es obvio que el signo negativo se puede ignorar.

La segunda solución entera del radical surgió con C=29; que a su vez desvelaba los resultados para las otras variables, que fueron A=20 y B=A+1=21 (igualmente se desdeña el signo).

$$A= (-2+- \sqrt{6728-4})/4= (-2+-82)/4 = \mathbf{+20 \ y \ -21}$$

Pero dos tríos de soluciones no bastaron para dar con la oculta cadencia que sigue la variación del parámetro C; así que hubo que buscar una tercera terna, que costó hallarla buen rato de tanteos. Por fin apareció con C=169, que a su vez permitió saber los otros dos valores de la tríada: A=119 y B=A+1=120 y con ellos se desentrañó la cadencia de suma de consecutivos.

A fin de captar el mecanismo que rige la variación del parámetro C, expongamos la tabla de valores que ya sabemos:

A= 3	B= 4	C= 5
A'= 20	B'= 21	C'= 29
A''= 119	B''= 120	C''= 169

La ley consiste en que cada nuevo elemento A' se obtiene a partir del trío anterior, aplicando la siguiente fórmula que se obtuvo tras laboriosa búsqueda:

$$A' = 2(A+C)+B \quad y \quad B'=A'+1; \qquad \mathbf{o \ bien \ B'=2(B+C)+A}$$

Veamos algún ejemplo:

24

```
I)   A'= 2(3+5)+4= 20            B'= 20+1= 21
II)  A''= 2(20+29)+21= 119       B''=119+1= 120
III) A'''= 2(119+169)+120= 696   B'''=696+1= 697
```

Por lo que se refiere a los sucesivos parámetros C', C'', etc. podemos calcularlos por diversos métodos. En principio por el evidente procedimiento de partir de A' y B', que ya se sabe bien cómo calcularlos... y aplicando a dichos nuevos valores la propia ecuación del teorema de Fermat. Es decir: $A^2+B^2 = C^2$. Nos abstenemos de poner ejemplos por no ofrecer dudas.

Por otra parte, utilizando una fórmula bastante parecida a la enunciada un par de párrafos más atrás (para obtener A' y B') también deducida por observación, que es la siguiente:

$$C'= 2(A+B+C)+C$$

Veámoslo con un par de ejemplos:

```
I)   C'= 2(3+4+5)+5= 6+8+10+5= 29
II)  C''= 2(20+21+29)+29= 169
```

Por último (y éste es el método que preferimos) usando la siguiente fórmula, igualmente obtenida por observación:

$$C'= 6C-C^*$$

ecuación en la que C es el valor inmediatamente anterior a C', y C* es el anterior del anterior; que en el caso primero hay que suponer un elemento inicial anterior a 5, que es C*=1. Lo veremos, igualmente, con algún ejemplo ilustrativo:

```
I)   C'= 6x5-1= 29
II)  C''= 6C'-C= 6x29-5= 169
III) C'''= 6C''-C'= 6x169-29= 985
```

Este último elemento calculado hace tríada con los otros dos: A'''= 696 y B'''= 697, descubiertos con anterioridad por el otro procedimiento. No proseguimos porque consideramos que ya ha quedado claro el mecanismo a seguir y muy especialmente, que también en este caso no sólo existen, como era de esperar, infinitas soluciones naturales del teorema; sino además la otra circunstancia requerida, a saber: que todas estas soluciones derivan de la forma básica (A=3, B=4, C=5) cosa necesaria para nuestros planes expuestos al inicio. Compruébese al respecto, cómo la solución: 20, 21, 29 ya surgió con la fórmula que hemos llamado llave maestra (con ñ=8 y ñ=32) expuesta algunas páginas atrás; aunque con A y B permutados y además acrecida de tamaño en la segunda: 84, 80, 116.

Sea como fuere, averiguado un nuevo C', por cualquiera de estos dos últimos métodos descritos, es posible calcular los otros dos parámetros (A' y B') por medio de ecuación de segundo grado; ya que el cuadrado del nuevo valor de C' podrá igualarse con la suma de dos cuadrados consecutivos. Es decir:

$$985^2 = A'^2+(A'+1)^2 \qquad 970225 = A'^2+A'^2+2A'+1 \qquad \mathbf{A'^2+A'-485112= 0}$$

$$A'= (-1+- \sqrt{1+1940448})/2= (-1+-1393)/2= \mathbf{696} \text{ y } \mathbf{-697}$$

o sea, los resultados que ya sabíamos; el segundo de los cuales lo aplicaremos a B', ignorando el signo negativo, como se ha comentado ya.

Dijimos más arriba que este método era nuestro preferido, ya que así se evidencia que todo nuevo C', procede de otro C anterior… y que del nuevo valor C', se deducen los otros dos parámetros A' y B', por procedimiento seguro y mecánico.

Concluyamos esta tercera sección de nuestra tarea, definiendo el teorema correspondiente a esta regla:

Todo parámetro C', obtenido de multiplicar por 6 el anterior valor de C, menos el valor trasanterior (C*) de ese mismo parámetro, formará terna con dos valores de A' y B' consecutivos que constituirán soluciones naturales del teorema de Fermat (para el exponente 2).

También de estas soluciones surgen derivadas secundarias. Basta multiplicar por ñ, para todo ñ natural>1 la terna 20, 21, 29, para obtener infinidad: 40, 42, 58; 80, 84, 116, etc.

Vistas ya las tres leyes que rigen el crecimiento de cada uno de los parámetros, hemos concluido esta fase del problema. A la par, queda corroborada la hipótesis de trabajo de la que partimos; al evidenciar que las tres leyes descubiertas, están subsumidas en la ecuación general (denominada llave maestra) que faculta para acceder a todas la soluciones, sin la menor excepción… sea cual sea el parámetro rector del crecimiento.

Consecuencia de lo expresado en el párrafo anterior, es que con sucesivos exponentes: N>2, si existe solución básica, existirán así mismo infinitas; por el contrario, si logramos demostrar la imposibilidad de que exista solución primigenia; quedará también corroborado que no existirá ninguna otra.

III .- CONCLUSIONES INTERMEDIAS

Hemos terminado las fases preparatorias y creemos que han quedado demostradas las tesis que sosteníamos, a saber:

- No existe más que una solución primigenia o básica del teorema de Fermat: A=3, B=4, C=5 que goza la particularidad de aunar en sí, todas las características que rigen el resto de soluciones, que se elevan a infinito en cada uno de sus tres parámetros.

Esas características son las siguientes:

- Regla de diferencia de consecutivos o de los impares.
- Regla de equidistancia variable o de múltiplos de 4.
- Regla de suma de consecutivos.
- Regla de diferencia de pares o impares consecutivos.
- Regla de extremos variables: 3ª, 4ª, 5ª… 8ª, etc.

- Cualquier solución correcta del teorema ha de cumplir, al menos, una de esas características o reglas que se han establecido mediante teoremas… o pertenecerán a las que se han llamado derivadas secundarias; que surgen de multiplicar por ñ>1 cualquiera de las primarias, que sólo en apariencia no cumplen los citados teoremas.

Profundizaremos en estas reflexiones, detallando cuanto sea posible las características que habrán de reunir dichas soluciones del teorema, todas las cuales ya sabemos que derivan de la que hemos denominado primigenia; pero que responderán a patrones distintos, según se rijan por la impronta de uno u otro de los tres parámetros y las leyes que los regulan. Así las identificaremos a primera vista… y las clasificaremos en un grupo u otro.

IMPRONTA DEL PARÁMETRO A: las soluciones regidas según la ley de este parámetro se caracterizarán por lo siguiente:

- A será número impar. Como A=3 en la básica.

- B y C serán dos números consecutivos (como en la básica: B=4 y C=5). Cuanto mayor sea A, tanto mayores tendrán que ser B y C; es decir, B y C tienden a alejarse del valor de A por razones obvias.

- Siempre resultará que A^2= B+C (como en la básica: 9=4+5) por razones ya explicadas en una nota.

Ejemplos: A=7, B=24, C=25; A=13, B=84, C=85

IMPRONTA DEL PARÁMETRO B: las soluciones regidas según la ley de este parámetro se caracterizarán por lo siguiente:

- El valor de B será múltiplo de cuatro. Así que responderá a la fórmula B=4ñ, como B=4x1 en la básica.

- Los valores de los parámetros A y C equidistarán de B, la distancia indicada por el valor que haya tomado ñ. Como en la básica: A=4-1=3 y C=4+1=5.

- El valor de B será la media aritmética de A y C, o sea, sucederá: B=(A+C)/2; como en la básica: (3+5)/2=4.

Ejemplos: A=9, B=12, C=15; A=24, B=32, C=40

IMPRONTA DEL PARÁMETRO C: las soluciones regidas según la ley de este parámetro se caracterizarán por lo siguiente:

- A y B serán dos números consecutivos. Como en la básica: A=3, B=4.

- C será número impar. Al igual que en la básica: C=5. Cuanto mayores sean A y B, tanto más se alejará de ellos el valor que tome C.

Ejemplos: A=20, B=21, C=29; A=4059, B=4060, C=5741

Acaso alguien se pregunte por qué se sabe con certeza, en este caso, que C será impar. La razón es muy sencilla, primero porque lo es en la primigenia, pero existe otra poderosa razón. Puesto que A y B tienen que ser números consecutivos (uno impar y otro par, pues) y bien sabemos el axioma de que el cuadrado de par es par y el cuadrado de impar es impar; la suma de ambos cuadrados será forzosamente impar... y ya se evidencia que [4] su raíz cuadrada tendrá que ser también impar.

IMPRONTA DE SOLUCIONES DE EQUIDISTANCIA FIJA: las soluciones regidas por estas leyes se identificarán por lo siguiente:

IMPARES CONSECUTIVOS:

- B será múltiplo de cuatro, por tanto tendrá la forma B= 4ñ, como B= 4x1, en la básica.

- A y C serán dos números impares consecutivos, como A=3 y C=5, en la básica.

- Los valores de A y C guardarán siempre la relación detectada en la básica, es decir, $4ñ^2+-1$.

Ejemplos: A=15, B=8, C=17; A=63, B=16, C=65

EXTREMOS A LA OCTAVA:

- B será siempre múltiplo de 4 por un impar, al igual que B=4x1, en la básica.

- Los valores extremos, A y C, distarán siempre entre sí ocho unidades, como A=-3, C=5, en su básica.

Ejemplos: A=45, B=28, C=53; A=165, B=52, C=173

EXTREMOS A LA TRIGÉSIMO SEGUNDA:

-·B siempre será múltiplo de 8 por un impar, como en la básica, que en este único caso es -15, 8, 17, derivado primario con valor negativo [5] de A.

- Los valores extremos, A y C, distarán entre sí treinta y dos unidades, como A=-15, C=17, en su básica.

Ejemplos: A=105, B=88, C=137; A=209, B=120, C=241

---

4 Las ternas de este parámetro mantienen la relación numérica siguiente: C menos el valor del parámetro par (sea B o A) será cuadrado perfecto... y su raíz, será divisor exacto del otro parámetro impar (sea A o B). A su vez, el cociente de esta división, nos dará el número que elevado al cuadrado habrá que sumar al valor par (A o B) del siguiente trío para obtener el nuevo C. Se encadenan ejemplos: 5-4=1, 3:1=3 y 3.3=9, 9+20=29; 29-20=9, 21:3=7 y 7.7=49, 49+120=169; 169-120=49, 119:7=17 y 17.17=289, 289+696=985; 985-696=289, 697:17=41 y 41.41=1681, 1681+4060=5741, 4059:41=99, etc. Dada la complejidad que rige este parámetro, no hemos logrado averiguar el porqué de esta sutil relación captada por observación.
5 Tal detalle no empece un tris la hipótesis de trabajo, las matemáticas se limitan a informar que A y C sólo pueden distar 32 unidades desde la terna citada, no con tríos menores.

IMPRONTA DE LOS DERIVADOS SECUNDARIOS O SEMEJANTES: cuando una tríada de valores resuelva el teorema de Fermat y no se atenga a ninguna de las reglas anteriores; entonces se tratará de un caso de los llamados derivados secundarios o semejantes.

- En estas soluciones ocurrirá que A, B y C no serán primos entre sí; por tanto calcularemos el máximo divisor común de A, B y C... y se dividirán los valores de dichos parámetros, por el divisor común hallado.

- Hecha tal cosa, habremos transformado el caso en uno cualquiera de los modelos primarios: suma o resta de consecutivos, a la octava, a la ñª, la básica, etc.

Ejemplos: A=154, B=840, C=854; A=833, B=840, C=1183

En el primero de estos dos ejemplos, tras dividir por 14 los valores dados, obtendremos la terna A=11, B=60 y C=61, que ya nos es familiar, en soluciones que llamamos de diferencia de consecutivos. La terna del ejemplo surgió buscando soluciones de extremos a la décimocuarta (mediante la ecuación denominada llave maestra: $28C-196=A^2$).

Por lo que se refiere al segundo de estos dos ejemplos, el máximo común divisor es 7. Tras dividir por siete A, B y C, obtendremos: A=119, B=120 y C=169, solución con la impronta del parámetro C (A y B consecutivos) que ya conocemos.

Es probable que alguien se pregunte cómo estamos seguros de que A, B y C no serán primos entre sí... la razón es que un derivado secundario, surge al multiplicar por un número (ñ) natural, una cualquiera de las soluciones primarias. Por tanto habrá que reducirlos a sus valores primitivos, dividiéndolos por el factor que antes los multiplicó. (Ampliaremos esta respuesta más adelante, para hacerla más completa).

Determinadas las características propias de los valores que puede tomar cada parámetro, recapitularemos con la pasmosa afirmación siguiente: todos los números habidos y por haber, con las excepciones del 1 y el 2, son soluciones del teorema de Fermat, bien para el parámetro A o bien para el B. Es fácil y elocuente la demostración. En el punto A (de II) se demostró que todos los impares menos el 1 son solución para el parámetro A; a su vez, en el punto B (también de II) se ha demostrado que todos los pares, excepto el 2, son solución para el parámetro B; luego la conclusión es obvia.

Cabe también el razonamiento siguiente, que acaso se adapta mejor a las características de las soluciones.

Por una parte, como hemos demostrado, todos los números impares (salvo el 1) son válidos para el parámetro A. Restan ya, pues, sólo los pares sin asignar.

Por otra parte, los números pares podemos clasificarlos en dos castas o familias:

- Los que llamaremos **pares puros**, pues derivan de multiplicar otro par por 2, serán por tanto múltiplos de cuatro: 4, 8, 12, 16, etc. Todos estos números ya se ha demostrado que son soluciones para el parámetro B.

- Los que llamaremos **pares mixtos,** pues son los que derivan de multiplicar un impar por dos: 6, 10, 14, etc. Estos otros pares son soluciones derivadas secundarias del parámetro A; pues surgen por el sencillo método de multiplicar por 2 cualquier impar igual o mayor que tres.

Ejemplo: la solución **14**, 48, 50, derivada de multiplicar por 2 el trío **7**, 24, 25; toma el valor 14 para el parámetro A.

¡Y ya no quedan números libres hasta el infinito! Pues obsérvese, se da la feliz circunstancia de que los pares mixtos alternan con los puros y entre ambos, los copan todos.

A mayor abundamiento, todo sucede sin tener en cuenta los valores que tomarían las otras dos variables, ni las soluciones de diferencia de impares consecutivos, etc. o valores propios del parámetro C, que dicho sea de paso, no conllevan novedades. Digamos que C se vale de material de segunda mano o reciclado, lo cual no significa que sus soluciones carezcan de rasgos peculiares que las identifiquen; sólo que no pueden utilizar sino material usado, pues los otros dos parámetros ya habían acaparado todos los números existentes (salvo el 1 y 2, que como hemos dicho permanecen ajenos a estas disquisiciones, pues el problema no les afecta).

Expresada la idea anterior de otro modo. Los parámetros A y C tienen sus leyes propias… y sus soluciones específicas son perfectamente identificables; lo cual a su vez no obsta para que la ecuación que hemos denominado LLAVE MAESTRA, es decir: $(C-ñ)^2+B^2=C^2$ (con su auxiliar: $A=C-ñ$) permita acceder a todas ellas. Así se corrobora que se trata de un problema a escala, con una solución: la primigenia o básica, que las contiene en germen a todas. Por tal razón todas son deducibles a partir de la básica, por el fácil método de abstraer sus rasgos esenciales … o como preferimos decir: captando su ADN, que inevitablemente han de portar las soluciones derivadas, según se ha demostrado.

Por tanto, no es de extrañar que no haya sino una sola solución primigenia o básica para el teorema de Fermat, pues basta con una y sus derivadas y variantes (y ni siquiera todas) para agotar la numeración; no hay números para más.

Estas reflexiones ayudan a comprender las soluciones del teorema… y a asimilar por qué algunos números lo resuelven por partida triple o cuádruple; aunque siempre se sabe la impronta que portan, lo que nos libera del desbarajuste y de que se dé por sentado que los resultados están regidos por el azar, como a primera vista podría parecer.

En la ciencia no impera el azar, sino el más admirable orden, claro que tan oculto en ocasiones, que en vez de orden parece caos; pero cuando en ciencia nos parezca que impera el caos… lo que debemos hacer es ponernos en guardia y admitir que sabemos muy poco de la cuestión, pues no existe mayor caos que el [6] de la ignorancia. Prosigamos ya la tarea.

Citemos a modo de ejemplo de solución cuádruple el número 21, componente de las siguientes tríadas:

- Como A impar, en la terna 21, 220, 221.

- Como miembro de un trío equidistante, en la solución 21, 28, 35, derivada de multiplicar por 7 la básica: 3, 4, 5.

- Como valores no primos ni equidistantes: 21, 72, 75 que es derivada secundaria de multiplicar por 3 la 7, 24, 25.

- Como material reciclado en solución del parámetro C, concretamente la tríada: 20, 21, 29.

Creemos, tras de esta saturación de soluciones y datos, que habrá pocas dudas de que el teorema de Fermat sólo admite una solución primigenia. No obstante, aportaremos más adelante otras razones, pues en ciencia nunca hay demasía de pruebas.

---

6 Aragó, F. Grandes Astrónomos Anteriores a Newton. Madrid. Espasa Calpe. 1962. Página 56. El autor narra, en su apunte biográfico del rey castellano Alfonso X, lo siguiente: 'Cuentan que el rey Alfonso, cansado del complicado conjunto de círculos y epiciclos que figuran en las concepciones de Tolomeo, exclamó: si Dios me hubiese consultado en el momento de la creación, le hubiera dado magníficos consejos. Estas palabras, que no son sino una crítica acerba a la obra teórica del astrónomo griego, fueron interpretadas como una impiedad'. Leibnitz, en su Teodicea (Casa Editorial DE MEDINA, siglo XIX, página 299) recoge la misma anécdota y le da idéntica explicación de echar en falta claridad en el sistema. Actualmente, comprendidas las leyes astronómicas razonablemente bien, nadie osaría emitir tal aseveración, pues no cabe sino admirarse del orden y perfección por el que se rigen los astros. Así pues, lo dicho: no hay más caos que el de la ignorancia. Cuando comprendemos algo profundamente, nos maravilla el orden que en ello impera. Menéndez Pelayo, en: 'Historia de los Heterodoxos Españoles' (BAC 1978, Tomo I, página 601) detalla con precisión tal anécdota y tras negarle valor histórico, por no figurar en la Crónica de Alfonso X ni citarla ningún contemporáneo, añade el curioso dato de que el primero que le achacó tal afirmación, fue el rey Pedro IV de Aragón.

Y ahora, visto lo anterior, creemos llegado el momento de ampliar la respuesta de por qué, una derivada secundaria habrá de tener siempre un divisor común. Resulta que de acaecer que los parámetros no tuvieren divisor común, serían primos entre sí… lo cual se debería a una de estas dos circunstancias:

- Sería un trío derivado primario, pues eso de ser primos (o primos entre sí) es rasgo propio de soluciones primarias. Tal posibilidad es absurda, pues se parte de la base de que los valores de A, B y C, no se atienen a las reglas establecidas.

- Probaría que hay una segunda solución primigenia; pero tal posibilidad a estas alturas empezará ya a parecer absurda (por muy reacio que se sea a admitir la hipótesis de trabajo) pues como hemos demostrado palpablemente, una sola solución básica del teorema se sirve de toda la numeración habida y por haber; sin dejar hasta el infinito ningún número ocioso. Al ser el infinito imposible de alcanzar en nuestro universo, resultará patente que no caben más soluciones básicas; que tendrían que iniciarse después del infinito o bien con otra numeración… y ambas proposiciones se revelan absurdas. No obstante, según se ha prometido párrafos atrás, se darán en su momento argumentos adicionales acerca de la imposibilidad de que existan otras soluciones primigenias; pues es crucial en nuestro trabajo.

LLegados aquí damos por concluida la demostración de la primera gran premisa del teorema de Fermat; nos queda la no leve tarea de demostrar que cuando N>2 la ecuación carece de soluciones naturales.

IV .- OTROS EXPONENTES. MÉTODO ARITMÉTICO

Partiremos de la idea de que los números son, como una rueda de noria con diez arcaduces. Sacan siempre distinta agua, pero sin que varíen un ápice ni la rueda de la noria, ni las distancias a que se encuentran colocados los cangilones, ni su rutinario mecanismo, etc.

Por otra parte, como ya hemos afirmado con anterioridad, las matemáticas son una ciencia purísima en la que no caben excepciones (fruto del azar o casualidades de ningún tipo) pues son herméticas al devenir de los acontecimientos…

En algunas ciencias, como la biología, las excepciones son posibles, pues las presiden el azar de los acontecimientos y de las variaciones genéticas. Así que aunque es contrario a las leyes de Mendel, resulta no obstante posible al menos en teoría, que nazca de una pareja de perros negros, uno color carmín. Incluso en ciencia tan rigurosa como la astronomía, no resulta posible afirmar, sin ninguna reserva, algo tan rudimentario como que mañana saldrá el sol. Es harto improbable que no salga, mas nunca habrá garantías al completo.

Sin embargo, en las matemáticas, como son teoría pura y por ende completamente ajenas al azar de los acontecimientos; aunque ocurriere que mañana no salga el sol porque se hunda el firmamento (con lo cual las leyes de Kepler y las de Mendel… entre otras, carecerán de valor) 3 al cubo seguirán siendo 27.

Establecido ese punto, queda claro que si el teorema se cumple para un exponente N>2, tendría que empezar en su primera solución (que deberá surgir pronto, como con N=2) por atenerse a las reglas de contigüidad (por suma o resta) equidistancia, etc. Así que si no hay básica no podrá haber derivadas. Además, de escoger números al azar, el cubo o cualquier otra potencia que se calcule, favorecerá al de más valor, que no podrían compensar los otros dos.

Comencemos, pues, nuestra tarea por delimitar qué tríadas tienen posibilidades de resolver el teorema; ya que eso nos permitirá despejar de broza el camino a recorrer. Para ello la primera determinación a tomar es ampliar, hasta infinito, las dimensiones de un axioma… que hemos manejado ya con eficacia en distintas ocasiones. He aquí:

> - El axioma de que todo par al cuadrado da par… y todo impar al cuadrado da impar; es extensible a todos los exponentes. Es decir, cualquier impar elevado a N, cualquiera que sea N, dará siempre impar… y cualquier par elevado a N, sea cual sea N, dará siempre par.

En efecto, los números 1, 5, 6 y 10, no admite cada cual en la cifra de las unidades de sus potencias, más guarismo que ellos mismos (cero si es el 10). Así que no hay duda de que sus potencias mantendrán la paridad.

Los números 4 y 9 se admiten a sí mismos, más el 6 en el caso del 4… y el 1 en el caso del 9. Pares, pues, para el par, e impares para el impar. Por su parte el 2 pasa rotativamente por las siguientes unidades: 2, 4, 8, 6 y repite ciclo. El 3 pasa por 3, 9, 7, 1 y repite ciclo. El 7 pasa por 7, 9, 3, 1 y repite ciclo… es decir, como el 3 pero con otro orden. El 8 se vale de 8, 4, 2, 6 y repite ciclo… por tanto como el 2, pero también con otra cadencia. Nuevamente unidades pares para los pares e impares para los impares.

No hay más, pues, que abrir los ojos para cerciorarse de que las potencias de números pares recurren en sus unidades a guarismos pares y las de impares a guarismos impares… y que siempre será así hasta el infinito; sea cual sea el exponente. Prosigamos con nuestra segunda aseveración:

> - El teorema de Fermat consta de tres parámetros (dos sumandos y suma) por tanto, la única combinación original posible para lograr igualdad, es que se atenga al modelo básico: dos parámetros impares y un par.

Desde luego hay que desechar el uso de tres parámetros impares, pues dos impares suman par; por lo cual, la suma diferirá al menos en una unidad con respecto a los sumandos. Igualmente es necesario descartar el uso de dos pares y un impar, ya que la suma será par o impar (según la situación del impar) pero siempre al contrario de los sumandos… sin opción, pues, de conseguir igualdad.

Por lo que se refiere al uso de tres pares, nunca podrá ser solución primigenia; pues tres pares son siempre divisibles al menos por dos… y si vuelven a resultar pares los tres, de nuevo se podrían dividir por dos etc. así hasta que resulte una de estas tres cosas:

- Tres impares: desechable, por resultar imposible la igualdad como ya hemos evidenciado. Ejemplo: la terna 10, 14, 18, se resuelve en 5, 7, 9; luego ni la una ni la otra podrán ofrecer igualdades jamás.

- Dos pares y un impar: desechable, como también se ha evidenciado, por no haber posibilidad de igualdad al menos en las unidades. Ejemplo: la tríada 28, 30, 32, se simplificaría en la 14, 15, 16 y ambas serán desechables.

- Dos impares y un par: éstas son las únicas ternas básicas con opciones de ofrecer igualdad final.

Demostrado que sólo son aceptables en soluciones básicas, tríos de dos impares y un par, se plantean dos posibilidades:

- Que los valores sean equidistantes, conjuntos o no, lo que exige que el par esté en el centro.

- En teoría también C cabe que sea par (con A y B impares) pero entonces la terna no sería de 3 números consecutivos… esencial en las básicas; además, al invertir A y B no crearía el necesario trío de ñ=2.

Estudiemos, pues, tríadas que tengan dicha estructura con A y C impares… y B par, de valores sucesivos.

En nuestra búsqueda de soluciones del teorema de [7] Fermat para exponentes N>2; la primera tríada con posibilidades de lograr igualdad que nos topamos es 1, 2, 3… y vemos que en ella se produce igualdad entre sumandos y suma (1+2=3) con exponente N=1. A su vez vemos que sus cuadrados son: A=1, B=4, C=9.

Pronto detectamos que la distancia entre sumandos (1+4=5) y suma (9) ha pasado de la igualdad inicial (con N=1) a la desigualdad a favor de la base de la suma (parámetro C) por lo cual es visible en la oscuridad y para el más corto de luces, que si continuamos incrementando el exponente, no haremos sino acrecentar la diferencia a favor de la base de mayor cuantía (base C=3) sin posibilidad ninguna de alcanzar igualdad.

---

7 Aunque los razonamientos que seguirán son fáciles, aconsejamos que para una comprensión más provechosa, se elabore y tenga a la vista una tabla de potencias de los trece primeros números hasta el exponente N=6, anotadas con riguroso orden: una fila a cada exponente y una columna a cada base.

Por consiguiente, nos vemos liberados de la obligación de continuar probando con nuevos exponentes… y descartamos la citada terna de forma definitiva, no sólo para el exponente tres, sino para todos los sucesivos exponentes hasta infinito.

Pasemos a nuestra **segunda tríada candidata a la gloria, que es 3, 4, 5.** De nuevo **se alcanza igualdad,** ahora para **N=2,** pues 9+16=25. Esta terna, por haber constituido sus cuadrados la solución con exponente 2, puede resultar particularmente sospechosa para exponente 3; pero pronto vemos que sus cubos (27, 64, 125) se decantan claramente a favor de la base de mayor cuantía y es evidente que tal tendencia, no hará sino incrementarse si se continúa aumentando el exponente.

Este razonamiento, como ya vimos, nos exime de la tarea de comprobar tal tríada para el resto de exponentes hasta infinito; por muy sospechosa que en principio pareciera.

Hagamos aquí un alto para establecer un nuevo axioma, deducido de nuestras observaciones, que nos ha liberado de comprobar la totalidad de exponentes hasta infinito.

Lo denominaremos **Axioma de Suma de Potencias,** en cuanto a su definición la fijaremos en estos términos: en la ecuación de Fermat: $A^N + B^N = C^N$, el incremento de valores del exponente (N) tiende a crear diferencias a favor de la base de mayor cuantía (base C) de tal modo que una vez que se ha **producido cruce de valores** (es decir, primer valor de N que implica $A^N + B^N < C^N$) ya será **imposible que surja igualdad con ese mismo trío.**

De tal axioma se infiere un importante corolario… y es que si conforman igualdad, como los dos casos vistos: 1, 2, 3, para N=1 (tríada primera) y 9, 16, 25, para N=2 de la tríada segunda (3, 4, 5) es innecesario su estudio; jamás volverá a surgir otra igualdad. Se recurrirá en ocasiones a tal axioma; no al corolario, pues no se originarán más igualdades.

En consecuencia, el momento trascendental en que puede surgir igualdad, es con el exponente en que adviene el cruce de valores; para ello cada terna tiene un exponente idóneo, único.

Obsérvese además que el cruce de valores tiene dimensión doble. Primera: consumado el cruce de valores, nos liberamos de comprobar una determinada terna con sucesivos exponentes hasta infinito. Segunda: concurre la circunstancia de que si hasta entonces, la suma de las potencias de los dos primeros miembros de una tríada, era inferior al valor de la potencia del tercer miembro; a partir del cruce de valores también se invierte este factor y en sucesivas tríadas, la suma de las dos primeras potencias será ya siempre crecientemente superior al valor de la potencia del tercer elemento. Queremos decir que si en el trío de cuadrados 9, 16, 25 resulta que 9+16=25; en la tríada siguiente: 4, 5, 6, [8] con ese mismo exponente, los sumandos (16+25=41) superan ya a la suma (36). Semejante tendencia no hará sino crecer (para N=2) en sucesivas tríadas conjuntas.

Este hecho a primera vista insignificante, tiene crucial importancia, ya que garantiza de forma matemática (es decir, inmune a todo tipo de flaquezas… incluida la desaparición del universo) el hecho de que en lo sucesivo, será imposible que para ese mismo exponente, puedan darse tríadas consecutivas que resuelvan el teorema de Fermat. Dicho de otro modo, se confirma de forma evidente que solamente es posible una tríada conjunta (básica) que resuelva el teorema para N=2. Lo que hasta ahora no había sido más que hipótesis de trabajo (cierto que roborada por los teoremas establecidos, etc.) queda al fin evidenciada.

Si esta hipótesis no se hubiera podido corroborar, cabía la duda teórica de que podría surgir una tríada conjunta nueva de bases muy grandes (incomprobables) que diera igualdad con N=2 y truncara nuestros planes; pues amén de no ser derivable de la básica daría sus propias hijuelas. Ahora queda demolida incluso la posibilidad teórica.

En consecuencia, queda palpablemente demostrado que no hay más que una tríada básica conjunta que resuelva el teorema de Fermat para N=2… y que todas las demás soluciones deberán ser forzosamente disjuntas; por ende, derivables de la básica. En suma, habrá dos tipos de ternas candidatas a ocupar las variables del teorema: la básica y derivadas, que constituirán soluciones naturales porque cumplirán uno, al menos, de los teoremas establecidos al efecto… y todas las demás ternas, que al no derivar de la básica, no conformarán soluciones enteras positivas de la fórmula de Fermat; ya que no se adaptarán a los patrones exigidos por dichos teoremas. Prosigamos.

Es el tercer candidato al éxito el trío: 5, 6, 7 y vemos que **fracasa** en la empresa **con el exponente N=3,** por falta de sólo 2 unidades (341<343). Además, comprobamos que ya se ha producido el cruce de valores; por lo que en consonancia con el axioma de suma de potencias, desecharemos la citada terna para el resto de exponentes hasta infinito. A su vez, las siguientes tríadas conjuntas hasta infinito, quedan así mismo eliminadas para hasta N=3, con la conciencia tranquila.

---

[8] Bien sabemos que es inútil para nuestros fines, por no proporcionar igualdad de paridad entre sumandos y suma. Véase que los sumandos dan impar (41) en tanto que la suma es par (36).

Nuestro **cuarto aspirante es el terceto 7, 8, 9…** y vemos que de nuevo **fracasa** en su empeño **con el exponente N=4;** pero ahora ya por 64 unidades (6497<6561) y por lo dicho del cruce de valores queda descartado para siempre, con todo valor de N… y las siguientes conjuntas para hasta N=4.

El **quinto trío es 9, 10, 11 y vemos que de nuevo fracasa con el exponente N=5;** pero se agranda la diferencia, que ahora asciende a 2002 unidades (159049<161051) y se despide de sus opciones de gloria… y las sucesivas conjuntas con hasta N=5.

Lo mismo nos ocurre con **la sexta terna: 11, 12, 13… que para N=6 se queda ya, nada menos que a 69264 unidades, de la igualdad** (4757545<4826809). Jamás podrá resolver la [9] ecuación. Idénticas conclusiones que en tríos precedentes.

Hemos ido resaltando, en negrita, que cada tríada tiene opciones de igualdad con el exponente de su propio ordinal. Así pues, el trío 19, 20, 21, candidato décimo, verá esfumarse sus opciones de igualdad con N=10. La tarea de comprobar tal tríada concluyó con la diferencia de… ¡unos trescientos mil millones!

En suma: para tríadas conjuntas, al aumentar las bases, los exponentes o ambas cosas; las oportunidades de concluir en igualdad, se alejan a velocidad uniformemente acelerada. Por tanto, no es necesario analizar más ternas conjuntas, sabemos con certeza que es absolutamente imposible que surja igualdad.

Las tríadas conjuntas tienen posibilidades de éxito sólo cuando sus números son pequeños; el motivo es que entonces, existe cierto grado de equilibrio [10] entre los parámetros.

Por lo que se refiere a tríos equidistantes y disjuntos, por la razón dicha en el párrafo precedente tendrían que tener entre ellas ese cierto grado de equilibrio; de lo contrario es inútil probarlas.

Veámoslo. La tríada: 99, 100, 101, por ser la candidata quincuagésima, alcanzará el cruce de valores para N=50… y se excederá en su vano intento de lograr igualdad por una cifra astronómica (que habría que anotar con el folio apaisado). La 95, 100, 105, equivale a 19, 20, 21 cuyo desvío ya vimos que era gigantesco con N=10.

---

9 Si se doblan las bases, las diferencias se hacen múltiplos exactos de las reseñadas. En el trío 11, 12, 13, serían 22, 24, 26… y la diferencia es: 4432896=69264x64. Por otra parte, el multiplicador será 2 elevado al exponente del cruce, en nuestro caso 2^6. Las diferencias, pues, cantan que sólo pueden ser potencias exactas de 2.
10 En el trío 3, 4, 5, cáptese que 3 y 5 son un cuarto menor y mayor que 4. Sin embargo, en la terna 99, 100, 101; 99 y 101 son sólo una centésima menos o más que cien, respectivamente.

Si se acrece más el ámbito, por ejemplo: 90, 100, 110, equivaldrá a 9, 10, 11… que también ya se ha estudiado y fracasaba con cierta holgura, para N=5.

Veamos lo que ocurre con las que hemos dejado entre las anteriores. La 91, 100, 109 tiene su cruce de valores para N=6, y se excede según mis cálculos por unos cien mil millones. La terna 92, 100, 108, equivale a 23, 25, 27, que por constar de tres impares, se revela inútil total para el teorema de Fermat. En cuanto a 93, 100, 107, alcanza el cruce de valores con N=7, y se excede por la tiritera de unos 400.000 millones. En tanto que la tríada: 94, 100, 106, equivalente a 47, 50, 53, fracasa para N=9 por más de doscientos… billones. La 96, 100, 104 que equivale a: 24, 25, 26, tampoco se muestra apta para nuestros fines. Por lo que respecta a la 98, 100, 102, es equivalente a 49, 50, 51, la candidata vigésimoquinta que tiene su propio cruce de valores para N=25 por una cantidad desmesurada, así que su múltiplo: 98, 100, 102, se excederá en su vano intento de lograr igualdad, por una cifra múltiplo exacto de esa tal cantidad desmesurada. Por fin la terna 97, 100, 103, tendrá su cruce de valores para exponente entre 16 y 17, por cantidad enormísima que no nos hemos tomado la molestia de calcularla.

Prosigamos. El trío 80, 100, 120, equivale a 4, 5, 6, que sabemos que es estéril para nuestro objetivo. La 75, 100, 125, equivale a 3, 4, 5 y soluciona el teorema de Fermat para N=2, por ser portadora parcial de la genética de su antepasada. No es necesario abrir más el ámbito (por ejemplo: 74, 100, 126, equivalente a 37, 50, 63) pues naturalmente, ya siempre cruzan valores con N<2.

Por lo que se refiere a la terna 85, 100, 115, equivale a 17, 20, 23. En ella el cruce de valores acontece para N=4, por amplia holgura: 243521<279841. Sabemos que el momento ideal de lograr igualdad con N=4 fue con el trío cuarto: 7, 8, 9… pues entonces no hubo igualdad, peor será con ternas menos idóneas.

Recuérdese que 7, 8, 9, fracasaba por sólo 64 unidades… sin embargo, su derivada directa 14, 16, 18, fracasa para N=4, por diferencia ya algo mayor: 103952<104976, adviértase que la diferencia ahora: 1024, es múltiplo exacto de 64 (64x16; siendo 16 la 4ª potencia de 2) en tanto que con la terna 17, 20, 23 el desvío se ha hecho abismal (y no múltiplo de 64) por no estar emparentada con su básica.

Otros valores de tríos entre 75, 100, 125 y 90, 100, 110, no detallados, corren la misma suerte que los ya vistos, con exponentes entre N=3 a N=5; omitimos sus datos a fin de no atosigar con tanta cifra.

Las digresiones realizadas con la terna 99, 100, 101 (y sus hijuelas, fruto de ampliar el ámbito) confirman nuestro aserto, ya expresado, de que cuando aumentan las bases, los exponentes o ambos, las opciones de igualdad se alejan con velocidad acelerada (salvo ser múltiplo de una terna que ya produjo igualdad). Así que la: 41, 50, 59, (no simplificable) no podrá lograr igualdad, pues sus valores son excesivamente altos=desequilibrados… y además podremos afirmar con absoluta certeza que habrá otro trío de valores más reducidos, que con el mismo exponente, estuvo más próximo de la igualdad que la 41, 50, 59 (derivada de 82, 100, 118). Tal terna fue 5, 6, 7 y el cruce de valores surge en ambas para N=3; el desvío en este caso fue sólo 2 unidades, en tanto que en el trío: 41, 50, 59, supera ya [11] las 10000 (193921<205379).

Este minucioso análisis permite demostrar, que abrir el ámbito de una tríada equivale, como es palpable, a volver a estudiar tercetos en los que el cruce de valores adviene con exponente inferior. Tan inapelable razón evidencia que hay que analizar sólo las conjuntas, lo que ya afirmábamos desde el comienzo, pero bueno es evidenciarlo una vez más.

Vemos, pues, que el equilibrio a que se ha aludido antes surge, cuando además de ser equidistantes los valores de los parámetros extremos, distan más del parámetro medio… cuanto mayor sea el valor de B; es decir, cuando hay la proporción adecuada entre los valores de A, B y C. En definitiva, cuando responden a la fórmula (A, B, C)ñ y entonces, se hace evidente que tienen que derivar de una básica conjunta, por cualquiera de los procedimientos que se han descrito.

Por tanto, como sólo dos conjuntas: 1ª y 2ª ternas, con N=1 y N=2 respectivamente, dieron igualdad, sólo sus derivadas resolverán el teorema de Fermat; ya que portarán el indeleble cuño de sus progenitoras. Las restantes ternas equidistantes, carentes de tal marchamo, es imposible que lo solucionen.

Restan por analizar las ternas asimétricas, sin embargo, de ello nos libera la ecuación $2ñC-ñ^2=B^2$ (y su auxiliar $A=C-ñ$) que como dijimos, conforman a modo de llave maestra que permite acceder a todas las soluciones del teorema… y además delatan sus parentescos con la solución básica.

Veamos un argumento que confirma tal aserto. Si N>2, ya hemos visto que las ternas conjuntas (3 valores consecutivos) crean diferencias en todos los casos a favor del parámetro C, o

---

11 Hay una fórmula muy sencilla obtenida experimentalmente, que orienta acerca del exponente de cruce de las ternas equidistantes. Es: N=B/(C-A) si el resultado es exacto, se trata de una tríada ideal para ese exponente: conjunta o bien una derivada de ella. Cuando en el cociente surgen decimales es prueba de que nos alejamos del ideal.

sea, ocurre que: miembro 1º<miembro 2º. Véase que en todos esos tríos sucede que C-A=2. Por tanto, como las asimétricas (para el mismo exponente: N, esta premisa es esencial) tienen que responder a la forma C-A>2, es evidente que resultará que las diferencias a favor de C se acentuarán (es decir, que ocurrirá: miembro 1º<<miembro 2º) pues según se expuso en el axioma de suma de potencias: al acrecer las bases, los exponentes o ambas cosas, siempre se favorece al parámetro mayor (C).

En consecuencia, todas las ternas disjuntas aptas para el mismo N que derivan de una conjunta, serán menos adecuadas para resolver el teorema. A este argumento no le afecta el grado de asimetría de la tríada (determinado por la posición de B) sino que si: C-A>2 nos alejamos de la igualdad (si no deriva de la básica) pues A disminuye su aportación con respecto a C.

Ratifiquémoslo aún con otro argumento, que confirma que las ternas asimétricas no son posibles sin la primigenia. Para ello anotaremos dos tandas de soluciones disjuntas: simétricas (precedidas de I) y asimétricas (precedidas de II).

I)   6,8,10; 9,12,15; 15,20,25; 18,24,30; 30,40,50
II)   15,8,17; 5,12,13; 99,20,101; 7,24,25; 9,40,41

Basta con esos ejemplos, aunque cabría alargar la lista cuanto se desee. Es evidente que las soluciones tipo I, son imposibles sin la primigenia, pues surgen de (3, 4, 5)ñ; por el contrario las tipo II parecen ajenas a la básica. Sin embargo, existe un vínculo común que revela que sin la tríada 3, 4, 5 no serían posibles tampoco las tipo II.

Véase que en todos los casos cada terna I tiene común el parámetro B con su correspondiente II; lo que ocurre porque la cuantía de C^2-A^2 es, en ambos casos, coincidente. Como además resulta que los valores de B: 8, 12, 20, etc. son imposibles sin la solución 3, 4, 5; a la postre se hace palpable que sin la primigenia tampoco serían posibles las tipo II, debido a que si 4 no cumpliese el teorema (ya por no existir número natural entre 3 y 5… o no ser su cuadrado 16) tampoco 8, 12, etc. lo servarían, pues tampoco existirían… o sus cuadrados no serían adecuados para alcanzar la igualdad. En fin, los tríos 6, 8, 10 y 15, 8, 17 etc. son iguales; es cierto que A y C son sin duda distintos, pero coinciden sus diferencias de cuadrados que es lo que se ha de valorar. Por tanto sin la primigenia: 3, 4, 5 no pueden existir las restantes.

Para cada solución son necesarias tres condiciones… y una sola coincidencia de las tres posibles, ya implica parentesco; pues reflejan que C^2-A^2, es idéntico en ambos casos. Resulta indiferente que la coincidencia sea en A, pues como sabemos A y B son permutables.

Estos razonamientos son aplicables a todas las tríadas posibles que tengan al menos un parámetro común con otra; lo cual se da siempre en todas las asimétricas con respecto a una simétrica, pues la primigenia: (A, B, C)ñ, ya implica en B a todos los múltiplos de 4, que le son imprescindibles... y según se dijo, se prestan a soluciones de diversa índole: distancia fija, distancia variable, etc.

Ya evidenciado el parentesco de las tríadas asimétricas con la primigenia, expresaremos este método aritmético de modo algebraico; con sencillas ecuaciones que confirman todas las deducciones lógicas punto por punto, aunque por razones fáciles de colegir no seremos exhaustivos.

N=2: $A^2+(A+1)^2 = (A+2)^2$ $A^2+A^2+2A+1=A^2+4A+4$ o sea: **$A^2 = 2A+3$**

Ese tipo de ecuación o tiene una sola solución natural o no tiene ninguna, pues con valores bajos de A el coeficiente más el término independiente del segundo miembro, se imponen al mayor exponente del primero; pero a partir de cierto valor de A, ya siempre el mayor exponente del primer miembro se impondrá al material del segundo miembro por cantidades crecientes.

En este caso concreto se logra igualdad con A=3, que nos depara la terna: 3, 4, 5 que bien sabemos resuelve el teorema... y el hecho de que no sean posibles otras soluciones naturales ratifica lo deducido: sólo es posible una terna conjunta.

Además como a partir de A=4 siempre el primer miembro es mayor que el segundo, reafirma a su vez que en todas las ternas conjuntas a partir de: 4, 5, 6 (si N=2) la suma de potencias de A y B, serán mayores que la de C.

No cambian los resultados invirtiendo el planteo, o sea, anotando A, en la forma C-2; sólo que el valor que iguala la ecuación es C=5 naturalmente, siendo el resto de conclusiones las mismas ya expuestas:

N=2: $(C-2)^2+(C-1)^2=C^2$ $C^2-4C+4+C^2-2C+1=C^2$ o sea: **$C^2 = 6C-5$**

Además de las soluciones apuntadas existe en ambos casos la: A=-1, B=0 y C=1 que en su momento comentaremos.

A partir de la solución descubierta: A=3, B=4, C=5, se elaboraría la ecuación que hemos llamado llave maestra, que revelará las infinitas soluciones derivadas de la primigenia.

Adviértase, por último, que ni siquiera resulta necesario resolver las ecuaciones de segundo grado que han surgido, sino que basta con comprobar que en el primer caso valores de A>3 y en el segundo C>5, ya harán siempre que el primer miembro sea mayor, cada vez, que el segundo.

Pasemos, pues, a exponentes mayores por este sencillo procedimiento.

N=3: $A^3+(A+1)^3= (A+2)^3$ **$A^3 = 3A^2+9A+7$**

La ecuación resulta calcada de la anterior, pero a mayor escala; así que cabe repetir lo dicho… o permite una solución natural o ninguna, etc. En este caso no se logra igualdad, pues para A=5, se obtiene 125<127, desigualdad por 2 unidades que ratifica lo que sabíamos que sucede con la tríada 5, 6, 7. En consecuencia se confirma que no puede existir básica conjunta si N=3… y sin básica no ha lugar a ecuación llave maestra.

Es evidente que si hacemos A>5, siempre el primer miembro será ya superior al segundo; véase en el caso concreto de A=10:

$1000=3A^2+9A+7$ que implica la desigualdad   1000>397

Por otra parte, si A=-1, se originan soluciones con un parámetro cero (similar a N=2) concretamente: A=-1, B=1, C=0, aunque no se corresponde con el planteo, sino con otro en que el parámetro mayor es B. Esas ecuaciones son multiplicables por ñ (ñ admite todos los naturales) y se originan infinitas de tipo similar:

-ñ+ñ=0ñ   A=-2, B=2, C=0; A=-3, B=3, C=0; etc.

N=4: $A^4+(A+1)^4=(A+2)^4$ **$A^4 = 4A^3+18A^2+28A+15$**

De nuevo la ecuación responde a idénticas características que N=2, así que o tiene una solución o ninguna. En este caso concreto tampoco hay solución natural, pues si A=7, se llega a la desigualdad 2401<2465, que arroja saldo favorable al segundo miembro de 64 unidades; que ya sabíamos que ocurre con la terna 7, 8, 9. De nuevo concluimos con que si no existe primigenia, no es posible ecuación llave maestra.

Así mismo se producen soluciones con un parámetro cero, en concreto: A=1, B=0, C=1; que a su vez origina infinitas al multiplicarlas por ñ. Siempre será así, los exponentes N=pares ofrecen soluciones A=ñ, B=0, C=ñ; en tanto que los exponentes N=impares: A=-ñ, B=ñ, C=0. Este tipo de soluciones, a nuestro juicio son al menos discutibles, por múltiples circunstancias;

entre ellas que un parámetro es cero, otro negativo, A=C, C<B…
y alguna otra.

Por lo demás, no es menester seguir con otros exponentes,
pues la historia ya la sabemos por lo desarrollado en páginas
anteriores. Cuanto mayor sea N, mayor diferencia resultará: si
N=5 con A=9; con A=11 en el caso de N=6, etc. y así hasta el
infinito.

No son posibles más soluciones conjuntas y sin conjuntas,
no puede haber disjuntas simétricas por razones obvias [pues
responden a la forma (A, B, C)ñ] pero tampoco las puede haber
asimétricas… que como ya se ha evidenciado exigen al menos un
elemento común (que robora el parentesco) bien con múltiplos de
A o bien de B, de la primigenia. También cabe argumentar, como
se ha indicado con anterioridad, porque sin básica… no ha lugar
a ecuaciones del tipo denominado llave maestra; que crean todas
las soluciones a partir de la primigenia.

Expongamos por qué la hipótesis de trabajo, que en
principio pareció mero desatino [así lo aseveró un profesor de
universidad al que envié el ensayo… que se negó a leerlo:
'porque cuanto se base en eso será erróneo'. Respondió por
ordenador, conque atesoro tal 'joya' por escrito] se revela acertada;
saliendo indemne de cuantas batallas ha sostenido.

La razón es que el teorema de Fermat (si N=2) es un caso
particular del teorema de Pitágoras. Pues bien, **no hay más que
un triángulo rectángulo: el de catetos perpendiculares,** si se
da esta circunstancia, dicho triángulo servará el teorema de
Pitágoras, ya sea del tamaño de una mota o como una galaxia;
porque lo esencial no es el tamaño y ni siquiera la proporción
que guarden sus lados… sino la rectangularidad. De hecho los
catetos pueden ser iguales (rectángulo isósceles) o gigantesco
uno y con él la hipotenusa y el otro microscópico (escaleno)
**pues la condición necesaria y suficiente de rectangularidad es
que sus catetos sean perpendiculares… y ninguna otra.**

Por lo tanto, así como sólo existe un modelo de triángulo
rectángulo: el de catetos perpendiculares; sólo hay un modelo
de triángulo de Fermat: rectángulo escaleno de lados naturales,
el 3, 4, 5. Por ende, todos los demás han de derivar de ése
básico, pues no cambian los hechos sino su escala… y los
resultados expuestos (en especial la ecuación llave maestra) a
nuestro juicio avalan sin ambages dicha hipótesis. Ésta es la
razón oculta que late en la hipótesis de trabajo, por ello ha
resistido con solvencia las múltiples y duras pruebas a que la
hemos sometido. Y es que, en resolución, hacer ciencia, no es…
estar segurísimo de algo, sino demostrarlo.

Véase en el cuadro siguiente que las soluciones crecen con arreglo a una ley cuantitativa, no difícil de invenir, por lo que sorprende que nadie parezca haberlo advertido antes:

A	B	C
3x1=**3**	4x1=**4**	5x1=**5**
3x5/3=**5**	4x3=**12**	5x13/5=**13**
3x7/3=**7**	4x6=**24**	5x25/5=**25**
3x9/3=**9**	4x10=**40**	5x41/5=**41**
3x11/3=**11**	4x15=**60**	5x61/5=**61**
3x13/3=**13**	4x21=**84**	5x85/5=**85**
3x15/3=**15**	4x28=**112**	5x113/5=**113**

Nos bastan esos pocos ejemplos, para captar a simple vista que cada multiplicador de los parámetros de la tríada primigenia, crecen con arreglo a una ley muy precisa que la expresamos a continuación:

A= 1+2/3+2/3+2/3+2/3+2/3, etc.
B= 1+2+3+4+5+6+7, etc.
C= 1+8/5+12/5+16/5+20/5+24/5+28/5, etc.

En resumen, cada uno de los parámetros (expresados en función de la solución básica, de manera que se refrende que las contiene a todas; por cuya razón se exponen en formato no simplificado, más adelante las reduciremos) responden a las siguientes fórmulas:

A= 3(1+2ñ/3)   (ñ admite todos los naturales, incluso 0)
B= 4[(1+ñ)ñ]/2 (ñ admite todos los naturales)
C= 5(1+4ñ/5)

En este tercer caso, ñ admite los valores obtenidos con la fórmula: **ñ= (k²+3k)/2** (k acepta naturales y 0).

Veamos un par de aplicaciones prácticas de lo expuesto. Supongamos que se desean calcular los parámetros de la cuarta solución de la infinita serie. Puesto que en A, ñ admite el cero, ñ=3; así que tendremos:

A= 3(1+6/3)=**9**

B= 4[(1+ñ)ñ]/2=**40**   (en B ñ no admite el 0, así que ñ=4)

ñ = (9+9)/2=9   (k=3, pues en C se admite el 0)

C= 5(1+36/5)=**41**   (claro que cabría también C=B+1)

Ahora nos embarcaremos en calcular la undécima solución de la serie:

A= 3(1+20/3)=**23**   (recuérdese que con A será ñ=10)
B= 4[(1+11)11]/2=**264**
ñ= (100+30)/2=65   por tanto   C= 5(1+260/5)= **265**

Como bien se ve, la eficacia de esas fórmulas obtenidas mediante la artesanía de la cuenta de la vieja (con la ayuda evidente de las progresiones, justo es reconocerlo además de conveniente, de modo que quede patente que las soluciones se prestan a ello) es de encomiar.

Visto con algún detalle el exacto funcionamiento de las ecuaciones halladas, no preocupa que pierdan su aspecto de descendientes de la solución básica y las simplificaremos:

A= 3(1+2z/3)   equivale a: A= 2z+3
B= 4[(1+ñ)ñ]/2   se trueca en: **B= 2ñ²+2ñ**
C= 5(1+4z/5)   trasmuta a: C= 4z+5

Se ha trocado ñ por z en las ecuaciones A y C, debido a que en ellas se admite (como se dijo) el valor 0 en tanto que en B no es válido. Así que unificaremos las variables a fin de manejarlas sin tener que recordar siempre tal detalle.

A=2(ñ-1)+3= 2ñ+1   **A= 2ñ+1**

Calculemos z en C=4z+5 desde **ñ= (k²+3k)/2**   (k admite el 0)

z= [(ñ-1)²+3(ñ-1)]/2   z= [ñ²-2ñ+1+3ñ-3]/2= [ñ²+ñ-2]/2

C=4(ñ²+ñ-2)/2+5= 2ñ²+2ñ-4+5   **C= 2ñ²+2ñ+1**

En resumen: **A= 2ñ+1**   **B= 2ñ²+2ñ**   **C= 2ñ²+2ñ+1**

Ahora ñ admite todos los naturales y si ñ=0, surgiría la falsa solución A=1, B=0, C=1. Ya A genera todos los impares y C surge en modo B+1, como ha de suceder.

Es evidente que las soluciones obtenidas de dar valores a ñ, así como las (A, B, C)ñ, ya copan para A y B la numeración completa (excepto 1 y 2, como se dijo). Así que aunque existen ternas que no surgen con dichas fórmulas, en rigor nada nuevo aportan, equivalen a otras que requieran idéntico valor de B. Pocas dudas ofrece, pues, la hipótesis de trabajo.

V .- OTROS EXPONENTES. MÉTODO ALGEBRAICO

Pasemos a corroborar lo que creemos haber demostrado… por otros derroteros; ya que esa demostración por la cuenta de la vieja (a mucha honra) no convencerá a casi nadie.

Antes de avanzar, aclaremos que al método desarrollado hasta ahora para investigar N>2, lo denominamos aritmético… y llamaremos método algebraico al que seguidamente abordaremos.

Nos iniciaremos con N=2, que ya sabemos que cumple de infinitos modos el teorema; por tal camino conseguiremos dos objetivos: en principio intentar comprender por qué surgen soluciones y por qué infinitas… además, familiarizarnos con operaciones que luego, se desarrollarán con N>2.

Expresemos para ello la tríada segunda (3, 4, 5, que como sabemos resuelve el teorema para N=2) de la forma siguiente: A=4k-ñ; B=4k y C=4k+ñ; k y ñ pueden tomar los naturales hasta infinito.

Es evidente, pues, que si hacemos k=1 y ñ=1, surge la terna: 3, 4, 5 (que cumple el teorema) y que si asignamos k=3, ñ=2; los parámetros tomarán los valores 10, 12, 14, equivalente a: 5, 6, 7 que sabemos que no lo cumplen. Así que aunque los parámetros están inspirados en A=3, B=4, C=5, pueden ser muchos otros… incluso inadecuados. Operemos a partir de esos datos:

$$(4k-ñ)^2 + (4k)^2 = (4k+ñ)^2 \qquad 16k^2-8kñ+ñ^2+16k^2=16k^2+8kñ+ñ^2$$

que se reduce a: **$16k^2=16kñ$**   ahora si ñ=k surge: **$16k^2=16k^2$** (1)

identidad que garantiza que todos los parámetros derivados de hacer k=ñ, sea cual sea k, permitirán resolver el teorema; ya que se cumplen las dos condiciones necesarias y suficientes:

- **Ambos miembros de la ecuación suman lo mismo.**
- **Ambos monomios son cuadrados perfectos.**

Veamos a título de ejemplo qué parámetros son ésos, para valores bajos de k (ya sabemos que ñ tendrá que ser igual a k, pues esa ha sido la exigencia para alcanzar la identidad).

A=4k-ñ   B=4k   C=4k+ñ   **opción: k=ñ**

k=1   ñ=1   A=3   B=4   C=5
k=2   ñ=2   A=6   B=8   C=10, o sea: 3, 4, 5
k=3   ñ=3   A=9   B=12 C=15, o sea: 3, 4, 5
k=4   ñ=4   A=12 B=16 C=20, o sea: 3, 4, 5

las ternas obtenidas son la primigenia… seguida de derivadas secundarias tipo (3, 4, 5)ñ hasta infinito.

La conclusión más sorprendente de la operación realizada, es que la identidad surge como por arte de magia; ya que se cancelan ciertos factores y luego no hay más que hacer k=ñ.

Multiplicando ahora la identidad marcada con (1) por $ñ^2$, así mismo la igualdad seguirá siendo correcta y tendríamos:

$16k^2ñ^2 = 16k^2ñ^2$ (2)

como el primer miembro es B^2, resultará: $B^2=16k^2ñ^2$;

así que: B=4kñ;   y hagamos: $A=4k^2-ñ^2$ y $C=4k^2+ñ^2$

veamos ternas que surgen de esos parámetros:

k=1   ñ=1   A=3   B=4   C=5
k=2   ñ=3   A=7   B=24   C=25
k=7   ñ=6   A=160 B=168 C=232, o sea: 20,21,29
k=4   ñ=1   A=63   B=16   C=65
k=2   ñ=5   A=-9   B=40   C=41

como vemos, ahora se pueden hacer filigranas con los valores de k y ñ, resultando ternas que nos son familiares… y siempre, por cierto, encabezadas por la primigenia (3, 4, 5) mostrando que es la madre de todas las demás y que sin ella nada más habría.

El secreto de la cuestión está, no tanto en los valores de las variables, como es perceptible, sino ante todo en tres hechos cruciales.

  - Los coeficientes de las ecuaciones señaladas con (1) y (2) ya eran cuadrados perfectos desde el inicio y tal circunstancia, estaba implícita en el parámetro B, del que a su vez se han hecho depender los otros dos.

- El primer miembro siempre era cuadrado perfecto y en el segundo miembro, k en un caso era cuadrado perfecto y en el otro, bastaba con hacer ñ=k para conseguirlo.

- Buena parte del material algebraico de A y C se cancelan.

Podemos concluir las observaciones afirmando que con N=2, debido a las circunstancias citadas, las identidades surgen casi por ensalmo. Escoger bien el coeficiente de B y poco más.

Abandonaremos en este punto el trabajo preparatorio con N=2, no sin antes hacer una importante observación, como es que por este camino algebraico se ha demostrado que ternas que en apariencia eran extrañas como la 63, 16, 65 o bien 20, 21, 29, están implícitas en la básica, a la que parecían ajenas.

En suma: para resolver el teorema de Fermat si N>2, la premisa previa es lograr una identidad o al menos igualdad… de cubos perfectos para N=3, de bicuadrados perfectos para N=4, etc. El resto se nos daría por añadidura. La razón es que el teorema de Fermat u ofrece infinitas soluciones o ninguna… no hay término medio.

Avancemos… para lo cual se dividirá el problema en dos partes, a saber: primero trabajaremos con exponentes impares: N=3, N=5, etc. y luego con exponentes pares: N=4, N=6, etc. y no olvidemos algo muy importante: N=2 facilita mucho las cosas, al eliminar buena parte del material algebraico; en especial el término independiente.

EXPONENTES IMPARES: Con N=3 las tríadas tendrán formato: A=6k-ñ, B=6k, C=6k+ñ; se ha anotado el coeficiente 6, porque como ya sabemos por el método aritmético ternas menores (como 3, 4, 5) alcanzan el cruce de valores antes del exponente N=3, o sea, serían inservibles para nuestros fines. Por tanto para N=5, las ternas tendrán la forma C y A=10k+-ñ y B=10k. En ambos casos k y ñ pueden tomar todos los enteros positivos.

Véase sin embargo, que tal forma de anotar los parámetros no soslaya ninguna terna, aunque en apariencia pudiera parecer lo contrario; pues al ser posibles todos los naturales para k y ñ… A, B y C tomarán todas las formas posibles. Ejemplo, si k=1, ñ=3, resultará la terna: A=3, B=6, C=9, que como sabemos equivale a A=1, B=2, C=3, que en principio parecía excluida.

Existe una razón poderosa, para anotar los parámetros con el coeficiente propio de la terna básica que logra el cruce de valores con N=3… o sea: A y C=2Nk+-ñ y B=2Nk, donde N es a la vez el ordinal de la tríada adecuada para el cruce de valores… y el exponente en el que se opera.

Tal razón poderosa consiste en que las ecuaciones han de ir pertrechadas del valor 2N, que es algo así como el ADN de las ternas a estudiar. Se explicará detenidamente más adelante.

Apliquemos ahora el mecanismo del método algebraico con N=3 y estudiemos los resultados que obtengamos.

$A^3 = 216k^3-108k^2ñ+18kñ^2-ñ^3$ $B^3 = 216k^3$ $C^3 = 216k^3+108k^2ñ+18kñ^2+ñ^3$

$216k^3-108k^2ñ+18kñ^2-ñ^3+216k^3 = 216k^3+108k^2ñ+18kñ^2+ñ^3$

y eliminando los monomios opuestos y agrupando el resto quedará de esta guisa:

$216k^3 = 216k^2ñ+2ñ^3$ (*)   [12]

Como se aprecia, N=3 facilita menos las cosas que N=2, ya que aparece un término más: $2ñ^3$ y aun más grave, su coeficiente no es cubo perfecto. Ese coeficiente es inevitable pues expresa la diferencia entre A y C, que al no cancelarse con N=3, sino sumarse, incordiarán hasta el infinito… como se verá.

Iniciemos el análisis por recordar, que para ñ=1 y k=1 en los parámetros (tríada: 5, 6, 7) se originaban dos unidades de diferencia (341 frente a 343) para N=3. Diferencia que aparece reflejada en la ecuación (*) pues si se hace en ella también k=1 y ñ=1, se cancelan dos monomios y resulta una desigualdad por sólo dos unidades. Veámoslo: sea k=1 y ñ=1, en (*) y…

216=216+2   ó lo que es lo mismo: 0=2

Por otra parte, cuando ñ no vale 1, sino cualquier otra cifra, la desigualdad se agiganta a favor del segundo miembro de la ecuación. Véase: hagamos k=ñ para todo valor de k natural excepto k=1 y tendremos:

$216k^3=216k^2k+2k^3$ así que: $216k^3=216k^3+2k^3$ y en fin: **$0=2k^3$**

y como k>1 vemos que al crecer k, la desigualdad se disparata…

---

12 Para evitar circunloquios y confusiones hemos anotado el signo (*) que es con el que nos referiremos a esta ecuación en lo sucesivo. Así, cuando digamos la ecuación (*) querremos decir la ecuación $216k^3=216k^2ñ+2ñ^3$.

$$0 = 16 \qquad \text{(para k=ñ=2)}$$
$$0 = 54 \qquad \text{(para k=ñ=3)}$$
$$0 = 128 \qquad \text{(para k=ñ=4) etc.}$$

es claro, pues, que el álgebra confirma lo que ya reveló el procedimiento aritmético y de andar por casa: que a medida que crecen los parámetros, las diferencias se incrementan de modo acelerado, pues no cambian los hechos, sino su escala. Por lo demás, véase cómo las diferencias que surgen están en embrión en la terna básica; que siempre actúa duplicando el resultado que aporte el nuevo ñ^3=k^3.

Ahora comprendemos la razón de las diferencias: reside en el valor dado a ñ, con lo que las matemáticas están delatando subrepticiamente, que la única posibilidad de lograr igualdades es haciendo ñ=0; pero entonces ocurre que A=B=C=0 y el problema se nos ha esfumado (ya que exige que los tres parámetros sean diferentes y distintos de cero y como se dijo que k=ñ... y ahora ñ=0, todo se diluye) lo que evidencia que no son posibles las soluciones enteras positivas por otra vía... aunque ciertamente es prueba que no parece muy científica.

Concluidas las anteriores consideraciones y ratificado el buen funcionamiento de la ecuación (*) continuemos por recordar que para resolver el teorema de Fermat con N=3, son necesarias las siguientes condiciones, que resumimos:

- k y ñ deberán ser simultáneamente números naturales.

- Ambos miembros de la ecuación (*) habrán de tener el mismo valor cuantitativo. O sea, para valores naturales de k y ñ, deberán implicar igualdad en (*).

- Ambos miembros de (*) habrán de ser cubos perfectos.

Seguidamente intentaremos demostrar que son imposibles de satisfacer esas tres condiciones, simultáneamente, para valores de ñ naturales... y que por tanto, no hay soluciones enteras del teorema de Fermat para N=3; debido a que como los valores de los parámetros A y C están influidos por ñ, si ñ no es natural, tampoco lo serán A y C. Veamos:

ARGUMENTO PRIMERO: supongamos que hemos hallado naturales de k y ñ que igualan la ecuación (*) que se habrá transformado en igualdad real en vez de mera aspiración.

$$216k^3 - 216k^2ñ = 2ñ^3$$

Sin embargo, sabemos a ciencia cierta que $2ñ^3$ no es cubo perfecto para ningún valor natural de ñ, ya que $ñ^3$ sí lo es, valga ñ lo que valga, pero 2 no lo será nunca (por ser número primo, carece de raíz exacta… para todos los índices posibles de la raíz) por consiguiente resultará un número de estas características: $ñ\sqrt[3]{2}$ que es sin discusión irracional, aunque ñ fuera número natural. Por consiguiente, el otro miembro tampoco será cubo perfecto, ya que partimos de la afirmación de que estamos ante una igualdad numérica e igual número tendrá, en ambos miembros, idéntico comportamiento.

Por tanto, queda ya claro que el problema carecería de soluciones naturales para N=3, aunque lográsemos igualar los miembros para valores enteros positivos de k y ñ; lo que es imposible, como veremos más adelante.

Cabe aquí que alguien arguya… que no se puede juzgar la cubicidad de la ecuación, pasando parte del material algebraico al otro miembro. A juicio de quien escribe es correcto y se va a evidenciar con un ejemplo en N=2.

Sea la igualdad 25=16+9. También podemos expresarla así: 25-9=16 e incluso de este otro modo: 25-16=9. En el primer caso conduce a 25=25, en el segundo a 16=16 y en el tercero a 9=9; pero tanto 25, como 16 y 9 son cuadrados perfectos, que es la condición que han de cumplir una vez logradas las igualdades, para satisfacer el teorema con N=2. En consecuencia, creemos que el argumento es impecable; otra cosa es que ni $2ñ^3$ es cubo perfecto… y ni siquiera podamos lograr igualdad para valores naturales de ñ y k, como pronto habrá ocasión de comprobar.

ARGUMENTO SEGUNDO: este argumento se basa en que el paso previo a extraer las raíces de los parámetros, es igualar la ecuación. Recordemos primero el formato de (*)

$$216k^3 = 216k^2ñ+2ñ^3$$

hecho eso, continuemos por aclarar que ahí está enmascarada, ¡en principio! esta desigualdad: 216=218, lo que podremos confirmar dando a k y ñ el valor 1. Es decir, ahí se oculta: $6^3 = 7^3-5^3$ (si k=1 y ñ=1).

Obsérvese por otra parte que $216k^3$ ¡no afectado por el valor de ñ! ya es cubo perfecto… y lo será para todo valor de k, pues 216 ya lo es y lo será siempre… y el valor de k, sea cual sea, debido a su formato: k^3, también lo será.

Visto eso no convendrá cambiarlo, así que para equilibrar la anterior ecuación y alcanzar la igualdad 216=216 que es lo que interesa, habrá que disminuir infinitesimalmente el valor de 7; naturalmente fragmentando ñ, pues k no conviene tocarlo, y de rechazo al fraccionar ñ (¡que no afecta al valor de B=6k!) estaremos disminuyendo, infinitesimalmente también, el valor de A=5, con lo que lograremos la igualdad 216=216 (o la que sea, según la cuantía que surja de hacer k=natural, ñ=No entero).

Conseguida la igualdad: 216=216, se extraerán las raíces cúbicas y resultará que 6=6. Claro que en el segundo miembro se habrá obtenido 216 a base de fraccionar ñ, por lo que A y C lo estarán también; en tanto que $B^3=216k^3$, no afectado por ñ, será siempre natural y tendrá raíz exacta con todo k natural.

En el caso de la terna 5, 6, 7, los valores que tendrían que tomar los parámetros son A=4,98665 y C=6,97955, ya que en ambos casos, al disminuir ñ, quedan afectados; en tanto que B=6, pues es ajeno al valor que tome ñ. La aproximación dada es todavía muy escasa… pero vale a modo de ejemplo.

Una vez evidenciado que el paso previo obligatorio antes de extraer las raíces cúbicas, es igualar la ecuación (*) y hemos visto que no es igualable con ñ natural; se hace patente que el teorema carece de soluciones naturales para N=3.

El proceso descrito habrá que hacerlo con absolutamente todas las tríadas habidas y por haber, ya que las dos unidades de pico del factor $2ñ^3$, molestan hasta el infinito con todos los valores naturales de ñ, cosa que ya sabíamos por el método aritmético y que ahora se nos confirma.

Nos quedaría el camino de cambiar también k (ñ natural) pero entonces el primer miembro también cambia… y lo que es peor, crece mucho más rápido que el segundo, por tanto lograr igualdad se complica en extremo.

ARGUMENTO TERCERO: a la vista de la ecuación (*) resulta evidente que el primer monomio del segundo miembro: $216k^2ñ$, sólo será cubo perfecto si k=ñ (pues 216 ya lo es) cualquiera que sea k, pues como k ya está al cuadrado, nada más llegará a cubo volviéndolo a multiplicar por k; por tanto, se habrá de cumplir necesariamente que k=ñ si queremos que ese monomio sea cubo perfecto. Por otra parte, como k tiene que ser natural y se ha optado por hacer k=ñ, resulta palpable que ñ será también natural, lo que es bueno para el problema.

Ahora bien, cuando se den tales circunstancias, sucederá que dicho monomio: $216k^2ñ$, se trocará en: $216k^3$ (ya que k=ñ) y entonces vemos que este monomio se hace idéntico al del otro miembro de la ecuación (*) así que se cancelarán entre ellos (pues tienen signos opuestos) por lo que restará lo siguiente: $0=2\tilde{n}^3$, que no admite soluciones de ningún tipo.

Dicho de otro modo… las matemáticas nos informan que si k=ñ, ahora sólo podremos igualar ambos miembros de la ecuación, si ñ=0. Esto implica que A=B=C=0, con lo cual el problema se nos ha esfumado, ya que es condición básica que los parámetros sean diferentes entre sí y distintos de cero.

Este argumento es extensivo a todos los valores naturales que se den a k, ya que dijimos que la condición para hacer cubo perfecto al monomio $216k^2\tilde{n}$, no es el valor que tome k, sino que k sea natural e igual a ñ.

En resolución, es patente que los razonamientos de este tercer argumento, revelan que el problema carece de soluciones con valores naturales de los parámetros.

CUARTO ARGUMENTO: los argumentos anteriores… quizás no convenzan a ningún matemático (yo sólo soy aficionado a todo saber, incluso a las matemáticas) ya que pueden aducir que los monomios del segundo miembro de la ecuación (*) forman un solo número… y que por lo tanto no es lícito aislarlos y juzgar por separado su cubicidad, sino que deben ser cubos perfectos una vez sumados… u otras razones que ingenien.

Yo discrepo de tal concepción, ya que el álgebra tiene sus leyes y no permite disociar elementos vinculados por los signos de multiplicar y dividir, pero sí los separados por los signos de sumar y restar, como es el caso.

Es decir, el factor $2\tilde{n}^3$ nunca será cubo perfecto, por el coeficiente 2 que le es inseparable; pero ese número es ajeno a lo que acontezca con el otro monomio de ese miembro. Queremos decir, $216k^2\tilde{n}$, si k=ñ, será cubo perfecto, al margen de que $2\tilde{n}^3$ no lo sea. Por otra parte, no parece que el argumento segundo resulte afectado por esta cuestión.

No obstante, como el asunto sea acaso discutible, yo soy filósofo, no matemático, según ya se ha reconocido… y además, los argumentos son asaz complejos y puede que no los consiga explicar con la claridad y persuasión idónea; aún resta un cuarto argumento, no nacido de apreciación intuitiva, ni razonamiento abstracto… dificultoso de expresar y aun más dificultoso de entender (o viceversa) sino demostración algebraica que conduce a una ley precisa… o como dijo Fermat: maravillosa. Veámoslo:

Como en la ecuación (*) si se hace k=ñ (para todo valor de k) implica sin asomo de duda diferencias a favor del segundo miembro, ya que $216k^2ñ$ y $216k^3$, se nos cancelan… y si se opta por ñ>k, la diferencia a favor del segundo miembro, siempre tenderá a crecer, pues el primer miembro carece de factor ñ; se revela evidente que la única manera de intentar igualar ambos miembros de la ecuación, pasa NECESARIAMENTE por hacer ñ más pequeño que k. No es difícil demostrar algebraicamente lo que acabamos de afirmar; pero opinamos que goza del grado necesario de evidencia para que no sea menester.

En resolución, tras la comisión de la ecuación (*) al infinito, inspeccionando el lado derecho de la frontera N=3, tenemos la certeza matemática de que todas las ternas tipo k=ñ y tipo ñ>k, no podrán cumplir el teorema, ya que todas ellas crearán desigualdades a favor del segundo miembro de (*) por cantidades más o menos grandes; según los valores que demos a k (en el caso de que k=ñ) o bien según el valor de k y el número de unidades en que ñ supere a k, si hacemos ñ mayor que k; es decir, si ponemos ñ=k+j.

Veamos qué significación contiene este exceso favorable al segundo miembro de la ecuación (*). Se recordará del método aritmético, que al tantear una tríada cualquiera (A, B, C) si C elevado a N, es mayor que A elevado a N, más B elevado a N, tal trío había optado a resolver el teorema, pero se había excedido en sus pretensiones; en tanto que si C elevado a N, era menor que la suma de las mismas potencias de A y B… esa terna no era apta para resolverlo con cierto exponente, por quedarse corta (A+B>C, con determinado exponente).

Pues bien, en la ecuación (*) el primer miembro conforma la suma de los parámetros A y B (elevados cada uno de ellos al exponente N=3) en tanto que el segundo miembro, representa al parámetro C.

Por consiguiente, cuando el álgebra responde por medio de la ecuación (*) que todas las tríadas obtenidas mediante los infinitos recursos de hacer k=ñ y ñ>k (sean cuales sean) crean desigualdades en la ecuación (*) siempre a favor del segundo miembro; lo que nos informa es que todas esas ternas cruzaban valores y se excedían más o menos holgadamente.

El fenómeno contrario: superioridad del primer miembro de la ecuación (*) habría revelado que las ternas probadas no llegaban al cruce de valores, o sea, que tampoco lo cumplían por quedarse cortas. Dicho de otro modo: requieren exponentes mayores que tres, para lograr que C supere a los dos sumandos y se produzca cruce de valores. Es claro ya que una terna optaría a resolver el teorema, si logra igualdad en la ecuación (*). Se ha dicho optar, pues nos permitimos recordar, que además ambas cantidades tendrían que ser cubos perfectos; pues la igualdad a secas es condición necesaria mas no suficiente para resolverlo.

Una vez interpretados los resultados de la ecuación (*) estamos en condiciones de sacar conclusiones del mensaje que enviaba, cuando nos telegrafió desde el infinito con la buena noticia de que si k=ñ o ñ>k, el segundo miembro de la ecuación siempre sería mayor que el primero: que ha investigado todas las ternas de esas características y ha averiguado a ciencia cierta, que se exceden en su intento de resolver el teorema.

Veamos, por curiosidad, para valores bajos de k y ñ, qué ternas son las que ya están auscultadas y se exceden:

A=6k-ñ		B=6k	C=6k+ñ	opción: k=ñ
k=1	ñ=1		5, 6, 7	
k=2	ñ=2		10, 12, 14 = 5, 6, 7	
k=3	ñ=3		15, 18, 21 = 5, 6, 7	
k=4	ñ=4		20, 24, 28 = 5, 6, 7	
k=5	ñ=5		25, 30, 35 = 5, 6, 7	

Por lo que respecta a la opción ñ>k, como hay infinitos modos de hacer a ñ mayor que k, optaremos por el más sencillo: ñ=k+1, pues como ha informado la ecuación (*) que basta que ñ>k (sin matizar cuantía) todas las ternas se excederán también en su intento de resolver el teorema, nos limitaremos a curiosear cuáles eran las más aptas, no las absurdas.

A=6k-ñ		B=6k	C=6k+ñ	opción: ñ=k+1
k=1	ñ=2		4, 6, 8 = 2, 3, 4	
k=2	ñ=3		9, 12, 15 = 3, 4, 5	
k=3	ñ=4		14, 18, 22 = 7, 9, 11	
k=4	ñ=5		19, 24, 29	
k=5	ñ=6		24, 30, 36 = 4, 5, 6	

Por lo tanto, las ternas k=ñ, son las que por el método aritmético anotamos así (5, 6, 7)ñ… y la ecuación confirma lo detectado por el método aritmético: son las más aptas para resolver el teorema pero todas se exceden, como su básica.

Por lo que se refiere a las tríadas del tipo ñ=k+1, la ecuación (*) nos trae otra noticia… y es que todas se exceden por mayor cantidad que las k=ñ. Dicho de otro modo, se confirma que el método aritmético (al cabo no más que chisme manual que no pasa de la vuelta de la esquina) es correcto. Véase que las ternas del tipo ñ=k+1... o cruzaron valores con N=2 y por tanto ya resultan inservibles para N=3 (que acrece la diferencia a favor de C) o bien lo cruzan con N=3 por holgada superioridad.

Roboremos esto con un ejemplo de ñ>k distinto. La tríada k=3, ñ=7, que resulta ser A=11, B=18 y C=25, cuyos cubos son 1331, 5832 y 15625, respectivamente, arroja un saldo favorable a C de 8462 unidades. Es decir, conforme a las previsiones de la ecuación (*) esa terna tipo ñ>k, se ha excedido ampliamente en su pretensión de cumplir el teorema. Se confirma, pues, la exactitud de lo revelado por dicha ecuación (*).

Por lo demás, como se ve por las ternas expuestas tipo ñ>k, la ecuación (*) no distingue tirios de troyanos y examina todas las tríadas, incluso las que crean disparidades, como la 2, 3, 4, ó 7, 9, 11. En cuanto al hecho de que examine tríos no específicos para N=3, como esos dos citados, constituye la prueba de la fidelidad y precisión de la ecuación (*) que se muestra digna de crédito y nos alienta a confiar en la tarea que realiza.

En resolución, la ecuación (*) escudriñó toda la ribera derecha de la línea N=3... y ha demostrado que por ese arcén, todas las infinitas ternas (que ya sabemos que son las tipo k=ñ y ñ>k) sin excepción, se excedían en su intentona de cumplir el teorema de Fermat.

Demostrado eso, es claro que como dijimos anteriormente, sólo nos resta averiguar si es posible igualar la ecuación (*) haciendo que ñ<k.

Investiguemos por tanto esta posibilidad, poniendo ñ una unidad menor que k... y veamos qué responde el álgebra. Dicho de otro modo, sólo resta por escudriñar el margen izquierdo de la línea N=3... y tal operación podremos ejecutarla a base de hacer que ñ<k. Para ello en (*) anotaremos ñ en la forma de k-1, con lo que resultará ecuación con una sola incógnita, que podremos resolverla. Hecho tal cambio de variable, la ecuación (*) se transforma en esta otra:

$$216k^3 = 216k^2(k-1)+2(k-1)^3 \qquad \text{o sea: } 216k^3 = 216k^3-216k^2+2(k-1)^3$$

$$\text{o sea: } 108k^2=(k-1)^3 \qquad\qquad 108k^2 = k^3-3k^2+3k-1$$

que al cabo concluye en: $\mathbf{111k^2+1 = k^3+3k}$ \qquad (+) [13]

---

13 A fin de evitar confusiones, las ecuaciones de este nuevo formato, resultantes de cambiar ñ por un valor disminuido de k (en este caso k-1) de las que veremos varias de gran parecido en párrafos sucesivos, se designarán con este (+) nuevo signo.

Esta ecuación de tercer grado, como ya era de esperar, carece de soluciones enteras, de hecho, si k=111, resulta la siguiente desigualdad:

$$1 = 333 \qquad \text{(diferencia: 332 unidades x2=664)}$$

pero si k=110, entonces la desigualdad se nos invierte, pues resulta:

$$1343101 = 1331330 \quad \text{(diferencia 11771x2=23542)}$$

Es patente que para k=111 vence el segundo miembro, en tanto que con k=110 domina el primer miembro. Como k tiene que ser entero y entre 110 y 111 no cabe otro número, se evidencia que la ecuación (+) carece de soluciones naturales.

Interpretado este vaivén de las desigualdades que revela el álgebra, quiere decir que si k=111 (ñ=110, pues) el segundo miembro será 332 unidades mayor que el primero (de facto 664, habida cuenta que en uno de los pasos, se dividió la ecuación por 2). En efecto, dados esos valores a k y ñ, que equivale a la tríada A=556, B=666 y C=776, surge tal diferencia.

Este resultado se obtiene, bien manejando directamente los parámetros, en cuyo caso los datos son los siguientes: A=171879616, B=295408296, C=467288576, cuya diferencia son en verdad las 664 unidades más para C que para A+B, ya previstas.

También podemos operar en la ecuación (*) que proporciona las siguientes cifras: $216k^2ñ=292746960$, $2ñ^3=2662000...$ y para el otro miembro $216k^3=295408296$; que en efecto así mismo arroja el saldo de las 664 unidades de diferencia a favor del segundo miembro, que esperábamos.

Por contra, si damos a k=110 (ñ=109, pues) la diferencia será a favor del primer miembro de la ecuación (*) por las ya citadas 23542 unidades de diferencia. Los datos son (se anotan sólo los de la ecuación (*) a fin de no saturar de números) los siguientes: 287496000 = 284882400 + 2590058, que manifiestan a favor del primer miembro las 23542 unidades dichas.

Esto equivale a decir que en la terna k=111, ñ=110, cuyos parámetros son: A=556, B=666, C=776, se produce lo que por el método aritmético llamamos cruce de valores; en tanto que para k=110 y ñ=109 (tríada A=551, B=660, C=769) no se consuma el cruce de valores (para N=3 en ambos casos, claro).

Hemos iniciado ya las pesquisas de las ternas tipo ñ<k y la ecuación (+) experta en la materia, informa que estudiadas

las tríadas tipo ñ=k-1, hasta k=110, todas se quedaban cortas, pero la k=111 (por tanto ñ=110) o sea, el trío A=556, B=666, C=776, era más atrevida y lograba pasar del otro lado de la frontera N=3; aunque se excedió en su intento de resolver el teorema. En efecto así es, ya que resultan 467287912 unidades del primer miembro… y 467288576 en el segundo.

Nos las prometíamos muy felices, ya que confiábamos que la ecuación (+) como su progenitora (*) lograra explorar el margen izquierdo de la frontera N=3 hasta el infinito; pero en el punto: k=111 ha detectado una anomalía. No obstante, la ecuación (+) ha facilitado información valiosísima, que luego de interpretarla, nos permitirá continuar nuestras pesquisas.

Curioseemos, como ya hicimos, qué tríos son esos que la ecuación (+) informa que se quedan cortos (no alcanzan cruce de valores con N=3) y de paso verifiquemos que la ecuación (+) tiene también óptimo funcionamiento.

A=6k-ñ	B=6k	C=6k+ñ	opción: ñ=k-1

k=1	ñ=0	6, 6, 6	k=4	ñ=3	21, 24, 27=7, 8, 9
k=2	ñ=1	11, 12, 13	k=5	ñ=4	26, 30, 34=13, 15, 17
k=3	ñ=2	16,18,20 = 8, 9, 10	k=6	ñ=5	31, 36, 41

A ojo de buen cubero se ve, que en efecto, tales ternas son aptas para exponentes más elevados. Además, el hecho de que la ecuación (+) incluso estudie ternas como 6, 6, 6 (que no se adapta al enunciado del problema) o la 13, 15, 17 que origina disparidad entre sumandos (par) y suma (impar) nos proporciona gran tranquilidad y ratifica que funciona como una máquina.

Nos hallamos, a mi juicio, en el pasaje más arcano del laberinto de Fermat y ante el culmen de sus enigmas. Veamos la explicación… que nos permitirá fabricar nuevas ecuaciones (+) que lograrán coronar el escrutinio.

Resulta que se crea un curioso fenómeno de vaivén de las desigualdades. La explicación es que puesto que ñ no aparece en el primer miembro… y en el segundo aparece dos veces: en $216k^2ñ$ y en $2ñ^3$, disminuir una unidad a ñ afecta mucho al equilibrio de la ecuación (*) o si se prefiere de las (+) habida cuenta que si k=ñ, las diferencias son sólo de $2ñ^3$ unidades; por lo que el valor del primer miembro (que no está afectado por la disminución de ñ) supera el valor del segundo miembro. Ahora bien, cuando ñ crece (siguiendo a k pues ñ=k-1) las crecientes aportaciones de ñ en $2ñ^3$ y en $216k^2ñ$; acaban por recuperar el territorio perdido y el segundo miembro, vuelve a superar al primero o sea, surgen ternas que de nuevo cruzan valores.

En suma, tras el bache inicial, el segundo miembro acaba recuperándose de la pérdida de una unidad en la variable ñ… y volviéndose a imponer al primer miembro. La implicación que tiene el fenómeno detectado es que nuestra primera ecuación (+) ha quedado inservible en el punto k=111, pues a partir de esa encrucijada se ocupa de ternas que ya están todas estudiadas y descartadas por la ecuación (*).

Ratifiquemos que en efecto así es. Obsérvese que si en la ecuación (+) hacemos k=112, la diferencia a favor del segundo miembro aumenta y excede con creces las 664 unidades de k=111. Damos sólo el saldo final a favor del segundo miembro que es lo que interesa: 12879 unidades.

Conclusión: para valores de k=111 y sucesivos, hasta el infinito, siempre será mayor el segundo miembro que el primero (si mantenemos ñ=k-1). Dicho de otro modo, no podremos seguir estudiando tríadas nuevas de las que aspiran a cruzar valores, poniendo una sola unidad de diferencia entre k y ñ.

Advertí esto con relativa facilidad, pues es palpable… y preví el remedio también con presteza y fue esa misma facilidad para adelantarme a los acontecimientos, lo que me hizo titubear sobre las posibilidades de culminar la empresa; al percatarme de que controlar el arcén izquierdo de la frontera N=3 exigiría un proceso infinito.

Estuve todo un día atascado en el punto k=111, intentando hallar modo de soslayar el proceso infinito que preví (pues no me quería resignar a las demostraciones del método aritmético y por reducción al absurdo) y al no ver manera de evitarlo, mi insaciable curiosidad por querer saberlo todo y su porqué, me impulsó a fabricar nuevas ecuaciones (+) con ñ=k-2, ñ=k-3, etc. y enviarlas a indagar lo que ocurría a partir del punto k=111, en sus primeros tramos. No me podía quedar con la curiosidad… y sucedió algo admirable que lamento no haberlo previsto.

Tras lo dicho es claro el proceso a seguir, pondremos en la ecuación (*) ñ en forma de k-2. Hecho lo cual y abreviando pasos, pues el proceso es el mismo que antes se ha detallado, tendremos lo siguiente:

$$108k^3 = 108k^2ñ+ñ^3 \qquad \text{o sea:} \qquad 108k^3=108k^2(k-2)+(k-2)^3$$

$$108k^3=108k^3-216k^2+k^3-6k^2+12k-8 \qquad \mathbf{222k^2+8 = k^3+12k} \qquad (+)$$

Ecuación tipo (+) que como era de prever tampoco tiene soluciones enteras. Para k=222 (ñ=220) resultaría desigualdad de 8=2664, lo que traducido a palabras quiere decir que el trío surgido con k=222 y ñ=220, cruza valores sin lograr igualdad.

La diferencia en la ecuación (+) es de 2656, que se ha de multiplicar por dos (debido a que la dividimos antes por 2) y resultarán 5312. Al igual que en la terna correspondiente a 6k+-ñ, si k=222 y ñ=220 que es A=1112, B=1332 y C=1552; cuyos datos se omiten para no abrumar, pero que resultarán evidentes si revelamos que es la (556, 666, 776)x2 y bien sabemos que al aumentar la escala… aumenta la diferencia. Lo esencial de todos modos, es que tal terna ya cruza valores ¡sin lograr igualdad! ni tampoco las anteriores, que se quedaban cortas.

Véase por otra parte, que 8=2664 tras simplificarla, es: 1=333, así que las tríadas que cruzan valores… son múltiplos de la primera.

Prosigamos. Digamos que la igualdad se conseguiría con un número ligeramente inferior a k=222, pero como conviene dejar entero a k (pues el otro miembro de (*) no conviene tocarlo) deduciríamos de ñ el tris que sobra que se reduciría ñ=219,9995 aproximadamente.

Adviértase que si se desea igualar la ecuación (+) y que se resuelva el teorema, tendría que ser a base de fragmentar ñ y con ello también C y A, que dependen del valor de ñ; luego queda ya probado que hasta el punto 222, no existen soluciones naturales del teorema de Fermat para N=3.

Como se ha producido un hecho similar al anterior, o sea, que para valores de k=222 y ñ=k-2… y sucesivos, ya siempre el segundo miembro será mayor que el primero, hay que repetir de nuevo el mecanismo para ñ tres unidades menos que k, si queremos seguir indagando ternas sucesivas del arcén izquierdo de N=3, que es el único que queda por pesquisar; hecho lo cual y de modo aún más simplificado, pues ya es común, obtendremos:

$$216k^3 = 216k^2(k-3)+2(k-3)^3 \qquad \text{o sea: } \mathbf{333k^2+27 = k^3+27k} \ (+)$$

De nuevo se reproduce el fenómeno, por tanto es evidente que esta ecuación también carece de soluciones enteras. Para k=333 resultaría la desigualdad 27=8991, lo que muestra que esa terna que se obtiene con k=333 y ñ=330 que ya no detallamos, habrá cruzado valores sin lograr igualdad.

En rigor 27=8991 es simplificable y equivale al conocido 1=333, que nos revela que a partir de cierto valor de k surgen ternas múltiplos de otras ya estudiadas; evidente es… que no resolverán el teorema, pues el álgebra lo que muestra es que el mecanismo se repite a mayor escala; porque como hartas veces hemos dicho ya… no cambian los hechos, sino la escala de los hechos.

Igualdad de esta ecuación (+) que sólo se conseguirá si se fracciona ñ, o sea, que para k=333, ñ será ya algo más de tres unidades menos; así que valdrá ñ=329,999 aproximadamente Al fragmentar ñ también lo estarían A y C, a su vez afectadas por ñ. Por lo tanto queda demostrado que en este nuevo tramo, hasta el punto k=333, ninguna terna ha resuelto el teorema de Fermat; ésta y sus submúltiplos porque todas se exceden y las restantes, porque se quedan cortas.

Como de nuevo los hechos se repiten, implica que a partir de que k toma el valor 333, para seguir indagando ternas, se deberán separar los valores de k y ñ cuatro unidades. Hecho lo cual y tras operar por senda ya conocida:

$$444k^2+64 = k^3+48k \qquad (+)$$

Salta a la vista que esta nueva ecuación (+) es un calco de las anteriores y que por tanto, no tiene tampoco soluciones enteras… o sea, que no existen ternas enteras que satisfagan el teorema de Fermat hasta el punto k=444. La solución no entera sería a base de k=444 (como se sabe se debe optar por mantener entero a k y reducir el valor de ñ) que ahora tendría que ser 439,999 aproximadamente, si deseamos igualar la ecuación.

De nuevo si queremos continuar escudriñando tríadas para valores superiores de k=444, hay que reducir el ámbito de las tríadas, aumentando la distancia [14] entre k y ñ, ahora a cinco unidades… y caminando por los trillados derroteros que sabemos de coro llegaríamos a:

$$555k^2+125 = k^3+75k \qquad (+)$$

No hay que ser un iluminado, sino que basta con tener los ojos abiertos, para advertir que el proceso sigue inflexible ley; que consiste en que por cada unidad que distanciemos ñ de k, el valor nuevo que toma k, es múltiplo natural de 111 por el número de unidades que disten k y ñ. Dicho de otro modo, los múltiplos naturales de 111 marcan los hitos en los que debemos modificar el valor de ñ.

Basados en dicha pequeña ley y en que el formato de la ecuación (+) resultante es siempre el mismo, pues varían sólo

---

14 Esta paradoja es chocante, pero correcta. Abrir el ámbito reduce los parámetros extremos y rebaja el exponente de cruce, como vimos por el método aritmético. Aquí se reduce el ámbito aumentando la distancia entre k y ñ. Ejemplo: k=6; 6k+-(k-2) 40,32; pero 6k+-(k-3)=39,33.

el coeficiente de los factores k y k^2… y el valor que toma el término independiente, todos los cuales dependen del número de unidades que disten k y ñ; es claro que cabe hacer pronósticos hasta el infinito, con esa seguridad que dan las matemáticas… impropia de este mundo nuestro.

Por tanto podremos pronosticar, no sólo el formato que tomará la ecuación tipo (+) para cualquier distancia que se imagine de k y ñ; sino incluso el resultado que deberá tener dicha ecuación (+). De manera que si se distancian k y ñ, 10 unidades, la ecuación carecerá de soluciones enteras y logrará igualdad para los valores k=1110 y ñ=1099,99 aproximadamente. Su formato será éste: $1110k^2+1000 = k^3+300k$; luego no habrá más que comprobar que todo se atiene a lo previsto. Veámoslo:

$$216k^3 = 216k^2ñ+2ñ^3 \qquad \text{o sea: } 216k^3 = 216k^2(k-10)+2(k-10)^3$$

$$216k^3= 216k^3-2160k^2+2k^3-60k^2+600k-2000 \qquad \mathbf{1110k^2+1000 = k^3+300k} \ (+)$$

Por lo que las igualdades sólo se conseguirían a base de fragmentar el valor de ñ… y puesto que el proceso se atiene a estricta ley, queda palpablemente demostrado que es imposible lograr soluciones naturales del teorema para N=3; pues al tener que ser siempre ñ no natural para conseguir igualdades, como los valores de A y C están afectados por ñ, tampoco lo serán. O dicho de otra manera, como las ecuaciones (+) que siguen leyes rigurosísimas nunca tienen soluciones naturales… y revelan que todas las ternas a estudiar se quedan cortas, excepto las tipo k=111x (ñ=k-x) y sucesivas que se exceden todas sin excepción; no hay necesidad de seguir investigando con nuevas ecuaciones (+) porque todas hasta el infinito, telegrafiarán confirmando que rastreado el tramo a inspeccionar, sus pesquisas culminaron de manera satisfactoria con los resultados previstos.

En suma, queda demostrado matemáticamente (y ya sabemos que eso significa que aunque el firmamento se hunda… seguirá la demostración siendo válida) que el teorema de Fermat, para N=3, carece de soluciones naturales.

El álgebra nos ha confirmado lo que ya había atisbado el método aritmético (cuyas debilidades no niego) pero cuyo mérito reside en su facilidad… y en ser la chispa de luz que permitió encontrar la hebra del hilo de Ariadna, que nos ha facultado para hallar la salida del laberinto de Fermat.

Tras los anteriores procesos deductivos y algebraicos se ha alcanzado la tejne, que nos permite resolver el teorema de Fermat, pero según se dijo éste pretende ser libro filosófico; así que como aspirante a filósofo que soy me gusta llegar a la episteme de los conocimientos. Por otra parte, de poco sirve saber manejar un chisme si no comprendemos su funcionamiento, que es lo que nos enriquece; por ende, dedicaremos párrafos a fin de alcanzar la epistemología del aparato diseñado.

Hablando llanamente, ya sabemos CÓMO no extraviarnos en el laberinto de Fermat; ahora nos dedicaremos a comprender el PORQUÉ nuestros aparatos permiten orientarnos y encontrar la salida de dicho laberinto… que es aún más bonito. Las ideas fundamentales son las siguientes:

- La tan citada ecuación (*) es una especie de detector de tríadas aspirantes a resolver el teorema de Fermat con N=3; para lo cual las va estudiando todas hasta el infinito… y nos informa de cuáles no son aptas (no cruzan valores) y cuáles lo son (cruzan valores, pero se exceden en su pretensión). Como ella sola no puede auscultar todas las ternas hasta infinito, sino solamente las tipo k=ñ y ñ>k; es decir, puesto que sólo vigila el lado derecho de la frontera N=3, se auxilia con las ecuaciones (+) que estratégicamente sitúa a lo largo de todo el lado izquierdo de dicha línea N=3, cada una de las cuales toma el relevo de la precedente, una vez la anterior ha escudriñado el territorio que tenía asignado.

- Como se dijo cuando desarrollamos el método aritmético, las ternas sólo optan a resolver el teorema, para determinado exponente N, cuando con ese N adviene lo que entonces llamamos cruce de valores (valor de C elevado a N, mayor que la suma de A y B, ambos elevados a ese mismo N). Este proceso lo rige la cuantía que toma el parámetro B, o sea, 6k; así que al aumentar k, acrecemos el exponente N necesario para que surja cruce de valores. La velocidad de este proceso es de una unidad más de N, por cada dos unidades de incremento de B.

- El procedimiento mediante el cual el artefacto (*) nos avisa de que una terna alcanza o no cruce de valores, es merced a una especie de balanza sutilísima (que detecta más allá de las trillonésimas de número) cuyos platillos son los miembros de la ecuación. Si el platillo derecho (segundo miembro de la ecuación) detecta más peso que el izquierdo; la terna aforada optó a resolver el teorema con N=3, ya que alcanzó el cruce de valores, pero se excedió en su tentativa. Por contra, si es el platillo izquierdo (primer miembro de la ecuación) el que capta mayor peso, la terna no será adecuada para alcanzar el cruce de valores con N=3; por tanto, tampoco resolvió el teorema. Esas ternas que están a ambos lados de la linde de N=3, son las que debemos estudiar con atención (pues son las únicas sospechosas) a fin de averiguar si se pasan, lo resuelven o no llegan. Por tal motivo los aparatos enviados a la linde N=3 (o la que sea) deben ir adecuadamente equipados para ello. Las ecuaciones (+) captan cuáles son esas tríadas, pues van pertrechadas del ADN [que ya figura en la ecuación (*) y se transfiere a cada una de las (+) auxiliares] que portan semejantes ternas. Dicho de otro modo, son excelentes sabuesos que olfatean y siguen el rastro que interesa indagar. De ese modo se desentienden del resto de tríos (digamos que 5, 6, 1437 que ya cruzó valores incluso con N=1) y no pierden con ellos tiempo, pues el camino hasta el infinito, es más bien largo… y el número de ternas a pesquisar polinfinitas.

   - Como se dijo en el método aritmético, abrir el ámbito de un trío (distanciar por aumento de ñ los parámetros A y C) equivalía a disminuir el exponente de cruce de valores. Pues bien, mediante esos dos elementos de tracción (incremento de k e incremento de ñ) los artilugios aforatríos (ecuaciones +) se van desplazando a lo largo de la infinita frontera N=3, por su margen izquierdo que es el difícil de explorar (del derecho se ocupó ya la ecuación (*) ella solita de una tacada) sopesando trío a trío sus rasgos y si se pasan o no llegan. Cada aumento de k es una nueva terna (e implica aumento de N para el cruce de valores) pero puesto que ñ le va en zaga abriendo el ámbito, el salto no es brusco… sino sutilísimo; de modo que no escape nada al control del aparato, ni nos distanciemos de la frontera N=3, que es donde ocurren los sucesos que se desean investigar. Digamos que al poner ñ en forma de k-1, se sincroniza el avance de ambas variables, de modo que lo hagan al unísono… y además, formando un equipo que constituye una especie de micrómetro de tríadas, pues el avance es constante pero cauteloso, ya que k dice ¡aaarre! y escudriña el ADN de B, en tanto que ñ=k-1 dice ¡sooo! e inquiere el de A y C; por eso ha de avanzar con más tiento, pues su tarea es doble.

   - Debido a que la tracción trasera de las ecuaciones (+) debe atender a dos frentes durante el transcurso de su tarea pesquisidora; el eje trasero corre riesgo de desgoznarse y que la máquina descarrile. Apréhéndase con un ejemplo ilustrativo: calcularemos los valores de las ternas B=6k, A y C=6k+-(k-1), para k=5, 6, 7 y 8. Surgen los tríos: 26, 30, 34; 31, 36, 41; 36, 42, 48 y 41, 48, 55. En apariencia cada una es de su padre y de su madre, pues debido a la ley de números primos, dos de ellas son imposibles de simplificar… y la primera sólo a medio camino. La culpa no es de las tríadas sino de los números primos, que impiden dividir por 5, 6, 7 y 8 cada una de ellas; pero si nos hacemos el sueco, mandamos tal ley al trastero y ejecutamos la división a la trágala (separamos con / los valores, a fin de no desorientar con los decimales) obtendremos respectivamente los tríos siguientes: 5,2/6/6,8; 5,166/6/6,833; 5,142/6/6,857 y 5,125/6/6,875; cuya [15] filiación no admite dudas y además permite comprender, que al darle a la ecuación la orden de que avance por valores enteros, el mecanismo trasero está sometido a duro esfuerzo de tracción… que acaba por requerir que haya que repararle el eje del tren trasero a intervalos regulares, a cuyos piñones habrá que reducirle un diente, pasando a ser ñ=k-2, ñ=k-3, etc. Tales intervalos regulares son 111 unidades escrutadas para N=3 (ya veremos en su momento para otros valores de N). Esa exigencia de las máquinas (+) al no ser aleatoria, sino una ley, ha permitido resolver el teorema hasta el infinito con N=3… y nos facultará para el resto de exponentes. Digamos que esa ley es la prueba de que no cambian los hechos, sino la escala de los hechos… y esto es lo que siento no haber previsto, después de tanto buscarlo, cuando quedé atollado con la terna k=111.

- El mecanismo mediante el cual el aparato informa que detecta una terna que resuelve el teorema, sería si la ecuación (*) o una de las ecuaciones (+) revelara solución exacta; es decir, si ambos platillos de la balanza quedasen equilibrados. (Ambos serían cubos perfectos, si no se modificase el primer miembro que ya lo es, pero al no lograrse igualdad, con k y ñ naturales, no hay solución posible).

- Puesto que las máquinas (*) y (+) escudriñan todas las ternas que están a un lado u otro de la frontera N=3 (el resto de tríos no son sospechosos) y les hemos dado instrucciones de que nos avisen si hay alguna de ellas que resuelva el teorema, sin permitir nunca que sea fraccionario ñ… y tal inspección se ejecuta automáticamente, pues se atiene a ley inflexible (como matemática) que impide las excepciones; podemos dormir a pierna suelta, con la seguridad de que jamás habrá sobresaltos… y que nuestros aparatos (+) comprobarán hasta el infinito que no hay excepciones… o sea, que no hay soluciones naturales del teorema de Fermat, para N=3.

- El hecho de que al crecer k, se eleve el exponente de cruce… y al crecer ñ disminuya (abrir el ámbito) amén que ambos recursos avancen sincronizados; es el mecanismo de que se valen las ecuaciones (+) a fin de escudriñar ternas para las que en principio no parecían preparadas, como la 2, 3, 4.

---

[15] A veces en ciencia conviene no ser un autómata, sino como en el arte, volvernos audaces y atrevernos a burlar las normas establecidas; entonces en arte, si se hace con pericia, se palpa la emoción… y en ciencia todo se vuelve admirablemente diáfano y permite desvelar los oscuros procesos que rigen en el universo. La división forzada nos revela el finísimo proceso de rastreo que se efectúa: sin dejar nada atrás y sin que quede una micra por escrutar.

- Observar por último que el método algebraico, muestra fehacientemente que el procedimiento aritmético es correcto y exacto, pues las ecuaciones (*) y (+) están pertrechadas con material genético de las ternas básicas del exponente N que se debe investigar; único modo de identificar a sus descendientes que son las más sospechosas de lograr igualdad… y el mecanismo mediante el cual mandamos a (*) y (+) a la frontera adecuada al trabajo a realizar. La aritmética, como chisme manual que es, no puede llegar al infinito, sino sólo intuir el resultado sin poder certificarlo; en tanto que el álgebra (más moderna) lo hace, por gozar de los automatismos de la técnica. El método aritmético, pues, no es más que un tosco rastrillo manual, pero cuya loable eficacia confirma el álgebra.

Las ciencias y en particular las matemáticas, funcionan con seguridad y precisión, pero si nos limitamos a coger los resultados que facilitan… y volamos a espetaperros a solazarnos con las excelencias de la televisión, sin más averiguaciones; nos perdemos lo mejor de ellas. Las ciencias entrañan emociones tan profundas e intensas… como las 'divinas matemáticas' de Bach; las 'pequeñas combinaciones' de [16] Capablanca; la inmensa pasión de Victoria; las pasmosas lecciones de estrategia de Petrosián, que transforma el ajedrez en partida 'con una sola portería'; las distorsionadas figuras de Munch, que nos asoman al abismo de la angustia y el dolor; las emotivas modulaciones enarmónicas de Schubert; la pincelada y expresión alucinada de Van Gogh; la técnica y tridimensionalidad de Velázquez; la descarnada y ultramundana sonoridad de Webern, que instila la solitud y el vacío; el mensaje archihumanísimo de Goya; ideas poéticas profundas de Quevedo, que atisba que somos un agónico entremorir constante, que hasta más allá de la muerte, estaremos enamorados de la belleza… que también se oculta en las ciencias, etc.

Tal es la razón más que mi aspiración a ser filósofo, por la cual dediqué tiempo a comprender epistemológicamente, el artilugio aforatríos pergeñado a fin de resolver el teorema de Fermat… y a fe a fe que mereció la pena; me emocioné hasta lo inefable. Expuesta la epistemología del curioso mecanismo de las ecuaciones (*) y (+) pasemos a estudiar el **exponente N=5.**

Bien sabemos que las ternas básicas para ese exponente, deberán responder a la forma C y A=10k+-ñ, y B=10k; ambas (k y ñ) podrán tomar todos los valores naturales posibles. Luego de aplicar a esos parámetros el método algebraico (elevarlos a la quinta potencia, sumar A y B y comparar el resultado con C)

---

16 Las frases entrecomilladas, son prestadas de un músico a quien admiro… y de los propios ajedrecistas Capablanca y Petrosián.

cuyo detalle (idéntico que para N=3) hemos omitido, surge la siguiente ecuación:

$$100000k^5 = 100000k^4ñ+2000k^2ñ^3+2ñ^5 \qquad (**)$$

Someteremos esta ecuación (**) a un análisis semejante al realizado con la de N=3, sólo que omitiremos menudencias que a estas alturas resultan superfluas (como condiciones necesarias para resolver el teorema de Fermat, etc.) pues ya se dominan.

Repitamos la observación hecha con N=3, de que ahora para ñ=1 y k=1 (tríada 9, 10, 11) salen 2002 unidades de diferencia (159049 frente a 161051) que ya vimos en el método aritmético que era el desfase para N=5.

Nos permitimos además una segunda observación, como es la de que resulta palpable a la vista de esta nueva ecuación… que no cambian los hechos, sino la escala de los hechos: varían los coeficientes (porque la terna primera para N=5 es la 9, 10, 11) y los exponentes en consonancia con N=5. La única diferencia notable es que aparece un monomio más (en concreto: $2000k^2ñ^3$). El proceso será siempre así, un término más cada dos grados de aumento de N. Pasemos ya al análisis de la ecuación, similar al realizado con N=3.

En principio hay un monomio ($2ñ^5$) que nunca podrá ser raíz quinta perfecta, ya que $ñ^5$ siempre lo será (cualquiera que sea el valor natural que tome) pero $\sqrt[5]{2}$ sin duda se resolverá en un irracional. Eso ocurrirá con todos los naturales que se den a ñ, puesto que ñxirracional=irracional… luego es evidente que no hay soluciones naturales del teorema, tampoco si N=5.

Este razonamiento es extensivo con todos los exponentes impares, ya que si N=7 habrá (como es de prever) un factor $2ñ^7$, en el que de nuevo $ñ^7$ tendrá raíz séptima; pero como siempre: $\sqrt[7]{2}$ trocará el resultado en irracional. En suma, con todos los exponentes impares habrá un factor $2ñ^N$ que dará por resultado: ñ $\sqrt[N]{2}$ que según se ha dicho, será inevitablemente irracional.

Creemos, pues, que queda claro y definitivamente probado que el teorema de Fermat, carecerá de soluciones naturales para todos los exponentes impares; debido a que las dos unidades de diferencia (que ya empezaron a dar guerra desde que surgieron con el primer trío apto para N=3) seguirán incordiando hasta el infinito. Por otra parte como ya sucedió en N=3, será imposible con valores de k y ñ naturales lograr igualdades en la ecuación que ahora nos ocupa, que recordemos que es la siguiente:

$$100000k^5 = \mathbf{100000k^4\tilde{n}}+2000k^2\tilde{n}^3+2\tilde{n}^5$$

el monomio primero del segundo miembro (cuya parte numérica tiene raíz quinta) exige para ser potencia quinta perfecta que k=ñ (para todos los valores naturales de k). Además tal cosa es buena, pues es también lo que necesita el segundo monomio para tener raíz quinta en su parte literal: $k^2\tilde{n}^3$.

Pero tal conquista es al impagable precio (como sucedió con N=3) de que la ecuación mute en desigualdad (si k=ñ, sea cual sea k) porque la ecuación (**) quedaría así (cancelado el primer monomio con el primer miembro y sustituyendo ñ por k, que van a ser iguales):

$0=2000k^2k^3+2k^5$ así que: $0=2002k^5$ o bien: $0=2002$ (si k=1)

Como la ecuación $0=2002k^5$ es absurda, queda ya demostrado palpablemente por reducción al absurdo, que con k natural (sea cual sea k, desde 1 hasta infinito) resulta imposible alcanzar igualdades… y dado que k tiene que ser igual a ñ, tampoco con ñ natural. Por tanto el teorema carece de soluciones naturales si N=5, pues A, B y C serán naturales sólo si k y ñ lo son.

Estos razonamientos son extensivos a todos los exponentes impares… ya que las ecuaciones resultantes siempre tendrán los mismos rasgos; si bien con otros coeficientes y con exponentes adecuados al valor que hayamos dado a N, que no afectan a los argumentos expuestos (y como se ha dicho, con un monomio más por cada dos grados de cremento del valor que haya adoptado N) así queda explicado por qué, a medida que aumenta el exponente, las diferencias crecen aceleradamente.

Visto lo anterior se revela evidente que todas las ternas formadas con k=ñ y ñ>k, crean diferencias a favor del segundo miembro de la ecuación (**) por lo cual omitimos demostración algebraica. Además esta vez no entraremos ya en detalles de las tríadas que implican los valores de k y ñ.

Es claro que sólo queda por explorar el arcén izquierdo de N=5, cosa que como sabemos se logra a base de disminuir el valor de ñ; única posibilidad que queda de hallar igualdades en (**). Expresaremos ñ en la forma sabida de k-1. Actuemos así en la ecuación (**) y observemos los resultados.

$$100000k^5 = 100000k^4(k-1)+2000k^2(k-1)^3+2(k-1)^5$$

hechas las debidas manipulaciones en la ecuación anterior se llega a:

$$53005k^4+1010k^2+1 = 1001k^5+3010k^3+5k \quad (++)$$

Como era previsible la ecuación dicha carece de solución si k=natural, de hecho se halla para k<53, en concreto k=52,95 aproximadamente. Como ya sabemos, si queremos lograr igualdad no disminuiríamos esa pizca de k, sino de ñ, para no alterar el primer miembro que está bien como está.

Quizás algún filósofo que tenga las matemáticas oxidadas y me siga hasta aquí, se quede boquiabierto de que resuelva tal ecuación de aspecto terrorífico… y lo atribuya al hecho de que soy un mimado de las musas… que me instilaron sapiencia infusa matemática, que a ellos les negaron los dioses. Nada de eso, todo el que sepa dividir es apto para resolverla…

Así que ellos también. No tendrán más que determinar el cociente de 53005 entre 1001 (este pequeño ardid vale con esas ecuaciones, dadas sus características, no siempre) y luego se comprueba el resultado sustituyendo k en la ecuación por uno y otro valor (debe hacerse, pues en ciencia es bueno contrastar los resultados). Entonces se observará que para k=52 y k=53, es mayor en un caso el primer miembro y el segundo en el otro; lo que demuestra que entre tales números, se produjo el cruce de valores (que es lo que interesa saber) porque implica que se ha dado con el trío que de vez en cuando, optó a satisfacer el teorema sin lograrlo… y los anteriores no cruzan valores.

Se observará que salen saldos enormes en un sentido o en otro… no se alteren, no hay error, las matemáticas manifiestan que dadas las cifras y exponentes manejados, una sola décima de diferencia, más o menos, tiene gran significado absoluto, pues la balanza es muy sensible. Digamos que eso constituye prueba palpable de que la máquina diseñada para que nos oriente por el laberinto de Fermat, es de tan magna precisión, que detecta más allá de trillonésimas de unidad; por lo cual la diferencia relativa de décimas ya implica gran error absoluto. La ventaja de gozar de aparato tan extremadamente sensible es que asegura la exactitud de los resultados obtenidos… o sea, es prueba de su admirable calidad científica.

Expresado de otro modo: un error de un milímetro en un mapa del universo del tamaño de España… equivaldría a muchos millones de kilómetros. En suma, se nos confirma por esta nueva vía lo ya dicho: varía la escala de los hechos, no los hechos.

Prosigamos. Aclarado que no existen soluciones naturales para valores ñ=k-1 y que para k igual o mayor que 53 ya siempre el segundo miembro superará al primero, se impone la verdad que sabemos; hay que cerrar el ámbito para proseguir las pesquisas por el arcén izquierdo de N=5, que se consigue como se intuye, poniendo ñ en la forma de k-2. Hecho lo cual:

$$106010k^4+8080k^2+32 = 1001k^5+12040k^3+80k \quad (++)$$

Como bien se ve, la nueva ecuación (++) sigue igual senda que la anterior y también de las (+): mismo coeficiente para k^5 y el de k^4 duplicado, que son los dos que interesan. Por lo que se refiere a la solución, ahora es algo menos de 106; es decir, como ocurría con N=3, hay que modificar la distancia entre k y ñ a intervalos regulares, siguiendo la pauta de los múltiplos de 53. Ecuaciones regidas por idéntica ley, acarrean idénticas consecuencias. Nueva exigencia de modificar ñ, ahora ñ=k-3, a fin de rastrear N=5 por su lado siniestro. Tendremos:

$$159015k^4+27270k^2+243 = 1001k^5+27090k^3+405k \quad (++)$$

Es claro que si ñ=k-4 la ecuación que surja es predecible apodícticamente… y así hasta infinito. Conclusión inapelable: el teorema carece de soluciones naturales con N=5.

$$212020k^4+64640k^2+1024 = 1001k^5+48160k^3+1280k \quad (++)$$

Resulta evidente que la parte literal de la ecuación no cambia, el coeficiente de k^5 tampoco y los demás, siguen leyes precisas que no detallamos, pues están al alcance de todo el que sepa multiplicar… y lo que más interesa: el coeficiente de k^4 siempre crece según disten k y ñ. La solución aproximada de esta nueva ecuación (irracional) se obtiene dividiendo 212020 entre 1001 (k=212, pues) o bien multiplicando la primitiva (53) por las unidades entre ñ y k que es la ley que rige el proceso.

No continuaremos con N=7, ya que las conclusiones tienen que ser las mismas hasta infinito, pues el proceso sigue una ley tan inflexible como las matemáticas mismas; por lo cual las conclusiones son extensibles a todos los exponentes impares, hasta el infinito.

LLegados a este punto estamos ya petrechados a fin de comprender por qué se dijo al inicio del estudio de exponentes impares, que teníamos poderosas razones para anotar las ternas en el formato: B=2Nk y A y B con la estructura 2Nk+-ñ; en lugar del formato: B=k y A y C en la forma k+-ñ.

Si usamos las fórmulas descritas al final del párrafo anterior, tras elevarlas al exponente en que queramos indagar, supongamos que N=3, llegamos a la ecuación $k^3=6k^2ñ+2ñ^3$; que si bien muy parecida a las que conocemos, sin embargo no resuelve el teorema. Si en ella anotamos ñ en la forma k-1 y operamos, etc. la ecuación tipo (+) final: $7k^3+6k=12k^2+2$, se nos extravía en el laberinto de Fermat. En apariencia resulta correcto todo, carece de soluciones naturales, la irracional está entre k=2 y k=1; pero… al cerrar el ámbito y anotar ñ=k-2, vuelve a arrojar soluciones entre k=1 y k=2, etc.

Me quedé pasmado del resultado… y sólo logré interpretar las soluciones del álgebra, gracias al método aritmético que me iluminó por el nuevo laberinto en que, inopinadamente, me había metido… y también debido a que entonces, siendo la primera vez que me adentraba por dichos andurriales, trabajaba en paralelo con la ecuación que luego se reveló eficaz y ésta que ahora se comenta.

Aunque confiaba más en la ecuación derivada del método aritmético, llevado de mi innata curiosidad quería averiguar el resultado de ambas. Digamos que me aseguré… con un nudo as de guía doble.

La explicación es la siguiente. Así como las ecuaciones (+) que usamos con N=3 y N=5, son sabuesos adiestrados para estudiar las ternas adecuadas al exponente en que tienen que ejercer su función (pues portan el ADN característico de la tarea que se les encomienda) la ecuación tipo (+) que ahora usamos, esto es: $7k^3+6k=12k^2+2$, no pasa de modesto aprendiz a quien hemos impartido un cursillo acelerado de fermatología y tras mostrarle la primera terna… lo hemos enviado a paraje inadecuado a su formación: frontera N=3 en el ejemplo puesto.

Así que el buen hombre, aunque es aplicado y se afana, por más tríadas que estudia nos responde que todo el monte es orégano; o sea, que todas las ternas están pasadas de rosca, cruzaron valores para N=3 y entre las que está adiestrado a escudriñar, no halla ninguna que se acerque a la frontera que ha de vigilar… ni de lejos. Véase que si ponemos ñ=k-1 y se dan valores a k, siempre son tríos tipo 1, 2, 3, tales como 1, 4, 7 (con k=4, luego ñ=3) 1, 6, 11 (con k=6, por lo que ñ=5) etc. que ya cruzaron valores con N=2, que es lo que la ecuación tipo (+) detecta.

Quedé desconcertado por los resultados obtenidos… y me costó las reflexiones de todo uno de mis paseos, comprender lo que ocurría. Quizás fue esa la razón por la que durante siglos se han estrellado contra este teorema matemáticos ilustres, a quienes no les llego ni al tobillo… siéndome generoso. Pues el teorema de Fermat está protegido por estos peligrosos escollos donde se embarranca de entrada; ya que el trío primero, siendo apto para N=1, no sirve para otro N; lo que ya aprendimos del método aritmético. Así que quien viaja al laberinto de Fermat…

con la paupérrima información y rudimentaria cartografía de tal voluntarioso aprendiz, va tan bien pertrechado para resolverlo, como quien compra una piragua para ir a la Luna.

Los aparatos aforatríos diseñados siguiendo la pauta del método aritmético, bien aleccionados de la existencia de tan peligrosos escollos, que impiden la entrada al laberinto de Fermat e incluso le causan desorientación al expedicionario; lograron burlarlos y ejecutar su cometido a la perfección y sin sobresaltos [17].

Después de esas digresiones, que han permitido aliviar la fatiga de la zona matemática del cerebro (cosa muy conveniente si queremos tener rendimiento adecuado) marchamos con nuestros sabuesos adiestrados a las fronteras de los exponentes pares, para que perquieran lo que por allí acontezca e informen.

EXPONENTES PARES: Como bien sabemos las fórmulas de los parámetros si N=4, han de ser:

$$C \text{ y } A = 8k+-ñ \quad \text{ y } \quad B=8k$$

es claro que k y ñ, pueden tomar todos los números enteros positivos hasta infinito. Apliquemos el método algebraico a dichos parámetros y la ecuación resultante es la siguiente:

$$4096k^4 = 4096k^3ñ+64kñ^3 \qquad\qquad (***)$$

Se observará que el parentesco con las ecuaciones impares es tan grande, que bastará con aplicar iguales razonamientos, para demostrar que no son posibles soluciones naturales del teorema tampoco con exponentes pares. Ante todo véase que para k=1 y ñ=1 (trío 7, 8, 9) queda un saldo de 64 unidades; lo que ya sabíamos tras el método aritmético (6497 frente a 6561) y

---

[17] Dedicaré unas líneas a fin de decir algo, que aunque ajeno por completo a lo que nos ocupa, creo que tiene valor pedagógico… y tengo el afán de que todo el mundo aprenda. Hay personas que se sorprenden de que pueda, captados los datos, pensar sin papel ni lápiz, que incluso me estorban. El cerebro, antes de poderle dictar a la mano lo que tiene que pergeñar; necesita elaborar el material, crear ideas nuevas, etc. Hecho eso, lo que resta es sólo garabatear y garabatear. Si no seguimos ese camino, el folio nos quedará en blanco… o como las cartas que escribía a mi madrina cuando era niño: 'Querida tía Luisa: me acuerdo mucho de ti, no sé qué más contarte'. Sólo unos dos años después, mi padre me dio una gran lección pedagógica: 'los problemas no son de sumar ni de multiplicar… sino de pensar'. Luz que he procurado llevar en todas mis actividades. Cuentan que Brahms, a alguien que le pidió ayuda porque no conseguía llevar al papel ideas musicales, le dio el sabio consejo de que paseara por el campo. Así debe ser… o al menos por parajes solitarios; pues si paseamos por el centro del pueblo, seguro que nos asaltará un aburrido deseoso de deleitarnos con su amena conversación… y lo de amena no va del todo en sentido irónico, pues con ello nos distraerá. Mas ¡ay! si el sujeto en cuestión es enderezador de tuertos políticos… nos amargará… si no transformamos su monólogo en sólo un molesto runruneo poniendo la antena a tierra… o en conversación de matrimonio bien avenido: uno habla y el otro no escucha… sino que responde a intervalos aleatorios (para no levantar sospechas) con la más variada gama (para no delatar desinterés) de frases siempre afirmativas (para no soliviantar los ánimos): ¡sí claro! ¡desde luego! ¡ya lo creo! ¡y tanto! etc.

dichas 64 unidades, incordiarán hasta el infinito, impidiendo soluciones con todos los exponentes pares.

Como anteriormente, el coeficiente del primer monomio del segundo miembro es ya bicuadrado perfecto y para que lo sea el resto de sus signos, basta con admitir que k=ñ, para todo valor natural de k. Claro que como ocurría con N=3 y N=5, se logra al precio inasumible de admitir que el primer miembro se cancela con el primer monomio del segundo miembro; por lo que quedaría una desigualdad del tipo (recuérdese que admitido que k=ñ, el factor $k\tilde{n}^3$ pasará a ser k^4, o $\tilde{n}^4$, como prefiramos):

$$0 = 64k^4$$

Esta ecuación informa que no hay soluciones posibles para el problema, pues según se dijo equivaldría a parámetros sin valor e iguales: A=B=C=0.

Por consiguiente, esto demuestra que si hacer bicuadrados perfectos a los monomios eliminados, nos obliga a llegar a una desigualdad; obtener igualdades numéricas, sólo se consigue a base de admitir que ñ y k (que deben ser iguales para conseguir bicuadrados perfectos) tengan que fraccionarse… y como no se debe cambiar k (pues el primer miembro conviene respetarlo) que al menos ñ será fraccionario. Es evidente, pues, que no existen soluciones naturales del teorema para N=4, pues si al menos ñ debe fraccionarse, A y C, correrán la misma suerte.

Obsérvese, por otra parte, lo que ya sabemos: las tríadas del tipo k=ñ, que responden a la formulación (A,B,C)ñ, son las más adecuadas para resolver el problema, pues de hecho, todos los números tienen la raíz del exponente que se maneja, excepto el coeficiente del valor que queda de pico, que en este caso es $64k^4$. Véase que k^4 tiene raíz cuarta e incluso 64, tiene raíz cuadrada, así que caso de haber resultado una igualdad numérica en la ecuación $0=64k^4$, al menos quedaría este irracional: $k\sqrt{8}$; que es la mayor aproximación posible. Deseamos naturales a k y ñ como exige el problema y además igualdad… y para colmo que sean bicuadrados: demasiadas condiciones, responde el álgebra.

No vamos a extendernos más con argumentos ya detallados con anterioridad en el apartado de exponentes impares; sino que pasaremos directamente a las ecuaciones que permiten resolver el teorema, no mediante reducción al absurdo, sino por medio del álgebra. La ecuación (***) es divisible por 64k:

$$4096k^4 = 4096k^3\tilde{n} + 64k\tilde{n}^3 \quad \text{o sea:} \quad \mathbf{64k^3 = 64k^2\tilde{n}+\tilde{n}^3} \quad (***)$$

la simplificada es con la que trabajaremos en lo sucesivo, pues nos aliviará la tarea grandemente. La nueva ecuación (***) como sus hermanas gemelas (**) y (*) se encarga de explorar toda la ribera derecha de la frontera N=4… e informa desde el infinito que todas las ternas que lleven el marchamo k=ñ o bien ñ>k, se excederán en su pretensión de resolver el teorema… por cifras crecientemente mayores.

Las demostraciones algebraicas de lo recién afirmado las omitimos, pues se capta a ojo de buen cubero, ya que como se dijo, ñ no figura en el primer miembro; por tanto, puesto que hacer k=ñ siempre crea diferencias a favor del segundo miembro de la ecuación, no hay duda de que si ñ>k, acrecerá el hecho sin disputa.

Trillado ya el margen derecho a plena satisfacción por la ecuación (***) nos resta explorar el izquierdo, cosa de la que como con anterioridad, se encargarán nuevas ecuaciones (+++) que derivaremos de la (***) por el conocido método de poner ñ en la forma de k-1.

$$64k^3 = 64k^2(k-1) + (k-1)^3 \qquad \mathbf{67k^2+1 = k^3+3k} \qquad (+++)$$

como era de prever, la ecuación (+++) resultante, mantiene el mismo aspecto que nos es ya familiar. Su solución está entre 66 y 67; así que ya sabemos… desde k=67 se debe reducir el ámbito haciendo ñ=k-2 para seguir sopesando tríos limítrofes. Si ñ=k-2 la ecuación vigía (+++) pasa a ser:

$$\mathbf{134k^2+8 = k^3+12k} \qquad (+++)$$

La solución de esta ecuación es, como en el caso de los N impares, el doble que la anterior, o sea: k=134. Por supuesto carece de soluciones naturales, cuyas implicaciones son: hasta k=134 (ñ=132) para N=4, no hay soluciones del teorema… y habrá que enviar nuevas ecuaciones (+++) emisarias, para continuar la exploración del siguiente tramo fronterizo izquierdo. Luego de reducir el ámbito de la ecuación (+++) rastreadora a fin de que continúe la búsqueda en la frontera oeste de N=4… y tras anotar ñ=k-3, obtendremos que:

$$\mathbf{201k^2+27 = k^3+27k} \qquad (+++)$$

cuya solución es k=201 o si se prefiere 67x3. Ni que decir que se trata de solución de k aproximada… y que como K no debemos hacerla fraccionaria; para igualar la ecuación fraccionaríamos ñ. No es necesario continuar el proceso, para cerciorarnos de que la ley que rige en los exponentes pares, es similar a la que hallamos para los impares; por lo que las conclusiones las elevamos a definitivas… y certificamos que el teorema no tiene soluciones naturales para N=4.

Ahora nos tomaremos un nuevo reposo en nuestro progreso por los recovecos del laberinto de Fermat, que aprovecharemos para explicar la razón del efecto recurrente de tríadas, que de quedarse cortas, pasan a excederse en vano intento de resolver el teorema.

Como ya sabemos con conocimiento seguro, el exponente de cruce de una terna cualquiera lo fija el valor del parámetro B, cuanto más alto es B, mayor exponente de cruce. También sabemos con certeza, que al abrir el ámbito a una terna (distanciar A de C) se disminuye dicho exponente de cruce.

Pues bien, fruto del cremento sincronizado de los valores de k y ñ, es que tríos de parámetro B muy alto, cuyo exponente de cruce sería elevado (si A y C fuesen valores próximos a B) acaban siendo aptos para cruzar valores con exponentes bajos; ya que la gran cuantía que alcanza ñ les abrió mucho el ámbito. Eso es lo que las ecuaciones (+) detectan de trecho en trecho.

Esto ya lo vimos por el método aritmético, cuando abrimos el ámbito a la terna 99, 100, 101 que es la ideal para N=50… y comprobamos que al trocarse en 85, 100, 115 (equivalente a la 17, 20, 23) cruzaba valores con N=4; pero en peores condiciones que su básica: 7, 8, 9; lo que permite confirmar por álgebra la exactitud de lo averiguado por el método aritmético.

Va un ejemplo fácil de lo afirmado. Supongamos la terna k=100, ñ=k-1; como se trata del tipo ñ<k y k es mayor que 67, nos enfrentamos a un trío que se excede con N=4 en su intento de satisfacer el teorema. Veámoslo: la terna dicha es A=701, B=800, C=899; la diferencia a favor de C es enorme, nada menos que 2113913600 unidades.

Confirmar tal dato ha exigido manejar cifras astronómicas … debido a que 701 es número primo y la terna que estudiamos resulta imposible de simplificar. Sin embargo, puesto que ya sabemos, gracias al auxilio de nuestros sabuesos adiestrados, la argucia que utilizan los números para enmascararse; actuemos como expertos sabuesos… seamos desvergonzados y quitémosles el disfraz. Ellos lo hacen gracias a que detectan su ADN, lo haremos nosotros, como se dijo con anterioridad, dividiéndolos con toda desfachatez por su 'divisor natural', que en este caso es 100, resulta entonces la tríada: A=7,01, B=8, C=8,99.

Visto el nuevo aspecto de la tríada, un alumno aventajado que haya comprendido el método aritmético; sabrá que dicho trío cruza valores con N=4 y que se excederá en su intento de lograr igualdad, por ser pariente muy próximo a: 7, 8, 9… que habría surgido de haber dado a los parámetros valores de tipo k=ñ=100, que crea la tríada: 700, 800, 900… que al no estar constituida por números primos (ni aun entre ellos) se simplifica sin tener que recurrir a la fuerza bruta a: 7, 8, 9… terna óptima para el intento con N=4.

Adviértase, por otra parte, que si hubiésemos dado a los parámetros valores por el método ñ>k, para k=100 y ñ=k+1, se obtendría el trío A=699, B=800, C=901 que dividido a mamporros por 100, se resuelve en: A=6,99, B=8, C=9,01. Véase ahora que las tres ternas están separadas por centésimas, así que las tres se pasan y son de N=4. Esto, además, nos faculta para comprobar la perfecta sincronía entre las ecuaciones (*) y las (+) que como dijimos, rastrean micra a micra el terreno… y sin dejarse nada atrás.

Ahora queda asimilada la razón por la que las ecuaciones (+) en su persecución de ternas aspirantes por la cornisa zurda de N=4 (u otra) acaban por invadir el arcén derecho… y requerir que se les reajuste el tren trasero, cerrándoles el ámbito.

Una vez explicado, esperamos que satisfactoriamente, el efecto recurrente de las ternas; marchemos a la frontera **N=6** con nuestros pertrechos para estudiar el proceso que allí se desarrolla y rastrear el territorio a ambos lados de la linde. Harto sabemos ya que los parámetros deberán ajustarse a:

C y A = 12k+-ñ   y   B=12k

Tras la aplicación de los mecanismos del que hemos llamado método algebraico, obtendremos esta ecuación:

$$2985984k^6 = 2985984k^5ñ+69120k^3ñ^3+144kñ^5 \quad (****)$$

De nuevo se ha de resaltar que salvo los coeficientes y la inclusión de un término más (fruto de haber incrementado dos grados el exponente) la ecuación resultante es un calco de las anteriores, por lo que su análisis será el mismo.

2985984 tiene raíz sexta, así mismo para conseguir que lo tenga el primer monomio del segundo miembro resulta condición necesaria y suficiente que k=ñ; cosa además harto conveniente, pues todos los demás factores kñ, exigen idéntica condición. Claro que al precio inadmisible de llegar a una desigualdad, pues en efecto, si asumimos que k=ñ hasta infinito, ocurrirá que el primer miembro de la ecuación se cancela con el primer monomio del segundo miembro y todo se reducirá a lo siguiente:

$$0 = 69120k^6 + 144k^6 \quad \text{y si } k = ñ = 1 \quad \text{equivale a: } \mathbf{0 = 69120 + 144}$$

Es decir, las 69264 unidades que por el método aritmético sabemos que sobran con la primera terna apta para N=6 que es la 11, 12, 13. Así se evidencia que para conseguir igualdades en la ecuación (****) es necesario asumir que dichos k y ñ tienen que ser números fraccionarios… o al menos uno de ellos.

Por lo demás, asumido que al menos ñ se ha de fraccionar, A y C que dependen de k y ñ, también dejan de ser naturales; por lo que queda demostrado que el teorema carece de soluciones naturales si N=6… y en general con todo exponente par; pues los datos lo confirman: no cambian los hechos… sino su escala.

Después de estos razonamientos, consideramos que ya queda demostrado que el teorema carece de soluciones naturales, para todo valor de N, salvo los casos de N=1 (sin interés, por ser 1 el elemento neutro de la potenciación) y N=2.

Pasemos seguidamente a roborar vía álgebra que nuestros razonamientos son correctos, aplicando la máquina aforatríos; cuyo funcionamiento no admite errores de apreciación ya que es automática. La ecuación (****) por suerte es simplificable a otra mucho más manejable, cuyos términos son:

$$\mathbf{20736k^5 = 20736k^4ñ + 480k^2ñ^3 + ñ^5} \quad (****)$$

Esta ecuación, gemela de las anteriores (*) (**) (***) como ya sabemos se encarga de vigilar ella sola todo el arcén derecho de la línea N=6 y revela que todas los tríos obtenidos a base de hacer los parámetros con k=ñ o bien ñ>k, se exceden. La demostración algebraica se omite, pues la cosa resulta ya más que evidente.

Enfrasquémonos por tanto a controlar la ribera izquierda de la frontera N=6, cosa que sabemos que se consigue a base de ecuaciones (++++) y que ello se forja con ñ=k-1, k-2, k-3, etc. en (****) hecho lo cual y sin repetir detalles que son sabidos, alcanzaremos las tres siguientes ecuaciones (++++):

$$22181k^4 + 490k^2 + 1 = 481k^5 + 1450k^3 + 5k \qquad (++++)$$
$$44362k^4 + 3920k^2 + 32 = 481k^5 + 5800k^3 + 80k \qquad (++++)$$
$$66543k^4 + 13230k^2 + 243 = 481k^5 + 13050k^3 + 405k \qquad (++++)$$

Salta a la vista de las ecuaciones (++++) expuestas, que tienen el porte que era de prever; carecen, pues, de soluciones naturales, por lo que para igualar los valores absolutos de sus miembros sería ineludible aceptar que ñ cuando menos, ha de ser irracional. Las soluciones respectivas para cada una de ellas, son: entre k=46 y k=47 la primera, la segunda entre k=92 y k=93 y entre k=138 y k=139 la tercera. En esta ocasión escogeríamos para k los valores k=46, k=92 y k=138 pues son los que respetan la ley de múltiplos naturales de 46.

La razón es porque ahora las soluciones de la ecuación, en lugar de estar próximas al valor superior de k, se acercan más bien al inferior. Carece de importancia el hecho, pues lo esencial era ratificar que las ecuaciones (++++) carecen de soluciones naturales (lo que holgadamente se cumple) y que se atienen a una ley. Tras lo anterior nos resignaríamos a asumir que si queremos igualar los miembros de la ecuación, ñ tendría que ser forzosamente irracional; lo cual nos certifica que el problema carece de soluciones naturales para N=6.

Por último, confirmado que los mecanismos se repiten con precisión astronómica… y que en todos los casos analizados se rigen los hechos por ley tan rigurosa como sólo la ofrecen las matemáticas; elevaremos las conclusiones a definitivas y las generalizaremos, afirmando que el teorema de Fermat carece de soluciones naturales con todos los valores del exponente cuando N>2… y tanto si son pares como nones. El argumento decisivo es que para igualar las ecuaciones, se debe admitir que al menos ñ ha de ser número irracional, por lo que A y C también lo serán.

VI .- ¿MÉTODO DE FERMAT?

En su primera versión, este extenso ensayo, iniciaba aquí su recapitulación; pero un día la fortuna vino a visitarme en la forma de idea matemática, que encarnaba mi convicción de que en este problema no cambian los hechos, sino su escala; idea que me permitió resolver el teorema por un procedimiento distinto, que intuyo que muy bien pudo ser el que hace siglos descubrió Fermat… pero cuyo secreto sólo nos reveló en conjunto y no en el detalle. Veámoslo.

Para ello, como es habitual, se dividirá la tarea en los distintos exponentes y comenzaremos por N=2, que aunque ya está más que claro y demostrado que todos los números excepto el 1 y el 2 lo resuelven, bueno será probarlo una vez más; a la par que nos familiarizamos con los mecanismos de la nueva vía de trabajo que ahora inauguramos… y además certificaremos así su correcto funcionamiento.

EXPONENTE N=2: Comencemos expresando la forma general de los 3 parámetros, uno de ellos será igual a otro más una variable:

$$A=A \qquad B=B \qquad C=B+ñ$$

Es claro que B y ñ pueden tomar todos los valores enteros positivos posibles, sin limitaciones. Iniciemos la tarea:

$$A^2 \qquad B^2 \qquad C^2=(B+ñ)^2=B^2+2Bñ+ñ^2$$

$$C^2-B^2=A^2=B^2+2Bñ+ñ^2-B^2 \qquad \mathbf{A^2=2Bñ+ñ^2} \qquad (1)$$

esa fórmula es esencial en este procedimiento… e interpretada quiere decir que la diferencia de dos cuadrados cualesquiera se adapta a ese esquema, que crece con arreglo a una ley. Véase:

Si hacemos ñ=7 y B igual también a 7 entonces C=14, cuyos cuadrados son 49 y 196, que restados resultan 147… y en efecto nuestra fórmula milagrosa, tras sustituir los valores de B y ñ, arroja ese saldo: $A^2 = 2 \times 7 \times 7 + 49 = 147$.

Ha quedado ya demostrado el perfecto funcionamiento del astuto aparato que hemos invenido… y además esta digresión ha permitido corroborar una vez más, la precisión de la hipótesis inicial de trabajo de que en el teorema de Fermat, no cambian los hechos sino la escala de los hechos; pues esa única fórmula permite calcular las diferencias habidas entre dos cuadrados cualesquiera hasta el infinito y además lo hace con premio; ya que revela al propio tiempo el cuadrado que habrá de tener el tercer parámetro con ellos relacionado.

Antes de avanzar, una breve digresión. Adviértase que la fórmula recién deducida: $\mathbf{A^2 = 2B\tilde{n} + \tilde{n}^2}$, tiene sorprendente parecido con la denominada llave maestra: $B^2 = 2\tilde{n}C - \tilde{n}^2$; que nos permitía la obtención de todas las soluciones del teorema para N=2. Si se anota A en la forma de C-ñ (tal es la razón por la cual siempre añadimos la coletilla de que A=C-ñ) y se opera, alcanzamos la segunda de esas dos fórmulas.

Durante los avatares de la resolución del teorema por el método aritmético, se sintetizó tal fórmula… a partir de la observación empírica de que existen soluciones para N=2 a todas las distancias posibles. Ahora se ha obtenido su hermana gemela … a partir de un razonamiento mucho más general, que nos será lícito aplicarlo a todos los exponentes y que cristalizará en fórmulas semejantes, cada vez algo más nutridas de individuos, a consecuencia del incremento que irá experimentando N. Hecha esa observación, prosigamos las pesquisas por esta nueva senda.

Es evidente que dos valores cualesquiera de B y C=B+ñ, resolverán el teorema de Fermat para N=2, si restados sus cuadrados la diferencia es a su vez cuadrado perfecto… y en caso contrario no lo resuelven. Por ende deberá ocurrir que sustituyendo A por la serie de cuadrados: 1, 4, 9, 16, etc.

$$\mathbf{2B\tilde{n} + \tilde{n}^2 = A^2} \qquad \text{o bien} \qquad \mathbf{2B\tilde{n} + \tilde{n}^2 - A^2 = 0} \qquad (1)$$

es decir, que con números naturales en A, ñ y B, se iguale o se anule (según el formato elegido) la anterior ecuación… y en ambos casos sin elementos fraccionarios. En consecuencia, ya no hay más que comprobar cuáles son los valores de las variables, que anulan o igualan la ecuación.

Hagamos en (1) para empezar ñ=1, que al aparecer dos veces en la expresión allana más el camino. Tendremos:

$2B+1=A^2$ por lo tanto   **$B=(A^2-1)/2$**   **(1')**

Esa fórmula ya la dedujimos por otros procedimientos y resultará familiar. No hay más que dar valores a A… y tendremos las infinitas soluciones de A impar; pues ya que hemos optado por ñ=1, B y C estarán separados por una unidad.

Ejemplos: ñ=1, por tanto C=B+1 y despreciando A=1, que anula el numerador de la fracción (1') y por tanto no ofrece solución útil… más todos los A pares, que la hacen indivisible por dos, resultarán los siguientes parámetros:

A=3	**B=** (9-1)/2=**4**	**C**=B+ñ=4+1=**5**
A=5	**B=** (25-1)/2=**12**	**C=** 12+1=**13**
A=7	**B=** (49-1)/2=**24**	**C=** 24+1=**25**
A=9	**B=** (81-1)/2=**40**	**C=** 40+1=**41**
A=11	**B=** (121-1)/2=**60**	**C=** 60+1=**61**

No es necesario continuar, la ecuación funciona de forma correcta y surgen tríadas familiares.

Hagamos acto seguido ñ=2 en (1) y obtendremos la nueva ecuación (1'') que nos dará parámetros correctos:

$4B+4=A^2$,   por lo tanto   **$B=(A^2-4)/4$**   **(1'')**

ahora la precaución a tomar es que A tiene por el contrario que ser par y además mayor que 2, que nos anularía el numerador:

A=4	**B=** (16-4)/4=**3**	**C=** B+ñ=3+2=**5**
A=6	**B=** (36-4)/4=**8**	**C=** 8+2=**10**
A=8	**B=** (64-4)/4=**15**	**C=** 15+2=**17**
A=10	**B=** (100-4)/4=**24**	**C=** 24+2=**26**
A=12	**B=** (144-4)/4=**35**	**C=** 35+2=**37**

sin duda la precisión es admirable, así que basta lo mostrado. Vistos los valores de A queda evidenciado una vez más, algo que jamás le hemos oído decir a nadie: **TODOS LOS NÚMEROS NATURALES SON PITAGÓRICOS** (excepto 1 y 2) **o aun más… todos los enteros sin excepción** (recuérdense las soluciones tipo -1, 0, 1… o las -9, 40, 41, por ejemplo). Pasemos al siguiente exponente.

EXPONENTE N=3: Actuaremos del mismo modo, aunque detallaremos menos los razonamientos, pues nos son familiares.

A   B   C=B+ñ   que elevaremos al cubo (N=3)

B^3 $C^3=$ $B^3+3B^2ñ+3Bñ^2+ñ^3$ $C^3-B^3=$ **$3B^2ñ+3Bñ^2+ñ^3=A^3$**   **(2)**

Ya tenemos pergeñada la fórmula geneática (es decir, que adivina por los genes… no hay trampa ni cartón) que calcula y analiza todas las diferencias entre cubos hasta el infinito… y nos faculta para averiguar si hay alguna de ellas que sea cubo perfecto; que es la condición necesaria y suficiente, a fin de resolver el teorema con N=3.

Verifíquese, si se desea, el excelente funcionamiento de nuestro artilugio. Por ejemplo, si hacemos B=2 y ñ=1 (C=2+1=3) el oráculo matemático nos dirá: 19; que es la diferencia entre el cubo de 3 y el de 2… y así hasta el infinito. Hagamos en (2) seguidamente ñ=1 y tendremos:

$3B^2+3B+1=A^3$ que equivale a   **$3B^2+3B+(1-A^3)=0$ (2')**

demos a A sus cubos naturales y surgirán las ecuaciones:

A=1 $3B^2+3B+(1-1)=0$ luego: 3B=-3;   **B=-1;   C=-1+1= 0**
A=2 $3B^2+3B+(1-A^3)=0$ **$3B^2+3B-7=0$ ¡**
A=3 $3B^2+3B+(1-A^3)=0$ **$3B^2+3B-26=0$ ¡**
A=4 $3B^2+3B+(1-A^3)=0$ **$3B^2+3B-63=0$ ¡**

basta con esos valores, todas las ecuaciones de segundo grado se resuelven ya en irracionales. Probemos ahora en (2) con **ñ=2** y tendremos:

$6B^2+12B+8=A^3$ que equivale a: **$6B^2+12B+(8-A^3)= 0$**

demos a A valores y surgirán las siguientes ecuaciones:

A=1 $6B^2+12B+(8-A^3)=0$ **$6B^2+12B+7= 0$**

esta primera posibilidad origina soluciones para B con números complejos (discriminante negativo) por lo tanto desechables.

A=2 $6B^2+12B+(8-8)=0$ así que 6B=-12;   **B=-2;   C=-2+2= 0**

la segunda opción equivale a la que se obtuvo antes con ñ=1 y A=1, nada, pues, nuevo, hablaremos de ellas algo más adelante; aunque aprovechamos para ratificar, que este pequeño rasgo de soluciones repetidas a mayor escala, corrobora… ¡que no cambian los hechos, sino la escala de los hechos!

A=3 $6B^2+12B+(8-27)=0$ **$6B^2+12B-19=0$ ¡**
A=4 $6B^2+12B+(8-64)=0$ **$6B^2+12B-56=0$ ¡**
A=5 $6B^2+12B+(8-125)=0$ **$6B^2+12B-117=0$ ¡**

basta con esos ejemplos de A, todas las posibilidades implican ya irracionales. Hagamos ahora en (2) **ñ=3** y tendremos:

$9B^2+27B+27=A^3$ que equivale a **$9B^2+27B+(27-A^3)= 0$**

demos ahora a A valores… y resultan las presumibles ecuaciones siguientes:

A=1 $9B^2+27B+27-1=0$ así que: $9B^2+27B+26=0$
A=2 $9B^2+27B+27-8=0$ así que: $9B^2+27B+19=0$

en el primer caso las soluciones de B, son números complejos… en el segundo irracionales. En cuanto a

A=3 $9B^2+27B+27-27=0$ así que: $9B=-27$ **B=-3;   C=-3+3= 0**

o sea, que para A=3, ñ=3, acontece lo mismo que con A=2, ñ=2 y A=1 y ñ=1; que comentaremos en su momento. Por lo que respecta a otros valores de A, generan:

A=4 $9B^2+27B+(27-64)=0$ **$9B^2+27B-37=0$**   ¡
A=5 $9B^2+27B+(27-125)=0$ **$9B^2+27B-98=0$**   ¡
A=6 $9B^2+27B+(27-216)=0$ **$9B^2+27B-189=0$**   ¡

que son ecuaciones de segundo grado, todas ellas con soluciones irracionales.

No necesitamos seguir el proceso, es evidente que todas las opciones de ñ y A, condicionarán desenlaces idénticos, sin posibilidades de soluciones naturales. La razón esencial es que en realidad las soluciones son equivalentes; varía el tamaño de la escala, pero no el hecho.

Cabe que alguien se pregunte, por qué existe la seguridad de que todas estas ecuaciones (destacadas con ¡ en el margen derecho) serán irracionales para las infinitas posibilidades de A, excepto una; la que se origina haciendo: A=ñ y nos llevan a las soluciones tipo A=ñ, B=-ñ, C=0. La razón es que semejantes ecuaciones, incluyen en el discriminante de la raíz (que se expresará con la letra Z… y como interesan sólo los cuadrados perfectos, se indica al cuadrado) planteos del tipo siguiente:

1ª) $9-12(1-A^3)= Z^2$ o sea: $12A^3-3= Z^2$
2ª) $144-24(8-A^3)= Z^2$ o sea: $24A^3-48= Z^2$
3ª) $729-36(27-A^3)= Z^2$ o sea: $36A^3-243= Z^2$
4ª) $2304-48(64-A^3)= Z^2$ o sea: $48A^3-768= Z^2$
5ª) $5625-60(125-A^3)= Z^2$ o sea: $60A^3-1875= Z^2$
6ª) $11664-72(216-A^3)= Z^2$ o sea: $72A^3-3888= Z^2$

Se anotan algunos ejemplos más que los dados antes, de modo que se capte que todos responden al mismo patrón.

Demostraremos que todas esas ecuaciones no admiten más solución entera que la que se obtiene de dar a A el mismo valor que previamente dimos a ñ. Véase que las soluciones naturales de cada una son:

1ª) A=1, Z=3   2ª) A=2, Z=12   3ª) A=3, Z=27
4ª) A=4, Z=48   5ª) A=5, Z=75   6ª) A=6, Z=108

que a su vez, como era de esperar, siguen una ley muy precisa, que es: $Z=3A^2$, así que $Z^2= 9A^4$, por ende se podrá sustituir Z^2, por su otra forma: $9A^4$; con lo que obtendremos ecuaciones con una incógnita que podremos resolver. Tales ecuaciones son:

1ª) $12A^3-3 = 9A^4$ o sea: $4A^3-1 = 3A^4$
2ª) $24A^3-48 = 9A^4$ o sea: $8A^3-16 = 3A^4$
3ª) $36A^3-243 = 9A^4$ o sea: $12A^3-81 = 3A^4$
4ª) $48A^3-768 = 9A^4$ o sea: $16A^3-256 = 3A^4$

Se han anotado sólo cuatro de las ecuaciones, porque en realidad demostrado para la primera está demostrado para todas hasta infinito, pues como se ha dicho son equivalentes; así que con la primera ya bastaría, las otras confirman lo demostrado, no es necesario continuar el proceso.

Compruébese ahora que si en la primera de estas últimas cuatro se adopta A=1, se obtiene igualdad, pero cuando A>1, el segundo miembro ya siempre será mayor que el primero; pues su mayor exponente se impondrá infaliblemente al mayor coeficiente del primer miembro. Ya es familiar ese rasgo de las ecuaciones.

A su vez en la segunda ecuación obtendremos igualdad con A=2, pero para A>2 siempre el segundo miembro será mayor que el primero por idéntica razón; igual sucede en la tercera con A=3 y A>3; en la cuarta para A=4 y A>4… y así sería en la quinta si A=5 y A>5… y hasta infinito. Por lo tanto queda demostrado que salvo las soluciones enteras que se obtienen haciendo A=ñ, no son posibles otras; pues no se lograrán jamás nuevas igualdades con valores de A naturales, que es lo que exige el problema.

El argumento para que no haya más valores naturales de Z que satisfagan la ecuación, es que en realidad las condiciones impuestas son draconianas; pues al ser un cubo mucho mayor que un cuadrado y además estar multiplicado por doce (en la 1ª) por cada unidad de incremento de A se eliminan infinidad de valores de Z. Por otra parte, las diferencias entre cubos y cuadrados se repiten rarísima vez y para colmo, tienden a crecer a medida que aumentan la bases; por ende, nada tiene de extraño que la posibilidad sea única y aparezca a las primeras de cambio.

Las mismas condiciones se repiten, naturalmente a mayor escala, en las restantes ecuaciones.

La conclusión final que se deriva de esta demostración, es que no son posibles las soluciones naturales del teorema con el exponente N=3 (salvo las de A=ñ, que luego comentaremos).

Creo que Fermat investigó este tipo de ecuaciones durante una época de su vida, aunque no es más que vaga sospecha. Se ha hecho la digresión, con el fin exclusivo de subrayar que acaso fue éste el procedimiento de Fermat; supuesto que se conserve algún otro vestigio, aparte de la nota manuscrita que divulgó su hijo. En mis pesquisas nada he logrado averiguar.

Debido a la circunstancia de no haber localizado material relativo a los trabajos de Fermat; ignoro si la demostración realizada de que las ecuaciones anotadas con los ordinales 1ª a 6ª, no admiten más solución entera que la derivada de asumir: A=ñ, coincide con la que en su día hiciera Fermat. A la que se ha desarrollado aquí no le veo ningún pero, por más vueltas que le he dado.

No obstante, como las ciencias en ocasiones gastan bromas pesadas y en previsión de que la juzguen insuficiente reputados matemáticos; se ha realizado además la demostración por el otro camino. Más adelante se verá.

Por lo que respecta a las 'soluciones': A=ñ, B=-ñ, C=0; a juicio de quien escribe son desechables, por no adaptarse con rigor al enunciado del problema que no prevé soluciones cero o negativas para los parámetros.

Concluidas estas digresiones, nos volvemos a la ecuación básica (2) de esta sección de N=3 y nos afanaremos por la otra senda. Consiste en dar valores no a ñ, sino a B, ya que origina ecuaciones más fáciles de manejar, al coincidir el grado de A y ñ; por lo que basta con dar a A valores mayores que ñ, pues los iguales (y es obvio que los menores) se capta que no igualarían la ecuación, pues ñ³ y A³ se cancelan entre sí. Véase:

$$3B^2ñ+3Bñ^2+ñ^3=A^3 \qquad (2) \qquad \text{y si B=1: } 3ñ+3ñ^2+ñ^3=A^3 \qquad (2'')$$

en estas ecuaciones admitido A=ñ, el primer miembro siempre superará al segundo, pues surgen igualdades de este tipo:

$$3A+3A^2+A^3=A^3 \qquad\qquad \text{o sea, que: } 3A^2+3A=0$$

y es palpable que cualquiera que haya sido el valor de A, es decir, de ñ (pues dijimos que A=ñ) no habrá manera de obtener igualdad. Es evidente que si A<ñ el problema se agrava, pues entonces A^3 no cancelará del todo a $ñ^3$; con lo que el primer miembro se incrementará con respecto al segundo; se omite la demostración por ser obvio.

Téngase además en cuenta, que tras hacer A=ñ, se llega a las ecuaciones vistas anteriormente (por la senda que suponemos que siguió Fermat): 3ñ+3=0 (con B=1) 6ñ+12=0 (con B=2) donde se ha mutado B por ñ y en las que siendo A=ñ=1, A=ñ=2, llegaríamos a absurdos: 6=0, 24=0, etc. que demuestran que para todos los valores de A=ñ, el teorema carece de soluciones con N=3.

En caso de que hiciésemos en (2) B=2 y en (2'') A=ñ=-2, etc. nos resultaría que 6ñ+12=0, así que -12+12=0, etc. que es, como sabemos, el único caso que hay valores de A negativos que anulen la ecuación, resultados ya comentados.

Así que las soluciones positivas que anulasen la ecuación y por tanto resolverían el teorema, serían para A mayor que ñ. Desde luego, como ya sabemos por el camino más que trillado que hemos recorrido con el que denominamos método algebraico, las soluciones son irracionales.

Por ende el teorema carece de soluciones naturales para N=3, aunque A sea mayor que ñ. Lo que sucede y resulta fácil de comprobar, si B=1, A tendría que ser 2 y ñ anularía la ecuación con valor entre 1 y 2; para A=3, ñ tendría que valer entre 2 y 3, etc. Para B=2, A=3, ñ resultaría entre 1 y 2, etc.

Esto ratifica que el argumento que dimos en N=3, por el método algebraico, de que la única posibilidad de igualar las ecuaciones era reducir infinitesimalmente ñ, era válido.

Para finalizar el estudio con N=3, por esta vía, se hará roborando que tanto el método aritmético como el algebraico son correctos… y que además, también lo son los razonamientos por reducción al absurdo que se realizaron, en especial con N=3, en el método algebraico. Los argumentos son los siguientes:

- Se confirma que las ternas más favorables para resolver el teorema son las que surgen de adoptar A=ñ, que implican las tríadas tipo: A=ñ, B=-ñ, C=0.

- Que no hay para N=2 más que una solución del teorema… y que el resto son derivadas de la primigenia, pues no varían los hechos sino su escala; así que analizadas las ternas conjuntas, quedan escrutadas las equidistantes y a su vez las asimétricas de modo indirecto. Puesto que a partir de N=3 no hay soluciones básicas o primigenias, no cabe que las haya derivadas.

- Que es imposible conseguir igualdades en las ecuaciones tipos (+) y (++) etc. (del denominado método algebraico) con valores naturales de ñ.

- Que nuestra afirmación en el método aritmético, de que la llave maestra (ecuación $B^2=2\tilde{n}C-\tilde{n}^2$ y su auxiliar $A=C-\tilde{n}$) que daba todas las soluciones con N=2, nos relevaba de analizar las ternas asimétricas, era más que correcta.

- Si no se fragmenta ñ, ni se igualan las ecuaciones, ni el miembro en que figura la citada variable será cubo perfecto.

Expuesto lo cual nos dirigiremos al exponente N=4, a fin de ratificar por este nuevo método lo que ya sabemos: que son imposibles las soluciones naturales del teorema de Fermat.

EXPONENTE N=4: Operaremos como ya es del dominio público:

$$A=A \qquad B=B \qquad C=B+\tilde{n} \qquad A \text{ bicuadrado}= A^4$$

$$C^4 = B^4+4B^3\tilde{n}+6B^2\tilde{n}^2+4B\tilde{n}^3+\tilde{n}^4$$

así que C^4-B^4, que deberemos igualar con A^4, será:

$$4B^3\tilde{n}+6B^2\tilde{n}^2+4B\tilde{n}^3+\tilde{n}^4 = A^4 \qquad\qquad (3)$$

ésa es la ecuación que nos desvela las diferencias entre dos bicuadrados cualesquiera hasta infinito. Los hombres de poca fe, como quien escribe, harán bien en cerciorarse.

Puesto que ahora resulta imposible despejar una variable, demostraremos por otro procedimiento, que como con N=3, las soluciones son repetitivas y a escala; para ello empezaremos por exponer las ecuaciones de diferencias con 5 valores de ñ:

$$A^4 = 4B^3+6B^2+4B+1 \qquad\qquad (\text{si } \tilde{n}=1)$$
$$A^4 = 8B^3+24B^2+32B+16 \qquad\qquad (\text{si } \tilde{n}=2)$$
$$A^4 = 12B^3+54B^2+108B+81 \qquad\qquad (\text{si } \tilde{n}=3)$$
$$A^4 = 16B^3+96B^2+256B+256 \qquad\qquad (\text{si } \tilde{n}=4)$$
$$A^4 = 20B^3+150B^2+500B+625 \qquad\qquad (\text{si } \tilde{n}=5)$$

El tipo de ecuaciones resultantes, como bien sabemos, se caracterizan por tener una sola solución o ninguna, ya que con valores bajos de A, los coeficientes del segundo miembro vencen al exponente del primer miembro; pero a partir de cierto valor, el mayor exponente supera a los coeficientes, ya para siempre.

El margen de maniobra es escaso, porque A tiene que ser en todos los casos menor que B; ya que si A=B el problema se disloca y si A>B, sucederá que A=C o incluso A>C, lo cual de nuevo lleva al absurdo, pues C=B+ñ. Nos limitaremos a anotar los datos en cada caso esenciales, quienes deseen más deberán calcularlos por su cuenta y comprobarán la exactitud de lo que se afirma. Informamos que aunque siempre surgen desigualdades, respetaremos el signo = de la ecuación de diferencias.

Veamos que en el caso de ñ=1, ya familiar, con A=7, por tanto B=8 y C=9, surge la desigualdad: 2401=2465, en la que la diferencia son las 64 unidades sabidas del método aritmético. Resulta evidente que si se aumenta el valor de B (sin variar A) la diferencia a favor del segundo miembro se agiganta (esas ternas, dicho sea de paso, serían todas asimétricas) en tanto que como se ha comentado, es absurdo incrementar A, si no se aumenta a su vez B. Por último el crecimiento paralelo de los tres parámetros siempre favorece a A, cuyo mayor exponente vence a los coeficientes del segundo miembro. Este último caso sería el de tríos consecutivos: 8, 9, 10; 9, 10, 11; etc. que como bien sabemos por el método aritmético son aptos para exponentes mayores. Recuérdese que basta dividir por 2 el parámetro B, a fin de averiguar el exponente de cruce... y téngase presente algo crucial, como es que al crecer B, empuja también a C, lo cual no sólo se deduce de los planteos sino que es imprescindible.

Pasemos al caso de **ñ=2; así que C=B+2.** Quienes realicen cálculos detallados, observarán que sólo a partir de A=13 se llega a cierto equilibrio que exija análisis. La razón es que si bien con A pequeños se cruzan valores, en realidad se trata de tríos para exponentes menores que el que se estudia. Existe una norma fiable para saber con qué valores de A iniciar los tanteos; es el coeficiente del primer monomio del 2º miembro. Como en el caso de ñ=2, es 8... resulta patente que los primeros A aptos para N=4 habrán de ser algo mayores que 8; pues como además ha de ser: B>A, de lo contrario el primer monomio solo ya contrarresta a A. En vista de ese argumento, en cada caso, B (básico) inicial se debe ir aumentando proporcionalmente al valor que tome ñ.

La primera terna con cierto asomo de duda es: 12, 14, 16 hija de 6, 7, 8 (anterior a la básica de N=4). Al ser la matriz dispar, sus descendientes quedan condenadas (20736=27120). No citaremos, pues, estos tríos en sucesivos ñ con N=4, ni con otros exponentes; pues amén de ser genéticamente errados, las opciones que ahora se detallarán son mejores.

Avancemos. Si A=13, B=14 surge desigualdad: 28561=27120 (terna 13, 14, 16) que no alcanza cruce de valores; cruce que se logra si A=13, B=15, en la que el desequilibrio, ahora a favor del 2º miembro es: 28561=32896; tríada 13, 15, 17 que es dispar. Cabe tomar A=14, pues hay margen ahora para acercar A a B, además solventa la disparidad; pero no se cruzan valores: 38416=32896, se trata de la terna: 14, 15, 17 apta para N>4.

Cabe también tantear con A=14. Ya se ha mostrado que la 14, 15, 17 no es apta para N=4; en cuanto a la 14, 16, 18 cruza valores, pero sin igualdad (38416=39440) cosa previsible, pues se trata de la 7, 8, 9 a escala. Ahora si se acrece B, es claro que la diferencia favorable al 2º miembro se agranda (¡serían todas asimétricas!) si el aumento es paralelo, se alcanzarían ternas de N creciente… y si se acerca A a B: 15, 16, 18 además de ser dispar, A vence en la contienda: 50625=39440.

Antes de pasar a ñ=3, obsérvese que hubo dos tríadas que cruzaron valores (sin igualdad): 13, 15, 17 y 14, 16, 18 ambas simétricas. La primera estéril por disparidad… y múltiplo la segunda de la básica (7, 8, 9)2; este fenómeno se repetirá en lo sucesivo. Además adviértase… rehuimos de la igualdad; cuya máxima proximidad surge con la hija de la básica: 14, 16, 18.

Véase ratificado. En la opción ñ=3, los tríos a estudiar se inician con A=20. Se comprobará que el 20, 22, 25 no cruza valores: 160000=156369, por contra sí es apto aunque sin lograr igualdad el 20, 23, 26 cuyo balance es 160000=177135; obsérvese que es simétrico y dispar. Si A aumenta (con B fijo) el primer miembro vence a las claras… y si el crecimiento es paralelo, se tratará siempre de ternas equidistantes (para N creciente). Si sólo crece B, serán asimétricas; por consiguiente peores que la 20, 23, 26… pues A no aumenta y B empuja a C.

Por otra parte, si A=21, no cruza valores la 21, 23, 26, pues 194481=177135; en tanto que sí los cruza: 194481=199665 la 21, 24, 27… de nuevo copia aumentada: (7, 8, 9)3. A partir de ésta, ya se sabe que el incremento paralelo de los parámetros, lleva a ternas para N>4; si sólo crece A (existe aún margen) vence en la lid sin dificultades al 2º miembro. Por fin si sólo crece B, surgen **asimétricas: peores que las simétricas**.

En el caso de ñ=4, de nuevo acontece lo mismo. El terceto 27, 31, 35 (dispar y simétrico) cruza valores mas sin igualdad: 531441=577104. A su vez el 28, 32, 36… que los cruza también: 614656=631040, vuelve a ser copia a lo grande de la primigenia de N=4:(7, 8, 9)4; el resto se atiene a lo sabido.

Así mismo, caso de ñ=5, los hechos se repiten a escala de nuevo. La terna 34, 39, 44 (dispar y simétrica) cruza sin éxito valores: 1336336=1434655… y de la 35, 40, 45 cabe repetir tres cuartos de lo mismo: 1500625=1540625 y con arreglo a lo sabido, desciende de la básica x5.

No es necesario continuar con nuevos valores de ñ, pues el resto ha de tener el mismo comportamiento, como se deduce del formato de las ecuaciones.

EXPONENTE N=5: Actuaremos con arreglo al mismo plan… y surgirá la ecuación básica de diferencias, que es:

$$A^5 = 5B^4ñ+10B^3ñ^2+10B^2ñ^3+5Bñ^4+ñ^5$$

de la que como en el caso anterior, obtendremos sus derivadas fruto de sustituir ñ por sus primeros valores:

$A^5 = 5B^4+10B^3+10B^2+5B+1$ (si ñ=1)
$A^5 = 10B^4+40B^3+80B^2+80B+32$ (si ñ=2)
$A^5 = 15B^4+90B^3+270B^2+405B+243$ (si ñ=3)

Ahora nos hemos limitado a tres valores de ñ, ya que se trata de confirmar lo observado en el caso de N=4; pues visto el mecanismo, el resto es rutinario debido a que responden las ecuaciones al patrón dicho de una solución o ninguna.

El caso ñ=1 bien sabemos que implica el trío: 9, 10, 11, o sea: 59049=61051 que arroja las 2002 unidades de diferencia, archisabidas por el método aritmético. No hay más que decir.

Con ñ=2, buen cruce de valores se logra con dos tríadas: 17, 19, 21 cuyos datos son: 1419857=1608002 y que es, según lo previsible dispar y simétrica. Ya sabemos que si acercamos A a B: 18, 19, 21, resulta: 1889568=1608002, sin cruce de valores; y el crecimiento paralelo de los tres parámetros, proporciona ternas útiles para N creciente. En fin si sólo crece B, serán tríadas asimétricas=peores, pues nada más aumenta el segundo miembro que ya triunfa en el combate.

La otra terna apta con ñ=2, para N=5, es la: 18, 20, 22, cuyos datos se omiten, puesto que es evidente que no cumple el teorema por ser hija a escala de su básica: (9, 10, 11)2 y el resto de hechos son eco de lo dicho en el caso de N=4.

Por su parte si ñ=3, los tríos candidatos más aptos son: 26, 29, 32, cuya desigualdad es 11881376=13043283 la cual sigue el patrón de dispar y simétrica… y la 27, 30, 33 que como es de prever repite a escala su primigenia: (9, 10, 11)3, por cuya razón se excede con mayor holgura que su básica.

Añadiremos por otra parte, que el exceso se atiene a una ley: diferencia de la terna básica multiplicada por el término independiente de cada valor de ñ.

Por tal motivo en el caso que nos ocupa, debido a que la diferencia de la básica era 2002… y el término independiente de N=5 con ñ=3 es 243; la multiplicación 2002x243=**486486**, será la diferencia entre las quintas potencias de aquel terceto, o sea: $33^5-(27^5+30^5)$ como podrá comprobar todo curioso que se afane a la tarea.

Pasemos por último al caso de N=6, que lo veremos de modo muy superficial pues está demostrada la tesis que sostenemos y basta con refrendar lo previsto.

EXPONENTE N=6: He aquí la ecuación de diferencias, seguida de sus versiones con ñ=1 y ñ=2:

$$A^6 = 6B^5ñ+15B^4ñ^2+20B^3ñ^3+15B^2ñ^4+6Bñ^5+ñ^6$$

$$A^6 = 6B^5+15B^4+20B^3+15B^2+6B+1 \qquad \text{(si ñ=1)}$$
$$A^6 = 12B^5+60B^4+160B^3+240B^2+192B+64 \qquad \text{(si ñ=2)}$$

Es previsible que la ecuación de ñ=1 implica la solución básica, que en el caso de N=6 es la 11, 12, 13; cuyos datos son 1771561=1840825, su saldo: 69264, es bien sabido por el método aritmético. No hay más que hablar de la cuestión.

Por lo que se refiere a la opción ñ=2, existen como ya se ha visto dos tríos óptimos candidatos a la solución: 21, 23, 25 que cumple la premisa de ser simétrico y dispar… y cuyos datos son: 85766121=96104736. Si A se aproxima a B, terna: 22, 23, 25 hay paridad pero no cruce de valores… y si B se aumenta sin que crezca A (asimétricas) el 2º miembro es evidente que inclinará más a su favor la balanza. El incremento paralelo de parámetros reporta tríadas para N creciente, como se sabe.

El otro trío más propicio: 22, 24, 26, es por supuesto el primogénito de la básica: (11, 12, 13)2 por ende con sus mismos defectos; así que la diferencia será: 69264x64=4432896, como se robora por la desigualdad: 113379904=117812800 (que resulta de sustituir en la ecuación de ñ=2, A por 22 y B por 24) que todo espíritu científico se sentirá inclinado a comprobar.

No proseguimos con exponentes más elevados, ya que podría suponerse que estamos poseídos, más que de espíritu científico, de manía persecutoria. No es difícil llegar incluso hasta N=10; pues dominando el binomio de Newton se obtienen fácilmente las ecuaciones de diferencias entre potencias elevadas.

Continuar a partir de N>10 cabe hacerlo, aunque luego de elevar a la potencia undécima o duodécima, números incluso tan pequeños como el 4 se rebasa el millón; por lo que el manejo de las ecuaciones secundarias derivadas de la básica, se volverá engorroso y requerirá mejores bártulos que un vulgar cuaderno, lápiz… y calculadora de cuando vestía pantalón corto, que han sido mis féferes en estas pesquisas.

Es claro que existen métodos algebraicos de demostrar que las ecuaciones anteriores, desde N=4 a N=6 y con todos los valores de ñ, carecen de soluciones naturales; mas se ha optado por este fácil mecanismo numérico, ya que conlleva la notable virtud de que desvela, además, el comportamiento de las ternas adyacentes y que los hechos se repiten a escala, según pautas muy precisas.

En conclusión, las soluciones son imposibles a partir de N=3, pues no existe otro trío básico que resuelva el teorema. Con ñ=1 sólo hay uno hábil para intentarlo… y aunque a partir de ñ>1 aumentan las opciones, las ternas más adecuadas en cada caso se caracterizan por ser ambas simétricas; una de ellas es dispar y la otra, si bien compar [18] al ser siempre múltiplo de la básica, sin posibilidades de resolución.

Adviértase, para concluir, que en ningún caso las tríadas asimétricas [con A… y B (creciente) que a su vez arrastra a C] son candidatas óptimas a resolver el teorema; pues derivan de acrecer B manteniendo A fijo, que como repetidamente ya se ha comentado, resultan en general peores que una simétrica para un mismo valor de N.

---

18 Esta palabra no está en los diccionarios, pues me la acabo de inventar para expresar lo contrario de dispar, así que compar equivale a decir: con concordancia de paridad (ambos pares o ambos impares) entre sumandos y suma en las ecuaciones.

VII .- OTROS PROCEDIMIENTOS DEMOSTRATIVOS

Expondremos en este apartado otros procedimientos que incluyen varios razonamientos decisivos, que culminan con la demostración de que la solución del teorema es B=2Nñ (o A=2Nñ) pero a partir de N=3, surge un factor de peso creciente que impide igualar las ecuaciones hasta infinito.

Como siempre, comenzaremos trabajando con N=2, a fin de comprobar su correcto funcionamiento y familiarizarnos con los mecanismos operativos; luego avanzaremos a mayores exponentes, aunque no iremos muy lejos, sino sólo hasta N=4, ya que es de creer que para entonces todo quedará claro.

EXPONENTE N=2: En esta ocasión se parte de la ecuación básica: $A^2+B^2=C^2$ con exponente N=2, en la que anotaremos C de la forma: B+1. Este mecanismo equivale a expresar numéricamente, la que antes era variable ñ; siendo su consecuencia que las soluciones que se obtengan implicarán C=B+1. Ambos, B y C, tienen que ser de paridad contraria, así que si B es par, C habrá de ser impar y viceversa. Por lo tanto, eso implica que A sea forzosamente impar, pues como bien sabemos, las soluciones primigenias han de constar ineluctablemente de dos impares y un par.

$A^2+B^2=(B+1)^2$ o sea: $A^2+B^2=B^2+2B+1$, **$A^2=2B+1$** o **$B=(A^2-1)/2$**

es evidente ya que A no puede ser más que impar (cuyo cuadrado será también impar) por lo que luego de restarle el término independiente, pasará a ser par y por tanto divisible por 2, coeficiente de B, lo que ofrecerá valores de B naturales.

Desechando la solución A=1, la cual originaría la tríada A=1, B=0, C=1, que no se adapta al enunciado al ser A=C, los restantes valores impares que demos a A, aportarán soluciones enteras para B. Éstas serán las que denominamos impares por el método aritmético, en las que B y C difieren una unidad.

A=3,   B=4,   C=5;   A=5,   B=12, C=13;
A=7,   B=24, C=25;   A=9,   B=40, C=41;
A=11, B=60, C=61;   A=13, B=84, C=85; etc.

Es patente que todos los impares proporcionan soluciones enteras para B y C (cosa que por otra parte ya sabíamos) por el contrario, ningún valor de A par dará solución entera para B. Visto eso, cabe preguntarse cuál es la función y consecuencia de dar a ñ valor impar, mayor que ñ=1.

Averigüémoslo. Daremos a ñ otros valores impares en la ecuación general, cosa que habrá que tener en cuenta a la hora de calcular C, cuyo valor incrementará el de B en 3, 5, 7, etc. unidades, según sea el impar que usemos:

$$A^2+B^2=(B+3)^2 \qquad A^2+B^2=(B+5)^2 \qquad A^2+B^2=(B+7)^2$$

que originan: 1ª) $A^2=6B+9$; 2ª) $A^2=10B+25$; 3ª) $A^2=14B+49$; cada una de esas ecuaciones aporta soluciones para valores de A; si bien, con la diferencia de que ahora no todos los A impares crean otros de B naturales, sino sólo algunos de ellos.

En la 1ª, tras despejar B, o sea: $B=(A^2-9)/6$, se verá que se alcanzan soluciones enteras con todos los valores que tome A que sean múltiplos de 3 por un impar; excepto el propio 3 (3x1) que conduce a la solución desechable de A=3, B=0, C=3, por ser A=C (que no cumple el enunciado del problema) que equivale a la vista con ñ=1, de A=1, B=0, C=1. Ahora surgen estas soluciones:

A=9, B=12, C=15; A=15, B=36, C=39; A=21, B=72, C=75; A=27 B=120, C=123; A=33, B=180, C=183; A=39, B=252, C=255 etc.

Adviértase que no son soluciones nuevas, pues todas ellas resultan de multiplicar por 3 las obtenidas con ñ=1.

Veamos ahora qué ocurre con la ecuación 2ª: $B=(A^2-25)/10$; se comprobará fácilmente que conducen a resultados naturales de B, los múltiplos de 5 por un impar, salvo el propio 5 (5x1) que se resuelve en A=5, B=0, C=5, desechable por lo ya comentado en los casos de A=1, B=0 y C=1, o A=3, B=0, C=3.

He aquí algunas soluciones:

A=15, B=20, C=25; A=25, B=60, C=65; A=35, B=120, C=125; A=45, B=200, C=205; A=55, B=300, C=305, etc.

Igualmente se trata de soluciones conocidas, claro que multiplicadas por 5 (derivadas secundarias) que es el número de unidades que distan los parámetros B y C.

Por fin en el caso de ñ=7, resultaría que $B=(A^2-49)/14$ y se obtendrán soluciones naturales para B, si se dan a A valores múltiplos impares de 7; excepto el caso que ya se puede suponer de 7x1, por las razones sabidas. Véase que los multiplicadores sólo pueden ser impares para mantener A impar que es necesario.

A=21, B=28, C=35; A=35, B=84, C=91; A=49, B=168, C=175; A=63, B=280, C=287; A=77, B=420, C=427, etc.

Tras este análisis podemos concluir con la certeza de que no saldrán soluciones en verdad nuevas. Incrementar el valor de ñ conlleva, pues, a soluciones que se obtienen también por la sencilla vía de multiplicar la A=3, B=4, C=5 y derivadas por ñ; conque se muestra innecesario el estudio de ñ impar>1. Pasemos ya al estudio de las soluciones con ñ par, para lo cual haremos ñ=2, lo que implicará que C=B+2.

$A^2+B^2=(B+2)^2$ que equivale a: $A^2 =4B+4$

despejando B en esta última, se obtiene que $B=(A^2-4)/4$, con la que obtendremos todas las soluciones del teorema con valores de A pares; ya que ahora al ser C=B+2, se mantiene la paridad del valor que obtengamos para B. Así que si B es par, C=B+2, será par… y si B es impar, C también lo será, pues siempre es dos unidades mayor que B.

Ahora en la ecuación $B=(A^2-4)/4$ deberemos evitar el valor A=2, que arroja la solución B=0 y A=C=2, que ya sabemos que no se adapta al enunciado y es desechable. Los restantes valores pares que se den a B crean soluciones válidas, veamos ejemplos.

A=4, B=3, C=5; A=6, B=8, C=10; A=8, B=15, C=17; A=10, B=24, C=26; A=12, B=35, C=37; A=14, B=48, C=50; A=16, B=63, C=65; A=18, B=80, C=82; A=20, B=99, B=101; etc.

Repárese en que las soluciones aparecen entremezcladas y junto con algunas nuevas, surge la básica (aunque invertida, respecto a lo hallado con A impar) un múltiplo suyo… e incluso múltiplos de soluciones obtenidas con A impar; lo que resulta comprensible, ya que las soluciones son multiplicables por ñ, cualquiera que sea su valor, par o impar.

Cuál es, pues, la función de dar a ñ un valor par mayor que 2, sencillamente idéntica a la que vimos en el caso de los impares; es otra forma de obtener soluciones secundarias, que se caracterizarán porque B y C estarán separados por tantas unidades como indique el valor dado a ñ.

Veámoslo con un solo ejemplo, para confirmarlo, ya que la cosa es bastante clara. Si todos los A pares dan solución con la ecuación $A^2=4B+4$ y todos los impares con la $A^2=2B+1$, será imposible que haya más soluciones auténticamente nuevas; sino que todas las restantes serán derivadas por un método u otro.

$$A^2+B^2=(B+4)^2 \qquad (ñ=4) \qquad \text{que equivale a: } \mathbf{A^2 =8B+16}$$

es evidente que el segundo miembro de la ecuación es múltiplo de la que se obtuvo con ñ=2, luego las soluciones también lo serán. Despejemos B y tendremos: $B=(A^2-16)/8$

Surgirán soluciones naturales para B, dando a A todos los múltiplos de 4, excepto el propio 4 (4x1) porque conduce a la solución B=0, A=C=4, que como bien sabemos es desechable. Así que tendremos (recuérdese: C=B+4) las siguientes soluciones:

A=8, B=6, C=10; A=12, B=16, C=20; A=16, B=30, C=34; A=20, B=48, C=52; A=24, B=70, C=74; A=28, B=96, C=100; etc.

las anteriores soluciones son divisible alternativamente por 2, o por 2 y por 4 y nos retroceden a primitivas. Es claro, pues, que no surgen soluciones nuevas, lo cual como en el caso de los impares, nos eximirá de comprobar valores pares de ñ>2.

Ahora bien, por las conclusiones del método aritmético, sabemos que de ciertos valores pares de ñ (8, 32, etc.) surgen soluciones no vistas. Tal ocurre porque ñ=8, además de ofrecer soluciones cada 8 unidades de aumento de A (**todas secundarias**) las proporciona cada 4... y entonces aparecen soluciones cuyos parámetros son primos entre sí; por lo que no pudieron tener más divisores... así que son de B y C impares.

Véase esto confirmado. Las ecuaciones a manejar son en este caso de ñ=8: $A^2=16B+64$, equivalente a $B=(A^2-64)/16$ y por tanto: C=B+8, a partir de las que surgen estos valores:

A=12,	B=5,	C=13;	A=16,	B=12,	C=20;
A=20	B=21	C=29;	A=24,	B=32,	C=40;
A=28	B=45	C=53;	A=32,	B=60,	C=68;

Obsérvese ahora que las soluciones situadas en la columna derecha todas son simplificables. Mientras que en la izquierda no son simplificables; la primera de diferencia de consecutivos invertida (12, 5, 13) la segunda, de adición de consecutivos (20, 21, 29) y la tercera novísima...

No obstante, este último detalle no debe preocupar, ya que junto con las nuevas aparecen otras conocidas… y siempre múltiplos de la básica, reducibles a sus dos formas: 3, 4, 5 y 4, 3, 5… lo que garantiza que no es necesario (ni posible) continuar las pesquisas hasta infinito; pues aunque a ciertas distancias surjan soluciones nuevas (que a su vez dan lugar a múltiplos) guardan debido parentesco con la primigenia, como generadas por una fórmula común: $A^2=2B\tilde{n}+\tilde{n}^2$ (sea cual sea ñ).

Dicho de otro modo, a medida que el árbol de los números se desarrolla, en los huecos surgen **primos** (no simplificables) que por ser suma o diferencia de cuadrados perfectos, cumplen el teorema. A la postre el proceso lo regula esta ley: de todo cuadrado perfecto par al dividirlo repetidamente por 4, surgen cuadrados… hasta alcanzar un impar también cuadrado perfecto de impar, indistintamente **primo** o compuesto.

Ejemplo: 802816 (896^2) admite sucesivas divisiones por 4 (cuyos cocientes siempre son cuadrados perfectos y su raíz será la mitad de la anterior; así que 802816/4=200704 y la raíz de 200704 es 896/2, etc.) hasta quedar reducido a 49 (cuadrado de 7). Visto lo cual cabe hacer la siguiente afirmación:

Las soluciones de números impares (primos, o no, con apariencia de novedad sin que en verdad lo sean) acabarán por surgir repetidamente a distancias mayores hasta el infinito, pero no es necesario localizarlas todas; sino que bastará con demostrar que el teorema se cumple con una tríada que implica a infinitas… y esas infinitas a la totalidad de la numeración, con las excepciones de unos pocos de los primeros números (1 y 2 en el caso de N=2).

Hagamos antes de pasar a N=3 algunas observaciones que consideramos de interés:

- Que un número resuelva el problema con varias parejas ni quita ni pone, ya que surgen de la misma ecuación… a veces incluso con igual valor de ñ. Por ejemplo, B=8 permite, entre otras las parejas A=6, C=10… y también A=15, C=17, quiere decir que entre los cuadrados de 6 y 10 y los de 15 y 17, existen en ambos casos 64 unidades de diferencia. Esto ocurre porque las soluciones, además de ser multiplicables por ñ=2, que duplica distancia entre B y C (el trío 6, 8, 10 deriva de multiplicar por 2 la terna 3, 4, 5) son también posibles a distancia (C-A) ñ=2, así que la ecuación de pares nos descubre tanto una como otra. Véase: la ecuación 36=4B+4, aporta la solución A=6, B=8, C=10 (en realidad una de A impar multiplicada por 2) en tanto que la 64=4A+4 revela otra solución: A=15 y C=17 o sea, C-A=2.

- La evidente conclusión que del estudio introductorio si N=2 surge, es que bastará con exponentes sucesivos (N=3, N=4, etc.) estudiar los casos de ñ=1 y ñ=2 (y en rigor con solo ñ=2 que crea también las soluciones de ñ=1) y si las ecuaciones de pares e impares básicas, no ofrecen soluciones naturales; no se lograrán con valores mayores de ñ, ya que lo que se consigue al incrementar ñ, son, en general, derivadas secundarias… que a veces se entremezclen con otras de apariencia nueva no cambia la cuestión, pues nacen de una misma ecuación: $A^2=2B\tilde{n}+\tilde{n}^2$, que las contiene a todas.

- Resaltar, en fin, que las ternas van encabezadas por la madre de todas que aparece en las dos formas posibles (3, 4, 5 y 4, 3, 5) y que surgen ora tríos simétricos, ora asimétricos, debido a que el parámetro A es libre y se limita a aceptar los cuadrados que existen.

Concluido ya el estudio con N=2 así como las reflexiones pertinentes, prosigamos.

EXPONENTE N=3: Procederemos de manera similar. Daremos a A la serie de cubos perfectos, impares y pares y demandaremos a la ecuación geneática para que nos diga cuáles son los valores de B con ellos relacionados; lo que ya sabemos que significa que si B es entero positivo, tales cubos serán diferencias de otros dos cubos perfectos. Mas si B resulta irracional, la conclusión será que ni ellos son diferencias entre cubos perfectos, ni sus raíces cúbicas serán solución del teorema de Fermat con N=3… y tanto en un caso como en el otro, se implican en la operación infinitas tríadas… o mejor dicho, a toda la numeración.

Iniciaremos los cálculos con los cubos de 5, 7 y 9, que son 125, 343 y 729, respectivamente. Igualmente daremos a ñ el primer valor impar (o sea, 1, lo que a su vez implica que será C=B+1) con lo que nos quitaremos la molesta ñ que dificulta la tarea y luego la restituiremos con el valor que surja de A y C.

$$A^3+B^3=(B+1)^3, \quad A^3+B^3=B^3+3B^2+3B+1, \quad \mathbf{3B^2+3B+1=A^3}:$$

$3B^2+3B+1=125$	$3B^2+3B-124 = 0$	$B=(-3+-\sqrt{9+1488})/6$
$3B^2+3B+1=343$	$B^2+B-114 = 0$	$B=(-1+-\sqrt{1+456})/2$
$3B^2+3B+1=729$	$3B^2+3B-728 = 0$	$B=(-3+-\sqrt{9+8736})/6$

Los discriminantes de cada una de esas ecuaciones, son, respectivamente: 1497, 457, 8745; cuyas raíces resultan ser irracionales. Es evidente que las matemáticas manifiestan con ello, que no existen valores naturales de B que satisfagan la ecuación… y como los cubos perfectos son: 125, 343 y 729, no otros; está claro que no puede haber soluciones naturales del teorema para N=3, porque en la operación quedan implicados, en este caso no todos los números, pero sí los cruciales.

Recordemos que la ecuación de los cuadrados: $2B\tilde{n}+\tilde{n}^2$ crea toda la numeración con valores de B y ñ naturales; pero su homónima de N=3, menos flexible, con B y ñ naturales ya sólo genera algunos, entre los que no están los cubos perfectos; porque tales valores no son el resultado de restar otros dos cubos perfectos, pues dicha ecuación lo que ejecuta es restar cubos perfectos… y restados, informa que con valores enteros positivos de B y ñ no surgen cubos perfectos.

Ahora bien, no concluiremos aquí, sino que culminaremos las ecuaciones y veremos cuáles son los valores de B (y con ello los de C=B+1) que harían naturales a A. Cada una de esas ecuaciones, resuelta la raíz con cuatro decimales ofrece:

        B= (-3+-38,6910)/6= +5,9485   y   -6,9485
        B= (-1+-21,3775)/2= +10,1887 y   -11,1887
        B= (-3+-93,5147)/6= +15,0857 y   -16,0857

Así que los valores de B y C que harían a A entero son:

            A=5ñ,   B=5,9485ñ   C= +6,9485ñ
            A=7ñ,   B=10,1887ñ   C= +11,1887ñ
            A=9ñ,   B=15,0857ñ   C= +16,0857ñ

Como se ve, la ecuación de segundo grado genera las dos soluciones necesarias, por tanto C podemos obtenerlo sumando 1 a B (ya que era ñ=1) o bien, aceptándolo directamente de la ecuación. Se ha anotado con signo positivo (pese a ser en la ecuación negativo) pues con N=3, no sirven las bases negativas.

Adviértase, como ya se previó en los razonamientos del procedimiento algebraico, que para que existan soluciones de A exactas, B y C tienen que ser ambos irracionales, ya que están interconectados mediante ñ.

A su vez, si queremos que B y C sean naturales, entonces resulta que el irracional es A, que tomaría los valores de las raíces cúbicas de 127, 331 y 721 (si B=6, 10 ó 15) o bien si B=5, 7 ó 9, las de 91, 169 y 271, respectivamente:

A=5,0265ñ, B=6ñ,   C=7ñ   o bien   A=4,4979ñ, B=5ñ,   C=6ñ
A=6,9173ñ, B=10ñ, C=11ñ   A=5,5287ñ, B=7ñ,   C=8ñ
A=8,9669ñ, B=15ñ, C=16ñ   A=6,4712ñ, B=9ñ,   C=10ñ

No hay más cera que la que arde… o es irracional A o lo tienen que ser B y C porque esos son los datos reales. Además todos quedan multiplicados por ñ, con lo que implican a toda la numeración.

Pasemos ahora a los cubos pares. Tomaremos los de 6, 8 y 10… o sea: 216, 512 y 1000, aunque los resultados son ya más que previsibles; entre otras razones porque como se percibe, 6 y 10 ya están probados con B… y A y B permutan.

Antes que nada se adapta la ecuación básica de diferencias de cubos a los pares, que se logra con ñ=2; así nos libraremos de su molesta presencia, mas implica: C=B+2… y que portarán los resultados el multiplicador ñ. Veamos: $3B^2ñ+3Bñ^2+ñ^3=A^3$, será:

$6B^2+12B+8 = A^3$ sustituyamos A por sus cubos:

$6B^2+12B+8 = 216$	$3B^2+6B-104 = 0$	$B=(-6+-\sqrt{36+1248}\ )/6$
$6B^2+12B+8 = 512$	$B^2+2B-84 = 0$	$B=(-2+-\sqrt{4+336}\ )/2$
$6B^2+12B+8 = 1000$	$3B^2+6B-496 = 0$	$B=(-6+-\sqrt{36+5952}\ )/6$

como sucedió con los impares, los tres radicales (1284, 340 y 5988, respectivamente) son irracionales, así que B y por ende C, también lo serán. Los resultados son:

```
B=(-6+-35,8329)/6= +4,9721   y   -6,9721
B=(-2+-18,4390)/2= +8,2195   y   -10,2195
B=(-6+-77,3821)/6= +11,8970  y   -13,8970
```

los parámetros habrán de ser por tanto los que se relacionan a continuación:

```
A= 6ñ   B=4,9721ñ   y   C= +6,9721ñ
A= 8ñ   B=8,2195ñ   y   C= +10,2195ñ
A=10ñ   B=11,8970ñ  y   C= +13,8970ñ
```

y como ya se dijo antes con las potencias impares, eso es lo que hay si queremos que A sea natural; pues los cubos son los que son, no otros… conque no hay nada más que buscar.

Véase, por otra parte, que las previsoras matemáticas saben que C (al que hemos vuelto a anotar con signo positivo, el negativo no vale en el caso de N=3) se halla dos unidades por encima de B.

Por contra si se desea que sean naturales B y C, entonces forzosamente A es irracional. Los datos finales son:

```
A= 6,0184ñ,   B=5ñ,    C=7ñ,    o bien  A=6,6644ñ,   B=6ñ,    C=8ñ
A= 7,8729ñ    B=8ñ,    C=10ñ,           A=7,2810ñ,   B=7ñ,    C=9ñ
A= 10,0530ñ,  B=12ñ,   C=14ñ,           A=8,9958ñ,   B=10ñ,   C=12ñ
```

no es menester seguir el estudio de nuevos cubos perfectos sean pares o nones, porque el problema carece de solución dentro del conjunto de los números naturales.

Los argumentos son muchos y poderosos, se desarrollarán los esenciales en los párrafos siguientes.

- En principio veamos un argumento que refuerza que no puede haber soluciones naturales. Sea una solución cualquiera por ejemplo: A=6,6644ñ, B=6ñ, C=8ñ. El único modo de eliminar la irracionalidad de A sería a base de multiplicarlo por uno de sus inversos: k/A, donde k es un natural cualquiera. Claro que si se multiplican los parámetros por ese factor k/A; A será ya número natural, pero para mantener la igualdad B y C, también deberán multiplicarse por esa fracción irracional, consecuencia es que abocamos a lo que ya sabemos: no pueden ser naturales los tres parámetros simultáneamente.

Obsérvese que debido a que k puede ser un número natural cualquiera, se hace patente que hasta infinito son imposibles las soluciones; pues asignar a k todos los naturales equivale a afirmar: a todas las distancias C-A o C-B (A y B son mutables) todos los naturales quedan tanteados… sin solución.

- ¿Qué defecto tienen 125, 216, 343, etc.? si son tan cubos perfectos de 5, 6 y 7, respectivamente, como 9, 16 y 25 son cuadrados de 3, 4 y 5; pues sencillamente que 125, 216 y 343, son cubos perfectos, pero no son a su vez diferencias de cubos perfectos; así que la ecuación que revela las diferencias entre cubos perfectos no los puede crear con valores naturales de B. Es claro que en la operación quedan implicados infinitos números que adolecen del mismo defecto.

- Hemos eliminado los números 5, 6, 7, 8 son pocos, pero en realidad implican a todos; pues cada uno de ellos arrastra tras sí a todos sus múltiplos. Es decir, puesto que al dar a A (o bien a B, pues son intercambiables) los valores 5, 6, 7, 8, la ecuación exige que B y C sean irracionales… y las soluciones son multiplicables por la serie de números naturales, llamando I e I', a los irracionales de B y C que corresponden cuando A es natural, podemos expresar la idea así:

$$ñA^N + ñI^N = ñI'^N$$

ecuación en la que $ñA^N$ siempre será natural, en tanto que los otros dos tendrán que ser irracionales, pues tras multiplicar irracionales por naturales, siempre se obtendrán irracionales.

- Aparentemente los números primos superiores a 7 quedan sin tantear; pero no es más que apariencia, veamos el porqué. Sea K un primo cualquiera, que aplicado al parámetro A cumple el teorema y satisface (con otros dos naturales) que $K^3+B^3=C^3$, entonces ocurrirá que todos los múltiplos de K (junto con los múltiplos de B y C que correspondan) cumplirán el teorema. Sin sin embargo, eso es absurdo, pues entre los múltiplos de K que cumplirían el teorema están 5K, 6K, 7K, 8K, etc. los cuales son tan múltiplos de K como lo son de 5, 6, 7 y 8, que ya se habían descartado junto con todos sus múltiplos que se ha admitido que exigían irracionales para B y C. Este razonamiento será lícito con todos los primos K, sean cuales sean y en general con todos los números naturales.

- Al argumento anterior puede replicarse que 5, 6, 7, 8, etc. lo cumplirían con otras parejas; pero la objeción resulta insuficiente, pues los múltiplos 5K, 6K, etc. han quedado ya eliminados para siempre, tanto en A como en B.

- Es una situación recíproca. Si A es natural, B y C son irracionales. Viceversa, si B y C son naturales, resuelven las matemáticas que el irracional ha de ser A… y los cubos de los números son los que son, no otros; así que es inútil proseguir la búsqueda, pues sucederá lo mismo a mayor escala.

- Lo dicho al final del párrafo anterior es importante y lo desarrollaremos. Las ecuaciones de diferencias de potencias son a modo de fractales matemáticos, constan de dos elementos: ñ (con el exponente que corresponda) que aparece una sola vez; y de N-1 factores $xB^Yñ^Z$ (x simboliza los coeficientes, más los exponentes de Bñ que procedan). Esta especie de fractales (si N=2) crean con B entero todos los impares y todos los múltiplos de 4; que incluyen a todos los cuadrados perfectos que o bien son impares o múltiplos de 4. Nada tiene, pues, de extraño que existan infinitas soluciones. Sin embargo, con N=3 se crean muchos menos números, también todos con sendos rasgos comunes, entre los que no están los cubos perfectos; por ende tampoco es extraño que no haya soluciones.

- Veamos con ejemplos concretos que todas las diferencias entre cubos son de la misma laya, por lo cual es inútil probar más allá del primer cubo impar y del primer par; si bien, por prevención nos hemos extendido a tres impares y tres pares. Las diferencias impares, entre los primeros cubos son: 7, 19, 37, 61, 91, 127, 169, 217, 271, etc. a decir verdad bien parecen un muestrario de rarezas. Lo primero que llama la atención es la gran cantidad de primos de la lista… y los no primos: **91**=13x7, **169**=13x13, **217**=31x7; resultan del producto de tipos raros o el cuadrado de un número con injustificada mala fama. Además no se aprecia relación entre ellos, todo parece dirigido por el caos. Sin embargo, ya se dijo que cuando en ciencia parece que impera el caos… es que sabemos poco de la cuestión; ya que la fórmula originaria es elocuente: siempre produce lo mismo. Claro que al ser ecuación de segundo grado, resulta difícil captar el rasgo común de lo que genera.

- Un día que me llevaban de paquete en un largo viaje… y no tenía cosa mejor en qué pensar; di con el ADN común de toda la progenie. En un golpe de fortuna, advertí que toda la serie responde a la forma: 6B+1 (también vale 3B+1 e incluso parece más lógica, pero es preferible la usada por razones de paridad que se desvelarán más adelante, así como para unificarla con la de pares que pronto veremos) fórmula que no es sino síncopa de $3B^2+3B+1$, o sea: $3(B^2+B)+1$ y $3(B^2+B)$ crea múltiplos de 6, valga B el natural que valga.

Dicho de otra manera, por la cuenta de la vieja, que es como hago casi todo, ya que me falta, no base, pero sí mucha altura matemática; logré reducir la ecuación geneática a primer grado, lo que permitió expresar verbalmente su sentido: ¡ES UNA FÁBRICA DE MÚLTIPLOS DE SEIS, MÁS UNO! Usemos: $A^3=6B+1$:

B=1: 6x1+1=7; B=3: 6x3+1=19; B=6: 6x6+1=37; B=10: 6x10+1=61; B=15: 6x15+1=91; B=21: 6x21+1=127; B=28: 6x28+1=169; etc.

Adviértase que al ser $A^3=6B+1$ extracto de su matriz, crea muchos múltiplos de 6+1: 13, 25, etc. que no genera su progenitora. Por tal razón los valores de B no son todos, sino según la ley: **B=(ñ²+ñ)/2,** afín a N=2: ñ=$(k^2+3k)/2$ en apartado IV. Así se evidencia que tanteado el 7, quedan probadas todas las diferencias de cubos impares hasta infinito. Vano es buscar una diferencia de cubos que sea cubo perfecto, por la sencilla razón de que no lo son los iniciales… y los restantes números responden al mismo patrón; como producidos por la misma máquina que no hace sino crear copias de lo mismo, pero a mayor escala. Es la ley de números primos la que al cubrirlos con un antifaz, impide identificarlos y que se atisbe la relativa sencillez del problema. Compruébese lo afirmado: si se divide por 6 la serie de diferencias, o sea, 7/6, 19/6, etc. siempre surge la misma ringlera de decimales: 7/6= 1,1666; 19/6= 3,1666; 37/6= 6,1666; etc. Aún más, el hecho de que el cociente anterior, dé números periódicos, garantiza que la solución con parámetros naturales no es posible ni multiplicándolos por números con muchos ceros… siempre habrá más 666 en la recámara.

Resaltemos, en fin, que al quedar multiplicadas por ñ las soluciones, mediante la ecuación de impares, se eliminan así mismo pares. Por ejemplo, estudiada la primera diferencia: 7, se desechan 56=7x8 (diferencia 4^3 y 2^3) y 98=14x7 (5^3 menos 3^3) e incluso muchos impares, como 91=7x13, y 217=31x7, etc. con lo cual no pocos números quedan estudiados por triplicado.

- Puede hacerse algo similar para las diferencias entre cubos pares: 26, 56, 98, etc. en este caso usando la fórmula 6B+8 y dando valores a B= 3, 8, 15, etc. también con cadencia muy precisa. Cabe expresar en extracto que la ecuación de pares es una FÁBRICA DE MÚLTIPLOS DE 6, MÁS 8 (o bien, múltiplos de 6, +2 y en tal caso hay que sumar una unidad a cada valor de B; usaremos una u otra según las circunstancias). Una vez leídos los dos últimos párrafos, se entenderá mejor por qué probados los primeros cubos de A, pares e impares… y visto que implican soluciones irracionales para B y C, no hay que seguir; ya que ocultamente se ha producido una especie de reacción en cadena, que afecta a toda la numeración… sólo que en sentido negativo. Es decir, en el de que ningún cubo perfecto es diferencia de otros dos cubos perfectos.

Igualmente los cocientes: 26/6= 4,333; 56/6= 9,333, etc. corroboran lo afirmado en el párrafo anterior en todos sus detalles (surge la unidad de más citada).

- Resumiendo. Así como las ecuaciones de N=2, producían todos los impares la una… y todos los múltiplos de cuatro la otra, las ecuaciones de N=3, mucho más limitadas, generan una múltiplos de 6, más 1… y la otra múltiplos de 6, más 2 (o de 6, más 8, según se vea). No se olvide además que ni siquiera crean todos ellos, sino sólo algunos: los que sean diferencias entre cubos perfectos: 7, 19, 37, etc. en el caso de impares… y 26, 56, 98, etc. en el de pares. Tampoco crean múltiplos de 6, más 1 ó más 2, cubos perfectos, que los hay; tales como 343, 6859… ó 512, 2744, sino otros números.

- Un cubo perfecto es tal que así: X^3 (que X sea primo o compuesto no altera el caso). Por ende es claro: ninguna de las dos ecuaciones crea cubos perfectos; el término independiente (1 y 8 ó 2) está ahí vigilante para impedirlo. El más próximo de lograrlo es el 217=6x36+1 (en realidad B=8 en $3B^2+3B+1$) y a partir de ahí la ecuación sigue generando números tipo 6B+1, ya cada vez más lejos del objetivo. Podemos concluir que no cabe que haya soluciones del teorema de Fermat con N=3, porque la ecuación de diferencias ($3B^2ñ+3Bñ^2+ñ^3$ o sus reducidas: 6B+1 y 6B+8) está facultada para crear en exclusiva múltiplos de 6, +1 ó de 6, +8… y no por cierto los que son cubos perfectos, sino otros números.

La doble faceta del **216**+1 es un señuelo que conduce a una trampa bien disimulada… de la que me costó salir algún tiempo.

108

Para la ecuación de diferencias es: 192+24+1, mas tiende a verse como $6^3=216$, +1; lo que origina la falsa sensación de que podrían surgir más cubos… y uno de ellos sin la unidad de pico. Tras reducir la ecuación de diferencias al primer grado, sin dificultad se comprende que en realidad era la única opción de que tal ecuación genere un cubo (6x36) pero disloca la tarea el término independiente. Cosa por otra parte ineluctable, pues la tríada: A=6, B=8 y C=9, que es la que se originaría, no permite concordancia de paridad entre sumandos (par) y suma (impar). Ya sabemos que el resto de valores de ñ no aportan novedades; si bien ampliaremos este aspecto más adelante.

- Por su parte la ecuación de pares tiene su opción con 218, diferencia entre los cubos de 7 y 5 que es 6x35+8=218 (o bien 150+60+8, que tiende a verse **216**+2) alternativa válida, pues daría el trío 6, 5, 7 (básico de N=3) con concordancia de paridad. Tras ello las posibilidades se esfuman para siempre, pues ningún otro número 6B (+8) con los naturales que B admite (no son todos) será cubo perfecto. Además, como la ecuación de diferencias y los cubos siguen trayectorias divergentes, será imposible que haya soluciones, las opciones están al principio debido a la proximidad de los números; pero una vez crecen los valores, las oportunidades menguan hasta el infinito.

Antes de seguir avanzando por este campo minado, ornado de falsos pasadizos que no llevan a ninguna parte y de señuelos que inducen alucinaciones, desvelaremos algunos aspectos que permanecen oscuros y reafirmemos ideas.

- Ya sabemos que la ecuación $3B^2+3B+1$ no crea cubos, sino números 6B+1, tal como 7, 19, 37, etc. Ahora bien… ¿originará los complementos de 7 (u otros múltiplos de 6, +1) a sus cubos respectivos, también tipo 6B+1? La respuesta es categórica: la ecuación crea diferencias entre cubos… y 7, 19, 37, etc. no son cubos, así que tampoco generará sus complementos a: 343, 6859, etc. pues no basta con que 343 y 6859, etc. sean cubos, sino que tendrían que serlo también sus bases y ya se ha dicho: los números tipo 6B+1 y 6B+8, son la negación de la cubicidad.

Veámoslo, no obstante, con ejemplos concretos, ya que ésa sería la única posibilidad de resolver el teorema. El caso más próximo: 343-7=336, la ecuación da solución exacta con 331 (por supuesto múltiplo de 6, +1 y cuyo cociente: 331/6=55,16666 nos da la consabida reata de decimales) que es la diferencia entre cubo de 11 y cubo de 10. En suma, la ecuación $3B^2+3B+1$ siempre llevará, por grande que sea el valor de B, a dar el martillazo justo al lado y no en el clavo… así que no podremos clavarlo.

Ahora se comprende que el cubo 343 (al igual que los de 19, 37, 61, etc.) conforman añagazas diabólicas que vuelven tarumba; pues son a su vez múltiplos de 6, más 1 (como cubos que son de números 6B+1) por lo que inducen la falsa sensación de que generar cubos perfectos podría estar al alcance de la ecuación. Sin embargo, la ecuación no los crea, pues 343, 6859, etc. le son números ajenos, no diferencias entre cubos.

En último caso, si además fueran números 6B+1 de los que la ecuación crea (cosa que tampoco son, como se ha demostrado en párrafos anteriores) el teorema tendría alguna solución... o al menos una solución, ya que cuantitativamente carece el hecho de importancia; pero implicaría reacción en cadena, lo cual a su vez sería contradictorio, pues bien se sabe que no hay tal. El 343 no lo genera la ecuación $3B^2+3B+1$, ni como 6B+1 y menos como cubo de 7, pues no crea cubos.

Véase ahora el ejemplo de A=19 y A^3 = 6859 (su diferencia es 6840= 1140x6) la ecuación $3B^2+3B+1$= 6859, resuelve que A=19 quedaría emparejado con B=47,3147 y C=48,3147 (nos limitamos a 4 decimales). Entre los cubos de 48 y 47 existe la diferencia 6769, por supuesto múltiplo de 6, +1 (o sea, 1128x6+1) y con dicha cantidad, la ecuación $3B^2+3B+1$=6769, en efecto, alcanza solución exacta. Culminemos, a fin de ratificar el hecho, con el ejemplo de A=37, A^3 =50653, en cuyo caso ofrece la ecuación de diferencias las soluciones (desde luego irracionales) de B=129,4394 y C=130,4394.

Viceversa, entre los cubos de 129 y 130, la diferencia es de 50311 (claro que 50311=8385x6+1) con cuyo valor la ecuación de diferencias proporciona resultado exacto. Obsérvese, por lo demás, que el problema tiende a agravarse, pues la ecuación es la misma y sólo cambian los datos, que son cada vez mayores.

Así que de 5 unidades entre 336 y 331, se ha pasado a 71 (6840-6769) en el caso de A=19... y a 305 (50616-50311) en el de A=37. La antinomia no tiene solución, pues se demandan cubos perfectos o ciertos múltiplos de 6... y la ecuación proporciona múltiplos de 6, +1 que es lo que crea y no otra cosa. También los cocientes 6769/6 y 50311/6, repiten la previsible longaniza de decimales tipo 666. Tal será el proceso hasta el infinito; pues está regido por ley matemática que se cumple de modo tan inexorable como la muerte de todo ser vivo.

Se ratifica, por tanto, la impotencia de la ecuación para producir cubos perfectos... y que los múltiplos de 6 requeridos, para que surjan cubos perfectos (luego de sumarle la unidad del término independiente) no se corresponden con los múltiplos de seis que la ecuación está facultada para generar.

- Con la ecuación de pares cabe igual razonamiento, que damos de modo sucinto. La ecuación $6B^2+12B+8$ crea múltiplos de 6, +8; tales como 26, 56 y 98. Los cubos de dichos números son: 17576, 175616 y 941192 y sus diferencias con sus propias bases: 17550=2925x6, 175560=29260x6 y 941094=156849x6. Como bien se capta, en todos los casos son múltiplos de 6, con lo que queda garantizado que jamás, por grandes que sean los valores de las variables, se originarán cubos perfectos; pues surgen en serie múltiplos de 6, +8 del término independiente… no afectado por B. También cabe el argumento dado con anterioridad (procuramos variarlos, a fin de que se detecte la imposibilidad de lo que se persigue): como las bases de los citados cubos no son cubos perfectos, las diferencias entre los cubos y sus bases no son tampoco generables por la ecuación: $6B^2+12B+8$, que lo que hace es calcular diferencias entre cubos perfectos.

Detallaremos ya sólo el caso de A=26, A^3=17576. Con este valor la ecuación resuelve B=53,1202 y C=55,1202. A su vez la diferencia entre los cubos de 53 y 55, es de 17498, para cuyo valor (2916x6+2 y 17498/6=2916,33) la ecuación de diferencias sí arroja solución exacta. El dilema planteado es insoluble e incrementar los datos, no conduce nada más que a agigantar las diferencias; pues la ecuación $6B^2+12B+8$, crea múltiplos de 6, +8… y se requieren cubos perfectos, o ciertos múltiplos de 6, cuya generación no queda al alcance de la ecuación.

- En conclusión: con N=2 al restar 1 a un cuadrado impar resulta un par, todos agibles por la ecuación: $A^2-1=2B$… y al restarle 4 a un cuadrado par, surge un múltiplo de 4; también todos factibles por la ecuación: $A^2-4=4B$. PERO con N=3, tras restar 1 a un cubo impar (o bien 8 a un cubo par) NO SIEMPRE surgen múltiplos de 6, que sería lo adecuado, sino números que divididos por 6 crean periódicas: 26/6=4,333 (ó: 208/6=34,666) excepto los cubos de números: 6B+1 (ó 6B+8) como 343, 6859 ó 17576; tampoco al alcance de la ecuación, pues no crea cubos perfectos, ni los complementos de las bases a sus cubos. Así que ni las diferencias entre cubos son cubos perfectos, ni los cubos perfectos son todos tipo 6B+1 (o bien 6B+8). A su vez los números de esos formatos son todos múltiplos de 6, a su manera: z,1666x6, k,333x6; por lo que basta con tantear uno cualquiera de ellos, pues incluso k,333=z,1666x2.

Los párrafos anteriores opinamos que ya prueban que el teorema no permite soluciones enteras para N=3; pero no nos detendremos ahí… sino que haremos la demostración por un método nuevo (de modo que no le queden dudas ni al más escéptico) que llamamos: **ecuaciones sincopadas**; que además de ser de notable facilidad, tiene la virtud de que faculta para profundizar en la comprensión de los rasgos a cumplir por los parámetros.

Antes de avanzar, pedimos disculpas al paciente lector… por haber sometido su resistencia a dura prueba en los párrafos anteriores; pues a la dificultad natural de toda lectura se ha sumado la abundancia de datos numéricos, que si se aceptan con la disciplina que el soldado ha de acatar las órdenes (aunque procedan de vulgar chusquero, como es mi caso) reportan escaso provecho y si se comprueban para mejorar la comprensión, exigen suma dosis de paciencia hasta volver página.

Concluida esa breve digresión, estableceremos importante base para esta nueva vía que denomino: ecuaciones sincopadas.

En $A^N + B^N = (B+ñ)^N$ o las ecuaciones de diferencias, la cifra ñ (término independiente) a añadir a B para obtener C admite en esencia sólo 2 valores: pares o impares. Como las potencias no mutan la paridad de los números, sea cual sea N, si ñ es impar, exigirá que B y C sean de paridad contraria, pues resultará que B (**par**)+ñ (**impar**)=C (**impar**) o bien B (**impar**)+ñ (**impar**)= C (**par**) lo que implicará que A sea impar; pero si ñ es par, entonces B y C tendrán la misma paridad ya que B (**par**)+ñ (par)=C (**par**) o bien, B (**impar**)+ñ (par)= C (**impar**) en cuyo caso A tendrá que ser sin remedio par.

Lo esencial del párrafo anterior es que en la ecuación de impares (ñ= 1, 3, 5, etc.) A siempre ha de ser impar y en la de pares (ñ= 2, 4, 6, etc.) A siempre habrá de ser par. Claro que la de pares es más importante, ya que dará las soluciones de dos impares (B y C) y A par, más las de tres pares: SECUNDARIAS con A par… múltiplo de una de ñ=1 (impar).

Establecidas las bases estamos en condiciones de avanzar. La ecuación de diferencias: $A^3 = 3B^2ñ+3Bñ^2+ñ^3$ adopta dos formatos $A^3=3B^2+3B+1$, apta para A impar… y $A^3 =6B^2+12B+8$, para A par. Cada una admite otra versión: $A^3 =6B+1$ y $A^3 =6B+8$ respectivamente (la segunda equivale a $A^3 = 6B+2$, pero ahora usaremos la otra) esas formas abreviadas son síncopas de sus progenitoras y presentan la gran ventaja de ser muy fáciles de manejar, a cambio de lo cual tienen la desventaja de que B en ellas recibe naturales que sus primitivas no aceptan.

Ahora bien, nos desentenderemos del inconveniente (pues favorece al problema) y trabajaremos con ellas para averiguar qué valores de A^3 hacen que B sea natural; la cuestión de si B era válido en la primitiva se indagará después por otro método.

Es decir, las ecuaciones $A^3 =6B+1$ y $A^3 =6B+8,$ las usaremos con la sola mira de conseguir valores de A^3 que proporcionen otros de B naturales (claro que C así mismo será natural, pues

C=B+1, ó C=B+2). Logrado ese objetivo, indagaremos si alguno iguala la ecuación matriz: $A^3 = 3B^2ñ+3Bñ^2+ñ^3$; en cuyo caso será claro que el natural hallado para B era válido no sólo en una de las ecuaciones sincopadas, sino también en la primitiva... y se tendrá la certeza de haber logrado una solución del teorema de Fermat para N=3, que proporcionará infinitas luego de hacer (A, B, C)ñ. Ahora bien, si ningún valor de los surgidos para B iguala la ecuación matriz; es que eran válidos sólo para las ecuaciones abreviadas, no para la matriz... y en suma las ternas halladas no resolverán el teorema.

Aunque se puede operar sólo con la ecuación de pares, en este primer caso trabajaremos con ambas, para contrastar los resultados. Exponemos un cuadro con los primeros veinte cubos pares e impares, junto con los valores de B que proporcionan las síncopas de las ecuaciones de diferencias despejada la B:

$$B = (A^3-1)/6 \qquad B = (A^3-8)/6$$

en la primera, A siempre será impar; en tanto que en la segunda A tiene que ser par. Se desdeñan los primeros impar y par, pues anulan la fracción y conducen a soluciones tipo A=C, que ya se dijo que no se adaptan al enunciado del problema.

A IMPARES [19]	B	A PARES	B
A=3	4,333	A=4	9,333
A=5	20,666	A=6	34,666
A=7	**57**	**A=8**	**84**
A=9	121,333	A=10	165,333
A=11	221,666	A=12	286,666
A=13	**366**	**A=14**	**456**
A=15	562,333	A=16	681,333
A=17	818,666	A=18	970,666
A=19	**1143**	**A=20**	**1332**

A la vista del cuadro anterior se infieren las siguientes observaciones:

- Sólo uno de cada tres números ofrece solución exacta en la ecuación sincopada... y son precisamente los múltiplos de 6, +1, ó 6, +2; por lo tanto sólo con esos valores de A se logran ternas en que A, B y C son naturales. El resto de tríadas no interesan, ya que aunque logren igualar la ecuación y con ello sucederá que C^3-A^3 será cubo perfecto; al no cumplir la premisa básica de que A, B y C sean naturales, dejan de interesar.

19 De usar la fórmula A=(B³-1)/3 que como se dijo parece más lógica, las diferencias serían que los decimales 333 y 666 irían intercambiados y las partes enteras se duplicarían, pero como la opción A³=6B+1 es más favorable al problema, seguiremos recurriendo a ella. Por la misma razón usamos ahora A³=6B+8, en lugar de 6B+2.

- Los valores de A que no hacen exacto a B, proporcionan periódicas puras; lo que garantiza que aunque se tome un valor de A tal como 3... trillones, que tras elevarlo al cubo dará 27 con una legión de ceros, sabemos que tras restarle 8 (ahora es par) y dividirlo por 6, nos dará una cifra gigantesca, seguida de infinitos 666. Así que ni B ni C serán naturales, por lo que constituirán tríos sin interés para nuestros fines.

- Las ternas candidatas (por cumplir la premisa básica de que A, B y C sean naturales) son: A=7, B=57, C=58 y A=8, B=84, C=86. Se han relacionado sólo la primera impar y la primera par (tras obtener C mediante C=B+1, ó C=B+2) pues el resto de ellas (tal como la A=19, B=1143, C=1144) padecerán idéntico defecto que las dos seleccionadas, pero a mayor escala.

- Ahora se deberá cumplir con las tríadas seleccionadas, que $A^3+B^3=C^3$, en cuyo caso el valor natural obtenido para B con A^3, nos lo proporcionaría también la ecuación matriz (la cual quedaría igualada con A=7, B=57): $A^3 = 3B^2ñ+3Bñ^2+ñ^3$ y por tanto tendríamos la primera terna que soluciona el teorema. Pero no requiere recurrir a calculadora para percatarse que 57^3 más 7^3, no pueden ser igual a 58^3 (o sea: 185193+343 y 195112, cuya diferencia son 9576 unidades) lo que traducido significa que B=57, que surge con la ecuación sincopada, NO se puede obtener a partir de su ecuación matriz. Claro que la diferencia entre sumandos y suma: 9576, tampoco será cubo perfecto (pues 57 no surge de la ecuación matriz con A natural) pero este postrer factor carece de importancia; pues aun en el caso de que fuera cubo perfecto la ecuación no queda igualada. Lo detallado para la tríada 7, 57, 58 cabe repetirlo de 8, 84, 86 y la 19, 1143, 1144 y en general de cualquier otra; sólo que a mayor escala, ya que los parámetros B y C crecen a mayor velocidad que A, así que las diferencias se disparan, pues A^3 aportará siempre menor cantidad que la requerida.

Ha quedado así probado para todos los valores de A, tanto pares como nones, que será imposible hasta el infinito igualar la ecuación con A, B y C naturales... y puesto que es imposible igualarla, el teorema queda demostrado para N=3.

En párrafos anteriores existen afirmaciones que causarán desorientación y asombro, así que haremos ciertas precisiones que creemos oportunas:

- Los valores A=7, B=57, determinados mediante la ecuación simplificada ($A^3 =6B+1$) sólo funcionan a medias y cada uno por su cuenta en la matriz: $A^3 =3B^2+3B+1$. O sea, 343, cubo de 7, es válido para el primer miembro; de este modo se evita un resultado para B periódico. Sustituyendo a su vez en $3B^2+3B+1$, B, por 57, se obtienen 9919, que es la diferencia entre los cubos de 58 y 57. Mas es notorio que el primer miembro de la ecuación no iguala al segundo … si además ocurriera eso habríamos dado con una solución del teorema con N=3. Pero ocurre que la ecuación completa no crea el 57 (con A natural) por tal razón, la ecuación da una desigualdad, ya que en ella A=7, no se corresponde con B=57, ni con ningún otro B natural.

- El busilis de la ecuación sincopada es que permite captar el comportamiento de la ecuación matriz, con todos los cubos de un vistazo. Dicho de otro modo, en el cuadro anterior se percibe de una ojeada que sólo 1 de cada tres cubos proporciona valores naturales para B y esos valores de A, que a su vez hacen naturales a B y C son los únicos que interesan; el resto los podemos ignorar. Por lo tanto la aportación de la ecuación simplificada, consiste en que permite dividir el problema en dos partes: en la primera se averiguan los posibles valores naturales de A, B y C… y en la segunda, se comprueba en la ecuación matriz si tales parámetros la igualan. Mejor es, como se ha hecho, operar en la ecuación general del teorema: $A^3+B^3=C^3$, ante todo por ser más fácil de manejar que las ecuaciones de diferencias, que se agigantan a medida que N aumenta… y además porque comprobado el comportamiento en la ecuación general de los parámetros naturales vinculados entre sí; se capta también de un vistazo, que siendo la aportación del parámetro A progresivamente menor (pues B y C suben como la espuma) la igualdad es imposible hasta infinito. Pero si B=57 se sustituye en $A^3 =3B^2+3B+1$, se resuelve en $A^3 =9919$; cuya solución aproximada es 21,4860 y lo que se averigua es que la diferencia entre los cubos de 57 y 58, tampoco es cubo perfecto. Por el contrario haciéndolo en la ecuación general y tras comprobar que no se iguala; lo que se averigua al instante es, que los pocos parámetros naturales vinculados entre sí, no crean igualdades jamás (por el escaso aporte de A) y el resto no interesan.

- La última cuestión es, que la ecuación sincopada se funda en la de N=2. Claro que la ecuación B= $(A^2-1)/2$, permite calcular los valores de B naturales relacionados con A^2 y a su vez proporciona ternas que con toda certeza resuelven el problema, pues cumple ambas funciones a la vez; en tanto que con N>2 la cuestión es tan complicada, que averiguar valores naturales de B vinculados con cubos perfectos, exige abordar el problema por etapas.

Si ahora se optase por asignar en la ecuación matriz, ñ impar o par mayores que 1 ó 2; lo que sucederá es que surgirán ternas naturales de A, B y C múltiplos de las ya vistas. Ahora bien, algún valor de ñ creará ternas con B y C primos entre sí, por tanto NO múltiplos de otras vistas; sin embargo, sabremos con certeza que ninguna de ellas resolverá el problema, ya que la ecuación no estará igualada, pues habrán de tener idénticos rasgos que sus hermanas de ñ, que sabemos con total seguridad que no cumplen el teorema.

Adviértase, por otra parte, que los valores de B válidos que han surgido: 57, 84, 366, 456, 1332, 1143 al simplificarlos se reducen a: 19, 7, 61, 37 y 127 que son, como bien sabemos, diferencias entre cubos perfectos… y el resto de valores de B carecen de interés; pues además de que no son diferencias entre cubos (que sólo los valores de A tipo: 6B+1 ó 6B+8, los pueden proporcionar, condición primordial de la ecuación) es imposible que surjan a partir de A naturales.

Resta hacer la observación, de que si en la ecuación de pares se opta por trabajar con la fórmula $A^3 =6B+2$ (igualmente válida, como se dijo) el valor entero de B es una unidad mayor (y con ello también C) que acrecienta las diferencias entre sumandos y suma; tal es la razón de acogernos a $A^3 =6B+8$, algo más favorable al problema, como se dijo en nota al pie.

Antes de proseguir nuestras pesquisas, compendiaremos los conocimientos adquiridos por medio de la ecuación sincopada: $A^3 =6B+1$ que se erige en especie de espectrógrafo o radiografía que faculta para comprender los fenómenos con todo detalle.

En principio la ecuación $A^3 =6B+1$ revela que los parámetros candidatos a resolver el problema implican tres condiciones:

- C y A: múltiplos de 6, + 1 (aun en tríos asimétricos)
- B debe ser múltiplo de 6 (más adelante se evidenciará)
- A cubo perfecto

Ahora surge diáfana la imposibilidad de que tres números consecutivos se adapten a tal exigencia; pues si B es múltiplo de 6, en efecto C será múltiplo de 6, +1 (pues C=B+1) pero es evidente que A no lo será. Esa es la razón por la cual al ser A=5 (múltiplo de 6, -1) es corto en 2 unidades. Si el cubo de 5 fuese 127 (múltiplo de 6, +1) habría igualdad: 127+216=343. Si a fin de que A sea múltiplo de 6, +1, B y C se distancian de A; tríos: 7, 12, 13; 7, 18, 19, etc. entonces la carencia de A se exagera. Conclusión: si no hay tríadas conjuntas, aún peores son otras opciones; pues, bien se sabe, aumenta el defecto.

Cabe preguntarse por qué la ecuación: $A^3 =6B+1$ no ofrece 12 y 13, para B y C. La razón es que A, además de ser número

6B+1, debe ser cubo perfecto. Véase: usando la fórmula A=6B+1, ahora B=12 (C=13) se obtiene A=73, que en efecto es múltiplo de 6, +1; pero como se omitió que A ha de estar elevado al cubo, surgen tríadas absurdas en las que A>B e incluso A>C. Anotar A^3 permite, pues, obtener valores de A adecuados al tamaño de B y C, claro que alejando más B y C, de A.

Ahora se trasluce que B=57 y C=58 obtenidos con B=(A^3-1)/6 (y C=B+1) en lugar de B=(A^3-1)/3, con el afán de aproximar lo máximo posible A, B y C, como se dijo, NO son en rigor números adecuados para resolver el problema; pues si bien proporcionan el cubo 343, ni B es múltiplo de 6, ni lo es C de 6, +1. Sí son correctos, por el contrario 114 y 115; pero de nuevo tal meta se alcanza, como siempre, a base de distanciar cada vez más B y C, de A. El peaje a pagar se repite: distanciar B y C, de A.

Por último, cuando se recurre a la ecuación adecuada para la solución del problema: A^3 =3B^2+3B+1, que ya incluye todas las condiciones (A múltiplo de 6, +1 y cubo perfecto, B múltiplo de 6, C múltiplo de 6, +1 … y B y C diferencia de cubos perfectos) entonces el álgebra resuelve: A = irracional; cuyo significado es: 'en el universo numérico, no existe número que cumpla tan draconianos requisitos'.

Véase que la condición: diferencia de cubos perfectos, que se logra mediante 3B^2+3B, equivalente a: 3(B^2+B) siempre implica A = múltiplo de 6; pues tanto si B es par como si es impar, el resultado del paréntesis será par (cuadrado de impar es impar, más impar = par; o bien cuadrado de par es par, más par = par) que multiplicado por 3, se muta en múltiplo de 6. Pero hay una importante restricción… y es que a fin de que C sea múltiplo de 6, +1, sólo los B múltiplos de 6 son aptos.

Por tanto, todos los valores de B ofrecen A múltiplos de 6, +1, pero sólo los B múltiplos de 6, originan C múltiplos de 6, +1 (condición también necesaria) lo que recorta la cantidad de B candidatos drásticamente… y ya imposibilita la resolución. Cumplir tales condiciones aboca a la necesidad de distanciar B y C, de A, que a su vez implica imposibilidad de que se iguale la ecuación; pues la irracionalidad numérica, como toda forma de infinitud, delata y suple una carencia.

Ahora es patente que como B ha de ser múltiplo de 6, los candidatos todos son múltiplos del primero… y a su vez todos los C, múltiplos de 6, +1, también son del mismo jaez, pese a la unidad añadida que disfraza su aspecto. Compruébese que los cocientes 13/7, 19/7, 25/7, etc. dan lugar a series periódicas largas: 857142857142… la cual se inicia en un punto distinto de la cadena con cada numerador y tras un resultado entero (49/7) se reitera el proceso. Por ende, siendo los candidatos idóneos múltiplos de los primeros (B=6, C=7) A queda irremisiblemente condenado a la irracionalidad en todas sus infinitas opciones.

En suma, todos los candidatos de A, B y C, son múltiplos de los primeros posibles a su manera, porque crecen con arreglo a una ley inflexible. LA HIPÓTESIS DE TRABAJO QUEDA ROBORADA.

Lo aseverado en estos dos últimos párrafos se entenderá con diáfana claridad, si en lugar de manejar la ecuación de diferencias se recurre a la general: $A^3+B^3=C^3$; pues entonces no hay la menor duda de que B= 6, 12, 18, 24, etc. y C=B+1=7, 13, 19, etc. no pueden sino ofrecer múltiplos para la variable A; tanto con exponente 3, como con cualquier otro: N.

Redondearemos la aplicación de este método para N=3, con algunas reflexiones que aclararán ciertos aspectos que puedan parecer oscuros.

- Como sabemos bien, la terna ideal para N=3 es 5, 6, 7, pero como ni 5 ni 6 son números 6B+1 ó 6B+2 (exigencia básica de la ecuación de diferencias, que al no cumplirla elimina a ambos con sus múltiplos) surgen por defecto los sucedáneos A=7 y A=8 que originan el trío 7, 8, 9, óptimo para N=4, claro que ni aquélla ni éste resuelven el problema con A, B y C naturales … lo que a su vez, elimina a todos los múltiplos de 7 y 8. Es decir, números tipo 6B+1 y 6B+2 (o 6B+8) tras lo que resultan afectados cuantos candidatos ofrece la ecuación de diferencias: 19, 37, 26, 56, etc. también números 6B+1 ó 6B+2, que no habría ni que tantearlos, porque todos son múltiplos del primero a su manera; como ya se demostró. Véase que los A<7, crean términos independientes periódicos que implican a su vez irracionales en B y C, lo que evidencia la imposibilidad de solución primigenia para N=3, con los tres parámetros naturales.

- Obsérvese que las ternas 7, 8, 9 u 8, 7, 9 (en vez de las 5, 6, 7 ó 6, 5, 7) conceden a A números 6B+1 ó 6B+2, al impagable precio de arrebatarle a B el necesario múltiplo de 6… y a C el también imprescindible múltiplo de 6, más 1.

Se ha insistido en estos detalles acaso en exceso, porque fortalece el método aritmético; pero también con vistas a un importante argumento que refuerza que basta con demostrar que se cumple el teorema con ñ=1 (o sea, ternas consecutivas) cuya fuerza demostrativa es categórica. Lo expondremos más adelante, tras desarrollar este método de las ecuaciones sincopadas para N=4 (que reafirma lo aprendido con N=3 y faculta para no tener que proseguir con mayores exponentes) que iniciamos ya.

EXPONENTE N=4: Tras las provechosas enseñanzas adquiridas con el uso de las ecuaciones sincopadas en N=3, transvasaremos esos conocimientos al caso de N=4; no tanto porque tengamos dudas de lo aprendido, como para corroborar que el fenómeno detectado se reproduce a escala en todos sus detalles.

Obtendremos la ecuación matriz de diferencias bicuadradas y dando a ñ los valores mínimos: 1 y 2, deduciremos de ella las ecuaciones de impares y de pares (se omiten detalles):

$$A^4 = 4B^3ñ + 6B^2ñ^2 + 4Bñ^3 + ñ^4$$

Impares: $4B^3 + 6B^2 + 4B + 1 = A^4$ Pares: $8B^3 + 24B^2 + 32B + 16 = A^4$

La primera no proporciona sino A impares, pues tanto si B es par como si es impar, los coeficientes trocarán los impares en pares y añadido el término independiente, surgirá un impar y puesto que potencias y raíces no mutan la paridad de las bases, A no podrá ser más que impar. En cuanto a la segunda es más que evidente que sólo ofrecerá pares para A^4... y A sólo sería par.

Tras esos razonamientos, ensolveremos las dos ecuaciones para obtener sus [20] sincopadas, que son las sencillas: **$A^4 = 8B+1$** y **$A^4 = 8B+16$**. Ambas significan que A^4 habrá de ser múltiplo de 8, +1 ó bien múltiplo de 8, +16.

En rigor la ecuación ensuelta de impares, de seguirse al pie de la letra las instrucciones dadas en la nota número 20, debería ser: $A^4 = 2(2B^3 + 3B^2 + 2B) + 1$, que en apariencia no da para más que: $A^4 = 2B+1$; PERO fácil es demostrar que el resultado del contenido del paréntesis se resume en 4B [B ha de ser par para formar terna correcta con C y A (ambos impares) por tanto, 2B (par)= múltiplo de 4; $3B^2$= múltiplo de 4 (pues todo cuadrado par es múltiplo de 4, rasgo que permanece tras multiplicarlo por 3) y $2B^3$ = múltiplo de 4]. Evidenciado que $(2B^3 + 3B^2 + 2B)$ ha de tener formato (4B) ya no ofrece dudas: $A^4 = 2(4B) + 1$ y **$A^4 = 8B+1$**.

Se ha realizado esta minuciosa demostración, pues aunque en este caso de N=4, operaremos sólo con la ecuación de pares: $A^4 = 8B+16$, ya que también es apta para los impares multiplicados por 2, como bien sabemos; más adelante requeriremos la ecuación de impares para un nuevo menester... y entonces se usará, por supuesto, la forma: $A^4 = 8B+1$. Se hace hincapié en este detalle, para que no se sorprenda nadie... ante lo que podría parecer una ligereza o incluso arbitrariedad. Prosigamos nuestra senda.

---

[20] Informamos a hipotéticos lectores que sean matemáticos aficionados, como quien escribe, que las ecuaciones se ensuelven, sacando factor común a los coeficientes de B. La ecuación ensuelta de pares, no ofrecerá dudas a nadie; en cuanto a la de impares, léase el párrafo que subsigue, en el texto, donde se dan razones convincentes de la forma adoptada: $A^4 = 8B+1$.

Se podría simplificar: $A^4 = 8B+16$ y operar con $A^4 = 8B$. Los resultados serían algo distintos en números pero coincidentes en esencia; porque según se dijo de N=3 (con las fórmulas 6B+2 y 6B+8) optamos por trabajar con $A^4 = 8B+16$, debido a que ofrece resultados más favorables para el problema; si bien, con el trasfondo común de que ni unos ni otros lo solucionan.

La fórmula será: $B=(A^4-16)/8$, harto sabemos ya que los valores enteros de B no hay garantías de que se obtuvieran también a partir de su matriz, pero como en el caso de N=3, tal detalle lo resolveremos más adelante; una vez emparejados los valores enteros de A y B. Veamos el cuadro de soluciones, tras desdeñar A=2, que anula la fracción:

A=4,   B=30,   C=32;   A=6,   B=160,   C=162;
A=8,   B=510,   C=512;   A=10,   B=1248,   C=1250;
A=12,   B=2590, C=2592;   A=14,   B=4800,   C=4802;
A=16,   B=8190, C=8192;   A=18,   B=13120, C=13122

la postrera equivale a: **A=9, B=6560, C=6561**

A la vista de esos datos, hagamos algunas observaciones dignas de interés:

- Es evidente que A sólo puede ser par, pues los impares no serían divisibles por 8 (restar 16 a los A^4 pares, no altera el asunto). Además tampoco son aptos todos los pares, sino sólo los múltiplos de 2, pues cuando A es múltiplo de 4, B también es múltiplo de 4… y como C=B+2, C sólo lo será de 2; por tanto, luego de simplificar la tríada, resultaría: A = par, B = par y C = impar, tríos que son inútiles para el teorema. Por último, adviértase que cuando A toma los imprescindibles múltiplos de 2 (y no de 4) entonces B, siempre resulta ser múltiplo de 8; algo sabido con certeza por el método aritmético que ha de suceder, que queda confirmado. En suma, ha de ser: **B=2Nñ=8ñ**.

Se ha hecho este detallado razonamiento, de que no admite B valor menor que 8 (como con N=3 se evidenció que proporciona $3B^3+3B$ para B múltiplos de 6) pues es ése precisamente el punto crucial, donde reside la dificultad insalvable de dar solución al problema cuando el exponente es N>2.

- A diferencia de N=3, ahora todos los bicuadrados pares conducen a valores enteros de B; claro está que no hace falta iluminación especial, para advertir que las ternas que surgen de esos resultados es imposible que resuelvan el teorema; ya que: A=4, B=30, C=32; A=6, B=160, C=162; etc. (huelgan otras) no igualan la ecuación $A^4+B^4=C^4$, pues el parámetro A aporta poco y las diferencias entre dos bicuadrados alternos es descomunal.

Así que pese a la ventaja de que usando la ecuación sincopada, todo bicuadrado par conduce a valores de B enteros positivos, es lo cierto que ninguno de ellos resuelve el problema.

- Debido a la coyuntura de que con N=4 ningún valor de A par fracciona a B… y que además si se añaden ceros a A, también su bicuadrado-16 será divisible por 8; cabe plantearse si por tal vía se lograría una terna que igualase la ecuación. Fácil es la respuesta: será imposible, pues A se distanciará mucho de B… y C, dos unidades mayor que B, rebasará con holgura la parca aportación de A, por grande que sea.

Veámoslo, con un ejemplo. Supongamos que A=400, entonces B=(A^4-16)/8=3199999998, por consiguiente C=3200000000 y se hace evidente que la aportación del bicuadrado de 400 siendo grande, es exigua para poder compensar la diferencia C^4-B^4, que resulta sencillamente astronómica.

En resolución, si A, B y C son naturales, acontecerá en la ecuación general que A^4+B^4<C^4 y si se desea igualar A^4+B^4=C^4, sucederá que B (y con ello C) serán irracionales… o viceversa; si B y C son naturales, será A irracional.

- Se destaca la terna A=18, B=13120, C=13122 que equivale a: A=9, B=6560, C=6561, ya que en rigor se trata de la primera cuyos parámetros se adaptan a las condiciones mínimas que exige el problema: A y C múltiplos de 8, +1… y B múltiplo de 8. Con semejante materia prima no cabe esperar solución.

En cuanto a los restantes valores de ñ (además de 2 que se ha usado) en la ecuación general, ya sabemos que su función consiste en proporcionar múltiplos de las soluciones de pares: si se hace ñ= 4, 6, 8, etc. o impares: si ñ= 1, 3, 5, 7, etc.

Es probable que los matemáticos opinen que se les da gato por liebre con la ecuación sincopada y no admitan el resultado; según opina quien escribe es método riguroso y válido con muy escaso margen de duda. Prueba de ello es que los valores que se obtienen para los parámetros son realmente diferencias de cubos (en caso de N=3) o sus múltiplos; amén de otras razones ya expuestas, que avalan el aserto.

Por otra parte, la ecuación sincopada origina sin ninguna excepción todos los enteros que crearía la matriz (muchos más) cabe, pues, hallar soluciones con la sincopada que no ofrece la matriz, sin embargo, lo contrario no es válido por tratarse de una ecuación (la de diferencias) sometida a durísimo conjunto de condiciones; como lo prueba que no admite solución racional.

Por ende, aunque la demostración de que A surge de las ecuaciones de diferencias ($3B^2+3B+1$ en caso de N=3, equivalente a $3(B^2+B)+1$) en la forma $A^3=$**6B+1**… o bien $A^4=$**8B+1**, o $A^4=$**8B+16,** en caso de N=4, con ñ=1 y ñ=2 etc. parezca de pacotilla, a nuestro juicio es impecable. Desarrollemos ahora la idea de que basta demostrar el teorema con ñ=1.

Enunciemos con brevedad la idea: demostrado que el teorema se cumple con un valor mínimo de ñ=1; ya queda demostrado para todos los demás posibles que pueda tomar ñ… y viceversa; de no cumplirse con ñ=1, tampoco se cumplirá para ñ>1. Partiremos de que $A^N+B^N=(B+1)^N$ se cumple para un cierto exponente (A, B y por tanto C=B+1 serán naturales y claro que ñ=1).

Obsérvese: si se cambia 1, por cualquier otro valor tal que ñ, siempre ocurrirá que se podrá dar a B un valor ñB que a su vez será natural (por serlo tanto ñ como B) por ende, puesto que C=B+1, cuando B sea ñB, sucederá que C=ñB+ñ que será a su vez natural. Eso implicará que A también quedará multiplicado por ñ y será número natural; en consecuencia se podrá dividir la ecuación $(ñA)^N+(ñB)^N=(ñB+ñ)^N$ por ñ (al margen del valor que tome el exponente N, claro) y dividida dicha ecuación por ñ, surgirá: $A^N+B^N=(B+1)^N$ cuya demostración ya se había efectuado.

Así mismo cabe operar así: $(ñA)^N+(ñB)^N=(ñB+ñ)^N$ equivale a: $ñ^NA^N+ñ^NB^N=ñ^N(B+1)^N$ y surge tras simplificar: $A^N+B^N=(B+1)^N$ que es lo que se ha de demostrar.

Nos permitimos recordar que en el desarrollo del binomio $(ñB+ñ)^N$, cualquiera que sea N, los monomios responderán a la siguiente estructura (se expresan con x los coeficientes, que no afectan al detalle y cuya cuantía depende del valor de N):

$$ñ^NB^N+xñ^{N-1}B^{N-1}ñ+x_1ñ^{N-2}B^{N-2}ñ^2+x_2ñ^{N-3}B^{N-3}ñ^3 \ldots x_{n-1}ñ^2B^2ñ^{N-2}+x_nñBñ^{N-1}+ñ^N$$

y se revela más que evidente que toda la expresión se puede dividir por $ñ^N$, tras lo que queda resuelta en lo que se ha afirmado que es lo único a demostrar: $A^N+B^N=(B+1)^N$

A lo recién evidenciado se debe añadir, que la fórmula paramétrica que aquí se utiliza: A, B y C=B+ñ; implica tanto tríadas simétricas (una o pocas con cada opción de ñ) como asimétricas (la inmensa mayoría).

Claro que si la ecuación $A^N+B^N=(B+1)^N$ no admite solución más que con uno de los parámetros irracional (sea A) cuando se multiplique por ñ, A seguirá siendo número irracional y obvio es que B y C=B+1 continuarán siendo enteros positivos… y viceversa.

Puesto que en el método aritmético hemos demostrado que no existen igualdades con A, B y C naturales, a partir de N>2,con tríos consecutivos (5, 6, 7; 7, 8, 9; etc. en los que ñ=1, es obvio) se confirma que tal método es correctísimo.

En suma, NO hay soluciones posibles al teorema de Fermat, si N>2. Me pregunto si esta demostración sencilla de que se trata de un problema a escala, circula siglos ha por el orbe.

Ahora se comprende por qué la ecuación: $A^N+B^N=(B+1)^N$, no admite solución nada más que para los valores N=1 y N=2.

Con N=1, la exigencia es que B=2N=2 y que los A y C sean números tipo kN+1. Admite k todos los naturales (incluso 0) que crea A=1 (k=1 se desdeña, pues haría A=B) como C=B+1=3 que es tipo kN+1, surge su terna básica: 1+2=3… y de ella infinitas. Véase que el A=0 es imposible y además originaría B=C.

Ha quedado, pues, plenamente corroborada y demostrada la hipótesis de trabajo: ES UN PROBLEMA A ESCALA Y EVIDENCIADO QUE NO EXISTE TRÍADA CONJUNTA, NO CABE QUE EXISTAN DISJUNTAS, NI SIMÉTRICAS NI ASIMÉTRICAS.

Vistas sumariamente las derivaciones de la demostración efectuada, de que basta con probar el teorema cuando ñ=1 y aplicadas con éxito en el caso fácil de N=1; se recapitularán con toda precisión las condiciones exigidas a los parámetros y las aplicaremos, con amplio detalle, a los primeros casos de los exponentes N.

Para definir bien dichas características exigidas a los parámetros, expondremos las primeras ecuaciones sincopadas de de N: $A^2=2B+1$, $A^3=6B+1$ y $A^4=8B+1$; que implican exigencias, desde N>2, que se diría tienen algo de contradictorias [habida cuenta los escasos números disponibles entre el 1 y cada respectivo valor mínimo de B=2N, pues B(par)xN=2N] al ser casi idénticas para A (que se detallan de inmediato) y que luego ampliaremos al parámetro C:

N=2   IMPAR (cuadrado) MÚLTIPLO DE N, +1; MENOR QUE B
N=3   IMPAR (cubo) MÚLTIPLO DE N, +1; MENOR QUE B
N=4   IMPAR (bicuadrado) MÚLTIPLO DE N, +1; MENOR QUE B

Repárese que A debe cumplir tres condiciones:

- Impar por razones obvias, ya que siendo B=2N (par) y C=B+1 (impar) A carece de otra opción.

- Ha de tener la estructura numérica kN+1 (k admite todos los naturales, incluso 0). Por supuesto ha de ser potencia del exponente, cualquiera que sea N; como raíces y potencias no cambian la paridad, ambos mantendrán la estructura tipo kN+1 (o sea, múltiplo de N e impar).

- Iguales condiciones para C, pero siendo mayor (1 ó 2 unidades, según ñ=1 o ñ=2) en vez de menor que B.

- El 0 es múltiplo de N (sea cual sea) a todos los efectos y lo evidencia que las falsas soluciones 1, 0, 1; 2, 0, 2, surgen con todo valor de N.

Apliquemos ahora estos principios esenciales a todos los exponentes a partir de N=2… y obtendremos los tríos primigenios con la certeza de que cumplirán, o no, el teorema. Recordemos que B siempre tendrá la forma: B=2N y C=B+ñ (ñ=1).

Si N=2, la fórmula kN+1 pasa a ser: A=2k+1… dando valores a k, surgen tríadas (A=todos los impares). B=2N=4.

```
k=0,    A=1, B=4, C=5        Escaso aporte de A.
K=1,    A=3, B=4, C=5        Cumple el teorema.
```

No se requiere seguir dando valores a k, pues sabemos que a partir de un trío (invertido proporciona la primera solución de ñ=2) el teorema queda demostrado para todo valor de ñ.

Si N=3 el esquema numérico kN+1 pasa a ser: A=3k+1, donde dando valores a k, obtendremos posibles tríadas. B=2N=6.

```
k=0,    A=1,    B=6,   C=7     Escaso aporte de A.
K=1,    A=4,    B=6,   C=7     Escaso aporte de A. Dispar.
K=2,    A=7,    B=6,   C=7     A>B y exige el valor de C.
k=3,    A=10,   B=12,  C=13    Dispar. Desapta con N=3.
K=4,    A=13,   B=18,  C=19    Desapta con N=3.
K=5,    A=16,   B=18,  C=19    Dispar. Desapta con N=3.
K=6,    A=19,   B=18,  C=19 }  A>B y exige el valor de C.
        A=19,   B=24,  C=25 }  Desapta con N=3.
```

No se requiere seguir dando valores a k, pues sabemos que ya es imposible que surjan soluciones.

Cáptense de nuevo ciertos matices: los valores impares de k implican pares para A, que al cabo crean tríadas no aptas para el teorema, por disparidad. Este rasgo se extiende a todos los exponentes impares, como es previsible… y se demostrará. A su vez explica por qué se afirmó que aunque la forma sincopada: $A^3=3B+1$ podría parecer mejor, era peor (al menos indiferente).

Cabe preguntarse por qué la fórmula A=3k+1, no ofrece la solución A=5. Sencillamente porque 5 no es número 3k+1, por eso no iguala la ecuación $A^3+B^3=C^3$; lo que a su vez explica por qué en el trío: A=5, B=6, C=7: 7^3-6^3 = 127 y $\sqrt[3]{127}$ = 5,0265257, terna en la que, como se dijo: 5^3 = 125 resulta corto en dos unidades por no ser 5 (es imposible) número 3k+1, sino 3k-1.

Con la solución 5,0265257 el álgebra intenta informar que se requiere un número menor que 6, pero mayor que 5 (que no es tipo 3k+1) y que al no ser natural (mejor dicho: no existe) lo fabrica con infinitos decimales.

Ratifiquemos lo enunciado de que con todos los exponentes impares se repite lo visto si N=3: la mitad de las tríadas son dispares, por ofrecer pares la fórmula A=Nk+1 (sea cual sea N si es impar) cuando también k=impar; ya que el producto de dos números impares es siempre impar… y tras sumar 1, será par.

Si N=5 el esquema numérico kN+1 pasa a ser: A=5k+1, donde dando valores a k, obtendremos posibles tríadas. B=2N=10.

k=0,	A=1,	B=10,	C=11	Escaso aporte de A.
K=1,	A=6,	B=10,	C=11	Escaso aporte de A. **Dispar.**
K=2,	A=11,	B=10,	C=11	A>B y exige el valor de C.
k=3,	A=16,	B=20,	C=21	**Dispar.** Desapta con N=5.
K=4,	A=21,	B=30,	C=31	Desapta con N=5.
K=5,	A=26,	B=30,	C=31	**Dispar.** Desapta con N=5.
K=6,	A=31,	B=30,	C=31 }	A>B y exige el valor de C.
	A=31,	B=40,	C=41 }	Desapta con N=5.

No haremos más comentarios, ya que los datos se explican por sí solos. Pasemos, pues, a exponentes pares N>2, aunque no iremos muy lejos.

Si N=4 el esquema numérico kN+1 pasa a ser: A=4k+1, donde dando valores a k, obtendremos [21] posibles tríadas. B=2N=8.

k=0,	A=1,	B=8,	C=9	Escaso aporte de A.
K=1,	A=5,	B=8,	C=9	Escaso aporte de A.
K=2,	A=9,	B=8,	C=9	A>B y exige el valor de C.
k=3,	A=13,	B=16,	C=17	Desapta con N=4.
K=4,	A=17,	B=24,	C=25	Desapta con N=4.
K=5,	A=21,	B=24,	C=25	Desapta con N=4.
K=6,	A=25,	B=24,	c=25 }	A>B y exige el valor de C.
	A=25,	B=32,	C=33 }	Desapta con N=4.

---

[21] Es importante consignar aquí que si bien las diferencias de bicuadrados par menos impar, no responden al esquema: 8B+1, ni 8B+16; debido a que C, ya se demostró que no puede ser par, si ñ=1, el hecho carece de importancia. Sí responden a esos esquemas, las diferencias impar menos par (8B+1, ternas ñ=1) y par menos par (8B+16, ternas ñ=2) que es lo esencial.

No ha aparecido solución y no es necesario continuar las pesquisas, pues ya es imposible que surja. Tampoco se requiere seguir elevando los exponentes, pues se revela evidente que los esquemas se repiten: reclama A un valor tipo kN+1, que a su vez se lo disputa C y que no existe cuando N>2.

Idénticos razonamientos a los ya expuestos anteriormente, cabe hacer en el caso de **N=6**: luego B=12, que así mismo va seguido de un múltiplo de 12, +1, pero es imposible que vaya antecedido por otro número semejante; para **N=7,** por tanto B=14, seguido, pero no precedido, de un número 7k+1… y así hasta el infinito. Todos los B siempre habrán de ser múltiplos de 2N, en tanto que C y A se deberán ajustar al patrón kN+1; incluso cuando A queda libre (ternas asimétricas).

Lo demostrado justifica que surja la falsa solución: A=C, B=0 para todo N; pues B=0… en tanto que A y C ya son tipo kN+1. Y es que el conjunto de condiciones: A menor que 2N, por ser el valor de B, pero mayor que 2N-1 (que no es tipo 2N+1) no existe número que las satisfaga cuando es N>2; por cuya circunstancia, las soluciones son irracionales, o sea: INEXISTENTES; debido a que dichas exigencias tienen algo de contradictorio, dadas las características de la numeración.

En resolución, esas ecuaciones se igualan con naturales o bien resultan imposibles de igualar (pronto se evidenciará por otro método) y como se implican todos los números, la carencia inicial de un A adecuado se transmite hasta el infinito.

Con idea de comprender en toda su profundidad que lo que se persigue es una quimera, pondremos un símil que nos ayudará a transformar el problema en algo menos abstracto. Expresado de otro modo: pasemos a la fase epistemológica del problema.

La ecuación $A^N + B^N = C^N$ constituye una especie de triciclo, cuyo tamaño varía con el exponente… y al que se ha de dotar de ruedas: parámetros A, B y C.

La primera condición que demanda el triciclo… es que las ruedas no sean cuadradas (es decir, que el juego no conste de dos pares e impar o de tres impares) ya que sería muy bonito y aparente, pero no funcionaría.

El bastidor del modelo de triciclo N=1 exige en B ruedas modelo 2Nñ=2ñ (pues N=1) o sea, múltiplos de dos y rodezuelas A y C tipo kN+1. Como existen números de semejantes rasgos y los números además de ser infinitos, gozan la propiedad de repetir a escala sus características; hallado el primer juego de ruedas se habrá obtenido una infinitud de ellas. Quizás se antoje un tanto extraño calzarle a tal triciclo tipo N=1, ruedas ñA, ñB y ñC, con ñ desmesuradamente grandes, puesto que equivaldría a ir encaramado en la torre de Babel; aunque el triciclo funcionará satisfactoriamente.

El bastidor del modelo de triciclo N=2, requiere ruedas B=2Nñ=4ñ y rodezuelas que además de ser impares sus cuadrados lo sean también… y como 4 tiene adyacentes rodezuelas impares, cuyos cuadrados son así mismo impares; de nuevo encontramos juego de ruedas adecuado al tamaño del triciclo, que la infinitud de los números y el ser repetitivos a escala trueca en infinitos.

A partir del modelo de triciclo N=3, las exigencias se mantienen B=2Nñ=6ñ y A y C múltiplos de 6, +1. Y si bien el 7 cumple la condición para el punto de apoyo C. Sin embargo, no existe número homólogo (múltiplo de 6, +1) que a su vez sea menor que 6 (el 1 tiene ese rasgo pero es pequeño). Por ende el triciclo queda cojo… y así hasta el infinito.

Con N=4 se mantienen las exigencias: B=2Nñ=8ñ… y para A y C, rodezuelas múltiplos de 8, +1. El 9 es adecuado para C, pero es imposible un número menor que 8, que a su vez sea múltiplo de 8, +1 (el sucedáneo A = 5 es pequeño). En estos casos el álgebra, que no tiene don de palabra, informa que la solución sería un número poco mayor que 7, mucho menor que 8 y que no existe.

Esto último lo revela mediante infinitud de decimales que llamamos irracionalidad… y que es su modo de responder que lo buscado no existe. Véase como confirmación de lo dicho, que la diferencia de los bicuadrados de 8 y 9 es 2465 (múltiplo de 8, +1) y que: $\sqrt[4]{2465}$ =7,046188 es un tris mayor que 7.

¿Se debe continuar buscando solución al problema, con B que sean múltiplos de 8? No es necesario, porque demostrado el teorema con ñ=1, queda ya probado hasta infinito; mas a fin de comprender lo que sucede veámoslo con un ejemplo.

Acoplar a nuestro triciclo una rueda B=16 es como ponerle la rueda de un carro, también C=17, es rodezuela adecuada para un carro y ¡ahora tenemos más números menores que 16! y entre ellos hay uno que es múltiplo de 8, +1: 9.

Claro que sucede que semejante rueda es del tamaño de una lenteja, así que aunque es bien circular, como requieren las circunstancias; tras acoplarla al triciclo queda desvencijado, el bastidor roza el suelo y no funciona: o sea no hay igualdad. Eso lo revela el álgebra mediante una solución claramente mayor que A=9 y mucho menor que B=16, seguida de la sabida infinitud; que es su modo de indicar que lo perquirido, es una quimera: $\sqrt[4]{17985}$ = 11,5805079897... claro que 17985 es múltiplo de 8, +1.

Podemos razonar también así. Puesto que se ha demostrado el teorema con ñ=1 y B=16 es número 8ñ donde ñ=2, la rodezuela idónea sería C=ñB+ñ, es decir, parámetros B=16 y C=18 que tras dividirlos por su divisor común (ñ=2) nos devuelven a la terna de ñ=1 (B=8, C=9) que no cumple el teorema. Es cierto que B=16 y C=17 aparentan ser distintos; pero como B=8 no resuelve el teorema, multiplicarlo por ñ no aporta nada nuevo y ya sabemos el porqué: TODO NÚMERO 8ñ IRÁ SEGUIDO DE UN MÚLTIPLO DE 8, +1, PERO LOS MÚLTIPLOS DE 8, +1 MENORES QUE 8ñ, TAMBIÉN NECESARIOS, NO SON DEL TAMAÑO ADECUADO.

Adviértase que los múltiplos de 8, +1 que resolverían el problema (9, 17, 25, 33, etc.) arrojan tras dividirlos todos por 9, periódicas: 1,888; 2,777; 3,666, etc. hasta 81 (que es múltiplo perfecto de 9) a partir de cuyo momento se reinicia el ciclo.

Todo como es palpable, repetición de lo ya acontecido con N=3 y prueba de que el material de que se dispone, es el mismo pero a escala creciente.

¿Cabría que con números muy elevados surgiera solución? Respuesta categórica: **IMPOSIBLE… la razón de nuevo inapelable.**

Así como se ha evidenciado que los múltiplos de 6, +1 que proporcionan cubos perfectos, no se hallan a distancia de B y C para igualar la ecuación; los irracionales que la igualan (de hecho esas ecuaciones no son igualables, siempre les faltaría un infinitésimo, como se verá más adelante) también se hallan a intervalos perfectamente regulares. Puesto que desde el inicio ambos entre sí están desfasados; absurdo es que sucediese en un punto dado una concordancia… a partir de cuyo lugar surgirían infinitas soluciones.

Digamos que los números naturales requeridos en A y C y los irracionales que igualan las ecuaciones; son dos impulsos con la misma longitud de onda y que están en desfase… jamás podrán tener confluencia de fase. Las matemáticas no permiten más excepciones que las que se derivan de sus leyes. Una cosa así sería tan absurda e imposible, como que un impar (si N=2) no fuese raíz de su propio cuadrado o que dicho cuadrado, no fuera la diferencia de dos cuadrados consecutivos; en cuyo caso esa excepción y sus múltiplos, no cumplirían el teorema.

Véase no obstante con un símil, como en otras ocasiones. Desde el origen de nuestro planeta, días y noches (ocasionados por el movimiento de rotación de la Tierra) se han sucedido con regularidad y nunca habrá habido dos noches o dos días seguidos … pero no es contradictorio que aconteciera una cosa así y por consiguiente no sería imposible.

Ejemplo: podría suceder que nuestro sistema solar pasase cerca de una estrella muy grande o un agujero negro… y que la velocidad de rotación de la Tierra se redujese a la mitad; en cuyo caso el día y la noche, durarían el doble (lo que equivale a dos noches seguidas) desde cuyo cataclismo días y noches serían, hasta otro acontecimiento similar, de doble duración que ahora.

Se ha calificado de cataclismo al hecho descrito, debido a que hay razones (que no expondremos, por no venir a cuento) para predecir que semejante brusca reducción de la velocidad de rotación de la Tierra a la mitad, ocasionaría una catástrofe de la que muy probablemente sólo sobrevivirían los de siempre; es decir, los 'malos': virus, bacterias, etc.

Ese cataclismo que se ha supuesto, aunque es improbable, no sería imposible; ya que lo descrito es algo con fundamento científico que acaso haya acaecido en el universo. Sin embargo, los números, por ser abstracción pura, quedan por definición al margen de todos los avatares posibles o imaginables que puedan acontecer en la naturaleza.

Por tanto, si tuviéramos un ordenador que eternamente (es decir, durante el tiempo que aún le quede de existencia a este universo y mil más si los hubiere) operase buscando soluciones para A, a partir de B= múltiplo de 8 y C=B+1, seguiría siempre obteniendo esos números inexistentes llamados irracionales… Y los A múltiplos de 8, +1 disponibles, seguirían sin igualar las ecuaciones… y siendo múltiplos de uno cualquiera de los antes anotados: 9, 17, 25, etc.

Las matemáticas son así… permiten comprender la naturaleza, hacer previsiones mediante sus datos, etc. mas su funcionamiento es por completo ajeno al devenir de los acontecimientos y del destino… y sus mecanismos no dependen de nada que sea externo a los principios por los que se rigen. Concluido el comentario epistemológico, prosigamos la tarea.

Completaremos este conjunto de métodos con un argumento que redondea todas las razones expuestas hasta el momento: LAS ECUACIONES DE DIFERENCIAS SON IMPOSIBLES DE IGUALAR SI N>2.

$$A^N + B^N = C^N \qquad \text{equivale a:} \qquad (B-\tilde{n})^N = (B+\tilde{n})^N - B^N$$

en la que tras sustituir ñ por 1 (crearía la tríada primigenia de 3 valores consecutivos, que sabemos que sería el único caso a demostrar) y operando, se llega a las expresiones siguientes (parificaremos los casos hasta N=7):

N=1: **B-1=B+1-B**   así que: **B=2,** y **C=3, A=1**
N=2: **B^2-2B+1=2B+1**   luego: **B=4,** y **C=5, A=3**
N=3: **B^3-3B^2+3B-1=3B^2+3B+1**   por tanto: **B^3=6B^2+2**

A partir de aquí dividiremos las ecuaciones por B elevado a N-1, en este caso por B^2. Este ardid, que acaso puso en la mina de mis lápices la diosa fortuna o mi amiga la vieja de la cuenta, permitirá captar mejor ciertos detalles.

Hecho lo dicho surge: **B-2/B^2=6.**

Ahora es evidente que esa ecuación no admite valores de B enteros. Véase, por lo demás, que la solución es irracional y algo mayor que 6, yéndonos hasta 8 decimales generaría el trío: 5,05455882ñ; 6,05455882ñ; 7,05455882ñ. Desde ése se obtendrían con la ecuación de diferencias, todos los derivados disjuntos (tanto simétricos como asimétricos) que forzosamente habrán de ser también irracionales.

N=4: B^4-4B^3+6B^2-4B+1=4B^3+6B^2+4B+1   equivalente a

B^4=8B^3+8B   dividida por B^3:   **B-8/B^2=8**

de nuevo la ecuación final carece de soluciones naturales pues 8 sólo admite por divisores los cuadrados 1 y 4 (sería: B=1 o B=2 que no igualan la ecuación). La solución de equidistantes es irracional de nuevo, con B algo mayor que 8. Conclusiones idénticas que con N=3.

N=5: B^5-5B^4+10B^3-10B^2+5B-1=5B^4+10B^3+10B^2+5B+1 equivalente a

B^5=10B^4+20B^2+2 dividida por B^4:   **B-20/B^2-2/B^4=10** (#)

como antes, la ecuación final no admite soluciones naturales y su básica sería con B algo mayor que 10. Véase que el monomio 2/B^4 (eco del 2/B^2, si N=3) sigue incordiando y es claro que el 20/B^2 admite pocos naturales cuadrados por divisor… y al tener que ser B al menos 10, se fracciona.

N=6: $B^6-6B^5+15B^4-20B^3+15B^2-6B+1=6B^5+15B^4+20B^3+15B^2+6B+1$

$B^6=12B^5+40B^3+12B$ y dividida por B^5: **$B-40/B^2-12/B^4=12$**

nuevamente ambas fracciones permiten pocas componendas… y con valores de B muy bajos; desde luego inferior a los poco más de 12, que es la solución de la ecuación. Por fin **N=7**:

$B^7-7B^6+21B^5-35B^4+35B^3-21B^2+7B-1=7B^6+21B^5+35B^4+35B^3+21B^2+7B+1$

$B^7=14B^6+70B^4+42B^2+2$ dividida por B^6: **$B-70/B^2-42/B^4-2/B^6=14$**

y nuevamente los monomios fraccionarios no admiten otro divisor natural que B=1, que no resuelve la ecuación, cuya solución es algo mayor que 14; ya que el conjunto de fracciones no alcanza nunca la unidad, porque los numeradores aumentan en progresión aritmética y lo hacen en forma exponencial los denominadores.

Así que no habrá opción de igualar la ecuación, pues para B no cabe intentar siquiera 2N+1. He aquí el argumento, si ñ=1, las ecuaciones se igualan si suman las fracciones algo mayor que 0 y mucho menor que 1. Ratifiquemos esto último. Con N=7, las fracciones son: $-70/B^2-42/B^4-2/B^6$, si consideramos que el denominador común fuese B^2 (lo cual favorece mucho a todas las fracciones menores) sucederá que $114/B^2$ y puesto que tiene que ser al menos B=14, cuyo cuadrado es 196; resulta evidente a la legua que la fracción no alcanzará la unidad y por tanto, que son imposibles las soluciones tipo B=2N+1.

El conjunto de fracciones tendrá, para todo N (y ñ=1) un valor <1 y >0. Sólo cuando B sea infinito su valor descendería a 0. Acrecer ñ afecta nada más a los numeradores, por lo que equivaldrá a multiplicar por un entero cualquiera el valor de la fracción, que pasará a ser >1, distanciaría los parámetros entre sí… pero seguirán sin ser números naturales.

Expuestos los prolegómenos, culminemos los razonamientos que evidencian que es imposible igualar las ecuaciones cuando N>2, si B es racional. Para demostrarlo denominaremos con la letra F, el valor del conjunto de fracciones que restan en el primer miembro (o sea, $F=-2/B^2$, si N=3; $F=-8/B^2$, si N=4, etc.) y habida cuenta que el segundo miembro responde al formato 2N, las ecuaciones finales [marcada con (#) en el caso N=5] truecan en esta otra:

B-F=2N

En esa ecuación 2N será entero si N también lo es, eso es fácil. Por otra parte B se desea natural; por ende el valor de

F (suma de las fracciones que resulten con cualquier N) tendría que ser también entero, pues de lo contrario ocurriría:

B(natural)-F(fraccionario)=2N(natural)

y se ve a las claras que si F es fraccionario, no se produciría igualdad, pues la diferencia de entero y fraccionario no puede dar lugar a un entero. Este caso ofrece pocas dudas. Queda como única posibilidad de igualar la ecuación anterior, que F fuese también entero. En tal circunstancia habrá igualdad si:

B(entero)-F(entero)=2N(entero)

para lograr tal cosa será necesario que B sea F unidades mayor que 2N. Supongamos, pues, que exista un B (entero) que haga a F también entero; entonces bastaría con sumar a B el valor de F… y surgiría igualdad. Pero resulta que cuando se incrementa B, simultáneamente se trastoca F (el numerador no se altera, pero el denominador, muy afectado por B, aumenta) con lo que F en el acto se reduce y toma otro valor: F' (menor) que imposibilitará igualar la ecuación, siendo indiferente que F' sea entero o no.

Así pues, incrementado B en F unidades y dado que F>F', surge:

(B+F)-F'>2N

En resolución, las igualdades resultan imposibles porque el primer miembro de la ecuación es como una balanza, en cuyo platillo: B, no se puede aumentar o disminuir, sin alterar al mismo tiempo el platillo F. Así que sucede que cada vez que se encuentra un valor B que hace a F entero, al sumar al monomio B el valor F, necesario para alcanzar la igualdad, F deja de valer lo que valía y se torna en F' que desajusta la ecuación.

Por ende no surgiría igualdad; pero no detendremos ahí el proceso, sino que perseguiremos la igualdad, sumando a B no F, sino F'. Entonces automáticamente cambia el denominador de la fracción, cuyo valor dejará de ser F' y pasará a ser F''… y puesto que B+F'<B+F, ocurrirá que F''>F', porque debido a que F'<F, al menguar el denominador de la fracción (que ahora sería B+F') crece en valor absoluto. Por tanto sucederá:

(B+F')-F''<2N

tampoco surgirá igualdad, pero el sentido de la desigualdad se habrá invertido, pues F''>F'. Si todavía, en nuevo intento de lograr igualdad, en vez de sumar F' en B se suma F'', volvería a suceder que cambiaría el denominador de la fracción que ahora será B+F'' (mayor que B+F') así que de la fracción se obtendría F''' que sería menor que F'' y resultaría:

$$(B+F'')-F'''>2N$$

de nuevo el signo de la desigualdad se invertiría… y el proceso continuará así hasta el infinito, sin que consiguiéramos nunca igualdad, pero aproximándonos a ella infinitamente; por lo cual es evidente que llegará el momento en que F' o F'', etc. dejará de ser entero; por lo tanto tampoco el resultado de B+F'' será entero y para colmo de males ¡no habrá igualdad en la ecuación!

El razonamiento es tan sencillo, como difícil de exponer y de seguirle el hilo, ya que los continuos cambios > <, que actúan en sentido contrario en el valor de la fracción y que a su vez invierten el desequilibrio de la inecuación, marean al más lúcido. Durante días se ha repetido por diferentes métodos y no hay la menor duda de que la igualdad no se logrará nunca; más problemático es alcanzar corrección de los signos > <, pues a la tercera oportunidad la complejidad es abrumadora.

Esperamos haberlo expuesto con la claridad y corrección que el caso requiere. Para quienes tengan dudas, exponemos un caso práctico, referido a N=3, en el que se evidencia lo que intentamos demostrar.

I) **6-2/36<6**   **(2/36=F=0,05555555555)**

II) **6+0,0555555555-2/36,6697530864>6**   (F=0,05454086356)

III) **6+0,05454086356-2/36,6574650686<6** (F=0,0545591463)

O sea: **B=5,99998171725<6** el proceso sin duda es infinito.

Consideramos que lo que afirmamos ya queda demostrado de modo fehaciente.

El argumento anterior es irrefutable y válido para todos los valores de B y N… e incluso para todos los de ñ que afectan a los numeradores de F, no a los denominadores, ni a B. Sí le afectan al monomio 2N, que está multiplicado por ñ, eso implica que B correrá la misma suerte (cosa que se sabe de antemano y tampoco debilita el argumento). Por consiguiente, la conclusión es decisiva: las ecuaciones jamás admitirán soluciones enteras para B, si N>2.

Además, como lo demostrado no concluye en las unidades, sino que el razonamiento es extensible a décimas, centésimas, milésimas, etc. pues cada vez que B se incremente en una leve fracción de número, por minúscula que sea, repercutirá de modo irremediable alterando el valor de F; se tornará imposible la igualdad de la ecuación hasta el infinito.

Se trata, pues, de un cierto caso matemático de la aporía de Aquiles y la tortuga; donde B representa a Aquiles y F a la tortuga. Cada vez que B se lanza hacia F a fin de atraparla; F (con movimiento sincrónico y antitético a B) se desplaza unas fracciones de espacio en sentido contrario al movimiento de B, así que B nunca atrapará a F. La consecuencia de que Aquiles no alcance a la tortuga, es que la ecuación no se igualará jamás.

El proceso continuará sin remedio hasta infinito, porque las ecuaciones manejadas, no es sólo que no admiten soluciones enteras de B; sino que no existe ningún número racional (o sea en el universo numérico) para B que las iguale.

Será B número irracional, porque los sucesivos valores de la fracción serán infinitos y nunca iguales. Es decir, B tendrá infinitos decimales y no será periódica.

Cabe concluir con que las ecuaciones que se requieren en el teorema de Fermat, están afectadas por lo que bien se podría llamar síndrome del principio de indeterminación de Heisenberg; según el cual es imposible calcular una variable de un sistema sin que las restantes resulten alteradas.

Asimilado todo lo anterior, procuraremos evidenciar por qué surge factor F, las normas que regulan sus componentes y que su presencia será inevitable hasta infinito. Tal factor F (incluida ñ) responde a esta fórmula general:

$$x\tilde{n}^{N-y}/B^{N-z} \qquad \text{(y o z decrecen en cada fracción)}$$

El elemento $x\tilde{n}^{N-y}/B^{N-z}$ es un extracto generalizado de un conjunto de fracciones [(N-1)/2 si es impar N y (N-2)/2 si N es par]. Su numerador consta de números (simbolizados con la x) y tantos ñ como fracciones haya, con exponentes crecientes: 3, 5, 7, etc. siempre impares (hasta N, si N es impar o N-1, si N es par) claro está que los numeradores no se alteran por las variaciones de B, pues no la contienen.

Por su parte B figurará en los denominadores de todas las fracciones con exponentes pares crecientes: 2, 4, 6, etc. hasta N-1 si N es impar… o N-2, si N es par. Así que en caso de N=10: [(10-2)/2=4 fracciones] la ecuación ya completa con su factor F (negritas) será:

$$B - \mathbf{[+x\tilde{n}^3/B^2 + x_1\tilde{n}^5/B^4 + x_2\tilde{n}^7/B^6 + x_3\tilde{n}^9/B^8]} = 2N\tilde{n}$$

los distintos coeficientes x no son difíciles de calcular; se omiten, pues no afectan a los razonamientos.

Es claro ya que las soluciones son posibles para N=1 y N=2 porque carecen de factor F, ya que (1-1)/2=0 y (2-2)/2=0, valores 0 que indican que la ecuación, carecerá de factor F. Pero a partir de N=3 hasta infinito F es inevitable.

Sin factor F (con N=1 y N=2) las ecuaciones se reducen a B=2Nñ, por lo que resultará que B=2ñ (si N=1) y B=4ñ (con N=2) que son las soluciones según sabemos. A partir de N=3, como se ha demostrado, el factor F (que contiene siempre el denominador B, con al menos exponente 2) hace acto de presencia y pasan a ser las ecuaciones así:

B-F=2Nñ

con lo cual la solución, que tiende a seguir siendo 2Nñ, ya se torna imposible, pues no cabe incrementar el valor de B, sin alterar el divisor del factor F (que tiene B con exponentes en el denominador) por lo que las ecuaciones cada ocasión que se incrementa B alteran el factor F, que pasa a ser F', F'', etc. así que siguen el proceso ya descrito.

I)   B-F<2Nñ

se subraya que B=2Nñ es decir, todos los pares; conforman los posibles cabezas de tríos, candidatos a resolver el teorema que deben ser de dos impares y un par. Así queda explicado que cada par sea candidato óptimo con un valor determinado de N. Claro que los incrementos de B, no afectan a 2Nñ del segundo miembro.

II)   (B+F)-F'>2Nñ   (pues F>F')
III) (B+F')-F''<2Nñ   (F'<F'')

el proceso continúa hasta el infinito, donde los sucesivos F, F', etc. toman un valor ideal (inalcanzable) que igualaría la ecuación:

(B+F$_p$)-F$_{p'}$ =2Nñ

igualmente el proceso se prolonga hasta N=infinito, donde sucederá lo siguiente:

Infinito-F/Infinito= Infinito

pues entonces el factor F dividido por infinito se reduce a 0 y la ecuación también se igualará.

Se admite también este razonamiento: a partir de N=3 las soluciones son imposibles porque para ello habría que anular la fracción F, lo que sólo se logra, bien haciendo su numerador 0, lo que implica ñ=0; opción que distorsiona el problema… o bien haciendo su denominador infinito, especie de irracionalidad que confirma que el problema sólo admite solución irracional.

Este proceso demostrativo, que denominamos híbrido, pues es en parte algebraico y en parte aritmético… lo consideramos bastante eficaz; pues no encomienda nada al azar de ecuaciones sin solución racional para valores de N elevados, sino que deja todo atado con la certeza de que a partir de N=3, al menos un parámetro exige soluciones irracionales.

Confío haber convencido a alguien más que a mí mismo, de cuanto aquí se ha expuesto… al menos espero que si no lo logro en esta vida, lo consiga una vez muerto, que tradicionalmente se ha mostrado mucho más eficaz; acaso porque se puede dedicar a la tarea persuasiva cuanto tiempo se desee.

VIII .- CONCLUSIONES FINALES

Hora es de recapitular. Lo que ha permitido la solución satisfactoria del enigma, ha sido la conjunción de métodos: aritmético y algebraico y el transvase de ideas de uno a otro.

Tal conjunción lleva a la conclusión de que sólo hay dos soluciones PRIMIGENIAS O BÁSICAS del teorema de Fermat. Las citadas de N=1 y N=2 (tríos 1, 2, 3 y 3, 4, 5 respectivamente). Para N>2 es imposible que haya soluciones, pues como ninguna otra tríada conjunta=básica puede resolverlo, tampoco cabe que haya derivadas; cosa que creemos probada fehacientemente por el método algebraico y corroborada con el que denominamos híbrido.

La básica 3, 4, 5 lo resuelve si N=2 e implica infinitas; las restantes básicas no lo resuelven, por lo que sus derivadas seguirán el mismo derrotero. Los tríos que resuelven el teorema de Fermat, han de amoldarse (a mayor escala) a las exigencias que ocultamente existen en la tríada primigenia (expuestas cuando describimos las improntas de cada parámetro). Porque en nuestro problema, lo esencial, son los hechos: que haya igualdad entre los sumandos y el parámetro C; no el tamaño de la escala en que se desarrollan los acontecimientos.

Ahora se comprenderá mejor, por qué una tríada del tipo: 28, 30, 32, no puede solucionar el teorema de Fermat con ningún exponente; pues equivale a 14, 15, 16, en la que por disparidad entre sumandos y suma se imposibilita la igualdad… y aunque ese problema no surge en la 28, 30, 32; la desigualdad se mantiene, pero aumentada de tamaño, pues ha cambiado la escala del hecho, mas no el hecho.

Igualmente se evidencia que cuando estudiamos una tríada conjunta (por ejemplo: 7, 8, 9) no sólo la comprobamos a ella, sino a todas sus implícitas, a saber: (7, 8, 9)ñ e incluso las infinitas derivadas primarias y secundarias: suma y resta de consecutivos, diferencia de impares consecutivos, etc. y todas la restantes relaciones semiocultas que existan en la básica: 7, 8, 9; que no cabe que creen igualdades, porque el modelo en miniatura (7, 8, 9) tampoco las da. Así que en suma, al elidir el trío 7, 8, 9, abatimos de un único tiro polinfinitas presas; ya que no cambian los hechos sino la escala de los hechos. Tal era la razón de mi tenaz pertinacia en demostrar que sólo hay una solución primigenia del teorema de Fermat; pues sólo así me convertiría en cazador afortunado, que con un tirachinas abate las infinitas tríadas candidatas a resolver el problema.

Acaso alguien discurra… ¿y si diere la casualidad de que surge una igualdad? Entonces acontecería… que las matemáticas habrían dejado de ser matemáticas y se habrían convertido en la Casa de tócame Roque. Pero ocurre que las matemáticas, como se ha dejado bien sentado, nunca pueden dejar de ser matemáticas… aunque se hunda el firmamento; con lo cual queda patente que la casualidad no se producirá jamás, debido a que las matemáticas son inmunes a la casualidad y los avatares del destino.

Quizás surja quien crea que haya otro trío que cumpla con el requisito de que $A^3+B^3 =C^3$ (u otro exponente) pero como hemos analizado las tríadas básicas hasta infinito… y con todos los exponentes también hasta infinito (recuérdese que consumado el cruce de valores, la suma de dos potencias consecutivas con ese mismo exponente es siempre crecientemente mayor que la potencia subsiguiente: C) y que por la otra dimensión del cruce de valores, si se incrementa el exponente se ocasiona el fenómeno inverso; o sea, se favorece la cuantía de la potencia de mayor base, que siempre superará a los sumandos por cantidades cada vez mayores) y sabemos de cierto que las infinitas soluciones han de derivar de una básica; podemos cesar las pesquisas sin inquietudes, pues si no hay básica, no puede haber ninguna otra que tendría que ser forzosamente derivada.

Todo ello sin olvidar que el método que hemos denominado algebraico, deja la cuestión, a nuestro modo de ver, resuelta definitivamente. En principio por reducción al absurdo, además porque gracias a las máquinas aforatríos, que se distribuyen estratégicamente a lo largo de todas infinitas fronteras N… y hasta el infinito de cada una de ellas con orden de no permitir que ñ se fraccione, único modo de intentar igualdades; tenemos la certeza matemática de ello, que se ha visto corroborada con los métodos de ecuaciones sincopadas e híbrido.

Revelaré un secreto. En realidad sé lo que hay que hacer para que el exponente 3 nos dé soluciones enteras… e ignoro si es algo del dominio público o lo he averiguado yo. Y como no me quiero llevar el secreto a la sepultura (que ya la tengo cerca, pues cuento muchos más años de los que quisiera) y dejar otra vez en ascuas a la ciencia; lo revelaré, supuesto que no sea ya secreto... a voces, a modo de colofón de este ensayo.

El misterio se resuelve añadiéndole un término más a la serie de sumandos:

$$A^3 + B^3 + C^3 = D^3$$

La primera tétrada que constituye solución entera de tal teorema, que llamaremos de las tétradas, es: 3, 4, 5, 6, lo que era previsible. Como se ve aparece muy pronto, según nuestras suposiciones... y desde luego cumple con la que se ha denominado consecutividad, ley de equidistancia, etc. como no podía ser de otro modo, porque las matemáticas son una ciencia inflexible.

Además, para colmo de felicidad, resultan implicados los tres miembros de la tríada sospechosa que querían llegar a cubo perfecto, pero no podían. No hay más que sumar los cubos de la cuatríada citada y se comprueba lo dicho. O sea:

$$27 + 64 + 125 = 216$$

Hallado el primer cuarteto de naturales que resuelven el teorema de las tétradas, se torna evidente que la cantidad de soluciones posibles se elevarán al infinito; pues la serie de números es una rueda de noria con diez cangilones, que repite sin fin los mismos efectos cuantitativos.

Una infinidad de soluciones enteras del teorema de las tétradas, se obtienen multiplicando por ñ el cuarteto básico (estas soluciones cumplen la regla de equidistancia del nuevo teorema). Es decir, la operación (3, 4, 5, 6)ñ (ñ natural>1) revelará infinitas cuatríadas: 6, 8, 10, 12; 9, 12, 15, 18; 12, 16, 20, 24; etc. todas ellas satisfactorias.

A decir verdad esta última cuaterna ni la he comprobado, pero estoy más seguro de que cumple el teorema de las tétradas a pies juntillas... que de la certeza de que mañana el agua del mar siga siendo salada, pues en matemáticas, como teoría pura que son, no caben mutaciones ni casualidades; en tanto que lamentablemente, del devenir y del sino sabemos muy poco. Qué más quisieran los jugadores de lotería, pitonisas, nigromantes, astrólogos... y demás infinitud de [22] agoreros.

---

[22] Menéndez Pelayo, M. Historia de los Heterodoxos Españoles. Madrid. BAC. 1978. Tomo I, Página 308. A propósito de la creencia en supersticiones... nos relata el autor de la obra citada, que el XVII concilio toledano (hacia el año 700) en su canon 5: 'manda deponer al sacerdote que para causar la muerte de otro diga misa de difuntos'. Se diría eficaz el método.

Van seguidamente otras soluciones no equidistantes, cuya compleja cadencia he logrado averiguar; pero no es este lugar para exponer los mecanismos, pues el estudio exige una porción de páginas. Helas: 1, 6, 8, 9; 2, 17, 40, 41; 3, 34, 114, 115; 4, 57, 248, 249 … 7, 162, 1190, 1191 … 11, 386, 4378, 4379; etc. A la vista de esas soluciones, es claro que en el teorema de las tétradas, intervienen todos los números hasta infinito, incluso 1 y 2; ajenos en el de Fermat.

Así que ha lugar al siguiente acertijo: dígame un número cualquiera y es posible averiguar qué otros tres están con él relacionados: ¿Cuál… el 10? … entonces: ¡3, 10, 18, 19! esta solución no pertenece a la familia dada antes, sino a otra. Y es que el teorema de las tétradas (como decía del ajedrez el gran maestro B. Larsen): 'es un juego bonito… pero demasiado fácil', ya que en el teorema de las tétradas todos los números intervienen… y como bien sabemos por el teorema de Fermat, no pocos en tres, cuatro, cinco cuatríadas.

Añadamos que el hecho de que el teorema de las tétradas tenga soluciones enteras y sean infinitas, corrobora que la demostración de la segunda mitad del teorema de Fermat por el método aritmético es exacta y coherente. Lo otro (pretender que sumando dos cubos obtengamos otro cubo perfecto) es como querer meter un elefante en una perrera.

Si las matemáticas fueran como la biología, teóricamente podría ocurrir que la naturaleza creara un elefante que cupiese en la perrera. Pero… ¡Tate, amigo, con las matemáticas hemos dado! si no se trueca la perrera en elefantera; no habrá modo de embrosquilar al elefante en el sucucho que se pretende. De ahí surgió la idea del teorema de las tétradas. Claro que la primera cuatrinca que se probó fue 3, 4, 5, 6… y hallado que iba de molde al tamaño del 'elefante'; resultaba evidente que al ser los números una rueda de noria con 10 arcaduces, podrían fabricarse infinitos modelos de elefanteras para el teorema de las tétradas… como ha quedado patente.

Concluyamos ya. Creo que las ideas expuestas constituyen demostración cierta del célebre teorema de Fermat, pues cumplen sus dos condiciones: infinitas soluciones para exponente dos y cero soluciones para N>2.

Cabe preguntarse si alguna de las soluciones descritas es con certeza la misma que descubrió Fermat. Tal cosa es algo que quedará para siempre en el misterio, pues dicha solución pasó hace siglos al dominio de insectos, plantas, atmósfera… y los caminos que llevan a cualquier lugar suelen ser muchos; por lo que es probable que el parecido sea más bien escaso.

Opino por otra parte que no es la solución que ya existe, pues carece de las características que de ella sé, es decir: ocupa doscientas páginas y que es complicada.

Estas varias demostraciones, pese al detalle con que se han expuesto no alcanzan 200 páginas, su complicación por la vía aritmética es escasa y por las vías algebraicas a nivel de bachiller; así que abrigamos esperanza de que no se parezcan, al menos no sospechosamente, a la existente. Sea como fuere, expongo mis averiguaciones a la comunidad científica, porque no niego que matemáticas… sé muy pocas.

IX .- ULTÍLOGO

Concluyamos el trabajo informando que si se parte de las fórmulas paramétricas: **A=2^N-1^N, B=B y C=B+1**, surge el planteo:

$A^N+B^N=C^N$;   **$(2^N-1)^N + B^N = C^N=(B+1)^N$**
$A^N+B^N=C^N$;   **$(3^N-1)^N + B^N = C^N=(B+2)^N$**

que resuelven con todo valor de N: A, B y C naturales con N=1 y N=2; A natural y B y C irracionales (o viceversa) desde N=3.

Obsérvese que el primer monomio: **$A^N=(2^N-1)^N$ o $A^N=(3^N-1)^N$;** es expresión de la diferencia que surge con cada valor de N, para las 2 primeras potencias sucesivas: $(2^N-1)^N$ o alternas: $(3^N-1)^N$ lo que aclara por qué el segundo miembro una vez sea B+1 y la otra B+2, que son forma particular de B+ñ.

[Es claro, pues, que en el primer monomio podemos anotar: $(4^N-1)^N$, en cuyo caso el segundo miembro será: $(B+3)^N$, o bien: $(5^N-1)^N$ y $(B+4)^N$ 1º y 2º miembro respectivamente y así tan lejos como guste el artífice. Es obvio que $1=1^N$].

De ese modo A será impar en el primer caso y par en el segundo (las potencias mantienen la paridad) lo que a su vez explica que cuando A sea impar, B será par y B+1 impar; en tanto que si A es par, B y B+2 serán ambos impares: solución primaria… o los dos pares: solución múltiplo de una primaria… o sea, múltiplo de una terna con B par y A y C impares.

Vamos a ver ahora algunos ejemplos obtenidos a partir de la primera ecuación (fácil será también hacerlo con la segunda) seguidos de algunas conclusiones básicas, pero sin ánimo de ser exhaustivos, sino sólo con leves apuntes. Caso N=1.

$(2^N-1)^N +B^N= (B+1)^N$ puesto que N=1   **1+B=(B+1)**

Con esa identidad alcanzada: 1+B=(B+1) se evidencia que la igualdad se mantiene para todo valor de B. Es claro que A=1, B=2, C=3 o bien A=1, B=5, C=6, etc. Claro que A=1, es la diferencia mínima entre dos potencias sucesivas, si N=1. De ahí surgen infinitos tríos tras multiplicar todos por ñ.

N=2: $A^N = (2^2-1^2)^N = (4-1)^2 = 3^2 = 9$ **$9+B^2 = (B+1)^2$**

$9+B^2=B^2+2B+1$ o sea: $9=2B+1$ **así que: B=4**

por tanto A=3, B=4, C=5. Como en el caso anterior, A=3 es el valor mínimo posible para ese parámetro, puesto que no existe diferencia de cuadrados menor que 3. De nuevo multiplicando por ñ surgirían infinitas tríadas. Claro que también se alcanza solución si N=2, con:

$A^2=(3^2-1^2)^2=(9-1)^2=64$; $64+B^2=(B+2)^2$; $64+B^2=B^2+4B+4$; $B=(64-4)/4=15$

o sea: **A=8, B=15, C=B+2=17**; solución esperada. Prosigamos:

N=3: $A^3=(2^3-1^3)^N=(8-1)^3 =7^3 = 343$; $343+B^3=(B+1)^3$; $B^2+B-114=0$

$B=(-1+- \sqrt{1+456})/2$ **B= 10,1887791632 B=-11,1887791632**

Es claro que la solución es irracional. Además, como A no puede ser menor que 7, pues no hay diferencia entre cubos menor que tal valor, queda automáticamente elidida la tríada: 5, 6, 7; siendo la primera candidata posible: 7, 8, 9 la cual no es apta para N=3, sino para N=4 (todo ello ya sabido por otro método). Así que si se desea A natural, el primer trío posible es: A=7, B=10,1887791632 y C=11,1887791632.

N=4: $A^N=(2^N-1)^N = (16-1)^4 = 50625$ $50625=4B^3+6B^2+4B+1$

$25312= 2B^3+3B^2+2B$ $k=22,8006679$ (bastan 7 decimales)

Nuevamente la solución es irracional: A=15, B=22,8006679 y C=23,8006679. Como se sabe la terna ideal con N=4 es: 7, 8, 9 (que tampoco lo resuelve) se debe descartar por ser 15 la diferencia mínima de dos bicuadrados, que originaría la tríada: 15, 16, 17 que cruza valores con N=8.

Basta con tales ejemplos, para prever que las soluciones enteras son imposibles, pues en el caso de N=5 surgiría A=31, B=32, C=33 (apta para N=16). En la opción de N=6 sería A=63, B=64, C=65 (apta para N=32) y ya se evidencia por el curso que toma el problema, que jamás habrá otra terna conjunta y natural que lo resuelva y si no existen conjuntas, no cabe que las haya disjuntas, ni simétricas ni asimétricas.

Las ternas conjuntas (3, 4, 5 con N=2; 5, 6, 7 con N=3; 7, 8, 9 con N=4, etc.) son a la vez de ñ=1 y ñ=2, como a partir de N=3 son imposibles porque 5 y 6 no son diferencia de cubos, ni 7 y 8 lo son de bicuadrados y así hasta infinito; queda el problema definido, pues las soluciones disjuntas (bien sean o no, asimétricas) implican siempre valores de ñ múltiplos de 1 ó 2 y es más que evidente que el caso de ñ=1 ó ñ=2 han de ser forzosamente irracionales. Todo parte de la primera diferencia de cada potencia, que la determina el elemento: $A^N=(2^N-1^N)^N$.

Este sencillo método (uno de los primeros invenidos) no parecía aceptable, por traslucir serios inconvenientes que tras la comprensión más profunda del problema; se esfumaron. Otros argumentos hallados con posterioridad reforzaron la confianza: basta demostrar el teorema con ñ=1. Hoy es mi favorito.

Claro que sucede con frecuencia que el cerebro (que no es burro que se detenga al grito de ¡soo!) continúa investigando por su cuenta, cuando nuestra atención voluntaria ya discurre por otros derroteros; por lo que las pesquisas que el cerebro realiza por inercia, afloran al hallar circunstancias propicias o sea, con el reposo de la atención voluntaria.

Esa efeméride no aconteció hasta algún tiempo después de que hubiera dado por terminado este ensayo. Secedió la noche del 16 al 17 de Enero de 2013, cuando entre penoso duermevela causado por terebrante migraña… me advino otro método que me parece bastante apañado; pues se basa en diversas ideas vistas ya con anterioridad y cuyas conclusiones ratifican plenamente.

No lo expondremos como se ha hecho hasta ahora, con N=2, porque como luego se verá, genera ecuaciones que ya resultan familiares y se han mostrado eficaces… y porque los problemas graves, como bien se sabe, surgen a partir de N=3; exponente con el que nos iniciaremos (de forma abreviada porque muchos elementos son comunes y familiares) luego de indicar que las variables las expresaremos así: A=A, B=B, C=B+ñ

EXPONENTE N=3:

$$A^3+B^3 = (B+ñ)^3 \qquad \text{y operando:} \qquad A^3 = 3B^2ñ+3Bñ^2+ñ^3$$

hagamos ahora ñ=1   y tendremos: $A^3 = 3B^2+3B+1$

Aplíquese ahora la treta ya usada de dividir todo por B elevado a su exponente mayor, menos 1 (si N=3: B) tendremos:

$$A^3/B = 3B+3+1/B \qquad\qquad (1)$$

a la vista de la ecuación anterior es evidente que los monomios 3B y 3, serán siempre enteros, pues basta con que lo sea B. Por otra parte, el término 1/B sólo es entero para B=1 y como B no puede tomar valor 1, porque además de natural ha de ser mayor que A; se hace palpable que 1/B siempre será fraccionario. Por ende, resultará que el conjunto de la ecuación sólo podrá ser entera si se logra que $A^3/B-1/B$ sea entero. Es decir, sólo si:

$A^3/B-1/B=1$ bien: $A^3/B-1/B=2$,   ya: $A^3/B-1/B=3$, etc.

Multipliquemos cada uno de los casos por B (que además de restablecer el estado inicial es necesario) y tendremos:

1º: $A^3-1= B$ 2º: $A^3-1= 2B$ 3º: $A^3-1= 3B$

TERNAS CASO 1º: $A^3-1=B$

A=1, B=0, C=1 (pues C=B+1)   A=2, B=7,   C=8
A=3, B=26, C=27; A=4, B=63, C=64;   A=7, B=342, C=343

Comencemos por resaltar que en efecto, con esos datos de A y B, lograremos que la ecuación básica (1) sea entera, pues:

8/7=24+1/7 bien: 27/26=81+1/26 ya: 64/63=192+1/63

proporcionan valores complementarios en las fracciones que hacen la suma entera, como se exigió previamente, claro que... las ecuaciones no quedan igualadas; no obstante estudiémoslas.

El primero ya nos es familiar, resolvería el teorema pero distorsionando el enunciado, ya que existe el óbice de que los tríos: 1, 0, 1; 2, 0, 2; 3, 0, 3; etc. establecen que A=C. En cuanto a los restantes, no se requiere haber frecuentado mucho la escuela para advertir, sin ningún género de dudas, que jamás lograrán igualar la ecuación general del teorema: $A^3+B^3=C^3$; ya que según se dijo en otros apartados, A siempre aportará poco, pues la exigencia de tornar entero el valor de las fracciones, nos obligó a que B (arrastrando consigo a C) se fuera demasiado lejos. Eso sucede para todo valor de A, que aunque todos hacen enteras las fracciones, obligan a que C, ya sea igual a A^3. Así que la solución entera es imposible.

TERNAS CASO 2º: $A^3-1= 2B$

A=1, B=0, C=1   A=3, B=13 C=14
A=5, B=62, C=63   A=7, B=171, C=172

Ahora sólo valores impares de A, dan lugar a fracciones enteras. Por lo demás es evidente que las tríadas obtenidas, jamás, hasta el infinito, lograrán igualar la ecuación básica del teorema por la razón ya aducida en el caso 1º.

TERNAS CASO 3º: $A^3-1= 3B$

A=1,	B=0,	C=1	A=4,	B=21,	C=22
A=7,	B=114,	C=115	A=10,	B=333,	C=334

Sólo hacen enteras las fracciones, 1 de cada 3 valores de A… este detalle confirma, que afrontamos un problema a escala. Así mismo es evidente que las ternas obtenidas no igualarán la ecuación básica del teorema, por el argumento ya expuesto con anterioridad; huelgan, pues, más comentarios.

Añadamos por otra parte que la terna 7, 114, 115 resultará familiar, pues la obtuvimos (o más bien hubiera surgido) por el método de las ecuaciones sincopadas; si en vez de utilizar el denominador 6 (ya se dijo que se prefirió por ser más favorable al problema) que originó la tríada 7, 57, 58, se hubiese usado 3, en principio más natural.

Igualmente es de advertir que si proseguimos la búsqueda con 4B, 5B, 6B, etc. se obtendrán soluciones enteras cada 4, 5, 6, etc. valores de A; surgirían, pues, las ternas: 5, 31, 32; 6, 43, 44; 7, 57, 58; 8, 73, 74; etc. (he ahí la terna 7, 57, 58 del método de ecuaciones sincopadas, que resurge correctísimo) y que como ya era previsible, ninguna resuelve el teorema… por falta de aportación de A, que no iguala la ecuación $A^N+B^N=C^N$.

Obsérvese, en fin, que afloran las que serían soluciones de A impar con B y C consecutivos (si A par son desechables por disparidad) pues A es libre; surgen, pues, tríadas simétricas (las 1, 0, 1) como asimétricas: son todas las demás.

En cuanto a las restantes simétricas: 5, 6, 7; 13, 16, 19, etc. no hacen enteras las fracciones, por lo que no igualarán la ecuación, ya que un número fraccionario no puede ser igual a uno entero; así que tampoco resolverán el teorema.

A su vez si en la ecuación básica hacemos ñ=2, tendremos:

$$A^3 = 3B^2ñ+3Bñ^2+ñ^3 \qquad A^3 = 6B^2+12B+8 \qquad A^3/B-8/B= 6B+12$$

y se capta que como con ñ=1, la ecuación sólo será entera, si logramos que lo sea el binomio $A^3/B-8/B$; es decir, sólo si:

$$A^3-8= B \qquad A^3-8= 2B \qquad A^3-8= 3B \qquad etc.$$

que proporcionan estas tríadas, respectivamente:

1º: A=2, B=0, C=2 (C=B+2); A=3, B=19, C=21; A=4, B=56, C=58
2º: A=2, B=0, C=2; A=4, B=28, C=30; A=6, B=104, C=106
3º: A=2, B=0, C=2; A=5, B=39, C=41; A=8, B=168, C=170

Tras comprobar que en efecto las fracciones resultan ya enteras, nos cercioramos también de que los tríos todos, sin excepción, adolecen del mismo defecto que los de ñ=1, lo cual era de prever; pues mientras que el parámetro A se desplaza en tortuga, B y C corren descalzonados (que sé que no viene en los diccionarios… pues que la añadan). Las opciones mejores se crean con valores pequeños, si esos no igualan la ecuación; ya jamás surgirán igualdades, pues las tríadas siempre divergen.

Veamos ahora el caso de N=4, muy someramente, omitiendo todo lo que resultará evidente y para confirmar lo ya visto:

EXPONENTE N=4: $\qquad$ $A^4 = 4B^3ñ+6B^2ñ^2+4Bñ^3+ñ^4$

$A^4 = 4B^3+6B^2+4B+1$ $\qquad$ $A^4/B^2-4/B-1/B^2 = 4B+6$

ahora la exigencia es que el factor que hemos de hacer entero para que las ternas lo sean es: $A^4/B^2-4/B-1/B^2$; así que:

$A^4/B^2-4/B-1/B^2 =1$ $\quad$ $A^4/B^2-4/B-1/B^2 =2$ $\quad$ $A^4/B^2-4/B-1/B^2 =3$

$B^2+4B+(1-A^4)= 0$ $\quad$ $2B^2+4B+(1-A^4)= 0$ $\quad$ $3B^2+4B+(1-A^4)= 0$

que en el caso de ñ=2, se transformaría en:

$A^4/B^2-32/B-16/B^2 = 8B+24$ $\qquad$ que a su vez originaría:

$B^2+32B+(16-A^4)= 0$ $\quad$ $2B^2+32B+(16-A^4)= 0$ $\quad$ $3B^2+32B+(16-A^4)= 0$

Pues bien, de las ecuaciones tipo ñ=1, surgen soluciones enteras para A=1, que arroja para B (aparte de los discutibles valores 0) estos otros: -4 y -2, que aunque hacen enteras las fracciones, el teorema no lo resuelven pues las ternas: 1, 0, 1 1, 2, 3 y 1, 4, 5 tienen los defectos sabidos. La primera no implica 3 valores distintos y además uno de ellos es 0… y en las otras (o las que surgieren del mismo tipo) A aporta poco y nunca podrá igualar la ecuación general del teorema.

Tras investigar hasta A=10 no han surgido más soluciones enteras; salvo la tercera de ñ=1, que para A=2 proporciona B:-3 y 5/3. Es patente que la terna 2, 3, 4 no iguala la ecuación general; en cuanto a 5/3 hace entera la fracción, pero como B y por tanto C no son enteros, resulta inviable, pues hace un roto por otro lado.

Cierto que al multiplicarlas por 3 el fraccionamiento se resuelve (el trío 2, 5/3, 8/3 pasaría a ser el 6, 5, 8 donde ahora A>B; lo que no es inconveniente pues C sigue siendo el mayor de los tres que es lo importante) mas la ecuación general seguirá sin igualarse; pues además de ser dispar, multiplicar desigualdades por enteros no las trueca en igualdades, como es fácil comprobar. Adviértase, por lo demás, que se trataría de una terna asimétrica.

Por lo que respecta a las ecuaciones de ñ=2, ni siquiera las analizaremos, pues además de que se demostró que basta con probar el teorema con ñ=1; el aspecto de las ecuaciones revela que vuelven a proporcionar datos similares a los que ya tenemos más que vistos.

No avanzaremos a otros exponentes y concluimos refrendando lo averiguado por métodos anteriores. El teorema sólo se logra resolver con exponentes que proporcionan tríos básicos: 1, 2, 3 si N=1 y 3, 4, 5 si N=2... y entonces hay infinitas. Pero si no hay básica, el problema carece de soluciones enteras positivas. En cuanto a la razón de la carencia de soluciones, se revela ya evidente:

Resulta imposible igualar ecuaciones que enfrentan números enteros con fraccionarios... y los escasos valores que transmutan las fracciones en enteros; conforman sin excepción tríos en los que el parámetro A es insignificante en comparación con los de B y C. Dicho de otro modo: si N>2, la terna básica requiere que C-A<2, lo que implica soluciones irracionales.

Este método surgido a última hora, opinamos que goza de dos excelentes méritos. Por una parte se muestra eficaz a todas luces. Por otra parte nos ha facultado para avalar la exactitud de los procedimientos aritmético y el de ecuaciones sincopadas. Todo ventajas.

Tarifa, 13 de julio de 2012
Javier de Mosteyrín Hernández

NO HAGAMOS

MÁS EL PRIMO

I .- DIVISORES CONGRUENTES

A continuación desarrollaremos unas reflexiones sobre la teoría de congruencias que llamamos: DIVISORES [23] CONGRUENTES, compendiando aspectos esenciales y asignando nombres a todos sus elementos; de modo que tomen sentido exacto e inequívoco.

Por lo que se refiere a su valor práctico, cabe adelantar que constituye utilísima herramienta, que permitirá determinar números primos o desencriptar compuestos, por procedimientos nunca vistos que reducen notablemente el tiempo de resolución.

CONCEPTOS FUNDAMENTALES Y DEFINICIÓN DE DIVISOR CONGRUENTE:

Los cálculos matemáticos de este ensayo, se desenvuelven, exclusivamente, dentro del conjunto de los números naturales y el cero; por lo que se despreciarán, siempre que surjan en las operaciones (divisiones, raíces) todos los decimales.

Entendemos por módulo un número cualquiera, mayor que la unidad, cuyos divisores congruentes deseamos estudiar; lo vamos a designar con la letra M.

LLamamos divisor a otro número cualquiera, menor que el módulo (que lo expresaremos con la letra D) lo divida, o no, exactamente; en consecuencia surgirán restos, a los que se les aplicará la letra R, cuyos valores oscilarán desde cero, a D menos uno.

---

23 A fin de facilitar la comprensión a los lectores, informamos que las reflexiones de este ensayo son variaciones de la teoría de congruencias de Gauss, que parte de esta definición: dos números naturales a y b son congruentes, si al dividirlos por un mismo número natural, m, llamado módulo, dejan idéntico resto.

Por último, denominamos cociente de congruencia, a un número, que designaremos con la letra C, que resulta de la división de un determinado módulo: M, por un divisor: D, cualquiera.

Establecidos los pilares fundamentales, cabe aplicar a los divisores congruentes la definición siguiente:

Se dice que dos o más números (D) resultan ser divisores congruentes, cuando tras dividir a otro número, que llamamos módulo (M) de la congruencia, dan idénticos restos: R.

Puesto que los divisores no siempre dividen al módulo de modo exacto, se tomará del cociente sólo la parte entera (que es la que interesa a nuestro objetivo, que como se dijo, se desenvuelve dentro del conjunto de los números naturales y el 0) y se despreciará la decimal. De usarse calculadora exigirá averiguar el resto; si se opera a mano, cesará la división cuando el resto sea menor que el divisor.

Debido a que el uno divide a todos los números, cabe decir que es el único divisor congruente de resto cero con respecto a todos los módulos. Por su parte el cero, por carecer de significado que actúe de divisor… y dar siempre por cociente, cero, cuando sea dividendo (módulo en nuestro caso) no aporta datos provechosos.

Consecuencia de lo dicho, es que el cero y el uno no serán en ningún caso módulo ni divisor en las congruencias; por lo que el papel de ambos (como entidades solitarias, no por supuesto, como guarismos componentes de otros números) se reducirá a la función de restos… o en el caso del uno, al de cociente y/o resto.

CLASES DE CONGRUENCIA:

LLamamos clase de congruencia, al resto que resulte de la división: M/D, que se cuantificará con el valor absoluto de R; es decir: R=M-DxC. De ahí se deduce que un divisor: D, admite tantos restos o clases de congruencia como indique su valor absoluto. Por consiguiente, un número, tal que 5, cuando actúe de divisor de un módulo: M; admitirá una y sólo una, de sus 5 clases de congruencia que las expresaremos así: R=0, R=1, R=2, R=3 ó R=4.

Ejemplo: el 5 es divisor de clase de congruencia R=3, ante el módulo 23; porque 23-5x4=**3**.

Ahora bien, una vez establecida la clase de congruencia de un divisor, ante un módulo determinado, no cambia nunca. Para que un divisor mute a otra cualquiera de sus clases de congruencia posibles, resulta condición imprescindible que cambie el módulo.

Ejemplo: ante el módulo 27, el 5 es divisor congruente clase R=2 y resulta matemáticamente imposible, que admita otra de sus clases. Claro que ante el módulo 29 mutará a clase R=4; que tampoco podrá cambiar.

Es, pues, evidente que la clase de congruencia nos indica el número de unidades por las que el divisor, NO divide con exactitud al módulo estudiado. Por tanto, los divisores que comparten clase de congruencia ante determinado módulo, son aquellos que no lo dividen, por idéntico número de unidades que indica su clase… o en su caso, que se trata de divisores exactos, si pertenecen a la clase R=0.

Ejemplo: ante el módulo 17, los divisores 3 y 5, son clase R=2, porque ni 3 ni 5 dividen al 17 precisamente por falta de 2 unidades; no compartirán clase de congruencia con el divisor 2, pues éste pertenece a la clase R=1.

No obstante, ante el módulo 31, dichos divisores: 2, 3 y 5, compartirán la misma clase de congruencia: R=1; porque ninguno de los tres divide a 31, por la cifra que indica su clase (R=1) de congruencia.

COCIENTE DE CONGRUENCIA:

Como ya se ha adelantado en la enunciación de los principios de esta teoría, el cociente de congruencia es un número natural (se desecharán, pues, los decimales si se opera con calculadora… o cesarán las divisiones cuando el resto sea menor que el divisor) que nos informa de las veces que el módulo contiene al divisor que se tantea.

Se trata, quizás, de la información más valiosa que se obtiene de la división de un módulo M, por un divisor D cualquiera; ya que revela con qué otro número (o números) comparte ese divisor, la misma clase de congruencia que nos ha expresado el resto: R.

Los cocientes de congruencia cabe que se los agrupe en dos tipos: primos y compuestos.

Cuando tras realizar la división de un módulo por un cierto divisor, el cociente obtenido es número primo; la información que nos desvela es que ese divisor comparte clase de congruencia, sólo con el número que ha resultado en el cociente.

Ejemplo: si dividimos el módulo 17 por 3, nos dará por cociente 5 y por resto R=2. Puesto que tanto cociente como divisor son primos, se nos está informando que ante el módulo 17, sólo ellos pertenecen a la clase R=2 de congruencia.

En el caso visto en que divisor y cociente son primos, se circunscriben el uno al otro; es decir, que el 3 como divisor informa que sólo con el 5 comparte esa clase de congruencia… y a su vez el 5, como divisor, nos remite al 3 como único factor cociente (respecto al módulo 17, claro).

Ahora bien, cuando el cociente obtenido al dividir un módulo determinado, resulta ser número compuesto, nos informa que existen varios números más que comparten esa clase de congruencia con el divisor que se tantea; que los obtendremos por medio de la descomposición factorial de ese cociente de congruencia.

Ejemplo: si dividimos el módulo 31 por 5, nos dará por cociente 6 y por resto R=1.

Puesto que ahora el cociente es número compuesto, se nos está informando que ante el módulo 31, el 5 comparte dicha clase de congruencia, R=1, con el 6 y sus factores primos… o sea, 2 y 3; pues en todos estos casos (2, 3, 6 y claro que 5) no dividen al 31 por una sola unidad.

REDUCCIÓN O TRANSFORMACIÓN DE CLASES DE CONGRUENCIA:

Supongamos ahora el modulo 19, al cual le vamos a ir aplicando diversos divisores, todos primos, hasta agotar la serie, a fin de determinar sus clases de congruencia.

19/2=9	R=1	C=9=3x3
19/3=6	R=1	C=6=2x3
19/5=3	R=4	C=3 Primo
19/7=2	R=5	C=2 Primo
19/11=1	R=8	C=1
19/13=1	R=6	C=1
19/17=1	R=2	C=1

A la vista de los resultados obtenidos… y teniendo en cuenta que se ha afirmado con rotundidad, que ante un módulo concreto, cada divisor adopta una clase de congruencia que ya permanece inamovible; es lícito preguntarse cómo es posible que divisores con cierta clase de congruencia, nos revelen entre los factores de sus cocientes, números con los que al menos en principio, no parece que compartan clase.

Ejemplo: ¿cómo es posible que el 7, que ante el módulo 19 muestra ser clase R=5; revele en su cociente que comparte dicha congruencia con el 2, que es clase R=1 y nunca puede dar restos iguales o superiores a su valor absoluto?

Esto sucede debido a que todo número, es hábil a fin de transformar algunos restos a los de su propia clase, si tras dividir a ese resto, surge uno nuevo, idéntico al que ya previamente había adoptado. Ahora se comprenderá con facilidad que el 2 es apto para transformar cualquier impar, en clase R=1. En este caso concreto tendríamos: 5=2x2+**1**.

Es evidente que los factores que revela un cociente de congruencia no yerran, sino que siempre que muestran guardar igual congruencia con algún divisor; es posible realizar la reducción del resto, a la clase propia de cada factor del cociente.

Véase un segundo ejemplo que se desprende de los diversos cocientes de congruencia antes expuestos:

El 3, que tras 19/3 ha revelado ser clase R=1, vuelve a aparecer en el cociente del divisor 5, que es en este caso clase R=4; la cual el 3 la trasforma así: 4=3x1+**1**, a la que ya había tomado en principio. Obsérvese, por contra, que el 5 no contiene (ante el módulo 19) al 2 entre los factores de su cociente; pues siendo clase R=4, 'sabe' que a un par, no lo puede transformar el 2 en clase R=1, sino que lo mutaría en clase R=0. Este tipo de congruencia que es transformable (o se ha transformado) en otra, la denominamos secundaria.

En resolución, los cocientes congruentes que nos revele un divisor, sólo constarán de factores que compartan idéntica clase de congruencia con el divisor; lo que incluye a los que la tienen secundaria, puesto que pueden reducirla a la propia; que según ya se dijo, es inamovible ante cada módulo.

El cociente de congruencia 1, informa que tal divisor (11, 13 y 17 del ejemplo) no comparte clase de congruencia con ningún otro número, pues según se dijo, el 1 nunca es divisor.

Hasta ahí los conceptos esenciales y fundamentos de estas reflexiones; cuya trascendencia procuraremos evidenciar, acto seguido, mediante un detallado ejemplo.

Sea el módulo: 8549, al que le aplicaremos los divisores: 3, 7, 11 y 37… y analizaremos los resultados que surjan.

8549/3=2849	R=2	C=2849=7x11x37
8549/7=1221	R=2	C=1221=3x11x37
8549/11=777	R=2	C=777=3x7x37
8549/37=231	R=2	C=231=3x7x11

Obsérvense dos rasgos esenciales. Por una parte, entre el divisor **3** y el cociente 2849, ya aportan igual información, pues: 2849=**7x11x37**. Por otra parte, todos los cocientes multiplicados por sus respectivos divisores, se quedan a 2 unidades de alcanzar la cifra del módulo.

2849x3=8547   1221x7=8547   777x11=8547   231x37=8547

Pero véase que se obtiene idéntico resto si dividimos el mismo módulo, por el producto de todos los divisores:

8549/8547=1   R=2   D=8547=3x7x11x37

Ahora el resto surge restando módulo y divisor, pues el cociente es 1, lo que revela que 8547 incluye todos los factores primos de clase R=2. No obstante, se podría usar por divisor cualquiera de las múltiples combinaciones de los factores del 8547. Por ejemplo, 3x7x11=231, 37x11=407, 7x3=21, etc. o como vamos a hacer, mezclándolos por parejas en un postrero ejemplo, por no saturar de datos:

8549/33=259	R=2	C=259=7x37
8549/111=77	R=2	C=77=7x11

Evidentemente la clase de resto obtenida coincide; lo que implica que todos esos divisores, al igual que sus factores primos, NO dividen al módulo 8549, por sólo dos unidades en todos los casos. Esos 4 primos ya estudiados se circunscriben… y cada uno de ellos remite a los otros tres.

Profundicemos todavía un poco más con otras divisiones, que permitirán sacar nuevas enseñanzas, pues no siempre es así. Para ello dividiremos el módulo 8549, por 13, 29, 43 y 73.

8549/13=657	R=8	C=657=3x**3**x**73**
8549/29=294	R=23	C=294=2x**3**x7x**7**
8549/43=198	R=35	C=198=2x3x**3**x**11**
8549/73=117	R=8	C=117=3x**3**x**13**

Obsérvese que ahora ha mejorado la información muy poco, sólo 13 implica novedad; 29 y 43 remiten a primos que ya habíamos descartado como posibles divisores del 8549. El 13, nos descubre al 73 y éste nos devuelve al 13; fenómeno que ya conocemos. Pero 3, 7 y 11 no desvelaron a ninguno de los divisores usados: 13, 29, 43 y 73; que sí los descubren a ellos. (El factor 2 no interesa y lo hemos ignorado).

La razón es evidente: 3, transforma en propia la clase R=8 (8=3x2+**2**) 3 y 7, también la clase R=23 en R=2 (23=3x7+**2**) y así mismo 3 y 11, reducen R=35 en R=2 (35=3x11+**2**). Sin embargo, 13, 29, 43 y 73 son ante el módulo 8549, NO de clase R=2 (como fue el 37, que por eso reveló a 3, 7 y 11 que son también R=2) sino de otras; así que 13, 29, 43 y 73 delatan divisores pequeños (que pueden transformar las clases 8, 23 y 35 en la propia) pero los pequeños, no delatan a los elevados, cuando estos son de clases de restos que a los menores les resultan inaccesibles, por ser iguales o superiores a su valor absoluto.

En resolución, los factores menores y mayores se revelan mutuamente si y sólo si, comparten idéntica clase. Por el contrario, los divisores de clase de resto elevada, solamente delatan factores menores, si éstos pueden transformar esa clase de resto elevada en la suya propia. Claro que en este caso, la correspondencia no es biunívoca, sino que sólo actúa de arriba abajo; es imposible que factores menores revelen a los mayores con los que NO pueden compartir su clase de congruencia.

Por tanto esta base teórica implica el corolario, de que su aplicación rigurosa permite desvelar, mediante una sola división, diversos primos que compartan clase de congruencia primaria o secundaria: todos los que contenga el cociente.

En principio nos limitamos a eliminar en grupo, los primos que surgían en los cocientes, tras dividir un número (módulo) cuyas características indagábamos, por sucesivos primos. Sin embargo, pronto advertimos que no era necesario resignarse a descartar los primos que decidiesen las circunstancias, que aunque abreviaba camino, aún implicaba muchas reiteraciones; sino que por el contrario, resultaba preferible ser selectivos y tantear los que convenía… e incluso todos los primos sospechosos de una vez… Pues la aplicación de la teoría, no tiene por qué constreñirse a dividir los módulos a estudiar, por primos; sino que también es lícito valerse de divisores compuestos, ya que como con anterioridad se ha mostrado, se obtienen idénticos resultados.

Como lo afirmado en el párrafo anterior, diríase poco creíble; veámoslo ratificado con un ejemplo. Supongamos que se necesita demostrar que el 37 es número primo. Según la norma tradicional habría que hacer 4 divisiones, por los primos: 2, 3, 5 y 7. Quienes hayan asimilado la teoría expuesta, pronto comprenderán que la división por 7 es superflua:

$37/5=7$ R=2 C=7

La división por 5, R=2 y C=7, revela que el 7 comparte el mismo resto que 5. Así que ninguno de los dos divide a 37 por dos unidades. Se descartan a la vez 5 y 7. Ahora ya resulta patente que la división por 7 es innecesaria.

Claro está que es mejor en el caso del 37 actuar de este otro modo… que dejará pasmado a más de uno:

$37/10=3$ **R=7** D=10=2x5 C=**3**

¡Ajá! Dividiendo por un compuesto, se ha tanteado de golpe a toda la familia. El 3 por aparecer en el cociente, como hasta ahora se había hecho… 2 y 5 porque resultan de la descomposición del divisor, que no es primo.

Obsérvese que el 7, admite las 3 transformaciones de clase: 7=2x3+**1**, 7=3x2+**1**, 7=5x1+**2**. Naturalmente cada uno de ellos lo reduce a su clase propia de NO divisor, que habría tomado en la operación 37/2, 37/3, 37/5, pues el módulo sigue siendo 37.

También sería admisible actuar de este otro modo, que causará no menos asombro:

$37/30=1$ **R=7** D=30=**2**x3x**5** C=1

De nuevo hemos eliminado de golpe los tres primos… y el resto es el mismo, por lo que permite idéntico comentario al ya antes expresado.

En rigor el proceso es igual, pues lo que se ha hecho es multiplicar el divisor… y naturalmente el cociente responde en consecuencia.

Incluso es posible una tercera opción:

37/15=2   **R=7**   D=**3**x**5**   C=**2**

Una vez más se han eliminado en un solo envite, todos los candidatos. Omitimos comentarios explicativos que volverían a ser los mismos. En los 3 casos ya se ha demostrado que 37 es primo, al no hallarle divisor: primo con R=0.

Es lícito preguntarse si resulta imprescindible comprobar la transformación de clase de resto, de cada primo tanteado; pues de ser muchos nada se adelantaría. Respuesta rotunda: NO, sino que basta con confirmar que el resto obtenido, es primo mayor que los tanteados (el caso visto) pues ante un número primo, sólo él mismo puede adoptar la clase R=0… y sería prueba de que dividiría al número estudiado.

Véase con un ejemplo. Supongamos que se deseara averiguar si el número 33 es, o no, primo. Cabe dividir por 10, 15 ó 30 y el resultado sería el mismo; dividiremos sólo por 15.

33/15=2   R=3   D=15=5x**3**   C=2

Ahora, puesto que 3 (en el divisor) transforma el resto (así mismo 3) en clase R=0, se nos informa que será divisor de 33. De haber dividido por 10, el resto sería el mismo, pero el factor que no supera el tanteo saldría en el cociente.

En fin, si el módulo hubiese sido M=35, el resto sería R=5… y en tal supuesto es el 5 (en el divisor: 15=**5**x3) el factor tanteado que lo transformaría en clase R=0; prueba de que 5 es divisor del módulo 35.

Concluyamos afirmando que además el 7 ni siquiera hay que tantearlo… y no sólo por la razón ya antes expresada; sino por otra, así mismo poderosa. Al inicio del capítulo siguiente lo confirmaremos por otro procedimiento.

El desarrollo práctico de la teoría que hemos expuesto y cuyas ventajas apenas se han esbozado, se ilustra en el capítulo que sigue; donde se darán instrucciones precisas para interpretar los resultados de los tanteos.

II .- USO PRÁCTICO DE LA TEORÍA

Antes de avanzar empezaremos por establecer claramente la nomenclatura.

- Entendemos por críptico un número impar y elevado, que se designará siempre con la letra **E**, el cual surge de multiplicar otros dos, que expresaremos con las letras A y B, de modo que: **AxB=E**; siendo **A y B primos.**

- Adoptaremos la norma convencional de que A>B; es decir, que aplicaremos la variable A siempre al mayor de los factores y B al menor de ellos.

- Usaremos la palabra desencriptar, para expresar el proceso matemático, mediante el cual, a partir del único conocimiento de E, logramos determinar los valores de A y de B.

Prosigamos con otra cosa esencial. Tradicionalmente se nos decía en la escuela que para determinar si un número es primo, tenemos que dividirlo por todos los primos menores, hasta que se obtiene un cociente igual o menor que el divisor.

Pues bien, esa norma es correcta y eficaz, pero no es perfecta (según ya hemos apuntado al final del apartado anterior) y además tiene el grave inconveniente de que no sabemos dónde se halla el límite, hasta efectuar la postrera división.

Por esta última razón, quien escribe, decidió recurrir en sus ensayos a lo que llamamos **número eje: raíz cuadrada del número a estudiar.** Solución que además de resolver el problema

163

de no saber dónde se halla la linde, es algo más correcta que la primera; pues alivia de tantear, en ciertos casos, algunos primos que la regla de los cocientes exige probarlos.

Ilustrémoslo con un ejemplo. En el caso del 37, recién visto, como su raíz es 6… y 7 es mayor, ya queda probado que el 7 no es necesario tantearlo; pues de ser divisor de 37 estaría emparejado con otro primo menor que 6, que es el que conviene localizar, si existiese… que no existe porque 37 es primo. Dicho de otro modo, si 7 dividiese a 37, sería valor posible de A (su divisor mayor) y debemos afanarnos en buscar B (el menor) por ser más fácil.

Esta norma que hemos llamado 'número eje' que ya la enunció, nada menos que en el siglo XIII, Leonardo de Pisa (Fibonacci) la hemos usado siempre en nuestros trabajos con buenos resultados… y le asignamos tal nombre, ya que a partir de ella hemos perfilado otra más exacta aplicable en especial, a números crípticos (aunque sólo parcialmente a los primos) que además permite fijar el valor máximo que puede tomar la variable B de un críptico cualquiera; que es muy inferior, en general, a dicho número eje. No obstante, al ser prolija de exponer, hemos preferido omitirla para centrarnos en resaltar el valor de la teoría de divisores congruentes; que es en este ensayo nuestro único objetivo.

En suma, reconocemos que la norma que hemos llamado del número eje es conocida de antiguo y así lo consignamos; mas sin renunciar a ese otro sesgo que le hemos dado, que aunque aquí se ha omitido, reporta claras ventajas y sí creemos que entraña [24] novedad.

Dicho eso estamos ya en condiciones de avanzar. A fin de determinar, a la vista de los datos que a continuación se expongan, si un número es primo o no, se tendrán en cuenta las siguientes normas:

- El número en estudio será, indistintamente, módulo o divisor, según sea mayor o menor que el producto de todos los primos que se tantean… y viceversa.

- Puesto que se investigarán tanto primos (o crípticos) como compuestos, los llamaremos investigados o estudiados; ya compongan módulo o divisor… y se nominará tanteador (ya sea dividendo o divisor) a un compuesto (cuyos factores primos se

---

24 El autor ha elaborado tres ensayos acerca de los números crípticos, de los cuales éste es resumen muy parcial del tercero de ellos. De aceptarse la teoría que se expone, intentaría divulgar cuanto tiene investigado.

denominarán tanteados, según la tradición) con el que se tanteará al número en estudio.

- Las reglas de divisibilidad son ley.

Aunque en la exposición de la teoría, por ser primos los divisores, se subrayó la importancia de los cocientes; cuando se tanteen los primos candidatos, en masa o por grupos, ese protagonismo pasará a los restos… y los cocientes se podrán ignorar; si bien se expondrán por resaltar su ambigüedad (debida a que entre otros primos se halla la solución). Los restos obtenidos responderán a cuatro tipos distintos:

- Primo mayor que el número eje y distinto que cualquiera de los primos tanteados: el número en estudio es primo; salvo que queden más por tantear.

- Primo igual a uno de los factores del tanteador. El número investigado será divisible por el resto.

- Número compuesto. Se hará su factorización y a la vista del resultado, nos atendremos a uno de los dos criterios anteriores; caso que surjan primos del tipo ya citado. Si el número compuesto sólo consta de primos menores descartados por reglas de divisibilidad y/o factores no tanteados, el número estudiado es primo, si no hay más por tantear.

- R=1. Indica que todos los primos que conforman el compuesto tanteador (divisor) NO dividen al investigado por falta de 1… ó caso que el tanteador sea módulo, todos se exceden también por 1. El investigado será primo, salvo que haya más primos que tantear. En suma, R=1 implica que estudiado y tanteador carecen de factor común. Ejemplos: 31/30=1, R=1; 211/210=1, R=1; 30/29=1, R=1; que ya comentaremos.

Estas sutilezas son consecuencia de que los resultados de la división exigen distinta interpretación, según dividendo y divisor sean ambos compuestos pero primos entre sí, ambos compuestos con al menos un factor común… o uno de ellos primo a secas.

Claro está que eso se ignora, pues es lo que se desea averiguar; por tal razón la interpretación correcta de los datos, requiere cuidadoso análisis de los factores del resto y alguna vez, del cociente; además de la colaboración del conocimiento que se tiene de los primos que han integrado el compuesto tanteador.

Comenzaremos estudiando el E=161, cuya raíz por defecto es 12. En consecuencia, se deberán tantear todos los primos hasta [25] el 11 incluido: 2x3x5x7x11=2310.

Se dividirá el compuesto tanteador (módulo) resultado del producto de primos tanteados, por el número en estudio:

2310/161=14   R=56=8x**7**   C=14=2x7

Por tanto 161 es divisible por 7, ya que así lo revela el resto. Es cierto que a su vez está en el cociente, pero como es primo tanteado o en prueba, los resultados del cociente se podrían ignorar pues su valor informativo es escaso.

Estudiaremos seguidamente al 29. Como su raíz es 5, sólo habrá que tantear 2 y 3, cuyo producto es 6. Así que:

29/6=4   R=5   C=4=2x2

Luego es palpable que 29 es primo; pues el 5 es primo mayor que los tanteados. El 2 del cociente confirma que no divide a 29. Véase que 5 ya quedó tanteado, debido a que 29/5=5 y R=4; el resto revela que es imposible que haya algún número mayor que 5, que multiplicado por 5 sea igual a 29… o menor. Claro que si se desea se incluye: 2x3x5=30. Por tanto:

30/29=1   R=1   C=1

Se ha invertido el papel del tanteador y el estudiado, pero el resultado no cambia. Se confirma que sólo 1 y 29 dividen al 29. Se evidencia que tantear primos mayores que los imprescindibles, no altera el resultado; por lo cual se dijo que la norma de los cocientes es correcta, pero imperfecta, pues complica la tarea sin necesidad.

Caso de R=1 (tanteador es el módulo). Cabe dudar de que 29 sea primo a secas y no primo entre sí con 30 (caso de 21/20, R=1). La razón sutil es que 30 (tanteador) consta ya de todos los posibles primos que a su vez podrían conformar al 29; así que 29 no puede ser compuesto, pues tendría que contener entre sus factores 2, 3 ó 5. Véase: 29/7=4. Ya 7 exige un primo menor que 5… lo cual resulta imposible pues todos constituyen al 30, lo que abocaría al absurdo de dos

---

25 De usar en este caso todos los recursos que tenemos demostrados en este terreno, se evidenciaría que B tiene que ser también menor que 11; pero repetimos, nuestro objetivo se limita ahora a mostrar la eficacia de la teoría de divisores congruentes, por lo que omitimos amplios fragmentos del ensayo.

números consecutivos no primos entre sí. Véase que 21=7x3, y 20=5x2x2, contienen primos complementarios.

De los ejemplos 31/30=1, R=1; 211/210=1, R=1 (expuestos antes) 31 queda demostrado que es primo (se tantean todos los sospechosos). No así el 211, pues siendo su número eje: 14, quedan por tantear 11 y 13. Lo procedente [26] es 30030/211=142, R=68=2x2x17; 2 se descarta por su regla segura… y 17 es primo mayor que los sospechosos.

Véase que 211/17=12, ya exige un primo menor que 13… pero 30030 acapara a todos… y como se dijo, R=1, equivale a negar que entre tanteador y estudiado haya factores comunes. Esta vez se recurre a otro razonamiento, nacido de la teoría que propugnamos.

Estudiemos ahora el 53. Primos a tantear son: 2, 3 y 5. Así que 53/30=1 y R=23. El resto es primo mayor que cualquiera de los tanteables; por tanto 53 ha de ser primo. También se puede incluir el 7 si se desea: 2x3x5x7=210; 210/53=3 y R=51. Como 51 es 17x3 y el 3 queda descartado por su regla segura de divisibilidad, en tanto que 17 es primo mayor que todos los que se requiere tantear; concluimos que 53 es primo.

Es razonable plantearse esta pregunta: ¿cómo es posible basar la afirmación de que 53 es primo, a la vista de que 23 también lo sea? Así mismo cabría poner en duda la primidad de 23, caso de no saberse de memoria y con certeza.

Se principiará por responder a esta segunda pregunta, que allanará la respuesta de la primera. Demostraremos primero que 23 es primo. Como su número eje es 4, habrá que tantear los primos 2 y 3, cuyo producto es 6; por consiguiente el número a estudiar realizará la función de módulo, mientras el tanteador (6) hará el papel de divisor:

23/6=3   R=5   D=2x3

Como el resto (5) es mayor que los primos que el caso requiere tantear (2 y 3) queda ya probado que 23 es primo… e indirectamente que 53 también lo es.

Véase que al R=5, 2 y 3 lo reducen a igual clase de no divisor que toman ante 23: 5=2x2+**1**, 5=1x3+**2**; y 23=11x2+**1**, 23=7x3+**2**. Tal idea la expresaremos afirmando que 23 y 5 son primos de la misma laya ante los divisores 2 y 3.

---

26 De usar todos los recursos que tenemos estudiados, tampoco 11 y 13 habría que tantearlos.

Ahora responderemos a la primera pregunta, confirmando que los primos 23 y 53 pertenecen a idéntica laya ante los divisores 2, 3 y 5. Así es: 23=11x2+**1**, 23=7x3+**2** y 23=4x5+**3**; en tanto que 53=26x2+**1**, 53=17x3+**2** y 53=10x5+**3**. Evidencia esta circunstancia por qué unos primos remiten a otros, así que demostrada la primidad de uno de ellos, queda probada la de toda la serie.

En el caso que nos ocupa, aceptada la primidad de 5 (que surge al final de la tanda) queda comprobada también la de 23… y la de 53, por pertenecer todos a la misma laya, ante los divisores 2, 3 y el propio 5; el cual por ser primo, sólo es divisible por sí mismo. Es decir, sólo el propio 5 adoptaría la clase R=0.

Por otra parte, al calcular el número eje de 53 (que fue 7) el propio 7 queda descartado como divisor de 53. Esta circunstancia es crucial, ya que de modo incontrovertible nos libera de incurrir en el error de dar por primos a ciertos cuadrados perfectos.

La afirmación del párrafo anterior se justifica en el apartado próximo, donde se expone que el conjunto de los números primos, conforman un fractal que consta de infinidad de palíndromos de tamaño creciente. Los cuadrados perfectos juegan papel importante a partir de 7, en dicha estructura. Cumple el número eje, pues, una función crucial y múltiple.

Prosigamos nuestro itinerario. Investiguemos ahora el 91. Los primos a tantear son en este caso: 2x3x5x7=210; por tanto:

210/91=2   R=28=4x**7**   C=2

El 2 queda descartado por tener regla de divisibilidad, inapelable; sin embargo, 7 está entre los tanteados, por lo que se infiere que 91 tiene que ser divisible por 7. Lo que se confirma: 91/7=13 y R=0.

Seguidamente estudiaremos el 273. Se capta a todas luces que es compuesto, pero queremos certificar la exactitud del proceso. Al ser su raíz menor que 17, se tendrán que tantear los primos desde 13, hacia abajo. Así que: 2x3x5x7x11x13=30030 que dividiremos entre 273.

30030/273=110   R=0   C=110=2x5x11

La división ha resultado exacta; a su vez el cociente revela que 2, 5 y 11 son divisores (comparten clase R=0 con 273) de 30030. Por tanto los integrantes de 30030, que SÍ dividen a 273, son los restantes. Exacto: 273=3x7x13.

De hecho, el problema consistía en hallar el MCD de ambos números, lo que se ha logrado por método nunca visto.

Es de admirar el curioso malabarismo que se produce en este interesante ejemplo. En principio todos los primos de que consta 273 son divisores de 30030; pero la división por 273, separa los factores de 30030 en dos clases:

- Por una parte, los que NO dividen a 273, incluidos todos en el cociente: 110 (2, 5, 11) al que naturalmente SÍ dividen; esto es, adoptan clase R=0 ante el 110, como se capta con facilidad. El cociente aquí es importante.

- Por otra parte, los factores que son comunes a 30030 y a 273, que naturalmente NO son divisores de 110, sino de 273; o sea, sí lo transforman en clase R=0. Véase: 273=3x91+**0**; 273=7x39+**0** y 273=13x21+**0**.

A continuación estudiaremos el E=299. Su raíz es 17 (que queda tanteado) por lo tanto habrá que tantear primos hasta el 13. Su producto es: 2x3x5x7x11x13=30030, cifra que dividiremos por el número a estudiar.

  30030/299=100   R=130   C=100=4x25

El resto 130=2x5x**13**, desvela que 2, 5 ó 13 podrían dividir al 299; descartamos 2 y 5, que tienen normas eficaces y están en el cociente… y haremos la división: 299/13=23 y R=0.

Y en efecto: 23x13=299, con lo que comprobamos que era críptico que hemos logrado desvelar a la primera.

Sea el E=1003. Siendo su raíz cuadrada 31 (redondeada por defecto) habrá que tantear todos los primos inferiores a 29. Como se habrá detectado ya, el producto de tantos primos eleva mucho la cifra tanteadora; por tanto eliminaremos a los no sospechosos: 2, 3 y 5, por contar con reglas eficaces de divisibilidad que son inapelables. Por lo tanto, el tanteador surge de multiplicar: 7x11x13x17x19x23x29=215656441.

215656441/1003=215011   R=408=3x8x**17**   C=215011=127x1693

La factorización del cociente cabe omitirla, pues según se habrá comprobado la información crucial que da acceso a la solución es el resto; que en este caso es fácil de descomponer e informa que 17 ha de ser divisor de 1003, pues 2 y 3, además de sus reglas eficaces, ni siquiera se los tantea. En efecto:

1003/17=59   R=0

Así mismo sería posible excluir el primo 11 (también con regla eficaz de divisibilidad) en cuyo caso tendríamos:

19605131/1003=19546   R=493

Ahora, en vez de factorizar R=493, que podría resultar difícil, es posible operar de este otro modo: E/R.

1003/493=2   493x2=986   1003-986=17   R=17

Es evidente que se infiere que de los primos tanteados, el 17 (que naturalmente estaba implícito en el resto 493) no superó la prueba.

Y ya hemos conseguido desencriptar al 1003, por método eficaz, rápido y fácil. El inconveniente para los operarios que como quien escribe tengan una calculadora de juguete, es que los crípticos a desvelar no pueden ser de muchas cifras; debido a que el producto de primos sospechosos, crece de modo vertiginoso. Tal es la razón de habernos limitado a cuatro guarismos.

No obstante, se pueden (aun con una calculadora modesta) desencriptar números elevados, por el sencillo procedimiento de dividir en porciones los primos a tantear; es decir, lotes de 5, 10, 20, etc. según las circunstancias aconsejen y las prestaciones de la calculadora que se posea. Véase parificado:

Sea el [27] críptico E=3683. Su raíz por defecto es: 60. Los primos a tantear los dividiremos en grupos:

47x53x59=146969   29x31x37x41x43=58642669

7x13x17x19x23=676039

146969/3683=39   R=3332=4x7x7x17   C=39=3x**13**

---

27 De usar aquí todos los recursos que tenemos estudiados, demostraríamos que el valor máximo de B es mucho menor que 59; pero repetimos, nuestro objetivo ahora se limita a la teoría de divisores congruentes.

58642669/3683=15922   R=1943   C=15922=2x**19**x**419**

676039/3683=183   R=2050=2x5x5x41   C=183=3x61

Obsérvese que actuar por bloques podría aliviar la cifra de los compuestos posteriores (13 y 19 ya están descartados) pero hemos preferido continuar el proceso. No obstante, es recurso muy útil si se actúa por bloques.

Factorizar los restos primero y tercero es elemental… y no delatan nada sospechoso. En cuanto a R=1943 cabe actuar como ya se ha mostrado: E/R:

3683/1943=1   R=1740=4x3x5x**29**   C=1

Ahora la descomposición de 1740 fue fácil y confirma que 29 no ha superado el tanteo. Naturalmente 2, 3 y 5 no son ni mínimamente sospechosos, pues gozan de la inviolable coartada de las reglas de divisibilidad… en cuanto a 7, 17, 41 no se incluían con los tanteadores en cuyos restos surgen. Ya queda averiguado cuál es el artífice menor del críptico: 29.

3683/29=127   **R=0**   **A=127,   B=29**

Por lo demás, es claro que con buenos trebejos, mucha de la tarea que se ha detallado se reduce enormemente.

Al procedimiento de fragmentar los primos a tantear, [28] en tandas de 5, 10, 20, etc. que ya se ha demostrado que resulta eficaz, cabe añadir otra ayudita.

Consiste en lo siguiente: como los primos no varían, será agible tener calculados sus productos sucesivos tan lejos como se alcance. Pronto conformarán cifras astronómicas; pero se habrán ajustado para siempre. Así que luego de determinar el B máximo; se usará el compuesto tanteador que sea adecuado al caso, que… ¡ya estará calculado!

Más aun, bastará calcular pocos bien distribuidos: cada cien primos, cada mil, etc. según los medios. Claro que lo dicho soluciona el no tener que elaborar el tanteador cada vez; ahora bien, salvo que se posea un ordenador del tamaño de la torre de Babel… que admita infinitos guarismos, se topará siempre con el imposible.

---

28 Se objetará que eliminar pocos primos por lote es más largo que las divisiones, pero eso se debe a la penuria de material que tenemos. Con material adecuado, donde hay 3 ó 5 primos, serían 30 ó 300 (con E proporcionalmente crecidos). Se trata, pues, de evidenciar que es posible y que este método es más eficaz precisamente con grandes valores de E.

Véase, para concluir, la desencriptación de un número muy por encima de mi calculadora; pero se trata sólo de mostrar algunas más de las armas con que se cuenta.

Sea E=574537, su raíz es 757. Es enorme el número de primos a tantear, así que nos limitaremos al grupo 211, 223, 227, 229, 233; (uno de ellos lo resuelve) cuyo producto es: 569907771067. Ahora actuaremos como es sabido:

569907771067/574537=991942   R=390213

El resto 390213 contiene la solución, pero no resulta fácil factorizarlo: 9x191x227. Caben dos sendas: R/9 y por ende E/(R/9) o bien: E/R=E/390213.

1º) 390213/9=43357   574537/43357=13 R_1=10896

Descomponer 10896 es facilísimo: 16x3x**227**

2º) 574537/390213=1 R_2=184324

De nuevo el resto 184324 nos oculta la solución, pues tampoco es fácil factorizarlo: 4x7x29x227. Entre otras vías, cabe aplicar el mismo mecanismo: E/R_2. Por tanto:

574537/184324=3 R_3=21565

Ahora resulta sencillísimo advertir que 21565=5x4313; pero no es tan fácil prever que 4313=19x**227**. Cabe optar por cualquiera de los caminos: E/R_3 o bien E/4313. Véase:

574537/21565=26 R_4=13847
574537/4313=133 R_5=908=4x**227**

Factorizar 908 es de párvulos… y el otro camino permite: E/R_4. Mas antes de proseguir, un breve inciso: también es posible R/R_1 o R_1/R_2, etc. Ejemplos: 43357/4313=10, **R=227;** o bien: 390213/21565=18, R=2043=9x**227.** La solución aflora, según se apreciará, por doquier… basta con esa muestra.

574537/13847=41 R_6=6810=2x3x5x**227**

De nuevo la solución surge al alcance de la mano, pero sería posible volver a dividir: E/R_6 e incluso: R_4/R_6

574537/6810=84, R_7=2497=11x**227;**   13847/6810=2, R_8=**227**

De no captarse aún que 227 no superó el tanteo (siempre permanece el verdadero divisor de E) continuamos:

574537/2497=230 R_9=**227**;   6810/2497=2, R_{10}= 1816=8x**227**

Y ahora ya no hay duda que el 227, que no ha pasado ninguno de los filtros, es la solución del críptico:

574537/227=2531   **A=2531**   **B=227**   **R=0**

Concluyamos. Consideramos que el método que se propugna es de eficacia notable, con seguro fundamento científico y por ende riguroso. Este mecanismo es eficaz precisamente cuando A es mucho mayor que B, por cuya razón los ejemplos expuestos responden con frecuencia a tal rasgo.

Cuando A es poco mayor que B, tenemos estudiado y demostrado otro procedimiento de gran facilidad y eficacia espectacular, que haría innecesaria la aplicación de este método basado en la teoría de divisores congruentes.

De darse el caso de que A y B quedasen fuera de su ámbito de resolución, nos revela el dato precioso de cuál es el valor máximo posible de B; punto a partir del cual entraría en acción este otro mecanismo, basado en la teoría de divisores congruentes, pero con reducción de candidatos.

Para que no quede en afirmación teórica lo dicho en el párrafo anterior, exponemos un par de ejemplos. Primero un número que ya es familiar. Sea: **E=8549**.

Operaremos así: extraeremos la raíz cuadrada, que en este caso es 92 (despreciando decimales) pero la redondearemos por exceso… y a esa variable la llamaremos K, así que **K=93**.

Elevaremos K al cuadrado, le restaremos E y al resultado (que deberá ser cuadrado perfecto) le extraeremos a su vez la raíz cuadrada… y designaremos esta otra variable con la letra Ñ. O sea:

93x93=8649   8649-8549=100=$Ñ^2$ $Ñ= \sqrt{100} = +-10$

Y ahora mediante la ecuación: K+-Ñ= A y B, obtendremos los valores de las variables reales:

K+-Ñ=93+-10=**103** y **83,**   **A=103**   **B=83,**   **103x83=8549**

Véase un segundo ejemplo, ya de modo esquemático:

E=6071869 $\sqrt{6071869}$ >2464   K=2465 2465^2=6076225
$Ñ^2$=6076225-6071869=4356   Ñ= $\sqrt{4356}$ =+-66   A=2465+66=2531
B=2465-66=2399   **2531x2399=6071869**

Este curioso y eficaz método es de rigor científico, que tenemos demostrado, aunque su ámbito de aplicación se revela muy modesto; no obstante, cuando K^2-E no resulta cuadrado perfecto, al menos permite reducir, a veces en cantidades notables, el valor máximo del que llamamos número eje. Lo que a su vez implica disminución de los compuestos tanteadores.

Antes de despedirnos lo haremos apuntando otra pequeña ayuda, que podría resultar muy útil. Se habrá visto que la modalidad de división que ofrecen las calculadoras… con gran cantidad de decimales, no son útiles en nuestra tarea; que desprecia los decimales para a continuación, mediante la operación: M-DxC=R, calcular el resto que es lo valioso.

Pues bien, sugerimos a los programadores o a quienes proceda, que doten las calculadoras y ordenadores de dos modos de división, la tradicional (con decimales) y otra nueva, que denominaremos de 'cociente entero', en la cual el resultado que salga en el visor mostrará dos cifras: parte entera del cociente… y resto, separadas por un signo que el usuario, sabedor de que puso la calculadora en modalidad: 'cociente entero' sabrá interpretar. He aquí un par de ejemplos de lo dicho:

    23/5=4#3   es decir: C=4,   **R=3**
    71/30=2#11   es decir: C=2,   **R=11**

Incluso cabe reducir la información a comunicar el resto… que es lo esencial. Esta propuesta, que con los casos que se parifican no es sino el chocolate del loro, cuando se manejan cifras elevadas, implica notable ahorro de:

trabajo + tiempo = MUCHO DINERO.

En resumidas cuentas, lo que se propone aquí es que los fabricantes y programadores de calculadoras, así como las producen dotadas de tablas de logaritmos y trigonométricas, las creen también con tablas de compuestos tanteadores; que tras exigirlos el operario, citando el postrero de los primos que implique (ejemplo: **29*** que llamamos 29 primal… que invoca al producto de los primos hasta 29… o bien: **29-61***, sería el producto de los primos desde 29 a 61) de modo que tras teclear el número E a desencriptar, responda la calculadora mostrando en el visor, el resto de dicha división. Así: **R** (#29-61*/E, o sea: resto de 29-61 primal, dividido por E; el visor sólo mostraría R, claro) ignorando el cociente, que no se requiere. Y bien sabemos, con el resto a mano… se hacen maravillas.

Lo dicho no pretende aleccionar a los programadores, sino sólo informarlos, de que si la teoría de divisores congruentes triunfa, lo cual no es poco suponer; los matemáticos tendrán necesidad de saber, exclusivamente, el resto de un cociente… en vez de numerosos decimales. Ya ellos sabrán el modo mejor de lograr los resultados apetecidos.

Conclusión final: lo que la aplicación práctica de la teoría de divisores congruentes demuestra, es que resolver la ecuación AxB=E y determinar primos, no requieren tantear los candidatos uno a uno hasta agotarlos, como se creía y se ha hecho desde tiempo inmemorial; sino que también se obtiene resultado exacto, probando todos los sospechosos de una sola vez, mediante la división del número estudiado, por compuestos constituidos por el producto de todos los candidatos posibles (debido al usual gran tamaño del tanteador, es común invertir dicho cociente). Tal novedad implica buen atajo a la meta.

Quizás sorprenda que surja la solución correcta tanteando en masa los candidatos; pero es axiomático que suceda, pues el tanteador y E tienen un único factor común: B… y el resto de la división realizada lo revela.

III .- OTRA APLICACIÓN DE LA TEORÍA

Otra cuestión, pues aún quedan sorpresas. Basados en criterios revelados por la teoría de divisores congruentes, se aprecia que el conjunto de números primos constituye a manera de inconmensurable FRACTAL, que está compuesto por infinitos PALÍNDROMOS… de dimensiones crecientes. Lo desplegaremos al menos en sus primeros tramos; el resto se reduce a repetir… hasta el infinito, los mecanismos que siguen. Se informa que sólo tras la lectura del tercer palíndromo, hay perspectiva para captar lo que se afirma.

PALÍNDROMO PRIMERO

Los límites del primer palíndromo son **1** y **2;** no obstante al **UNO** al margen de su papel de límite, preferimos denominarlo creador universal; por la función que en adelante veremos que ejerce. El 1 (creador universal) se suma consigo como límite y genera al primo 2 (1+1=**2**) que también realiza dos funciones: límite y primo. El centro de simetría se obtiene de dividir el límite mayor, por 2: 2/2=1; en este caso es más bien origen.

Para averiguar cuál será el primo siguiente, se suma al límite superior, el único número de que disponemos (creador universal): 2+1=**3**. De este fácil modo prediciremos la sucesión de primos, sin efectuar complejos cálculos. En rigor pertenece el 3 al palíndromo segundo; pero lo determinamos ya, a fin de tener calculado el dato que permite fijar el límite superior del siguiente palíndromo. Los aspectos oscuros se aclararán más adelante.

Por lo demás, la cantidad de individuos del palíndromo primero y su número de primos, cabe expresarla por medio de la fracción **1/1**; pues sólo consta de un número y un primo (2, el 3 queda más allá del límite superior). LLamamos al UNO creador universal, porque además de no ser primo ni obviamente tampoco compuesto, ejerce papel de creador de primos. En otro ensayo de este mismo libro, se dan razones que justifican su entidad ambigua de número que no es ni primo ni compuesto.

PALÍNDROMO SEGUNDO

Comencemos por determinar sus límites, cosa que se consigue multiplicando los primos primeros: 2x3=**6**, éste ya constituye el límite superior; el dos ha pasado a ser el inferior… y ahora se comprenderá por qué anticipamos la creación del 3 en el palíndromo primero, pues los límites se calculan multiplicando la serie de primos. Uno más cada nuevo límite.

Los números que han constituido la fijación del límite ya no intervienen en la determinación de otros primos. Por tanto sólo queda el creador universal para combinarlo con el límite superior, que complete el segundo palíndromo… y desvele el primo siguiente al límite. Así: 6-+1=**5** y **7.**

El centro de simetría de este palíndromo será: 6/2=3. El 3 ya está anotado como primo, pero en este caso se trata de un segundo papel: fijar el centro de simetría de cada sección del espacio de números primos; sin que tenga por qué ser primo, aunque en este caso lo sea.

Por lo que se refiere a la proporción de primos con respecto a individuos se calcula así: se restan ambos límites, superior e inferior: 6-2=4… y como primos nuevos no hay más que dos: 3 y 5 (el 7 está más allá del límite, aunque ahora no resulta necesario anticipar su creación) es evidente que la fracción 2/4=**1/2**, expresa el número de primos con respecto a individuos.

También se muestra posible seguir este otro proceso: 2+3=**5**, 6-5=**1**, 6-3=**3**, 6-1=**5**, 3-1=**2,** que se comprenderá mejor más adelante.

PALÍNDROMO TERCERO

Antes que nada determinemos el límite, lo que haremos así: 2x3x5=**30**. En consecuencia este palíndromo se extiende desde el 6 (límite anterior) hasta el 30. Ya fijadas sus dimensiones, calculemos el centro de simetría: 30/2=15; es número compuesto, pero nada empece, pues la sucesión de centros, no son más que puntos de referencia, a manera de centro teórico de cada palíndromo del espacio primal.

Seguidamente determinaremos, a partir de los primos que ya conocemos, los nuevos que conformarán la primera sección del palíndromo tercero. Para ello bastará sumar al límite inferior el creador universal… y restantes primos no usados en la constitución del límite. Así que: 6+1=**7**, 6+5=**11**, 6+7=**13**. Véase que el 7, recién descubierto, se usa de inmediato.

Sólo nos falta completar los restantes miembros de este tercer palíndromo, lo que se consigue por el método mecánico de restar al límite superior (30) el creador universal y cada uno de los primos conocidos entre ambos límites: 7, 11 y 13; con lo que surgirá su imagen especular.

Por lo tanto: 30-1=**29**, 30-7=**23**, 30-11=**19**, 30-13=**17**… y ya se ha llegado al centro de simetría (15) así que restando los primos recién determinados, confirmaremos que constituyen la imagen simétrica de los que antes habían colaborado: 30-17=**13**, 30-19=**11**, 30-23=**7** y 30-29=**1.**

Por lo que respecta a la proporción de individuos y primos, operaremos como es sabido: 30-6=24 individuos, en tanto que hay 7 primos nuevos. Así que la fracción es: **7/24,** levemente menor que 1/3.

PALÍNDROMO CUARTO

Comencemos por fijar su límite superior, añadiendo a la serie un primo más: 2x3x5x7=**210**. Ya 2, 3 y 5 no generarán nuevos primos; pero el 7 aún los originará con el límite 30, como antes el 5, con el límite 6, creó al 11.

Repárese en que el centro de simetría de este cuarto palíndromo, resulta ser: 210/2=105; cifra que viene de molde a fin de mantener la simetría, en territorio donde nos tropezamos con densa cantidad de primos: 4 casi consecutivos, (separados por el estratégico número 105, previamente calculado): 101, 103, **105**, 107 y 109.

Determinemos ahora los nuevos individuos que formarán parte de él y constituirán el sector real… que posteriormente se reflejará especularmente. Para ello sumaremos a 30 (que ahora ya es límite inferior) el 1 más los restantes primos entre 6 y 30.

Es decir: 30+1=**31**, 30+7=**37**, 30+11=**41**, 30+13=**43**, 30+17=**47**, 30+19=49, 30+23=**53**, 30+29=**59**. Ha surgido una excepción, 49 no es primo, sino cuadrado perfecto. Surgirán otras más adelante, pero no nos desanimaremos, porque los resultados merecen la pena.

Sigue con primos recién hallados así: 30+31=**61**, 30+37=**67**, 30+41=**71**, 30+43=**73**, 30+47=77, 30+49=**79**, 30+53=**83**, 30+59=**89**. Como se ve el 49 fue intruso necesario para un buen fin, pues ayuda a localizar al 79. Otra excepción: 77 es múltiplo de 11.

Hay otra opción, sumar no a 30 sino desde 60: 60+1=**61**, 60+7=**67**, 60+11=**71**, 60+13=**73**, 60+17=77, 60+19=**79**, 60+23=**83**, 60+29=**89**; pero opinamos que es peor, al impedir que cada primo genere otro… y que todo parta del límite: 30.

Y de nuevo deberemos reiterar el procedimiento, que puede realizarse sumando a 90 desde 7, sumar a 60 desde 37 (que las desechamos) o continuar sumando a 30, desde 61: 30+61=91 (excepción, múltiplo de 7) 30+67=**97**, 30+71=**101**, 30+73=**103** y aquí cortamos el proceso; pues hemos llegado al 105, que es el centro del cuarto palíndromo. Ya tenemos determinada la serie de primos que compondrán la imagen real, que colaborará para localizar al resto de primos del palíndromo.

Obsérvese que en este último fragmento, se ha optado por incluir al 61, que genera al 91 que es compuesto. Se decide así, de modo que no se quebrante la simetría; al menos hasta tener mayor conocimiento de causa.

Conformaremos ahora la imagen especular del palíndromo cuarto, operando como en el tercero. El 7, como ya forma parte del nuevo límite superior (210) se omitirá.

En cuanto al 1: 210-1=209, implica una nueva excepción, puesto que 209 es: 19x11; prosigamos hasta alcanzar el centro de simetría (105).

Los restantes: 210-11=**199**, 210-13=**197**, 210-17=**193**, 210-19=**191**, 210-23=187 (17x11) 210-29=**181**, 210-31=**179**, 210-37=**173**, 210-41=169 (13x13) 210-43=**167**, 210-47=**163**, 210-49=161, (23x7) 210-53=**157**, 210-59=**151**, 210-61=**149**, 210-67=143 (13x11) 210-71=**139**, 210-73=**137**, 210-79=**131**, 210-83=**127**, 210-89=121 (11x11) 210-97=**113**, 210-101=**109** 210-103=**107**… y ha concluido el proceso.

Es patente que las excepciones van aumentando poco a poco, pero también se debe reconocer que hasta el momento no ha quedado sin detectar ni un solo primo. No ha habido ninguna excepción en ese sentido; por lo que consideramos que resulta método más que eficaz de descubrir primos de manera mecánica e incluso de predecirlos… y además sin necesidad de cálculos complicados.

Como el número de individuos de este cuarto palíndromo es: 210-30=180 y teniendo en cuenta que el número de primos de este tramo ha sido 36, la fracción resultante es: 36/180=**1/5**.

A la vista de la densidad de primos que se obtiene por cada tramo palindrómico, se hace evidente que se trata de una fracción que tiende a 0, pues en el infinito resultará que N/Infinito=0 y como el infinito numérico es inalcanzable… cabe concluir con que siempre habrá primos, aunque su presencia se rarifique en extremo.

PALÍNDROMO QUINTO

Ya han quedado perfilados todos los mecanismos a los que recurrir, para proseguir con la elaboración de sucesivos tramos del conjunto de números primos, hasta el infinito.

Así que ahora nos limitaremos a indicar los pasos a dar esenciales, para la construcción del quinto palíndromo.

Ante todo se ha de determinar el límite del nuevo tramo, que se compondrá con el producto del subsiguiente primo de la serie: 2x3x5x7x11=**2310**. Excepto 11 con el límite 210, quedan eliminados de la creación de nuevos primos.

Obsérvese: 2310+-1=**2311** y **2309**, 2310-13=**2297**, 2310-17=**2293**, etc. todos ellos primos, es notorio que el proceso se mantiene vigente salvo esporádicas excepciones.

La primera mitad del palíndromo quinto surge así: 210 más 1 y primos desde 11. Por lo tanto: 210+1=**211**; 210+11=221 (13x17, se incluye ya que: 2310+221=**2531**, primo) 210+13=**223**, 210+17=**227**, 210+19=**229**; 210+23=**233**, 210+29=**239**, etc.

Irán surgiendo excepciones, pero el proceso continúa con el suficiente grado de eficacia, como para que no se considere desdeñable.

El centro de simetría, como se sabe, es muy fácil de calcular: 2310/2=1155. Cualquier persona que disponga de tabla de primos que alcance hasta esos aledaños, podrá comprobar que alrededor de ese número (que como se dijo no es primo… y añadimos ahora que salvo los iniciales, no pueden serlo por razones obvias) se distribuyen los primos de forma regular.

La simetría NO es perfecta por la omisión de excepciones: 2310-1153= 1157=89x13, 2310-1151= 1159=61x19, 2310-1163=1147= =37x31, etc.

1123, 1129, 1151, 1153, 1155   **1163, 1171, 1181, 1187**

Igualmente es muy fácil calcular el número de individuos del tramo: 2310-210=2100. Por lo que respecta a la razón entre primos e individuos viene expresada por la fracción 297 (número de primos de ese tramo) y 2100 (cantidad de individuos) que es equivalente a **99/700**; o sea, ligeramente menor que 1/7. Pero ya no calcularemos el resto de primos, que está al alcance de todo el que continúe el proceso que hemos iniciado.

Se ha dejado inconcluso este quinto palíndromo, pues una vez comprendido el mecanismo, será muy sencillo completarlo e incluso agigantarlo, a todo curioso que lo desee… no es más que cuestión de paciencia y horas de trabajo.

Del sexto palíndromo (muy alejado ya de nuestros módicos alcances) nos limitamos a indicar que su límite lo expresa el producto: 2x3x5x7x11x13=**30030,** el centro de simetría lo dará la fracción: 30030/2=15015 y 2905/27720=**83/792** será la razón entre primos y no primos. Algo mayor que 1/10.

Podemos, pues, concluir que el enigma de la cadencia de sucesión de primos… ha quedado desvelado y que por tanto, será posible predecir con razonable grado de seguridad, cuáles serán los primos que corresponderán a partir de un límite o palíndromo determinado.

Aunque se ha dicho en el párrafo anterior: *con razonable grado de seguridad*, pues como llanamente se reconoce, surgen ocasionales excepciones… que tienden a aumentar; lo más probable es que las excepciones se atengan a una ley, que una vez descubierta, nos permitirá predecirlas con palíndromos de antelación.

Vaya a modo de muestra de lo afirmado, el hecho de que las excepciones siempre se inician con un cuadrado perfecto, al que siguen otros casos con valores de A crecientes: 7x7, 11x7, etc. 11x11, 13x11, etc. por consiguiente, cabe predecir que 289 y 361 (17 y 19 al cuadrado, respectivamente) figurarán entre las excepciones… y así es: 210+79=**289,** 210+151=**361** y con ellos estos otros: 19x17=323 y 23x17=391; augurio que de nuevo se cumple: 210+113=**323** y 210+181=**391.**

A la vista de semejantes indicios, parece ya claro que las excepciones son perfectamente previsibles… y puesto que sabemos las cifras y los lugares que ocupan; ni siquiera exigirán arduas búsquedas ni eliminarlas (tienen una función: descubrir otros números que son verdaderos primos, como se indicó en el caso de 30+49=**79**) por lo que convendrá limitarse a subrayar su calidad de excepciones ÚTILES.

Más difícil es todavía esta otra cuestión: el 49 en su momento deberá crear un límite (fin palíndromo 16º) pero lo cierto es que 49 no es primo, por tanto no debe intervenir en la generación de límites. No obstante, es decisión que no se debe tomar a la ligera y sin profundo conocimiento de causa; pues usarlo, o no, podría desencadenar graves desajustes.

Estas complicaciones y otros pormenores, son los que motivan que no hayamos avanzado más allá por esta interesante senda; que dejamos en puro bosquejo. Por otra parte, opinamos que semejante estudio (que lo desarrollaremos tan pronto sea posible) exige un trabajo independiente de éste; cuyo objetivo esencial es exponer la teoría de divisores congruentes… así como metas que se alcanzan con su aplicación práctica.

Prosigamos. Los que hemos llamado centros de simetría que sean compuestos (no 1 y 3) por tanto: 15, 105, 1155, etc. no conforman el espacio primal; sino que su función es dividir cada tramo, en dos mitades complementarias; lo que ayuda en la localización y confirmación de primos.

Obsérvese que los centros de simetría no constituyen el centro geométrico entre los límites de cada palíndromo; sino entre el último límite establecido y el 1, con quien siempre se tendrá que contar.

En resolución, como se habrá observado, la clave de la misteriosa ley que regula la sucesión de los números primos, consiste en relacionar los que se han denominado compuestos tanteadores: 6, 30, 210, 2310, 30030, etc. con los propios primos mediante sumas y restas; lo que a su vez explica que la solución de la ecuación: AxB=E y la determinación de números primos, sea posible recurriendo a la división por compuestos resultantes de la multiplicación de primos. Bien sabido es que multiplicaciones y divisiones, no son más que sumas y restas simplificadas.

A modo de posdata, concluyamos el ensayo aseverando que un trabajo posterior a éste, confirma que las excepciones son perfectamente previsibles con todo detalle hasta el infinito. Así mismo se evidencia que las excepciones no deben conformar los límites en ningún caso; por lo tanto, dejarán de originar problemas en la predicción de primos de cada palíndromo… y en fin, puesto que son previsibles todas las excepciones, existe siempre la total certeza de que no se omitirá ningún primo.

La Hija de Dios, 18 de septiembre de 2016
Javier de Mosteyrín Hernández

GÉNESIS DE PRIMOS

Y

GOLDBACH

I .- GÉNESIS DE PRIMOS

Desde la noche de los tiempos, las matemáticas tienen pendiente de resolver un gran problema, a saber: idear un mecanismo certero que permita crear todos los primos, sin errores, omisiones, ni exigencia de arduas comprobaciones; después de haber avanzado a tientas por la infinita cadena de los números naturales a la búsqueda de candidatos.

Se desarrollaron varios métodos tendentes a generarlos (primos de Fermat, primos de Mersenne, etc.) sin embargo, la cantidad de omisiones y excepciones era notable; peor aún... los resultados eran imprevisibles hasta culminar el proceso de comprobación, mediante el procedimiento de las divisiones sucesivas, por entonces único. Pues bien, en este ensayo nos proponemos desarrollar un método de generar primos, que goza de dos virtudes notables, que describimos:

- Las excepciones (compuestos) resultan perfectamente previsibles, pues sabemos de antemano los lugares que han de ocupar en el conjunto de los números (son múltiplos de los primos) por lo que dispondremos de un seguro mecanismo que no admite posibilidad de error, para soslayarlas todas sin margen de duda, tras el descubrimiento de cada primo.

- Consecuencia de lo afirmado en el punto anterior, es que NO escapará ningún primo hasta el infinito, sin quedar identificado; más importante aun: NO EXIGIRÁ COMPROBACIÓN.

Comenzaremos el trabajo por una definición del dominio público: **se entiende por primo todo número natural que sólo es divisible por sí mismo y por la unidad.**

Aplicando con absoluto rigor esa definición, llegamos a la conclusión de que el número UNO no es primo perfecto, pues en él se superponen los dos papeles: ser el UNO, a la vez, él mismo y la unidad. Esa particularidad ha originado que por unanimidad los matemáticos consideren que el UNO no es primo propiamente. Por lo que respecta al dos, se afirma que es primo; lo reconocemos, pero haremos una matización.

La razón por la que dedicaremos unas líneas a matizar la primidad del 2, es, porque aunque cumple las premisas de la definición, al no existir par menor que él, no resulta tan exacto afirmar que no sea divisible por ningún otro; sino que más bien sucede que carecemos de candidatos para intentar la empresa… en todo ha de existir un principio, es ése el privilegio que lo promueve a primo. Tal rasgo erige al 2 en el primo más peculiar de todos, ya que es el único primo par; circunstancia que origina que al sumarse con cualquier otro primo, no genere siempre compuestos (lo natural si se suman otros dos primos entre sí) sino también primos, según detalles accesorios. Esta sutil propiedad, es esencial para el objetivo que se persigue.

Así que tras este pequeño debate, lo reafirmamos en el conjunto de primos, pero resaltaremos su categoría propia: PRIMO PAR, que cuenta con un único representante… y eso le otorga propiedades (de que carecen sus demás tocayos) que explotaremos para crear el resto de primos… a la vez que bloquearemos la intrusión de compuestos; lo que garantizará la pureza del proceso de síntesis… y hará innecesaria la latosa labor de comprobación.

Por el contrario, el 3, ya es número indiscutiblemente primo, ya que además de cumplir las dos premisas dichas de no ser divisible nada más que por sí mismo y por la unidad; se adapta también a la exigencia oculta de no ser divisible por otro número, pues en este caso sí existe aspirante a emprender la tarea: el dos.

Antes de avanzar matizamos que de un tiempo a esta parte, se adopta por definición de número primo ésta: **todo número que tiene sólo dos divisores.** Vemos de nuevo que el UNO también se queda excluido de los números primos, por la razón ya dicha de que en él se superponen los papeles de ser él la unidad. Por ende, a criterio de este modesto autor, la nueva definición no aporta progreso o cambio digno de mayor consideración.

Concluida dicha salvedad y admitidos los razonamientos anteriores, tenemos los fundamentos previos necesarios para abordar el anhelado afán de crear primos sin error ni omisión.

Para ello nos valdremos de la siguiente ecuación, cuyos rasgos explicaremos luego de que la hayamos expuesto:

$$2ñ-3=P \qquad\qquad ñ = ó > 3$$

Ecuación que admite en ñ todos los naturales desde 3 (2ñ brinda, pues, todos los pares desde 6 hasta infinito) en tanto que 3, es ese número que tras razonarlo, afirmamos [29] que se trata del primer primo sin matices, que ya pertenece a la gran familia de los primos impares. También es posible ñ=2 y resulta P=1, ese extraño sujeto, ni primo ni compuesto del que nos desentenderemos hasta mucho más adelante.

En fin, mediante P simbolizamos los sucesivos primos que surgirán, manejando dicha ecuación por mecanismos que más adelante se describirán.

Podríamos haber formulado la ecuación de este otro modo, igualmente válido: **2ñ+3=P…** y en tal caso, ñ, admite todos los números naturales más el cero. Si hemos preferido la primera opción, tras algunos titubeos, se debe a razones prácticas que de momento nos reservamos.

Cualquier persona medianamente previsora, ya se habrá percatado de que si en la ecuación 2ñ-3=P, damos a ñ valor 6, resultará P=9, que a todas luces es compuesto; así es en efecto. Ahora bien, ésa… y todas las excepciones que sean múltiplos de 3 o de todo primo que surja mediante el manejo de tan fácil ecuación, se prevén y se evitan con facilidad, según vamos a evidenciar, no permitiendo que ñ tome los valores que originarían compuestos, que se han de iniciar siempre con los cuadrados perfectos de cada primo que descubramos. Es decir: múltiplos impares de 3 desde su cuadrado en adelante: 3x3, 5x3, 7x3, 9x3, 11x3, 13x3, 15x3, 17x3, etc. hasta el infinito… múltiplos de sucesivos primos que se descubran, siempre desde su cuadrado, en adelante, etc.

No tenemos que eliminar los compuestos pares de 3, debido a que la ecuación P=2ñ-3 sólo puede originar impares, sea cual sea el valor de ñ. Dicho de otro modo, los compuestos de 2 la ecuación ideada los elimina automáticamente.

Por lo que respecta a compuestos impares anteriores al cuadrado; en este caso concreto sólo el 3… o sea, el propio primo… y luego evidenciaremos que los compuestos impares que

---

29 Ese valor de ñ surge de: 2ñ-3=3, ñ=(3+3)/2=3; o sea, con la ecuación que resulta de igualar 2ñ-3, con el primo 3, que lo hemos descubierto por razonamiento.

existan entre el propio primo y su cuadrado, siempre quedan eliminados todos, por ser múltiplos de primos anteriores.

Para calcular qué valores de ñ crearían esos compuestos, deberemos sustituir en la ecuación P=2ñ-3, la P, por el primer compuesto a evitar (cuadrado de cada primo hallado):

2ñ-3=3^2=9 　　　　　ñ=(9+3)/2=6 　　　　luego ñ= 6

Ya sabemos cuál es el primer valor de ñ a evitar… y para determinar todos los sucesivos, expresaremos 6 en función de 3 con una variable. Así:

ñ=3k+3 　　　　　k toma todos los naturales

Ahora se observará que dando a k los sucesivos naturales, obtendremos para ñ todos los múltiplos de 3 a partir de 6, que son los valores que quedan vedados a ñ hasta infinito. O sea:

6, 9, 12, 15, 18, 21, 24, 27, 30, etc.

Como dijimos que el primer valor que ha de tomar ñ es 3 y ahora hemos demostrado que el primer compuesto de 3, surgiría con ñ=6, tenemos la certeza absoluta de que ñ=4 y ñ=5, en la ecuación P=2ñ-3, nos revelarán primos.

P=2ñ-3= 2x4-3= **5** 　　　P=2ñ-3= 2x5-3= **7**

Aunque fuésemos completamente ignorantes en materia de números primos, no habrá ninguna duda de que 5 y 7 son primos; pues por ser impares no pueden ser múltiplos de 2, ni tampoco lo pueden ser de 3, porque el valor ñ=6 no lo hemos dado ni hemos pasado de él. Razón por la cual en la lista anterior de valores defesos a ñ lo anotamos en negrita, subrayando que es el límite que no debemos rebasar a la hora de dar valores a ñ.

Seguidamente procederemos a evitar todos los múltiplos de 5 y 7, repitiendo el mismo mecanismo con el que evitamos antes los múltiplos del primo 3. Esto es:

2ñ-3=5^2=25 　ñ=(25+3)/2=14 　ñ=14 　**ñ=5k+9,** k naturales desde 1

2ñ-3=7^2=49 　ñ=(49+3)/2=26 　ñ=26 　**ñ=7k+19,** k naturales desde 1

ñ=5k+9 　crea estos valores: 14, 19, 24, 29, 34, 39, etc.

ñ=7k+19 　genera estos otros: 26, 33, 40, 47, 54, 61, etc.

Ahora nuevamente estamos facultados para reescribir la serie de valores que quedarán vedados a ñ, que constará de los que antes calculamos por originar múltiplos de 3, más los que ahora hemos determinado, correspondientes a compuestos de los primos recién descubiertos: 5 y 7.

6, 9, 12, 14, 15, 18, 19, 21, 24, **26**, 27, 29, 30, 33, 34, etc.

Está 26 marcado en negrita, significando que es límite a no usar ni rebasar, por contra 14 se puede rebasar (no usar) pese a ser el valor que conduce al compuesto 25, debido a que ya hemos descubierto el primo siguiente a 5 (o sea, el 7). Se podría haber actuado sin rebasar el primer compuesto de 5, en negrita ñ=14 y posteriormente (identificado el primo 7) en una segunda operación, la mostrada: negrita ñ=26. Mas por la senda empleada se abrevia camino; sin incurrir en riesgos de que se queden sin identificar compuestos que nos liberen el acceso a todos los primos sin error u omisión. Esa seguridad se tendrá mientras actuemos de forma metódica, sin dejar huecos.

Obsérvese que los impares anteriores a dichos cuadrados, es decir: 15, en el caso del 5, y 21 y 35 en el caso del 7, quedaron ya eliminados; 15 y 21 (ñ=9 y ñ=12) por ser múltiplos de 3… y 35 (ñ=19) por serlo de 5. Ahora en la ecuación P=2ñ-3, podremos dar a ñ los valores NO anotados en la lista anterior, desde 6 hasta 26 (excluidos ambos) con la certeza absoluta de que surgirán primos… y sólo primos.

P=2x7-3=**11**, P=2x8-3=**13**, P=2x10-3=**17**, P=2x11-3=**19**, P=2x13-3=**23**, P=2x16-3=**29**, P=2x17-3=**31**, P=2x20-3=**37**, p=2x22-3=**41**, P=2x23-3=**43**, P=2x25-3=**47**.

Cabe preguntarse por qué tenemos la certeza absoluta de que los números que acabamos de desvelar son primos: por la sencilla razón de que no son múltiplos de 2, por no ser pares y tampoco pueden serlo de 3, 5 y 7 porque los hemos eliminado todos sin excepción. Es evidente, que tampoco cabe que sean múltiplos de primos posteriores al primo 7, porque son los que acabamos de descubrir cuyos compuestos se inician forzosamente por sus propios cuadrados: 11^2=121, 13^2=169, etc. debido a que los anteriores: 11x3, 11x5, 11x7, 11x9, o 13x3, 13x5, 13x7, etc. ya quedaron eliminados al ser múltiplos de 3, 5, 7, etc.

Ahora procederíamos a eliminar todos los múltiplos que generen los primos recién descubiertos hasta el 47 incluido, cuyos primeros compuestos se iniciarían por sus respectivos cuadrados. Damos sólo el caso del 47, que marcaría el nuevo límite a no rebasar, más la fórmula de sus múltiplos.

$2ñ-3=47^2=2209$ $ñ=(2209+3)/2$ $ñ=1106$ **$ñ=47k+1059$**

Así se evidencia que la ecuación P=2ñ-3 y sus auxiliares, revelan los primos cada vez con más abundancia y antelación… y que por tanto el proceso podría llevarse hasta el infinito; si en lugar de ser vulgares humanos, débiles y con la muerte a la vuelta de cualquier esquina, fuésemos omnipotentes y eternos.

En resolución, captamos mediante la intuición, que goza de velocidad superlumínica y nos faculta para llegar hasta el infinito, que utilizando el método que acabamos de describir, podríamos descubrir sin errores, omisiones, dudas ni necesidad de comprobaciones, la totalidad de números primos; ya que no existen obstáculos científicos en general, ni matemáticos en particular, que nos impidieren culminar la hazaña. Salvo la ya citada debilidad y fugacidad de la vida humana, así como las limitaciones técnicas de nuestros aparatos.

Parificaremos lo que se acaba de aseverar, desvelando todos los primos hasta ñ=303, sin errores ni omisiones (como podrá comprobar todo curioso) obtenidos con la ecuación P=2ñ-3 una vez identificados todos los valores de ñ que se resuelven en compuestos; mediante las ecuaciones auxiliares que surgen a partir de los primos anteriormente descubiertos (hasta el 23) elaboradas por el método ya descrito de igualar 2ñ-3, con los cuadrados de los primos determinados por nuestros medios.

Nunca será ñ múltiplo de 3, ni tampoco ninguno de los valores que resulten de hacer k igual o mayor que 1, en las ecuaciones que siguen: 5k+9=ñ, 7k+19=ñ, 11k+51=ñ, 13k+73=ñ, 17k+129=ñ, 19k+163=ñ, 23k+243=ñ. Por ende, he aquí todos los valores excluidos hasta ñ=303, tras hacer esas sustituciones:

6, 9, 12, 14, 15, 18, 19, 21, 24, 26, 27, 29, 30, 33, 34, 36, 39, 40, 42, 44, 45, 47, 48, 49, 51, 54, 57, 59, 60, 61, 62, 63, 64, 66, 68, 69, 72, 73, 74, 75, 78, 79, 81, 82, 84, 86, 87, 89, 90, 93, 94, 95, 96, 99, 102, 103, 104, 105, 106, 108, 109, 110, 111, 112, 114, 117, 119, 120, 123, 124, 125, 126, 128, 129, 131, 132, 134, 135, 138, 139, 141, 144, 145, 146, 147, 149, 150, 151, 152, 153, 154, 156, 159, 161, 162, 163, 164, 165, 166, 168, 169, 171, 172, 173, 174, 177, 179, 180, 182, 183, 184, 186, 187, 189, 190, 192, 194, 195, 197, 198, 199, 201, 203, 204, 205, 207, 208, 209, 210, 213, 214, 215, 216, 219, 220, 222, 224, 225, 227, 228, 229, 231, 234, 236, 237, 238, 239, 240, 242, 243, 244, 246, 248, 249, 250, 252, 254, 255, 257, 258, 259, 260, 261, 264, 265, 266, 267, 268,

269, 270, 271, 273, 274, 276, 277, 278, 279, 281, 282, 284, 285, 288, 289, 291, 292, 293, 294, 296, 297, 299, 300, 303.

El barrido ha sido monumental, pero ahora operaremos en la ecuación P=2ñ-3, con la certeza de que obtendremos todos los primos… y sólo primos; dando a **ñ los valores que no están en esa lista, desde ñ=3.**

ñ=3:   P=2ñ-3=**3**, ñ=4: P=2ñ-3=**5**, ñ=5: P=2ñ-3=**7**, ñ=7: P=2ñ-3=**11**
ñ=8:   P=2ñ-3=**13**,   ñ=10: P=2ñ-3=**17**,   ñ=11: P=2ñ-3=**19**,
ñ=13: P=2ñ-3=**23**,   ñ=16: P=2ñ-3=**29**,   ñ=17: P=2ñ-3=**31**,
ñ=20: P=2ñ-3=**37**,   ñ=22: P=2ñ-3=**41**,   ñ=23: P=2ñ-3=**43**,
ñ=25: P=2ñ-3=**47**,   ñ=28: P=2ñ-3=**53**,   ñ=31: P=2ñ-3=**59**,
ñ=32: P=2ñ-3=**61**,   ñ=35: P=2ñ-3=**67**,   ñ=37: P=2ñ-3=**71**,
ñ=38: P=2ñ-3=**73**,   ñ=41: P=2ñ-3=**79**,   ñ=43: P=2ñ-3=**83**,
ñ=46: P=2ñ-3=**89**,   ñ=50: P=2ñ-3=**97**,   ñ=52: P=2ñ-3=**101**,
ñ=53: P=2ñ-3=**103**, ñ=55: P=2ñ-3=**107**, ñ=56: P=2ñ-3=**109**,
ñ=58: P=2ñ-3=**113**, ñ=65: P=2ñ-3=**127**, ñ=67: P=2ñ-3=**131**,
ñ=70: P=2ñ-3=**137**, ñ=71: P=2ñ-3=**139**, ñ=76: P=2ñ-3=**149**,
ñ=77: P=2ñ-3=**151**, ñ=80: P=2ñ-3=**157**, ñ=83: P=2ñ-3=**163**,
ñ=85: P=2ñ-3=**167**, ñ=88: P=2ñ-3=**173**, ñ=91: P=2ñ-3=**179**,
ñ=92: P=2ñ-3=**181**, ñ=97: P=2ñ-3=**191**, ñ=98: P=2ñ-3=**193**,
ñ=100: P=2ñ-3=**197**, ñ=101 P=2ñ-3=**199**, ñ=107: P=2ñ-3=**211**,
ñ=113: P=2ñ-3=**223**, ñ=115: P=2ñ-3=**227**, ñ=116: P=2ñ-3=**229**,
ñ=118: P=2ñ-3=**233**, ñ=121: P=2ñ-3=**239**, ñ=122: P=2ñ-3=**241**,
ñ=127: P=2ñ-3=**251**, ñ=130: P=2ñ-3=**257**, ñ=133: P=2ñ-3=**263**,
ñ=136: P=2ñ-3=**269**, ñ=137: P=2ñ-3=**271**, ñ=140: P=2ñ-3=**277**,
ñ=142: P=2ñ-3=**281**, ñ=143: P=2ñ-3=**283**, ñ=148: P=2ñ-3=**293**,
ñ=155: P=2ñ-3=**307**, ñ=157: P=2ñ-3=**311**, ñ=158: P=2ñ-3=**313**,
ñ=160: P=2ñ-3=**317**, ñ=167: P=2ñ-3=**331**, ñ=170: P=2ñ-3=**337**,
ñ=175: P=2ñ-3=**347**, ñ=176: P=2ñ-3=**349**, ñ=178: P=2ñ-3=**353**,
ñ=181: P=2ñ-3=**359**, ñ=185: P=2ñ-3=**367**, ñ=188: P=2ñ-3=**373**,
ñ=191: P=2ñ-3=**379**, ñ=193: P=2ñ-3=**383**, ñ=196: P=2ñ-3=**389**,
ñ=200: P=2ñ-3=**397**, ñ=202: P=2ñ-3=**401**, ñ=206: P=2ñ-3=**409**,
ñ=211: P=2ñ-3=**419**, ñ=212: P=2ñ-3=**421**, ñ=217: P=2ñ-3=**431**,
ñ=218: P=2ñ-3=**433**, ñ=221: P=2ñ-3=**439**, ñ=223: P=2ñ-3=**443**,
ñ=226: P=2ñ-3=**449**, ñ=230: P=2ñ-3=**457**, ñ=232: P=2ñ-3=**461**,
ñ=233: P=2ñ-3=**463**, ñ=235: P=2ñ-3=**467**, ñ=241: P=2ñ-3=**479**,
ñ=245: P=2ñ-3=**487**, ñ=247: P=2ñ-3=**491**, ñ=251: P=2ñ-3=**499**,
ñ=253: P=2ñ-3=**503**, ñ=256: P=2ñ-3=**509**, ñ=262: P=2ñ-3=**521**,
ñ=263: P=2ñ-3=**523**, ñ=272: P=2ñ-3=**541**, ñ=275: P=2ñ-3=**547**,
ñ=280: P=2ñ-3=**557**, ñ=283: P=2ñ-3=**563**, ñ=286: P=2ñ-3=**569**,
ñ=287: P=2ñ-3=**571**, ñ=290: P=2ñ-3=**577**, ñ=295: P=2ñ-3=**587**,
ñ=298: P=2ñ-3=**593**, ñ=301: P=2ñ-3=**599**, ñ=302: P=2ñ-3=**601**.

Es evidente que se ha logrado el objetivo propuesto de localizar, sin errores ni omisiones, todos los primos hasta ñ=303… y que así sería hasta el infinito; ya que nunca se omitirá ningún par de los existentes (resultado de 2ñ) ni tampoco habremos dejado de prever los posibles valores de ñ (obtenidos desde k) que se resolvieren en compuestos.

Como bien se percibe mediante la intuición, no se ha tropezado con más obstáculo para culminar la empresa hasta el infinito, que los ya dichos de la fugacidad de la vida humana y la limitación de los ordenadores a los que se les impusiere la tarea de alcanzar la infinita meta, dotados con programas adecuados al caso.

Ahora avanzaremos un paso… y expondremos otras nuevas ecuaciones, que también resuelven de modo satisfactorio el mismo problema. A fin de orientarnos sin titubeos en lo que a continuación se desarrolle; se informa que denominaremos ecuación principal o general, a las que sean tipo: $P=2ñ-x$ (donde x será cualquier primo) en tanto que a las diversas que surjan que dependan de la variable k, tipo: $ñ=5k+9$, las vamos a llamar ecuaciones auxiliares.

Hechas tales aclaraciones, veamos esos otros nuevos algoritmos o como preferimos llamarlos: *primogeneradores;* que resolverán el problema de calcular todos los primos sin errores ni omisiones:

$P=2ñ-5$; $P=2ñ-7$; $P=2ñ-11$; $P=2ñ-13$; $P=2ñ-17$; … $P=2ñ-97$; $P=2ñ-101$; $P=2ñ-103$; … $P=2ñ-127$; … $P=2ñ-197$, etc.

Se ha de entender que en las dos líneas precedentes, mediante puntos suspensivos y el etc. final, se simbolizan las infinitas ecuaciones principales que surgirían a partir de darle al término independiente, los infinitos primos que se obtuvieren de la ecuación $P=2ñ-3$ (o sea, por nuestros medios… no copiados de tablas o hurtados de autores que los descubran por otros métodos) de sernos humanamente viable desarrollarla hasta el infinito.

Como no son posibles otros primos, se hace palpable que las excepciones de los valores que ñ admita en cada caso, habrán de ser aquéllas que eviten resultados de P que sean compuestos; que ya sabemos que son: múltiplos impares de 3 desde su cuadrado hasta infinito, múltiplos impares de 5 desde su cuadrado hasta infinito, múltiplos impares de 7 desde su cuadrado hasta infinito, etc. con lo cual, si se evita que ñ tome esos valores, surgirán todos los primos hasta el infinito sin errores ni omisiones, en todos los casos.

Claro está que cada ecuación general, requerirá nuevas y distintas auxiliares, que son las que proporcionan los valores de ñ a evitar, que se detallan acto seguido:

a) Ecuación principal: **P=2ñ-5**   ñ = ó > 4 [30]

ñ=(9+5)/2	ñ=7	o sea: **ñ=3k+4**
ñ=(25+5)/2	ñ=15	o sea: **ñ=5k+10**
ñ=(49+5)/2	ñ=27	o sea: **ñ=7k+20**
ñ=(121+5)/2	ñ=63	o sea: **ñ=11k+52**
ñ=(169+5)/2	ñ=87	o sea: **ñ=13k+74**

Hemos calculado las auxiliares iniciales, incluso la de 5, aunque era evidente que en este caso ñ no debe ser nunca múltiplo de 5. Dando todos los valores naturales a k en las auxiliares finales destacadas en negritas, podremos elaborar la lista de todos los de ñ a evitar (hasta ñ=100) que son:

7, 10, 13, 15, 16, 19, 20, 22, 25, 27, 28, 30, 31, 34, 35, 37, 40, 41, 43, 45, 46, 48, 49, 50, 52, 55, 58, 60, 61, 62, 63, 64, 65, 67, 69, 70, 73, 74, 75, 76, 79, 80, 82, 83, 85, 87, 88, 90, 91, 94, 95, 96, 97, 100.

La primera excepción posible no eliminada sería la del cuadrado de 17x17=289; pero al ser ya su valor mínimo mucho mayor que 100, no surgirá. Dando ahora a ñ en su ecuación general valores desde ñ=4 NO anotados en la lista anterior; obtendremos todos los primos, sin error ni omisión:

ñ=4: P=2ñ-5=**3**;	ñ=5: P=2ñ-5=**5**;	ñ=6: P=2ñ-5=**7**;
ñ=8: P=2ñ-5=**11**;	ñ=9: P=2ñ-5=**13**;	ñ=11: P=2ñ-5=**17**;
ñ=12: P=2ñ-5=**19**;	ñ=14: P=2ñ-5=**23**;	ñ=17: P=2ñ-5=**29**;
ñ=18: P=2ñ-5=**31**;	ñ=21: P=2ñ-5=**37**;	ñ=23: P=2ñ-5=**41**;
ñ=24: P=2ñ-5=**43**;	ñ=26: P=2ñ-5=**47**;	ñ=29: P=2ñ-5=**53**;
ñ=32: P=2ñ-5=**59**;	ñ=33: P=2ñ-5=**61**;	ñ=36: P=2ñ-5=**67**;
ñ=38: P=2ñ-5=**71**;	ñ=39: P=2ñ-5=**73**;	ñ=42: P=2ñ-5=**79**;
ñ=44: P=2ñ-5=**83**;	ñ=47: P=2ñ-5=**89**;	ñ=51: P=2ñ-5=**97**;
ñ=53: P=2ñ-5=**101**;	ñ=54: P=2ñ-5=**103**;	ñ=56: P=2ñ-5=**107**;
ñ=57: P=2ñ-5=**109**;	ñ=59: P=2ñ-5=**113**;	ñ=66: P=2ñ-5=**127**;
ñ=68: P=2ñ-5=**131**;	ñ=71: P=2ñ-5=**137**;	ñ=72: P=2ñ-5=**139**;
ñ=77: P=2ñ-5=**149**;	ñ=78: P=2ñ-5=**151**;	ñ=81: P=2ñ-5=**157**;
ñ=84: P=2ñ-5=**163**;	ñ=86: P=2ñ-5=**167**;	ñ=89: P=2ñ-5=**173**;
ñ=92: P=2ñ-5=**179**;	ñ=93: P=2ñ-5=**181**;	ñ=98: P=2ñ-5=**191**;
ñ=99: P=2ñ-5=**193**.		

---

30 El primer valor surge de 2ñ-5=3, ñ=(3+5)/2=4; o sea, de igualar a 3 (primer primo impar, descubierto por razonamiento) la nueva ecuación principal. Así será siempre.

Podríamos haber prolongado la serie aún más; pero nos ha parecido que ya se ilustra de modo fehaciente, la afirmación de que surgen todos los primos sin omisiones ni errores… ni necesidad de comprobaciones.

Hagamos otro tanto con la siguiente de las ecuaciones generales nuevas:

b) Ecuación principal: **P=2ñ-7**   ñ = ó > 5

ñ=(9+7)/2	ñ=8	o sea: **ñ=3k+5**
ñ=(25+7)/2	ñ=16	o sea: **ñ=5k+11**
ñ=(49+7)/2	ñ=28	o sea: **ñ=7k+21**
ñ=(121+7)/2	ñ=64	o sea: **ñ=11k+53**
ñ=(169+7)/2	ñ=88	o sea: **ñ=13k+75**

Hemos calculado las auxiliares iniciales, incluso la de siete. Al igual que antes, dando valores naturales a k en las auxiliares finales destacadas en negritas, obtendremos la lista de todos los de ñ a evitar, que hasta ñ=101, son los siguientes:

8, 11, 14, 16, 17, 20, 21, 23, 26, 28, 29, 31, 32, 35, 36, 38, 41, 42, 44, 46, 47, 49, 50, 51, 53, 56, 59, 61, 62, 63, 64, 65, 66, 68, 70, 71, 74, 75, 76, 77, 80, 81, 83, 84, 86, 88, 89, 91, 92, 95, 96, 97, 98, 101.

La primera excepción posible no eliminada sería la del cuadrado de 17x17=289; pero siendo su valor mínimo mucho mayor que 100, no surgirá. Dando ahora a ñ en su ecuación general, valores desde ñ=5 que NO figuren en la lista dada; aflorarán todos los primos, sin errores ni omisiones:

ñ=5: P=2ñ-7=**3**;	ñ=6: P=2ñ-7=**5**;	ñ=7: P=2ñ-7=**7**;
ñ=9: P=2ñ-7=**11**;	ñ=10: P=2ñ-7=**13**;	ñ=12: P=2ñ-7=**17**;
ñ=13: P=2ñ-7=**19**;	ñ=15: P=2ñ-7=**23**;	ñ=18: P=2ñ-7=**29**;
ñ=19: P=2ñ-7=**31**;	ñ=22: P=2ñ-7=**37**;	ñ=24: P=2ñ-7=**41**;
ñ=25: P=2ñ-7=**43**;	ñ=27: P=2ñ-7=**47**;	ñ=30: P=2ñ-7=**53**;
ñ=33: P=2ñ-7=**59**;	ñ=34: P=2ñ-7=**61**;	ñ=37: P=2ñ-7=**67**;
ñ=39: P=2ñ-7=**71**;	ñ=40: P=2ñ-7=**73**;	ñ=43: P=2ñ-7=**79**;
ñ=45: P=2ñ-7=**83**;	ñ=48: P=2ñ-7=**89**;	ñ=52: P=2ñ-7=**97**;
ñ=54: P=2ñ-7=**101**;	ñ=55: P=2ñ-7=**103**;	ñ=57: P=2ñ-7=**107**;
ñ=58: P=2ñ-7=**109**;	ñ=60: P=2ñ-7=**113**;	ñ=67: P=2ñ-7=**127**;
ñ=69: P=2ñ-7=**131**;	ñ=72: P=2ñ-7=**137**;	ñ=73: P=2ñ-7=**139**;
ñ=78: P=2ñ-7=**149**;	ñ=79: P=2ñ-7=**151**;	ñ=82: P=2ñ-7=**157**;
ñ=85: P=2ñ-7=**163**;	ñ=87: P=2ñ-7=**167**;	ñ=90: P=2ñ-7=**173**;
ñ=93: P=2ñ-7=**179**;	ñ=94: P=2ñ-7=**181**;	ñ=99: P=2ñ-7=**191**;
ñ=100: P=2ñ-7=**193**.		

Opinamos que ya ha sido suficiente muestra de primos perfectos (puesto que coinciden con los obtenidos mediante la ecuación P=2ñ-3) obtenidos por idéntico procedimiento, aunque con lista de excepciones readaptada a las nuevas exigencias.

Veamos una última versión de la ecuación general, pues bien sabemos que no podremos agotar las posibilidades, por ser infinitas.

c) Ecuación principal: **P=2ñ-97**   **ñ = ó > 50**

ñ=(9+97)/2	ñ=53	o sea: **ñ=3k+50**
ñ=(25+97)/2	ñ=61	o sea: **ñ=5k+56**
ñ=(49+97)/2	ñ=73	o sea: **ñ=7k+66**
ñ=(121+97)/2	ñ=109	o sea: **ñ=11k+98**
ñ=(169+97)/2	ñ=133	o sea: **ñ=13k+120**

Calculadas las ecuaciones auxiliares, sólo resta dar valores a k, para determinar cuáles serán los que debemos evitar para ñ en la general, porque originarían compuestos. La serie se inicia en 50. Son los siguientes:

53, 56, 59, 61, 62, 65, 66, 68, 71, 73, 74, 76, 77, 80, 81, 83, 86, 87, 89, 91, 92, 94, 95, 96, 98, 101, 104, 106, 107, 108, 109, 110, 111, 113, 115, 116, 119, 120, 121, 122, 125, 126, 128, 129, 131, 133, 134, 136, 137, 140, 141, 142, 143, 146, 149, 150.

Dando ahora a ñ en su ecuación principal los valores NO incluidos en la lista anterior, a partir de ñ=50, de nuevo irán surgiendo todos los primos y sólo primos.

ñ=50: P=2ñ-97=**3**;	ñ=51: P=2ñ-97=**5**;	ñ=52: P=2ñ-97=**7**;
ñ=54: P=2ñ-97=**11**;	ñ=55: P=2ñ-97=**13**;	ñ=57: P=2ñ-97=**17**;
ñ=58: P=2ñ-97=**19**;	ñ=60: P=2ñ-97=**23**;	ñ=63: P=2ñ-97=**29**;
ñ=64: P=2ñ-97=**31**;	ñ=67: P=2ñ-97=**37**;	ñ=69: P=2ñ-97=**41**;
ñ=70: P=2ñ-97=**43**;	ñ=72: P=2ñ-97=**47**;	ñ=75: P=2ñ-97=**53**;
ñ=78: P=2ñ-97=**59**;	ñ=79: P=2ñ-97=**61**;	ñ=82: P=2ñ-97=**67**;
ñ=84: P=2ñ-97=**71**;	ñ=85: P=2ñ-97=**73**;	ñ=88: P=2ñ-97=**79**;
ñ=90: P=2ñ-97=**83**;	ñ=93: P=2ñ-97=**89**;	ñ=97: P=2ñ-97=**97**;
ñ=99: P=2ñ-97=**101**;	ñ=100: P=2ñ-97=**103**;	ñ=102: P=2ñ-97=**107**;
ñ=103: P=2ñ-97=**109**;	ñ=105: P=2ñ-97=**113**;	ñ=112: P=2ñ-97=**127**;
ñ=114: P=2ñ-97=**131**;	ñ=117: P=2ñ-97=**137**;	ñ=118: P=2ñ-97=**139**;
ñ=123: P=2ñ-97=**149**;	ñ=124: P=2ñ-97=**151**;	ñ=127: P=2ñ-97=**157**;
ñ=130: P=2ñ-97=**163**;	ñ=132: P=2ñ-97=**167**;	ñ=135: P=2ñ-97=**173**;
ñ=138: P=2ñ-97=**179**;	ñ=139: P=2ñ-97=**181**;	ñ=144: P=2ñ-97=**191**;
ñ=145: P=2ñ-97=**193**;	ñ=147: P=2ñ-97=**197**;	ñ=148: P=2ñ-97=**199**.

Tras eso creemos que la tesis que sosteníamos, de que es factible sintetizar todos los primos que existen, sin errores ni omisiones, mediante infinitas ecuaciones… queda demostrada. Adviértase, por lo demás, que con cada una de las ecuaciones principales se utilizaban valores de ñ que quedaban desechados en otras versiones.

De hecho, primero nos iniciamos con ñ=3, luego con ñ=4, ñ=5, etc. y como los primos son infinitos y cada nuevo formato de la ecuación principal, trastoca desde el inicio, todo el sistema de valores de ñ a evitar; el corolario que se deduce, es que **todos los pares, desde el cuatro, son la suma de dos primos** (bastará con invertir P=2ñ-x, o sea: P+x=2ñ). Es obvio que 4=2+2, también suma de dos primos, aunque se ha omitido.

Esta es la razón que nos reservamos al principio, para crear la ecuación general en formato P=2ñ-3 y no con el modelo P=2ñ+3, que como se dijo también es válida; pero que no cumple con este objetivo que hasta ahora hemos mantenido en secreto.

Esa conclusión que hemos destacado en negrita, es lo que los matemáticos insignes denominan conjetura de Goldbach, que en la definición que tenemos a mano dice lo siguiente: TODO PAR MAYOR QUE DOS, PUEDE EXPRESARSE COMO SUMA DE DOS PRIMOS. Pues bien, ya queda dicha hipótesis demostrada; a la vez que mostramos que eso de sintetizar primos no era algo imposible, sino al contrario, fácil.

Hay además una prueba contundente de que la afirmación de Goldbach resulta exacta. Nos basamos para ello en la ecuación general de partida, que sintetiza los primos todos, es decir: P=2ñ-x. Se trata de algo tan sencillo, que se revela evidente que evitadas las excepciones, por procedimiento que no admite duda y escogido un valor ñ cualquiera, por grande que sea (no incluido entre las excepciones) tras aplicarlo en la ecuación; nos habrá de desvelar un número primo, pues no resulta posible otra cosa.

Si se tratase de una ecuación algo más compleja, con radicales o al menos con divisiones, cabría imaginar que se obtuviese un número irracional (o infinito) por resultado; que sería la manera matemática de responder que al primo previsto, no es posible acceder mediante la resta de otro primo o al menos de ese primo (sea 3 o cualquier otro). Sin embargo, no cabe duda de que cualquier par que imaginemos, tras restarle x [en todos los planteos donde dicho par NO quede vedado, pueden ser varios o uno solo] originará un número natural que será forzosamente primo; pues los valores de ñ que conducirían a compuestos, se han evitado todos sin ningún género de dudas… y entre los números primos y compuestos no existe término medio (salvo el UNO, ya admitido y que como se dijo, surge con valor de ñ ahora evitado; pues su presencia no resulta necesaria) pertenecen a una familia o bien a la otra… no existe ninguna otra opción.

Veamos, no obstante, confirmada nuestra aseveración de que no es posible que exista un par que quede soslayado en todas las infinitas posibilidades de la ecuación P=2ñ-x, con un argumento sólido:

Se recordará que al tomar tal ecuación formato P=2ñ-3, había que evitar los ñ múltiplos de 3 (no el 3) o sea: 6, 9, 12, etc. pues surgirían no primos, sino compuestos de 3, desde 9. Así mismo cuando es tipo P=2ñ-5, se han de omitir múltiplos de 5 por que no surjan compuestos de 5, desde 25. A su vez con estructura: P=2ñ-7, se soslayaron múltiplos de 7 para suprimir compuestos de 7, desde 49 (lo que se expresaba junto con las ecuaciones auxiliares). Así sucederá, por ende, con todos los primos que existan.

Lo expuesto en el párrafo anterior equivale a afirmar que un par 2ñ, que surja de dar a ñ un número múltiplo de todos los primos existentes, no satisfará la conjetura de Goldbach; pues resultaría vedado en todos los formatos de la ecuación P=2ñ-x por resolverse siempre en compuestos, NO en primos; tal par, pues, no sería suma de dos primos.

Ahora bien, semejante valor de ñ no es número que esté a nuestro alcance, pues siendo la serie de primos infinita, ese par 2ñ sería: 2x3x5x7x11… x61… x97… etc. proceso que jamás concluirá, ya que siempre, hasta el fin de los tiempos, habrá no más… sino infinitos primos que añadir a tal producto.

La conclusión que se deriva de las razones expuestas, es que el par 2ñ que no cumpliría la conjetura de Goldbach, no es número real o posible en el universo, sino infinito; luego la conjetura de Goldbach es correcta.

Aún queda que añadir otra cosa más, antes de dar fin a este capítulo y enzarzarnos con otras cuestiones, con que se reforzará lo que opinamos que es una limpia demostración de la conjetura de Goldbach. Así mismo es posible obtener todos los primos, restando a los pares, números compuestos impares.

Las ecuaciones iniciales son: P=2ñ-9, P=2ñ-15, P=2ñ-21, P=2ñ-25, etc. Lo vamos a desarrollar sólo con la primera de ellas… y de modo muy conciso por no abrumar.

Ecuación principal: P=2ñ-9   **ñ = ó > 6**

ñ=(9+9)/2	ñ=9	o sea: **ñ=3k+6**
ñ=(25+9)/2	ñ=17	o sea: **ñ=5k+12**
ñ=(49+9)/2	ñ=29	o sea: **ñ=7k+22**

Calculadas las ecuaciones auxiliares, sólo resta dar valores a k para determinar cuáles serán los que deberemos evitar para ñ en la general, pues conducirían a compuestos. La serie se inicia en 6, como se indica arriba:

9, 12, 15, 17, 18, 21, 22, 24, 27, 29, 30, 32, 33, 36, 37, 39, 42, 43, 45, 47, 48, 50, 51, 52, 54.

Dando ahora a ñ en su ecuación general, los valores no anotados en la lista anterior, a partir de ñ=6, surgirán de nuevo todos los primos y sólo primos.

ñ=6: P=2ñ-9=**3**;	ñ=7: P=2ñ-9=**5**;	ñ=8: P=2ñ-9=**7**;
ñ=10: P=2ñ-9=**11**;	ñ=11: P=2ñ-9=**13**;	ñ=13: P=2ñ-9=**17**;
ñ=14: P=2ñ-9=**19**;	ñ=16: P=2ñ-9=**23**;	ñ=19: P=2ñ-9=**29**;
ñ=20: P=2ñ-9=**31**;	ñ=23: P=2ñ-9=**37**;	ñ=25: P=2ñ-9=**41**;
ñ=26: P=2ñ-9=**43**;	ñ=28: P=2ñ-9=**47**;	ñ=31: P=2ñ-9=**53**;
ñ=34: P=2ñ-9=**59**;	ñ=35: P=2ñ-9=**61**;	ñ=38: P=2ñ-9=**67**;
ñ=40: P=2ñ-9=**71**;	ñ=41: P=2ñ-9=**73**;	ñ=44: P=2ñ-9=**79**;
ñ=46: P=2ñ-9=**83**;	ñ=49: P=2ñ-9=**89**;	ñ=53: P=2ñ-9=**97**.

Es obvio que no ha surgido la menor dificultad para obtener los primos hasta el 100. Lo importante es elaborar bien la lista de valores de ñ a evitar, que ya sabemos que dependen de las ecuaciones auxiliares.

Fácil es deducir que se puede hacer lo mismo con el resto de compuestos hasta el infinito; de lo cual se infiere que todos los pares desde doce (mínimo resultado de 2ñ) hasta infinito son la suma de un primo y un impar no primo. Hemos hecho esta digresión, debido a que de modo indirecto confirma que la conjetura de Goldbach tiene que ser correcta.

Dicho eso, nos permitimos subrayar que el manejo de la ecuación P=2ñ-x (siendo x cualquier primo) se adapta a la más amplia flexibilidad.

Las dos únicas condiciones son: que x sea primo... y que en cada caso se eviten valores de ñ que originen compuestos.

A su vez, para salir de dudas acerca de la certeza de que el manejo de dicha ecuación, no sólo facilita todos los primos hasta infinito, sino que al mismo tiempo certifica que la conjetura de Goldbach es correcta; se requiere acudir a otros planteos, que exijan pares que previamente creaban compuestos. Por ejemplo:

La ecuación P=2ñ-3 crea el compuesto 9 si ñ=6 ó bien el compuesto 15 si ñ=9; pues bien, ya hemos visto cómo en los formatos P=2ñ-5 y P=2ñ-7 ambos valores (ñ=6 y ñ=9) han dejado de estar defesos e incluso son imprescindibles para crear la lista de primos completa.

Es evidente que nada impide partir del formato P=2ñ-x para ñ=ó>9, donde x indistintamente podrá ser 5, 7, 11, 13. Claro que si x=5 (y ñ=9) el primer primo obtenido será 13... ó bien si x=7, el primer primo que surja será 11, etc. lo que nada empece, pues los primos menores a ésos ya se obtuvieron mediante la ecuación P=2ñ-3, correctamente y sin la menor duda.

En resolución, la fórmula general P=2ñ-x, no veta ni exige de antemano ningún valor de ñ (o sea, ningún par) es sólo posteriormente, luego de darle a x un primo concreto cualquiera (tan grande o pequeño como se desee... y calculado previamente con: P=2ñ-3) cuando tras elaborar las ecuaciones auxiliares que procedan, surgirán los valores imprescindibles de ñ (porque originan primos) o superfluos y por tanto vedados a ñ, pues crean compuestos.

Esa es la razón por la que en el formato P=2ñ-97, el valor de partida: ñ=50, es correcto también con P=2ñ-3 (se crea el primo 97) pero sin embargo, es valor defeso con los formatos P=2ñ-5 y P=2ñ-7, pues surgirían números compuestos, en concreto: 95 y 93.

Claro está que podemos partir desde ñ=50, con el formato P=2ñ-11 y el primer primo será el 89 (los previos se saben) o bien P=2ñ-89 partiendo de ñ=46 (el primer primo obtenido será el 3) o aun ñ=50; en este caso el primer primo que surja será el 11... los anteriores harto sabemos cómo crearlos por medio de otras ecuaciones vistas.

En suma, cuanto mayor sea el par desde el que se inicie la búsqueda de primos, tanto más variado será el planteo que admita P=2ñ-x, cuyas exigencias básicas (a fin de confirmar además la conjetura de Goldbach) son:

- El par 2ñ debe ser mayor que x.

- El valor de x tendrá que ser siempre primo.

- La operación 2ñ-x, habrá de resolverse en un primo cualquiera; a partir de cuyo momento iremos elaborando las ecuaciones auxiliares y calcularemos los valores de ñ que quedarán defesos, porque originarían compuestos.

En fin, NO insistiremos más acerca de la transparente flexibilidad de la ecuación P=2ñ-x, pues creemos firmemente que ya ha quedado más que ratificada.

En resumidas cuentas, cabe concluir este apartado con la afirmación de que existen infinitas maneras de fabricar todos los primos hasta infinito, o bien, que disponemos de infinitos primogeneradores… todos de fácil manejo; que según sea x primo o compuesto implican una afirmación distinta.

La primera (x=primo) es que todos los pares mayores que 2, son suma de dos primos; llamada por matemáticos ilustres: Conjetura de Goldbach.

La segunda (x=compuesto) afirma su contraria: TODOS LOS PARES, DESDE 12 EN ADELANTE, SON SUMA DE UN PRIMO Y UN COMPUESTO IMPAR; esto último, que sepamos, nadie antes lo había aventurado, por tanto carece de nombre, así que lo denominaremos, no conjetura, pues ya está demostrado, sino: TEOREMA ANTIGOLDBACH.

Pero aún no está dicha la última palabra, pues como se recordará, empezamos por afirmar que el planteo también era posible con signo más en las ecuaciones… y que usábamos el negativo por razones que entonces nos reservamos. Desvelado ya el secreto, veamos adónde nos hubiese llevado de haber anotado las ecuaciones generales con signo positivo P=2ñ+3, P=2ñ+5, P=2ñ+7, P=2ñ+11, P=2ñ+13, etc. y así, como es fácil suponer, hasta infinito…

Naturalmente cada una de esas ecuaciones generales con este nuevo formato, tienen sus específicas auxiliares (que las omitiremos, por ser fáciles de calcular asignando a P los cuadrados de los primos: 9, 25, 49, etc. como se hizo con anterioridad) y luego elaboraríamos la lista de valores de ñ que estarían vedados en cada caso… y podríamos calcular sin dificultad todos los primos sin error u omisión; hasta donde tuviésemos paciencia… o sea, el infinito.

Así que con P=2ñ+3, tomaríamos desde ñ=0, eludiendo estos valores: 3, 6, 9, 11, 12, 15, 16, 18, 21, 23, etc.

Con P=2ñ+5, daríamos desde ñ=0, con excepción de estos otros: 2, 5, 8, 10, 11, 14, 15, 17, 20, 22, 23, etc.

Con P=2ñ+7, los valores prohibidos a ñ serían: 1, 4, 7, 9, 10, 13, 14, 16, 19, 21, 22, 24, 25, 28, etc.

Y en fin, con P=2ñ+29, se comienza también con ñ=0 y evitaríamos éstos: 2, 3, 5, 8, 10, 11, 13, 14, 17, 18, 20, 23, 24, 26, 28, 29, etc. Véase que a medida que crece el término independiente el primer primo es siempre mayor; pero cabe, ampliar los valores que recibe ñ, del conjunto de los números naturales más 0, al de los enteros, con el fin de salvar la dificultad. En este caso concreto: P=2ñ+29, sería el primer valor ñ=-13, que proporciona el primo 3… y claro está que quedarían vedados: -10, -7, -4, -2 y -1; el cero sería válido y se resolvería en el propio 29… y se enlaza al fin con los restantes valores anotados.

Es palpable que la lista de números defesos es siempre distinta y como los primos son infinitos, al final no nos quedaría ninguno sin usar; es decir, ningún ñ que hubiese estado prohibido en todos los casos. Por otra parte, como la diferencia mínima entre dos primos consecutivos impares, es DOS; resulta esta conclusión: TODOS LOS NÚMEROS PARES DESDE DOS EN ADELANTE, SIN EXCEPCIÓN, RESULTAN DE LA DIFERENCIA DE DOS PRIMOS: 2ñ=P-x.

Hemos llegado una vez más, a otra forma de enunciado de la hipótesis de Goldbach, también sin nombre concreto, que sepamos… y como así mismo ha quedado demostrada, la llamaremos TEOREMA CONTRAGOLDBACH.

Réstanos, por último, subrayar el papel esencial que juega ese curioso primo que es el 2, sin el cual nada sería posible; pues es imprescindible en todas las formas de la ecuación P=2ñ+-x, en tanto que la x puede sustituirse por cualquiera de sus vulgares colombroños.

II .- UNA OBJECIÓN

A la afirmación hecha en el capítulo anterior de que haber entrevisto que existen infinitos primogeneradores, es equivalente a afirmar que queda resuelta la conjetura de Goldbach, cabe hacer esta objeción:

Los primos tienden a escasear a medida que las cifras aumentan… pues bien, caso de que se produjese un vacío de cientos, acaso miles, de números sin primos (serían valores de ñ que aplicados a la ecuación arrojarían compuestos) qué garantía tendríamos de que esos pares: 2ñ que han originado compuestos, también se obtendrían mediante suma de primos.

Con un ejemplo; supongamos que desde 19 hasta 101, no existiesen primos… ese vano ya no se podría completar, pero uno de mayor magnitud, que no permita comprobación… ¿bastarían los 3 argumentos dados al fin del apartado anterior? A saber: 1) que la ecuación siempre se resuelve en primos y no cabe que dé otra cosa, 2) el hecho demostrado de que es posible deducir los primos por infinitos procedimientos… ó 3) **el más concluyente de que es imposible crear un compuesto múltiplo de todos los primos; pues aun multiplicando los factores a la velocidad de la luz… y aunque existieren de forma sucesiva trillones de universos hasta el fin de los tiempos, siempre restarían por añadirle al producto infinitos factores primos.**

Aparte de que nos atrevemos a afirmar sin titubeos que tales respuestas siguen siendo válidas; caben otros varios argumentos que expondremos en los próximos párrafos. Para ello, primero estableceremos ciertas bases que consideramos imprescindibles.

Los primos gozan tres curiosas propiedades... y parece que al menos una de ellas, no se ha ponderado cabalmente:

- Cuando se suman consigo, originan compuestos de sí mismos (llamados múltiplos) los cuales se prolongan hasta el infinito con cadencia regular.

Ejemplo: el 3 cada vez que se asocia consigo un número impar de veces, genera múltiplos: 9, 15, 21, etc. que son los que evitamos mediante las excepciones que proporciona una de las ecuaciones auxiliares. Los múltiplos pares (parx3=par) se eluden no restando más que primos impares al factor 2ñ.

- Si un primo se asocia con otro impar que no sea su igual, genera compuestos pares. Se eluden no restando así mismo pares al factor 2ñ. Este caso se prolongaría también hasta el infinito, si se hace un número par de veces. Sumar impares número impar de veces equivale a sumar par e impar; se verá más adelante.

Ejemplos: 5+3=8, 11+5=16, 7+15=22, 3+7+9+13=32, etc.

- Cuando se suman primos con pares que no tengan a tal primo entre sus factores, se generan de nuevo primos. Así mismo este efecto (que a falta de término en uso llamaremos reverberación) se prolonga, **salvo esporádicas excepciones**, hasta el infinito, pues sabemos a ciencia cierta que los primos no se agotan jamás.

Así como los compuestos se sitúan en puntos regulares de la cadena numérica; también los primos, mediante este efecto que hemos llamado reverberación, se sitúan en series de nichos que se hallan repartidos de modo cadencial en el conjunto de los números naturales. En dicha reverberación que ejercen los números primos, basamos nuestra afirmación de que será imposible que existan intervalos exageradamente grandes de carencia de primos, claro que en relación con el tamaño de tales primos. Se justificará en los próximos párrafos de modo exhaustivo.

Escojamos un primo modesto, como el 5, de aparente escasa vitalidad... y véase lo que sucede cuando se combina con pares que como el 6 (y sus múltiplos) no lo contengan entre sus factores: 6+5=11, 12+-5=17 y 7, 18+-5=23 y 13, 24+-5=29 y 19 donde se quiebra la progresión porque 30=5x3x2, lo contiene ya entre sus factores… para reaparecer en seguida: 36+-5=41 y 31, 42+-5=47 y 37, 48+-5=53 y 43, etc.

Fijemos nuestra atención en el 3 (menor de los primos impares) y como no cabe sumarlo con el 6, por contenerlo ya entre sus factores, operemos así: 10+-3=13 y 7, 14+-3=17 y 11, 22-3=19 (la excepción 22+3=25 se produce porque el 22, es múltiplo de 5, más dos; mientras 3 es múltiplo de 5, menos dos, así que surge un múltiplo de 5) mas el proceso no se quiebra, salvo esas recurrentes excepciones: 26+-3=29 y 23, 34+-3=37 y 31, 40+-3=43 y 37, 50+-3=53 y 47, etc.

Pero las cosas se pueden ver también de este otro modo 6+7=13, 12+-7=19 y 5, 18-7=11 (la excepción 18+7=25 se debe a que se combinan múltiplo de 5, más 3, con múltiplo de 5, más 2) 24+-7=31 y 17, 30+-7=37 y 23, 36+-7=43 y 29, etc.

Partamos ahora de pares mayores que permitan más margen de maniobra: 30+-1=31 y 29, 30+-7=37 y 23, 30+-11=41 y 19, 30+-13=43 y 17, 30+-17=47 y 13; 60+-1=61 y 59, 60+-7=67 y 53, 60+11=71 (60-11=49 se debe a que se resta múltiplo de 7, más 4, con múltiplo de 7, más 4) 60+-13=73 y 47; 90-1=89 (90+1=91 es otra excepción, por la razón de que se suma múltiplo de 7, más 6, con múltiplo de 7, menos 6) 90+-7=97 y 83, 90+-11=101 y 79, 90+13=103 (90-13=77 pues se restan múltiplo de 11, más 2 con múltiplo de 11, más 2) 90+-17=107 y 73, 90+-19=109 y 71; 120+-7=127 y 113, 120+-11=131 y 109; etc. En todos los casos, la progresión continúa mucho más allá, en sentido creciente… y hasta 1 si se decrece.

- Es posible ampliar más este caso, generalizando los sumandos primos a impares en general; con que se cumpla la condición previsible de que sus factores no estén incluidos en el par al que complementan. Lo veremos muy someramente, pues no implica novedades importantes:

Valgan los ejemplos: 2+9=11, 4+9=13, 4+15=19, 8+15=23, 20+-9=29 y 11, 28+-15=43 y 13, 12+49=61; etc. Pero es claro que si el sumando par ya contiene a uno de los factores del impar, originará compuestos: 6+9=15, 10+15=25, 14+35=49 y 114+-57=171 y 57, etc. sin embargo: 38+-15=53 y 23, etc.

También surgen excepciones por causas similares a las vistas en el caso anterior; valga de ejemplo: 38+-25=**63** y 13. Ahora cabe explicar la excepción 63 entendiendo que 38 es múltiplo de 3, más 2; así que al sumar el 25 (múltiplo de 3, más 1) se resuelve en múltiplo de 3. Así mismo es posible interpretarlo si se entiende que 38 es múltiplo de 7, más 3, en tanto que 25 es múltiplo de 7, menos 3; por lo que se resuelve en múltiplo de 7. Basta lo ya visto para cerciorarnos de que el fabricar primos es cosa fácil; siempre y cuando intervenga ese curioso primo único en su especie que es el 2… o bien cualquiera de sus múltiplos, que portan el mismo marchamo de ser pares.

No insistiremos más en esta rigurosa distribución de los primos a lo largo de la cadena numérica, que sin duda sigue su curso hasta los confines de la numeración… y esa inevitable circunstancia, es la que nos impele a nuestra afirmación de que es imposible que existan repentinamente, pasajes de miles y miles de números con carencia total de primos; puesto que es contrario a dicha reverberación.

En resumidas cuentas, aunque desde tiempo inmemorial se afirma que los primos se distribuyen de modo anárquico e imprevisible, creemos que ha quedado razonablemente probado que se trataba de una apreciación superficial; porque muy al contrario, los primos tienen reservados escondrijos en el conjunto de los números naturales (a los que se llega mediante diversos razonamientos) distribuidos de manera tan ordenada y sistemática, que usando palabras de Leibnitz, se diría que se corresponden más bien… con una cierta 'armonía preestablecida'.

Existen otras muchas pruebas que avalan la rigurosa y sorprendente distribución de los primos a lo largo de la cadena de los números; pero son largas de exponer y además ya las tenemos desarrolladas en otro ensayo de matemáticas cuyo título es: *No hagamos más el primo.*

Y aún otra cosita más, también es posible deducir los primos restando a los pares el UNO, ese número que es y no es primo. La ecuación a usar es, claro está: $P=2ñ-1$ y los valores primeros a evitar (desde ñ=2) son: 5, 8, 11, 13, 14, 17, 18, etc. que como en todos los casos, se infieren a partir de sus ecuaciones auxiliares que se omiten. Si se ha postergado esta opción para el final, se debe a que no se considera que el UNO sea solución de la conjetura de Goldbach. Sin embargo, no se ha hecho esta digresión sólo para ahora pasar de largo; sino que nuestro objetivo era demostrar que existen razones para considerarlo primo, pero también para negarlo. Veámoslo con algún detalle.

Ya hemos demostrado que en la ecuación $P=2ñ-1$, el UNO se comporta como verdadero primo impar… y que genera primos o compuestos, como otro primo impar más, cuando se combina con pares. Esto se debe a que el UNO es elemento activo (es decir,

NO neutro) de la suma o de la resta, por lo que la operación 2ñ+-1 altera el valor del par 2ñ, cualquiera que sea… y genera primos o compuestos. Pero en la operación A/1 (sea A primo o compuesto) el UNO manifiesta su otra faceta: elemento neutro de la multiplicación y de la división; así que nada cabe que revele acerca de las características de A, pues lo deja tal cual, sin alterar.

Por lo tanto ya ha quedado demostrado matemáticamente que el UNO es y no es, primo, ambas cosas a la vez… y además, ya sabemos la razón científica: cuando funciona de sumando nos muestra su faceta de elemento activo de la suma y la resta; por el contrario, cuando opera como divisor, nos desvela su otra faz, la de ser elemento neutro de multiplicaciones y de divisiones. Como en la sencilla ecuación P=2ñ+-1 actúa de sumando o sustraendo, pasa inadvertida la debilidad congénita del UNO de ser inepto… para desvelar las características de otros números (compuestos o primos) mediante divisiones… y sólo manifiesta su estalación de primo cabal: la de que en las sumas o las restas con pares, genera primos; faceta que se ha desarrollado ampliamente en este apartado.

En suma, esa absoluta mayoría de matemáticos que niegan la primidad del UNO tienen razón; pero de modo consciente o inconsciente han visto en él solamente, su faz de elemento neutro de la multiplicación y la división que lo inhabilita para distinguir primos de compuestos, por división. Por el contrario, los pocos matemáticos que lo admitieren en la grey de los primos (si alguno hay, cosa que ignoramos) de modo consciente o inconsciente repararon en su característica de elemento activo de la suma y de la resta, que lo faculta a fin de crear otros primos, cuando se combina con pares; al igual que cualquier otro primo.

Por nuestra parte, hemos ido más allá y calificamos al UNO de CREADOR UNIVERSAL… en uno de nuestros trabajos, pues debido a su categoría de número bifronte ya comentada… y a diferencia del resto de primos; procrea primos hasta los confines de la numeración, rasgo del que carecen el resto de sus congéneres.

Veámoslo. Sean los primos 3 y 5 (podríamos extender la lista hasta el infinito, pero basta con esos ejemplos). Si un par los contiene entre sus factores, inexorablemente al sumarlos o restarlos se generarán compuestos. Por tanto los pares tipo: 2.3.5.X=Ñ (sea cual sea ese primo X) tras las operaciones Ñ+-3, ó Ñ+-5, no pueden originar nada más que compuestos. Por el contrario, las operaciones Ñ+-1 crearán indistintamente primos o compuestos; debido, precisamente, a que Ñ es y no es, múltiplo de UNO. Así que sucede: 30+-1=31 y 29, ambos primos. Sin embargo, 210+-1=211 y 209… y mientras que 211 resulta primo; 209 no lo es, ya que se origina la circunstancia de que el 210 es múltiplo de 11, más uno; por lo que tras restarle UNO, deviene en múltiplo de 11, es decir, compuesto.

Este rasgo dual del UNO se mantiene hasta el infinito… y esta es la razón que nos indujo a que le otorgásemos dicha categoría tan peculiar, que únicamente él goza: SEMIPRIMO (por razones ya aducidas) Y CREADOR UNIVERSAL… DE PRIMOS.

III .- OTRO MÉTODO

En este apartado vamos a intentar otro procedimiento para demostrar la conjetura de Goldbach, consistente en crear tablas en las que emparejaremos todos los candidatos impares, primos o no, cuya suma sea un par determinado… y sacaremos conclusiones vistos los resultados. Se anota a vuelapluma el caso extraño (pues recurre al primo par) de 4=3+1 y 4=**2+2**.

	PAR 6	**PAR 8**	**PAR 10**	**PAR 12**	**PAR 14**
MENORES:	1 **3**	1 **3**	1 **3** **5**	1 3 **5**	1 **3** 5 **7**
MAYORES:	5 **3**	7 5	9 **7** **5**	11 9 **7**	13 **11** 9 **7**
Opciones:	1	1	2	2	3
Soluciones:	1	1	2	1	2
Porcentaje:	100	100	100	50,00	66,66

	PAR 16	**PAR 18**	**PAR: 20**
MENORES:	1 **3** **5** 7	1 3 **5** **7** 9	1 **3** 5 **7** 9
MAYORES:	15 **13** **11** 9	17 15 **13** **11** 9	19 **17** 15 **13** 11
Opciones:	3	4	4
Soluciones:	2	2	2
Porcentaje:	66,66	50,00	50,00

	PAR 22	**PAR 24**
MENORES:	1 **3** **5** 7 9 **11**	1 3 **5** 7 9 **11**
MAYORES:	21 **19** **17** 15 13 **11**	23 21 **19** **17** 15 **13**

Opciones:	5	5
Soluciones:	3	3
Porcentaje:	60,00	60,00

	PAR 26	**PAR 28**

MENORES:	1 **3** 5 **7** 9 11 **13**	1 3 **5** 7 9 **11** 13
MAYORES:	25 **23** 21 **19** 17 15 **13**	27 25 **23** 21 19 **17** 15

Opciones:	6	6
Soluciones:	3	2
Porcentaje:	50,00	33,33

PAR 30

MENORES:	1 3 5 **7** 9 **11** **13** 15
MAYORES:	29 27 25 **23** 21 **19** **17** 15

Opciones: 7   Soluciones: 3   Porcentaje: 42,85

PAR 38

MENORES:	1 3 5 **7** 9 11 13 15 17 **19**
MAYORES:	37 35 33 **31** 29 27 25 23 21 **19**

Opciones: 9   Soluciones: 2   Porcentaje: 22,22

PAR 40

MENORES:	1 **3** 5 7 9 **11** 13 15 **17** 19
MAYORES:	39 **37** 35 33 31 **29** 27 25 **23** 21

Opciones: 9   Soluciones: 3   Porcentaje: 33,33

PAR 42

MENORES:	1 3 **5** 7 9 **11** **13** 15 17 **19** 21
MAYORES:	41 39 **37** 35 33 **31** **29** 27 25 **23** 21

Opciones: 10   Soluciones: 4   Porcentaje: 40,00

PAR 50

MENORES:	1 **3** 5 **7** 9 11 **13** 15 17 **19** 21 23 25
MAYORES:	49 **47** 45 **43** 41 39 **37** 35 33 **31** 29 27 25

Opciones: 12   Soluciones: 4   Porcentaje: 33,33

PAR 52

```
MENORES:   1    3    5    7    9   11   13   15   17   19   21   23   25
MAYORES:  51   49   47   45   43   41   39   37   35   33   31   29   27
```

Opciones: 12   Soluciones: 3   Porcentaje: 25,00

PAR 54

```
MNS:   1    3    5    7    9   11   13   15   17   19   21   23   25   27
MYS:  53   51   49   47   45   43   41   39   37   35   33   31   29   27
```

Opciones: 13   Soluciones: 5   Porcentaje: 38,46

PAR 56

```
MNS:   1    3    5    7    9   11   13   15   17   19   21   23   25   27
MYS:  55   53   51   49   47   45   43   41   39   37   35   33   31   29
```

Opciones: 13   Soluciones: 3   Porcentaje: 23,07

PAR 58

```
MNS:  1  3   5   7   9  11  13  15  17  19  21  23  25  27  29
MYS: 57 55  53  51  49  47  45  43  41  39  37  35  33  31  29
```

Opciones: 14   Soluciones: 4   Porcentaje: 28,57

PAR 100

```
MNS:       1    3    5    7    9   11   13   15   17   19   21   23   25
MYS:      99   97   95   93   91   89   87   85   83   81   79   77   75
```

```
MNS:      27   29   31   33   35   37   39   41   43   45   47   49
MYS:      73   71   69   67   65   63   61   59   57   55   53   51
```

Opciones: 24   Soluciones: 6   Porcentaje: 25,00

PAR 102

```
MNS:       1    3    5    7    9   11   13   15   17   19   21   23   25
MYS:     101   99   97   95   93   91   89   87   85   83   81   79   77
```

```
MNS:    27  29  31  33  35  37  39  41  43  45  47  49  51
MYS:    75  73  71  69  67  65  63  61  59  57  55  53  51
```

Opciones: 25   Soluciones: 8   Porcentaje: 32,00

PAR 104

```
MNS:      1   3   5   7   9  11  13  15  17  19  21  23  25
MYS:    103 101  99  97  95  93  91  89  87  85  83  81  79
```

```
MNS:     27  29  31  33  35  37  39  41  43  45  47  49  51
MYS:     77  75  73  71  69  67  65  63  61  59  57  55  53
```

Opciones: 25   Soluciones: 5   Porcentaje: 20,00

PAR 106

```
MNS:   1   3   5   7   9  11  13  15  17  19  21  23  25  27
MYS: 105 103 101  99  97  95  93  91  89  87  85  83  81  79
```

```
MNS:    29  31  33  35  37  39  41  43  45  47  49  51  53
MYS:    77  75  73  71  69  67  65  63  61  59  57  55  53
```

Opciones: 26   Soluciones: 6   Porcentaje: 23,07

PAR 108

```
MNS:   1   3   5   7   9  11  13  15  17  19  21  23  25  27
MYS: 107 105 103 101  99  97  95  93  91  89  87  85  83  81
```

```
MNS:    29  31  33  35  37  39  41  43  45  47  49  51  53
MYS:    79  77  75  73  71  69  67  65  63  61  59  57  55
```

Opciones: 26   Soluciones: 8   Porcentaje: 30,76

PAR 200

```
MNS:     1   3   5   7   9  11  13  15  17  19  21  23  25
MYS:   199 197 195 193 191 189 187 185 183 181 179 177 175
```

```
MNS:        27  29  31  33  35  37  39  41  43  45  47  49
MYS:       173 171 169 167 165 163 161 159 157 155 153 151
```

```
MNS:     51  53  55  57  59  61  63  65  67  69  71  73  75
MYS:    149 147 145 143 141 139 137 135 133 131 129 127 125
```

```
MNS:        77   79   81   83   85   87   89   91   93   95   97   99
MYS:       123  121  119  117  115  113  111  109  107  105  103  101
```

Opciones: 49   Soluciones: 8   Porcentaje: 16,32

PAR 204

```
MNS:     1    3    5    7    9   11   13   15   17   19   21   23   25
MYS:   203  201  199  197  195  193  191  189  187  185  183  181  179

MNS:         27   29   31   33   35   37   39   41   43   45   47   49
MYS:        177  175  173  171  169  167  165  163  161  159  157  155

MNS:    51   53   55   57   59   61   63   65   67   69   71   73   75
MYS:   153  151  149  147  145  143  141  139  137  135  133  131  129

MNS:    77   79   81   83   85   87   89   91   93   95   97   99  101
MYS:   127  125  123  121  119  117  115  113  111  109  107  105  103
```

Opciones: 50   Soluciones: 14   Porcentaje: 28,00

PAR 502

```
MNS:     1    3    5    7    9   11   13   15   17   19   21   23   25
MYS:   501  499  497  495  493  491  489  487  485  483  481  479  477

MNS:         27   29   31   33   35   37   39   41   43   45   47   49
MYS:        475  473  471  469  467  465  463  461  459  457  455  453

MNS:    51   53   55   57   59   61   63   65   67   69   71   73   75
MYS:   451  449  447  445  443  441  439  437  435  433  431  429  427

MNS:         77   79   81   83   85   87   89   91   93   95   97   99
MYS:        425  423  421  419  417  415  413  411  409  407  405  403

MNS:   101  103  105  107  109  111  113  115  117  119  121  123  125
MYS:   401  399  397  395  393  391  389  387  385  383  381  379  377

MNS:   127  129  131  133  135  137  139  141  143  145  147  149  151
MYS:   375  373  371  369  367  365  363  361  359  357  355  353  351

MNS:   153  155  157  159  161  163  165  167  169  171  173  175  177
MYS:   349  347  345  343  341  339  337  335  333  331  329  327  325

MNS:   179  181  183  185  187  189  191  193  195  197  199  201  203
MYS:   323  321  319  317  315  313  311  309  307  305  303  301  299
```

```
MNS:    205 207 209 211 213 215 217 219 221 223 225 227 229
MYS:    297 295 293 291 289 287 285 283 281 279 277 275 273

MNS:            231 **233** 235 237 **239** 241 243 245 247 249 **251**
MYS:            271 **269** 267 265 **263** 261 259 257 255 253 **251**
```

Opciones: 125   Soluciones: 15   Porcentaje: 12,00

PAR 506

```
MNS:      1   3   5   7   9  11  13  15  17  19  21  23  25
MYS:    505 503 501 499 497 495 493 491 489 487 485 483 481

MNS:     27  29  31  33  35  37  39  41  43  45  47  49  51
MYS:    479 477 475 473 471 469 467 465 463 461 459 457 455

MNS:     53  55  57  59  61  63  65  67  69  71  73  75  77
MYS:    453 451 449 447 445 443 441 439 437 435 433 431 429

MNS:         79  81  83  85  87  89  91  93  95  97  99 101
MYS:        427 425 423 421 419 417 415 413 411 409 407 405

MNS:    103 105 107 109 111 113 115 117 119 121 123 125 127
MYS:    403 401 399 397 395 393 391 389 387 385 383 381 379

MNS:    129 131 133 135 137 139 141 143 145 147 149 151 153
MYS:    377 375 373 371 369 367 365 363 361 359 357 355 353

MNS:    155 157 159 161 163 165 167 169 171 173 175 177 179
MYS:    351 349 347 345 343 341 339 337 335 333 331 329 327

MNS:    181 183 185 187 189 191 193 195 197 199 201 203 205
MYS:    325 323 321 319 317 315 313 311 309 307 305 303 301

MNS:    207 209 211 213 215 217 219 221 223 225 227 229 231
MYS:    299 297 295 293 291 289 287 285 283 281 279 277 275

MNS:        233 235 237 239 241 243 245 247 249 251 253
MYS:        273 271 269 267 265 263 261 259 257 255 253
```

Opciones: 126   Soluciones: 15   Porcentaje: 11,90

PAR 1004

```
MNS:      1    3    5    7    9   11   13   15   17   19   21   23   25
MYS:   1003 1001  999  997  995  993  991  989  987  985  983  981  979
```

```
MNS:      27    29    31    33    35    37    39    41    43    45    47    49
MYS:      977   975   973   971   969   967   965   963   961   959   957   955

MNS:      51    53    55    57    59    61    63    65    67    69    71    73    75
MYS:      953   951   949   947   945   943   941   939   937   935   933   931   929

MNS:      77    79    81    83    85    87    89    91    93    95    97    99
MYS:      927   925   923   921   919   917   915   913   911   909   907   905

MNS:      101   103   105   107   109   111   113   115   117   119   121   123   125
MYS:      903   901   899   897   895   893   891   889   887   885   883   881   879

MNS:      127   129   131   133   135   137   139   141   143   145   147   149   151
MYS:      877   875   873   871   869   867   865   863   861   859   857   855   853

MNS:      153   155   157   159   161   163   165   167   169   171   173   175   177
MYS:      851   849   847   845   843   841   839   837   835   833   831   829   827

MNS:      179   181   183   185   187   189   191   193   195   197   199   201   203
MYS:      825   823   821   819   817   815   813   811   809   807   805   803   801

MNS:      205   207   209   211   213   215   217   219   221   223   225   227   229
MYS:      799   797   795   793   791   789   787   785   783   781   779   777   775

MNS:      231   233   235   237   239   241   243   245   247   249   251   253   255
MYS:      773   771   769   767   765   763   761   759   757   755   753   751   749

MNS:      257   259   261   263   265   267   269   271   273   275   277   279   281
MYS:      747   745   743   741   739   737   735   733   731   729   727   725   723

MNS:      283   285   287   289   291   293   295   297   299   301   303   305   307
MYS:      721   719   717   715   713   711   709   707   705   703   701   699   697

MNS:      309   311   313   315   317   319   321   323   325   327   329   331   333
MYS:      695   693   691   689   687   685   683   681   679   677   675   673   671

MNS:      335   337   339   341   343   345   347   349   351   353   355   357   359
MYS:      669   667   665   663   661   659   657   655   653   651   649   647   645

MNS:      361   363   365   367   369   371   373   375   377   379   381   383   385
MYS:      643   641   639   637   635   633   631   629   627   625   623   621   619

MNS:      387   389   391   393   395   397   399   401   403   405   407   409   411
MYS:      617   615   613   611   609   607   605   603   601   599   597   595   593
```

```
MNS:    413 415 417 419 421 423 425 427 429 431 433 435 437
MYS:    591 589 587 585 583 581 579 577 575 573 571 569 567

MNS:    439 441 443 445 447 449 451 453 455 457 459 461 463
MYS:    565 563 561 559 557 555 553 551 549 547 545 543 541

MNS:    465 467 469 471 473 475 477 479 481 483 485 487 489
MYS:    539 537 535 533 531 529 527 525 523 521 519 517 515

MNS:    491 493 495 497 499 501
MYS:    513 511 509 507 505 503
```

Opciones: 250   Soluciones: 18   Porcentaje: 7,20

PAR 1008

```
MNS:     1    3    5    7    9   11   13   15   17   19   21   23   25
MYS:  1007 1005 1003 1001  999  997  995  993  991  989  987  985  983

MNS:         27   29   31   33   35   37   39   41   43   45   47   49
MYS:         981  979  977  975  973  971  969  967  965  963  961  959

MNS:     51   53   55   57   59   61   63   65   67   69   71   73   75
MYS:    957  955  953  951  949  947  945  943  941  939  937  935  933

MNS:          77   79   81   83   85   87   89   91   93   95   97   99
MYS:          931  929  927  925  923  921  919  917  915  913  911  909

MNS:    101  103  105  107  109  111  113  115  117  119  121  123  125
MYS:    907  905  903  901  899  897  895  893  891  889  887  885  883

MNS:    127  129  131  133  135  137  139  141  143  145  147  149  151
MYS:    881  879  877  875  873  871  869  867  865  863  861  859  857

MNS:    153  155  157  159  161  163  165  167  169  171  173  175  177
MYS:    855  853  851  849  847  845  843  841  839  837  835  833  831

MNS:    179  181  183  185  187  189  191  193  195  197  199  201  203
MYS:    829  827  825  823  821  819  817  815  813  811  809  807  805

MNS:    205  207  209  211  213  215  217  219  221  223  225  227  229
MYS:    803  801  799  797  795  793  791  789  787  785  783  781  779

MNS:    231  233  235  237  239  241  243  245  247  249  251  253  255
MYS:    777  775  773  771  769  767  765  763  761  759  757  755  753
```

```
MNS:    257 259 261 263 265 267 269 271 273 275 277 279 281
MYS:    751 749 747 745 743 741 739 737 735 733 731 729 727

MNS:    283 285 287 289 291 293 295 297 299 301 303 305 307
MYS:    725 723 721 719 717 715 713 711 709 707 705 703 701

MNS:    309 311 313 315 317 319 321 323 325 327 329 331 333
MYS:    699 697 695 693 691 689 687 685 683 681 679 677 675

MNS:    335 337 339 341 343 345 347 349 351 353 355 357 359
MYS:    673 671 669 667 665 663 661 659 657 655 653 651 649

MNS:    361 363 365 367 369 371 373 375 377 379 381 383 385
MYS:    647 645 643 641 639 637 635 633 631 629 627 625 623

MNS:    387 389 391 393 395 397 399 401 403 405 407 409 411
MYS:    621 619 617 615 613 611 609 607 605 603 601 599 597

MNS:    413 415 417 419 421 423 425 427 429 431 433 435 437
MYS:    595 593 591 589 587 585 583 581 579 577 575 573 571

MNS:    439 441 443 445 447 449 451 453 455 457 459 461 463
MYS:    569 567 565 563 561 559 557 555 553 551 549 547 545

MNS:    465 467 469 471 473 475 477 479 481 483 485 487 489
MYS:    543 541 539 537 535 533 531 529 527 525 523 521 519

MNS:    491 493 495 497 499 501 503
MYS:    517 515 513 511 509 507 505
```

Opciones: 251   Soluciones: 42   Porcentaje: 16,73

PAR 5000

```
MNS:      1    3    5    7    9   11   13   15   17   19   21
MYS:   4999 4997 4995 4993 4991 4989 4987 4985 4983 4981 4979

MNS:     23   25   27   29   31   33   35   37   39   41   43
MYS:   4977 4975 4973 4971 4969 4967 4965 4963 4961 4959 4957

MNS:     45   47   49   51   53   55   57   59   61   63   65
MYS:   4955 4953 4951 4949 4947 4945 4943 4941 4939 4937 4935

MNS:     67   69   71   73   75   77   79   81   83   85   87
MYS:   4933 4931 4929 4927 4925 4923 4921 4919 4917 4915 4913
```

```
MNS:    89    91    93    95    97    99   101   103   105   107   109
MYS:  4911  4909  4907  4905  4903  4901  4899  4897  4895  4893  4891

MNS:   111   113   115   117   119   121   123   125   127   129   131
MYS:  4889  4887  4885  4883  4881  4879  4877  4875  4873  4871  4869

MNS:   133   135   137   139   141   143   145   147   149   151   153
MYS:  4867  4865  4863  4861  4859  4857  4855  4853  4851  4849  4847

MNS:   155   157   159   161   163   165   167   169   171   173   175
MYS:  4845  4843  4841  4839  4837  4835  4833  4831  4829  4827  4825

MNS:   177   179   181   183   185   187   189   191   193   195   197
MYS:  4823  4821  4819  4817  4815  4813  4811  4809  4807  4805  4803

MNS:   199   201   203   205   207   209   211   213   215   217   219
MYS:  4801  4799  4797  4795  4793  4791  4789  4787  4785  4783  4781

MNS:   221   223   225   227   229   231   233   235   237   239   241
MYS:  4779  4777  4775  4773  4771  4769  4767  4765  4763  4761  4759

MNS:   243   245   247   249   251   253   255   257   259   261   263
MYS:  4757  4755  4753  4751  4749  4747  4745  4743  4741  4739  4737

MNS:   265   267   269   271   273   275   277   279   281   283   285
MYS:  4735  4733  4731  4729  4727  4725  4723  4721  4719  4717  4715

MNS:   287   289   291   293   295   297   299   301   303   305   307
MYS:  4713  4711  4709  4707  4705  4703  4701  4699  4697  4695  4693

MNS:   309   311   313   315   317   319   321   323   325   327   329
MYS:  4691  4689  4687  4685  4683  4681  4679  4677  4675  4673  4671

MNS:   331   333   335   337   339   341   343   345   347   349   351
MYS:  4669  4667  4665  4663  4661  4659  4657  4655  4653  4651  4649

MNS:   353   355   357   359   361   363   365   367   369   371   373
MYS:  4647  4645  4643  4641  4639  4637  4635  4633  4631  4629  4627

MNS:   375   377   379   381   383   385   387   389   391   393   395
MYS:  4625  4623  4621  4619  4617  4615  4613  4611  4609  4607  4605

MNS:   397   399   401   403   405   407   409   411   413   415   417
MYS:  4603  4601  4599  4597  4595  4593  4591  4589  4587  4585  4583
```

```
MNS:   419   421   423   425   427   429   431   433   435   437   439
MYS:  4581  4579  4577  4575  4573  4571  4569  4567  4565  4563  4561

MNS:   441   443   445   447   449   451   453   455   457   459   461
MYS:  4559  4557  4555  4553  4551  4549  4547  4545  4543  4541  4539

MNS:   463   465   467   469   471   473   475   477   479   481   483
MYS:  4537  4535  4533  4531  4529  4527  4525  4523  4521  4519  4517

MNS:   485   487   489   491   493   495   497   499   501   503   505
MYS:  4515  4513  4511  4509  4507  4505  4503  4501  4499  4497  4495

MNS:   507   509   511   513   515   517   519   521   523   525   527
MYS:  4493  4491  4489  4487  4485  4483  4481  4479  4477  4475  4473

MNS:   529   531   533   535   537   539   541   543   545   547   549
MYS:  4471  4469  4467  4465  4463  4461  4459  4457  4455  4453  4451

MNS:   551   553   555   557   559   561   563   565   567   569   571
MYS:  4449  4447  4445  4443  4441  4439  4437  4435  4433  4431  4429

MNS:   573   575   577   579   581   583   585   587   589   591   593
MYS:  4427  4425  4423  4421  4419  4417  4415  4413  4411  4409  4407

MNS:   595   597   599   601   603   605   607   609   611   613   615
MYS:  4405  4403  4401  4399  4397  4395  4393  4391  4389  4387  4385

MNS:   617   619   621   623   625   627   629   631   633   635   637
MYS:  4383  4381  4379  4377  4375  4373  4371  4369  4367  4365  4363

MNS:   639   641   643   645   647   649   651   653   655   657   659
MYS:  4361  4359  4357  4355  4353  4351  4349  4347  4345  4343  4341

MNS:   661   663   665   667   669   671   673   675   677   679   681
MYS:  4339  4337  4335  4333  4331  4329  4327  4325  4323  4321  4319

MNS:   683   685   687   689   691   693   695   697   699   701   703
MYS:  4317  4315  4313  4311  4309  4307  4305  4303  4301  4299  4297

MNS:   705   707   709   711   713   715   717   719   721   723   725
MYS:  4295  4293  4291  4289  4287  4285  4283  4281  4279  4277  4275

MNS:   727   729   731   733   735   737   739   741   743   745   747
MYS:  4273  4271  4269  4267  4265  4263  4261  4259  4257  4255  4253
```

```
MNS:   749   751   753   755   757   759   761   763   765   767   769
MYS:  4251  4249  4247  4245  4243  4241  4239  4237  4235  4233  4231

MNS:   771   773   775   777   779   781   783   785   787   789   791
MYS:  4229  4227  4225  4223  4221  4219  4217  4215  4213  4211  4209

MNS:   793   795   797   799   801   803   805   807   809   811   813
MYS:  4207  4205  4203  4201  4199  4197  4195  4193  4191  4189  4187

MNS:   815   817   819   821   823   825   827   829   831   833   835
MYS:  4185  4183  4181  4179  4177  4175  4173  4171  4169  4167  4165

MNS:   837   839   841   843   845   847   849   851   853   855   857
MYS:  4163  4161  4159  4157  4155  4153  4151  4149  4147  4145  4143

MNS:   859   861   863   865   867   869   871   873   875   877   879
MYS:  4141  4139  4137  4135  4133  4131  4129  4127  4125  4123  4121

MNS:   881   883   885   887   889   891   893   895   897   899   901
MYS:  4119  4117  4115  4113  4111  4109  4107  4105  4103  4101  4099

MNS:   903   905   907   909   911   913   915   917   919   921   923
MYS:  4097  4095  4093  4091  4089  4087  4085  4083  4081  4079  4077

MNS:   925   927   929   931   933   935   937   939   941   943   945
MYS:  4075  4073  4071  4069  4067  4065  4063  4061  4059  4057  4055

MNS:   947   949   951   953   955   957   959   961   963   965   967
MYS:  4053  4051  4049  4047  4045  4043  4041  4039  4037  4035  4033

MNS:   969   971   973   975   977   979   981   983   985   987   989
MYS:  4031  4029  4027  4025  4023  4021  4019  4017  4015  4013  4011

MNS:   991   993   995   997   999  1001  1003  1005  1007  1009  1011
MYS:  4009  4007  4005  4003  4001  3999  3997  3995  3993  3991  3989

MNS:  1013  1015  1017  1019  1021  1023  1025  1027  1029  1031  1033
MYS:  3987  3985  3983  3981  3979  3977  3975  3973  3971  3969  3967

MNS:  1035  1037  1039  1041  1043  1045  1047  1049  1051  1053  1055
MYS:  3965  3963  3961  3959  3957  3955  3953  3951  3949  3947  3945

MNS:  1057  1059  1061  1063  1065  1067  1069  1071  1073  1075  1077
MYS:  3943  3941  3939  3937  3935  3933  3931  3929  3927  3925  3923
```

```
MNS:  1079 1081 1083 1085 1087 1089 1091 1093 1095 1097 1099
MYS:  3921 3919 3917 3915 3913 3911 3909 3907 3905 3903 3901

MNS:  1101 1103 1105 1107 1109 1111 1113 1115 1117 1119 1121
MYS:  3899 3897 3895 3893 3891 3889 3887 3885 3883 3881 3879

MNS:  1123 1125 1127 1129 1131 1133 1135 1137 1139 1141 1143
MYS:  3877 3875 3873 3871 3869 3867 3865 3863 3861 3859 3857

MNS:  1145 1147 1149 1151 1153 1155 1157 1159 1161 1163 1165
MYS:  3855 3853 3851 3849 3847 3845 3843 3841 3839 3837 3835

MNS:  1167 1169 1171 1173 1175 1177 1179 1181 1183 1185 1187
MYS:  3833 3831 3829 3827 3825 3823 3821 3819 3817 3815 3813

MNS:  1189 1191 1193 1195 1197 1199 1201 1203 1205 1207 1209
MYS:  3811 3809 3807 3805 3803 3801 3799 3797 3795 3793 3791

MNS:  1211 1213 1215 1217 1219 1221 1223 1225 1227 1229 1231
MYS:  3789 3787 3785 3783 3781 3779 3777 3775 3773 3771 3769

MNS:  1233 1235 1237 1239 1241 1243 1245 1247 1249 1251 1253
MYS:  3767 3765 3763 3761 3759 3757 3755 3753 3751 3749 3747

MNS:  1255 1257 1259 1261 1263 1265 1267 1269 1271 1273 1275
MYS:  3745 3743 3741 3739 3737 3735 3733 3731 3729 3727 3725

MNS:  1277 1279 1281 1283 1285 1287 1289 1291 1293 1295 1297
MYS:  3723 3721 3719 3717 3715 3713 3711 3709 3707 3705 3703

MNS:  1299 1301 1303 1305 1307 1309 1311 1313 1315 1317 1319
MYS:  3701 3699 3697 3695 3693 3691 3689 3687 3685 3683 3681

MNS:  1321 1323 1325 1327 1329 1331 1333 1335 1337 1339 1341
MYS:  3679 3677 3675 3673 3671 3669 3667 3665 3663 3661 3659

MNS:  1343 1345 1347 1349 1351 1353 1355 1357 1359 1361 1363
MYS:  3657 3655 3653 3651 3649 3647 3645 3643 3641 3639 3637

MNS:  1365 1367 1369 1371 1373 1375 1377 1379 1381 1383 1385
MYS:  3635 3633 3631 3629 3627 3625 3623 3621 3619 3617 3615

MNS:  1387 1389 1391 1393 1395 1397 1399 1401 1403 1405 1407
MYS:  3613 3611 3609 3607 3605 3603 3601 3599 3597 3595 3593
```

```
MNS:  1409 1411 1413 1415 1417 1419 1421 1423 1425 1427 **1429**
MYS:  3591 3589 3587 3585 3583 3581 3579 3577 3575 3573 **3571**

MNS:  1431 1433 1435 1437 1439 1441 1443 1445 1447 1449 1451
MYS:  3569 3567 3565 3563 3561 3559 3557 3555 3553 3551 3549

MNS:  **1453** 1455 1457 **1459** 1461 1463 1465 1467 1469 **1471** 1473
MYS:  **3547** 3545 3543 **3541** 3539 3537 3535 3533 3531 **3529** 3527

MNS:  1475 1477 1479 1481 **1483** 1485 1487 **1489** 1491 1493 1495
MYS:  3525 3523 3521 3519 **3517** 3515 3513 **3511** 3509 3507 3505

MNS:  1497 1499 1501 1503 1505 1507 1509 1511 1513 1515 1517
MYS:  3503 3501 3499 3497 3495 3493 3491 3489 3487 3485 3483

MNS:  1519 1521 1523 1525 1527 1529 **1531** 1533 1535 1537 1539
MYS:  3481 3479 3477 3475 3473 3471 **3469** 3467 3465 3463 3461

MNS:  1541 **1543** 1545 1547 1549 1551 1553 1555 1557 1559 1561
MYS:  3459 **3457** 3455 3453 3451 3449 3447 3445 3443 3441 3439

MNS:  1563 1565 **1567** 1569 1571 1573 1575 1577 1579 1581 1583
MYS:  3437 3435 **3433** 3431 3429 3427 3425 3423 3421 3419 3417

MNS:  1585 1587 1589 1591 1593 1595 1597 1599 1601 1603 1605
MYS:  3415 3413 3411 3409 3407 3405 3403 3401 3399 3397 3395

MNS:  1607 **1609** 1611 1613 1615 1617 1619 1621 1623 1625 **1627**
MYS:  3393 **3391** 3389 3387 3385 3383 3381 3379 3377 3375 **3373**

MNS:  1629 1631 1633 1635 1637 1639 1641 1643 1645 1647 1649
MYS:  3371 3369 3367 3365 3363 3361 3359 3357 3355 3353 3351

MNS:  1651 1653 1655 **1657** 1659 1661 1663 1665 1667 **1669** 1671
MYS:  3349 3347 3345 **3343** 3341 3339 3337 3335 3333 **3331** 3329

MNS:  1673 1675 1677 1679 1681 1683 1685 1687 1689 1691 **1693**
MYS:  3327 3325 3323 3321 3319 3317 3315 3313 3311 3309 **3307**

MNS:  1695 1697 **1699** 1701 1703 1705 1707 1709 1711 1713 1715
MYS:  3305 3303 **3301** 3299 3297 3295 3293 3291 3289 3287 3285

MNS:  1717 1719 1721 1723 1725 1727 1729 1731 1733 1735 1737
MYS:  3283 3281 3279 3277 3275 3273 3271 3269 3267 3265 3263
```

```
MNS:  1739 1741 1743 1745 1747 1749 1751 1753 1755 1757 1759
MYS:  3261 3259 3257 3255 3253 3251 3249 3247 3245 3243 3241

MNS:  1761 1763 1765 1767 1769 1771 1773 1775 1777 1779 1781
MYS:  3239 3237 3235 3233 3231 3229 3227 3225 3223 3221 3219

MNS:  1783 1785 1787 1789 1791 1793 1795 1797 1799 1801 1803
MYS:  3217 3215 3213 3211 3209 3207 3205 3203 3201 3199 3197

MNS:  1805 1807 1809 1811 1813 1815 1817 1819 1821 1823 1825
MYS:  3195 3193 3191 3189 3187 3185 3183 3181 3179 3177 3175

MNS:  1827 1829 1831 1833 1835 1837 1839 1841 1843 1845 1847
MYS:  3173 3171 3169 3167 3165 3163 3161 3159 3157 3155 3153

MNS:  1849 1851 1853 1855 1857 1859 1861 1863 1865 1867 1869
MYS:  3151 3149 3147 3145 3143 3141 3139 3137 3135 3133 3131

MNS:  1871 1873 1875 1877 1879 1881 1883 1885 1887 1889 1891
MYS:  3129 3127 3125 3123 3121 3119 3117 3115 3113 3111 3109

MNS:  1893 1895 1897 1899 1901 1903 1905 1907 1909 1911 1913
MYS:  3107 3105 3103 3101 3099 3097 3095 3093 3091 3089 3087

MNS:  1915 1917 1919 1921 1923 1925 1927 1929 1931 1933 1935
MYS:  3085 3083 3081 3079 3077 3075 3073 3071 3069 3067 3065

MNS:  1937 1939 1941 1943 1945 1947 1949 1951 1953 1955 1957
MYS:  3063 3061 3059 3057 3055 3053 3051 3049 3047 3045 3043

MNS:  1959 1961 1963 1965 1967 1969 1971 1973 1975 1977 1979
MYS:  3041 3039 3037 3035 3033 3031 3029 3027 3025 3023 3021

MNS:  1981 1983 1985 1987 1989 1991 1993 1995 1997 1999 2001
MYS:  3019 3017 3015 3013 3011 3009 3007 3005 3003 3001 2999

MNS:  2003 3005 2007 2009 2011 2013 2015 2017 2019 2021 2023
MYS:  2997 2995 2993 2991 2989 2987 2985 2983 2981 2979 2977

MNS:  2025 2027 2029 2031 2033 2035 2037 2039 2041 2043 2045
MYS:  2975 2973 2971 2969 2967 2965 2963 2961 2959 2957 2955

MNS:  2047 2049 2051 2053 2055 2057 2059 2061 2063 2065 2067
MYS:  2953 2951 2949 2947 2945 2943 2941 2939 2937 2935 2933
```

```
MNS:  2069 2071 2073 2075 2077 2079 2081 2083 2085 2087 2089
MYS:  2931 2929 2927 2925 2923 2921 2919 2917 2915 2913 2911

MNS:  2091 2093 2095 2097 2099 2101 2103 2105 2107 2109 2111
MYS:  2909 2907 2905 2903 2901 2899 2897 2895 2893 2891 2889

MNS:  2113 2115 2117 2119 2121 2123 2125 2127 2129 2131 2133
MYS:  2887 2885 2883 2881 2879 2877 2875 2873 2871 2869 2867

MNS:  2135 2137 2139 2141 2143 2145 2147 2149 2151 2153 2155
MYS:  2865 2863 2861 2859 2857 2855 2853 2851 2849 2847 2845

MNS:  2157 2159 2161 2163 2165 2167 2169 2171 2173 2175 2177
MYS:  2843 2841 2839 2837 2835 2833 2831 2829 2827 2825 2823

MNS:  2179 2181 2183 2185 2187 2189 2191 2193 2195 2197 2199
MYS:  2821 2819 2817 2815 2813 2811 2809 2807 2805 2803 2801

MNS:  2201 2203 2205 2207 2209 2211 2213 2215 2217 2219 2221
MYS:  2799 2797 2795 2793 2791 2789 2787 2785 2783 2781 2779

MNS:  2223 2225 2227 2229 2231 2233 2235 2237 2239 2241 2243
MYS:  2777 2775 2773 2771 2769 2767 2765 2763 2761 2759 2757

MNS:  2245 2247 2249 2251 2253 2255 2257 2259 2261 2263 2265
MYS:  2755 2753 2751 2749 2747 2745 2743 2741 2739 2737 2735

MNS:  2267 2269 2271 2273 2275 2277 2279 2281 2283 2285 2287
MYS:  2733 2731 2729 2727 2725 2723 2721 2719 2717 2715 2713

MNS:  2289 2291 2293 2295 2297 2299 2301 2303 2305 2307 2309
MYS:  2711 2709 2707 2705 2703 2701 2699 2697 2695 2693 2691

MNS:  2311 2313 2315 2317 2319 2321 2323 2325 2327 2329 2331
MYS:  2689 2687 2685 2683 2681 2679 2677 2675 2673 2671 2669

MNS:  2333 2335 2337 2339 2341 2343 2345 2347 2349 2351 2353
MYS:  2667 2665 2663 2661 2659 2657 2655 2653 2651 2649 2647

MNS:  2355 2357 2359 2361 2363 2365 2367 2369 2371 2373 2375
MYS:  2645 2643 2641 2639 2637 2635 2633 2631 2629 2627 2625

MNS:  2377 2379 2381 2383 2385 2387 2389 2391 2393 2395 2397
MYS:  2623 2621 2619 2617 2615 2613 2611 2609 2607 2605 2603
```

```
MNS:  2399 2401 2403 2405 2407 2409 2411 2413 2415 2417 2419
MYS:  2601 2599 2597 2595 2593 2591 2589 2587 2585 2583 2581

MNS:  2421 2423 2425 2427 2429 2431 2433 2435 2437 2439 2441
MYS:  2579 2577 2575 2573 2571 2569 2567 2565 2563 2561 2559

MNS:  2443 2445 2447 2449 2451 2453 2455 2457 2459 2461 2463
MYS:  2557 2555 2553 2551 2549 2547 2545 2543 2541 2539 2537

MNS:  2465 2467 2469 2471 2473 2475 2477 2479 2481 2483 2485
MYS:  2535 2533 2531 2529 2527 2525 2523 2521 2519 2517 2515

MNS:  2487 2489 2491 2493 2495 2497 2499
MYS:  2513 2511 2509 2507 2505 2503 2501
```

Opciones: 1249   Soluciones: 76   Porcentaje: 6,08

PAR 9996

```
MNS:     1    3    5    7    9   11   13   15   17   19   21
MYS:  9995 9993 9991 9989 9987 9985 9983 9981 9979 9977 9975

MNS:    23   25   27   29   31   33   35   37   39   41   43
MYS:  9973 9971 9969 9967 9965 9963 9961 9959 9957 9955 9953

MNS:    45   47   49   51   53   55   57   59   61   63   65
MYS:  9951 9949 9947 9945 9943 9941 9939 9937 9935 9933 9931

MNS:    67   69   71   73   75   77   79   81   83   85   87
MYS:  9929 9927 9925 9923 9921 9919 9917 9915 9913 9911 9909

MNS:    89   91   93   95   97   99  101  103  105  107  109
MYS:  9907 9905 9903 9901 9899 9897 9895 9893 9891 9889 9887

MNS:   111  113  115  117  119  121  123  125  127  129  131
MYS:  9885 9883 9881 9879 9877 9875 9873 9871 9869 9867 9865

MNS:   133  135  137  139  141  143  145  147  149  151  153
MYS:  9863 9861 9859 9857 9855 9853 9851 9849 9847 9845 9843

MNS:   155  157  159  161  163  165  167  169  171  173  175
MYS:  9841 9839 9837 9835 9833 9831 9829 9827 9825 9823 9821

MNS:   177  179  181  183  185  187  189  191  193  195  197
MYS:  9819 9817 9815 9813 9811 9809 9807 9805 9803 9801 9799
```

```
MNS:   199   201   203   205   207   209   211   213   215   217   219
MYS:  9797  9795  9793  9791  9789  9787  9785  9783  9781  9779  9777

MNS:   221   223   225   227   229   231   233   235   237   239   241
MYS:  9775  9773  9771  9769  9767  9765  9763  9761  9759  9757  9755

MNS:   243   245   247   249   251   253   255   257   259   261   263
MYS:  9753  9751  9749  9747  9745  9743  9741  9739  9737  9735  9733

MNS:   265   267   269   271   273   275   277   279   281   283   285
MYS:  9731  9729  9727  9725  9723  9721  9719  9717  9715  9713  9711

MNS:   287   289   291   293   295   297   299   301   303   305   307
MYS:  9709  9707  9705  9703  9701  9699  9697  9695  9693  9691  9689

MNS:   309   311   313   315   317   319   321   323   325   327   329
MYS:  9687  9685  9683  9681  9679  9677  9675  9673  9671  9669  9667

MNS:   331   333   335   337   339   341   343   345   347   349   351
MYS:  9665  9663  9661  9659  9657  9655  9653  9651  9649  9647  9645

MNS:   353   355   357   359   361   363   365   367   369   371   373
MYS:  9643  9641  9639  9637  9635  9633  9631  9629  9627  9625  9623

MNS:   375   377   379   381   383   385   387   389   391   393   395
MYS:  9621  9619  9617  9615  9613  9611  9609  9607  9605  9603  9601

MNS:   397   399   401   403   405   407   409   411   413   415   417
MYS:  9599  9597  9595  9593  9591  9589  9587  9585  9583  9581  9579

MNS:   419   421   423   425   427   429   431   433   435   437   439
MYS:  9577  9575  9573  9571  9569  9567  9565  9563  9561  9559  9557

MNS:   441   443   445   447   449   451   453   455   457   459   461
MYS:  9555  9553  9551  9549  9547  9545  9543  9541  9539  9537  9535

MNS:   463   465   467   469   471   473   475   477   479   481   483
MYS:  9533  9531  9529  9527  9525  9523  9521  9519  9517  9515  9513

MNS:   485   487   489   491   493   495   497   499   501   503   505
MYS:  9511  9509  9507  9505  9503  9501  9499  9497  9495  9493  9491

MNS:   507   509   511   513   515   517   519   521   523   525   527
MYS:  9489  9487  9485  9483  9481  9479  9477  9475  9473  9471  9469
```

```
MNS:   529   531   533   535   537   539   541   543   545   547   549
MYS:  9467  9465  9463  9461  9459  9457  9455  9453  9451  9449  9447

MNS:   551   553   555   557   559   561   563   565   567   569   571
MYS:  9445  9443  9441  9439  9437  9435  9433  9431  9429  9427  9425

MNS:   573   575   577   579   581   583   585   587   589   591   593
MYS:  9423  9421  9419  9417  9415  9413  9411  9409  9407  9405  9403

MNS:   595   597   599   601   603   605   607   609   611   613   615
MYS:  9401  9399  9397  9395  9393  9391  9389  9387  9385  9383  9381

MNS:   617   619   621   623   625   627   629   631   633   635   637
MYS:  9379  9377  9375  9373  9371  9369  9367  9365  9363  9361  9359

MNS:   639   641   643   645   647   649   651   653   655   657   659
MYS:  9357  9355  9353  9351  9349  9347  9345  9343  9341  9339  9337

MNS:   661   663   665   667   669   671   673   675   677   679   681
MYS:  9335  9333  9331  9329  9327  9325  9323  9321  9319  9317  9315

MNS:   683   685   687   689   691   693   695   697   699   701   703
MYS:  9313  9311  9309  9307  9305  9303  9301  9299  9297  9295  9293

MNS:   705   707   709   711   713   715   717   719   721   723   725
MYS:  9291  9289  9287  9285  9283  9281  9279  9277  9275  9273  9271

MNS:   727   729   731   733   735   737   739   741   743   745   747
MYS:  9269  9267  9265  9263  9261  9259  9257  9255  9253  9251  9249

MNS:   749   751   753   755   757   759   761   763   765   767   769
MYS:  9247  9245  9243  9241  9239  9237  9235  9233  9231  9229  9227

MNS:   771   773   775   777   779   781   783   785   787   789   791
MYS:  9225  9223  9221  9219  9217  9215  9213  9211  9209  9207  9205

MNS:   793   795   797   799   801   803   805   807   809   811   813
MYS:  9203  9201  9199  9197  9195  9193  9191  9189  9187  9185  9183

MNS:   815   817   819   821   823   825   827   829   831   833   835
MYS:  9181  9179  9177  9175  9173  9171  9169  9167  9165  9163  9161

MNS:   837   839   841   843   845   847   849   851   853   855   857
MYS:  9159  9157  9155  9153  9151  9149  9147  9145  9143  9141  9139
```

```
MNS:   859   861   863   865   867   869   871   873   875   877   879
MYS:  9137  9135  9133  9131  9129  9127  9125  9123  9121  9119  9117

MNS:   881   883   885   887   889   891   893   895   897   899   901
MYS:  9115  9113  9111  9109  9107  9105  9103  9101  9099  9097  9095

MNS:   903   905   907   909   911   913   915   917   919   921   923
MYS:  9093  9091  9089  9087  9085  9083  9081  9079  9077  9075  9073

MNS:   925   927   929   931   933   935   937   939   941   943   945
MYS:  9071  9069  9067  9065  9063  9061  9059  9057  9055  9053  9051

MNS:   947   949   951   953   955   957   959   961   963   965   967
MYS:  9049  9047  9045  9043  9041  9039  9037  9035  9033  9031  9029

MNS:   969   971   973   975   977   979   981   983   985   987   989
MYS:  9027  9025  9023  9021  9019  9017  9015  9013  9011  9009  9007

MNS:   991   993   995   997   999  1001  1003  1005  1007  1009  1011
MYS:  9005  9003  9001  8999  8997  8995  8993  8991  8989  8987  8985

MNS:  1013  1015  1017  1019  1021  1023  1025  1027  1029  1031  1033
MYS:  8983  8981  8979  8977  8975  8973  8971  8969  8967  8965  8963

MNS:  1035  1037  1039  1041  1043  1045  1047  1049  1051  1053  1055
MYS:  8961  8959  8957  8955  8953  8951  8949  8947  8945  8943  8941

MNS:  1057  1059  1061  1063  1065  1067  1069  1071  1073  1075  1077
MYS:  8939  8937  8935  8933  8931  8929  8927  8925  8923  8921  8919

MNS:  1079  1081  1083  1085  1087  1089  1091  1093  1095  1097  1099
MYS:  8917  8915  8913  8911  8909  8907  8905  8903  8901  8899  8897

MNS:  1101  1103  1105  1107  1109  1111  1113  1115  1117  1119  1121
MYS:  8895  8893  8891  8889  8887  8885  8883  8881  8879  8877  8875

MNS:  1123  1125  1127  1129  1131  1133  1135  1137  1139  1141  1143
MYS:  8873  8871  8869  8867  8865  8863  8861  8859  8857  8855  8853

MNS:  1145  1147  1149  1151  1153  1155  1157  1159  1161  1163  1165
MYS:  8851  8849  8847  8845  8843  8841  8839  8837  8835  8833  8831

MNS:  1167  1169  1171  1173  1175  1177  1179  1181  1183  1185  1187
MYS:  8829  8827  8825  8823  8821  8819  8817  8815  8813  8811  8809
```

```
MNS:  1189 1191 **1193** 1195 1197 1199 1201 1203 1205 1207 1209
MYS:  8807 8805 **8803** 8801 8799 8797 8795 8793 8791 8789 8787

MNS:  1211 **1213** 1215 **1217** 1219 1221 1223 1225 1227 1229 1231
MYS:  8785 **8783** 8781 **8779** 8777 8775 8773 8771 8769 8767 8765

MNS:  1233 1235 1237 1239 1241 1243 1245 1247 **1249** 1251 1253
MYS:  8763 8761 8759 8757 8755 8753 8751 8749 **8747** 8745 8743

MNS:  1255 1257 **1259** 1261 1263 1265 1267 1269 1271 1273 1275
MYS:  8741 8739 **8737** 8735 8733 8731 8729 8727 8725 8723 8721

MNS:  **1277** 1279 1281 **1283** 1285 1287 **1289** 1291 1293 1295 **1297**
MYS:  **8719** 8717 8715 **8713** 8711 8709 **8707** 8705 8703 8701 **8699**

MNS:  1299 1301 **1303** 1305 **1307** 1309 1311 1313 1315 1317 **1319**
MYS:  8697 8695 **8693** 8691 **8689** 8687 8685 8683 8681 8679 **8677**

MNS:  1321 1323 1325 **1327** 1329 1331 1333 1335 1337 1339 1341
MYS:  8675 8673 8671 **8669** 8667 8665 8663 8661 8659 8657 8655

MNS:  1343 1345 1347 1349 1351 1353 1355 1357 1359 1361 1363
MYS:  8653 8651 8649 8647 8645 8643 8641 8639 8637 8635 8633

MNS:  1365 **1367** 1369 1371 **1373** 1375 1377 1379 1381 1383 1385
MYS:  8631 **8629** 8627 8625 **8623** 8621 8619 8617 8615 8613 8611

MNS:  1387 1389 1391 1393 1395 1397 **1399** 1401 1403 1405 1407
MYS:  8609 8607 8605 8603 8601 8599 **8597** 8595 8593 8591 8589

MNS:  1409 1411 1413 1415 1417 1419 1421 **1423** 1425 1427 1429
MYS:  8587 8585 8583 8581 8579 8577 8575 **8573** 8571 8569 8567

MNS:  1431 **1433** 1435 1437 1439 1441 1443 1445 1447 1449 1451
MYS:  8565 **8563** 8561 8559 8557 8555 8553 8551 8549 8547 8545

MNS:  **1453** 1455 1457 **1459** 1461 1463 1465 1467 1469 1471 1473
MYS:  **8543** 8541 8539 **8537** 8535 8533 8531 8529 8527 8525 8523

MNS:  1475 1477 1479 1481 **1483** 1485 1487 1489 1491 1493 1495
MYS:  8521 8519 8517 8515 **8513** 8511 8509 8507 8505 8503 8501

MNS:  1497 1499 1501 1503 1505 1507 1509 1511 1513 1515 1517
MYS:  8499 8497 8495 8493 8491 8489 8487 8485 8483 8481 8479
```

```
MNS:  1519 1521 1523 1525 1527 1529 1531 1533 1535 1537 1539
MYS:  8477 8475 8473 8471 8469 8467 8465 8463 8461 8459 8457

MNS:  1541 1543 1545 1547 **1549** 1551 **1553** 1555 1557 1559 1561
MYS:  8455 8453 8451 8449 **8447** 8445 **8443** 8441 8439 8437 8435

MNS:  1563 1565 **1567** 1569 1571 1573 1575 1577 1579 1581 1583
MYS:  8433 8431 **8429** 8427 8425 8423 8421 8419 8417 8415 8413

MNS:  1585 1587 1589 1591 1593 1595 1597 1599 1601 1603 1605
MYS:  8411 8409 8407 8405 8403 8401 8399 8397 8395 8393 8391

MNS:  **1607 1609** 1611 1613 1615 1617 **1619** 1621 1623 1625 **1627**
MYS:  **8389 8387** 8385 8383 8381 8379 **8377** 8375 8373 8371 **8369**

MNS:  1629 1631 1633 1635 1637 1639 1641 1643 1645 1647 1649
MYS:  8367 8365 8363 8361 8359 8357 8355 8353 8351 8349 8347

MNS:  1651 1653 1655 1657 1659 1661 1663 1665 **1667** 1669 1671
MYS:  8345 8343 8341 8339 8337 8335 8333 8331 **8329** 8327 8325

MNS:  1673 1675 1677 1679 1681 1683 1685 1687 1689 1691 1693
MYS:  8323 8321 8319 8317 8315 8313 8311 8309 8307 8305 8303

MNS:  1695 1697 **1699** 1701 1703 1705 1707 **1709** 1711 1713 1715
MYS:  8301 8299 **8297** 8295 8293 8291 8289 **8287** 8285 8283 8281

MNS:  1717 1719 1721 **1723** 1725 1727 1729 1731 **1733** 1735 1737
MYS:  8279 8277 8275 **8273** 8271 8269 8267 8265 **8263** 8261 8259

MNS:  1739 1741 1743 1745 1747 1749 1751 **1753** 1755 1757 **1759**
MYS:  8257 8255 8253 8251 8249 8247 8245 **8243** 8241 8239 **8237**

MNS:  1761 1763 1765 1767 1769 1771 1773 1775 **1777** 1779 1781
MYS:  8235 8233 8231 8229 8227 8225 8223 8221 **8219** 8217 8215

MNS:  1783 1785 **1787** 1789 1791 1793 1795 1797 1799 1801 1803
MYS:  8213 8211 **8209** 8207 8205 8203 8201 8199 8197 8195 8193

MNS:  1805 1807 1809 1811 1813 1815 1817 1819 1821 1823 1825
MYS:  8191 8189 8187 8185 8183 8181 8179 8177 8175 8173 8171

MNS:  1827 1829 1831 1833 1835 1837 1839 1841 1843 1845 1847
MYS:  8169 8167 8165 8163 8161 8159 8157 8155 8153 8151 8149
```

```
MNS:  1849 1851 1853 1855 1857 1859 1861 1863 1865 1867 1869
MYS:  8147 8145 8143 8141 8139 8137 8135 8133 8131 8129 8127

MNS:  1871 1873 1875 1877 1879 1881 1883 1885 1887 1889 1891
MYS:  8125 8123 8121 8119 8117 8115 8113 8111 8109 8107 8105

MNS:  1893 1895 1897 1899 1901 1903 1905 1907 1909 1911 1913
MYS:  8103 8101 8099 8097 8095 8093 8091 8089 8087 8085 8083

MNS:  1915 1917 1919 1921 1923 1925 1927 1929 1931 1933 1935
MYS:  8081 8079 8077 8075 8073 8071 8069 8067 8065 8063 8061

MNS:  1937 1939 1941 1943 1945 1947 1949 1951 1953 1955 1957
MYS:  8059 8057 8055 8053 8051 8049 8047 8045 8043 8041 8039

MNS:  1959 1961 1963 1965 1967 1969 1971 1973 1975 1977 1979
MYS:  8037 8035 8033 8031 8029 8027 8025 8023 8021 8019 8017

MNS:  1981 1983 1985 1987 1989 1991 1993 1995 1997 1999 2001
MYS:  8015 8013 8011 8009 8007 8005 8003 8001 7999 7997 7995

MNS:  2003 2005 2007 2009 2011 2013 2015 2017 2019 2021 2023
MYS:  7993 7991 7989 7987 7985 7983 7981 7979 7977 7975 7973

MNS:  2025 2027 2029 2031 2033 2035 2037 2039 2041 2043 2045
MYS:  7971 7969 7967 7965 7963 7961 7959 7957 7955 7953 7951

MNS:  2047 2049 2051 2053 2055 2057 2059 2061 2063 2065 2067
MYS:  7949 7947 7945 7943 7941 7939 7937 7935 7933 7931 7929

MNS:  2069 2071 2073 2075 2077 2079 2081 2083 2085 2087 2089
MYS:  7927 7925 7923 7921 7919 7917 7915 7913 7911 7909 7907

MNS:  2091 2093 2095 2097 2099 2101 2103 2105 2107 2109 2111
MYS:  7905 7903 7901 7899 7897 7895 7893 7891 7889 7887 7885

MNS:  2113 2115 2117 2119 2121 2123 2125 2127 2129 2131 2133
MYS:  7883 7881 7879 7877 7875 7873 7871 7869 7867 7865 7863

MNS:  2135 2137 2139 2141 2143 2145 2147 2149 2151 2153 2155
MYS:  7861 7859 7857 7855 7853 7851 7849 7847 7845 7843 7841

MNS:  2157 2159 2161 2163 2165 2167 2169 2171 2173 2175 2177
MYS:  7839 7837 7835 7833 7831 7829 7827 7825 7823 7821 7819
```

```
MNS:  2179 2181 2183 2185 2187 2189 2191 2193 2195 2197 2199
MYS:  7817 7815 7813 7811 7809 7807 7805 7803 7801 7799 7797

MNS:  2201 2203 2205 2207 2209 2211 2213 2215 2217 2219 2221
MYS:  7795 7793 7791 7789 7787 7785 7783 7781 7779 7777 7775

MNS:  2223 2225 2227 2229 2231 2233 2235 2237 2239 2241 2243
MYS:  7773 7771 7769 7767 7765 7763 7761 7759 7757 7755 7753

MNS:  2245 2247 2249 2251 2253 2255 2257 2259 2261 2263 2265
MYS:  7751 7749 7747 7745 7743 7741 7739 7737 7735 7733 7731

MNS:  2267 2269 2271 2273 2275 2277 2279 2281 2283 2285 2287
MYS:  7729 7727 7725 7723 7721 7719 7717 7715 7713 7711 7709

MNS:  2289 2291 2293 2295 2297 2299 2301 2303 2305 2307 2309
MYS:  7707 7705 7703 7701 7699 7697 7695 7693 7691 7689 7687

MNS:  2311 2313 2315 2317 2319 2321 2323 2325 2327 2329 2331
MYS:  7685 7683 7681 7679 7677 7675 7673 7671 7669 7667 7665

MNS:  2333 2335 2337 2339 2341 2343 2345 2347 2349 2351 2353
MYS:  7663 7661 7659 7657 7655 7653 7651 7649 7647 7645 7643

MNS:  2355 2357 2359 2361 2363 2365 2367 2369 2371 2373 2375
MYS:  7641 7639 7637 7635 7633 7631 7629 7627 7625 7623 7621

MNS:  2377 2379 2381 2383 2385 2387 2389 2391 2393 2395 2397
MYS:  7619 7617 7615 7613 7611 7609 7607 7605 7603 7601 7599

MNS:  2399 2401 2403 2405 2407 2409 2411 2413 2415 2417 2419
MYS:  7597 7595 7593 7591 7589 7587 7585 7583 7581 7579 7577

MNS:  2421 2423 2425 2427 2429 2431 2433 2435 2437 2439 2441
MYS:  7575 7573 7571 7569 7567 7565 7563 7561 7559 7557 7555

MNS:  2443 2445 2447 2449 2451 2453 2455 2457 2459 2461 2463
MYS:  7553 7551 7549 7547 7545 7543 7541 7539 7537 7535 7533

MNS:  2465 2467 2469 2471 2473 2475 2477 2479 2481 2483 2485
MYS:  7531 7529 7527 7525 7523 7521 7519 7517 7515 7513 7511

MNS:  2487 2489 2491 2493 2495 2497 2499 2501 2503 2505 2507
MYS:  7509 7507 7505 7503 7501 7499 7497 7495 7493 7491 7489
```

```
MNS:  2509 2511 2513 2515 2517 2519 2521 2523 2525 2527 2529
MYS:  7487 7485 7483 7481 7479 7477 7475 7473 7471 7469 7467

MNS:  2531 2533 2535 2537 **2539** 2541 2543 2545 2547 2549 2551
MYS:  7465 7463 7461 7459 **7457** 7455 7453 7451 7449 7447 7445

MNS:  2553 2555 2557 2559 2561 2563 2565 2567 2569 2571 2573
MYS:  7443 7441 7439 7437 7435 7433 7431 7429 7427 7425 7423

MNS:  2575 2577 **2579** 2581 2583 2585 2587 2589 2591 2593 2595
MYS:  7421 7419 **7417** 7415 7413 7411 7409 7407 7405 7403 7401

MNS:  2597 2599 2601 2603 2605 2607 2609 2611 2613 2615 2617
MYS:  7399 7397 7395 7393 7391 7389 7387 7385 7383 7381 7379

MNS:  2619 2621 2623 2625 2627 2629 2631 2633 2635 2637 2639
MYS:  7377 7375 7373 7371 7369 7367 7365 7363 7361 7359 7357

MNS:  2641 2643 2645 **2647** 2649 2651 2653 2655 2657 2659 2661
MYS:  7355 7353 7351 **7349** 7347 7345 7343 7341 7339 7337 7335

MNS:  **2663** 2665 2667 2669 2671 2673 2675 2677 2679 2681 2683
MYS:  **7333** 7331 7329 7327 7325 7323 7321 7319 7317 7315 7313

MNS:  2685 **2687 2689** 2691 2693 2695 2697 **2699** 2701 2703 2705
MYS:  7311 **7309 7307** 7305 7303 7301 7299 **7297** 7295 7293 7291

MNS:  2707 2709 2711 **2713** 2715 2717 2719 2721 2723 2725 2727
MYS:  7289 7287 7285 **7283** 7281 7279 7277 7275 7273 7271 7269

MNS:  2729 2731 2733 2735 2737 2739 2741 2743 2745 2747 **2749**
MYS:  7267 7265 7263 2761 7259 7257 7255 7253 7251 7249 **7247**

MNS:  2751 **2753** 2755 2757 2759 2761 2763 2765 **2767** 2769 2771
MYS:  7245 **7243** 7241 7239 7237 7235 7233 7231 **7229** 7227 7225

MNS:  2773 2775 **2777** 2779 2781 2783 2785 2787 **2789** 2791 2793
MYS:  7223 7221 **7219** 7217 7215 7213 7211 7209 **7207** 7205 7203

MNS:  2795 2797 2799 2801 **2803** 2805 2807 2809 2811 2813 2815
MYS:  7201 7199 7197 7195 **7193** 7191 7189 7187 7185 7183 7181

MNS:  2817 **2819** 2821 2823 2825 2827 2829 2831 2833 2835 **2837**
MYS:  7179 **7177** 7175 7173 7171 7169 7167 7165 7163 7161 **7159**
```

```
MNS:   2839 2841 2843 2845 2847 2849 2851 2853 2855 2857 2859
MYS:   7157 7155 7153 7151 7149 7147 7145 7143 7141 7139 7137

MNS:   2861 2863 2865 2867 2869 2871 2873 2875 2877 2879 2881
MYS:   7135 7133 7131 7129 7127 7125 7123 7121 7119 7117 7115

MNS:   2883 2885 **2887** 2889 2891 2893 2895 2897 2899 2901 2903
MYS:   7113 7111 **7109** 7107 7105 7103 7101 7099 7097 7095 7093

MNS:   2905 2907 2909 2911 2913 2915 **2917** 2919 2921 2923 2925
MYS:   7091 7089 7087 7085 7083 7081 **7079** 7077 7075 7073 7071

MNS:   **2927** 2929 2931 2933 2935 2937 **2939** 2941 2943 2945 2947
MYS:   **7069** 7067 7065 7063 7061 7059 **7057** 7055 7053 7051 7049

MNS:   2949 2951 **2953** 2955 **2957** 2959 2961 2963 2965 2967 **2969**
MYS:   7047 7045 **7043** 7041 **7039** 7037 7035 7033 7031 7029 **7027**

MNS:   2971 2973 2975 2977 2979 2981 2983 2985 2987 2989 2991
MYS:   7025 7023 7021 7019 7017 7015 7013 7011 7009 7007 7005

MNS:   2993 2995 2997 **2999** 3001 3003 3005 3007 3009 3011 3013
MYS:   7003 7001 6999 **6997** 6995 6993 6991 6989 6987 6985 6983

MNS:   3015 3017 **3019** 3021 3023 3025 3027 3029 3031 3033 3035
MYS:   6981 6979 **6977** 6975 6973 6971 6969 6967 6965 6963 6961

MNS:   **3037** 3039 3041 3043 3045 3047 **3049** 3051 3053 3055 3057
MYS:   **6959** 6957 6955 6953 6951 6949 **6947** 6945 6943 6941 6939

MNS:   3059 3061 3063 3065 3067 3069 3071 3073 3075 3077 **3079**
MYS:   6937 6935 6933 6931 6929 6927 6925 6923 6921 6919 **6917**

MNS:   3081 3083 3085 3087 **3089** 3091 3093 3095 3097 3099 3101
MYS:   6915 6913 6911 6909 **6907** 6905 6903 6901 6899 6897 6895

MNS:   3103 3105 3107 3109 3111 3113 3115 3117 3119 3121 3123
MYS:   6893 6891 6889 6887 6885 6883 6881 6879 6877 6875 6873

MNS:   3125 3127 3129 3131 3133 3135 3137 3139 3141 3143 3145
MYS:   6871 6869 6867 6865 6863 6861 6859 6857 6855 6853 6851

MNS:   3147 3149 3151 3153 3155 3157 3159 3161 **3163** 3165 **3167**
MYS:   6849 6847 6845 6843 6841 6839 6837 6835 **6833** 6831 **6829**
```

```
MNS:  3169 3171 3173 3175 3177 3179 3181 3183 3185 3187 3189
MYS:  6827 6825 6823 6821 6819 6817 6815 6813 6811 6809 6807

MNS:  3191 3193 3195 3197 3199 3201 3203 3205 3207 3209 3211
MYS:  6805 6803 6801 6799 6797 6795 6793 6791 6789 6787 6785

MNS:  3213 3215 3217 3219 3221 3223 3225 3227 3229 3231 3233
MYS:  6783 6781 6779 6777 6775 6773 6771 6769 6767 6765 6763

MNS:  3235 3237 3239 3241 3243 3245 3247 3249 3251 3253 3255
MYS:  6761 6759 6757 6755 6753 6751 6749 6747 6745 6743 6741

MNS:  3257 3259 3261 3263 3265 3267 3269 3271 3273 3275 3277
MYS:  6739 6737 6735 6733 6731 6729 6727 6725 6723 6721 6719

MNS:  3279 3281 3283 3285 3287 3289 3291 3293 3295 3297 3299
MYS:  6717 6715 6713 6711 6709 6707 6705 6703 6701 6699 6697

MNS:  3301 3303 3305 3307 3309 3311 3313 3315 3317 3319 3321
MYS:  6695 6693 6691 6689 6687 6685 6683 6681 6679 6677 6675

MNS:  3323 3325 3327 3329 3331 3333 3335 3337 3339 3341 3343
MYS:  6673 6671 6669 6667 6665 6663 6661 6659 6657 6655 6653

MNS:  3345 3347 3349 3351 3353 3355 3357 3359 3361 3363 3365
MYS:  6651 6649 6647 6645 6643 6641 6639 6637 6635 6633 6631

MNS:  3367 3369 3371 3373 3375 3377 3379 3381 3383 3385 3387
MYS:  6629 6627 6625 6623 6621 6619 6617 6615 6613 6611 6609

MNS:  3389 3391 3393 3395 3397 3399 3401 3403 3405 3407 3409
MYS:  6607 6605 6603 6601 6599 6597 6595 6593 6591 6589 6587

MNS:  3411 3413 3415 3417 3419 3421 3423 3425 3427 3429 3431
MYS:  6585 6583 6581 6579 6577 6575 6573 6571 6569 6567 6565

MNS:  3433 3435 3437 3439 3441 3443 3445 3447 3449 3451 3453
MYS:  6563 6561 6559 6557 6555 6553 6551 6549 6547 6545 6543

MNS:  3455 3457 3459 3461 3463 3465 3467 3469 3471 3473 3475
MYS:  6541 6539 6537 6535 6533 6531 6529 6527 6525 6523 6521

MNS:  3477 3479 3481 3483 3485 3487 3489 3491 3493 3495 3497
MYS:  6519 6517 6515 6513 6511 6509 6507 6505 6503 6501 6499
```

```
MNS:  3499 3501 3503 3505 3507 3509 3511 3513 3515 3517 3519
MYS:  6497 6495 6493 6491 6489 6487 6485 6483 6481 6479 6477

MNS:  3521 3523 3525 **3527** 3529 3531 3533 3535 3537 3539 3541
MYS:  6475 6473 6471 **6469** 6467 6465 6463 6461 6459 6457 6455

MNS:  3543 3545 **3547** 3549 3551 3553 3555 3557 3559 3561 3563
MYS:  6453 6451 **6449** 6447 6445 6443 6441 6439 6437 6435 6433

MNS:  3565 3567 3569 3571 3573 3575 3577 3579 3581 3583 3585
MYS:  6431 6429 6427 6425 6423 6421 6419 6417 6415 6413 6411

MNS:  3587 3589 3591 3593 3595 3597 3599 3601 3603 3605 **3607**
MYS:  6409 6407 6405 6403 6401 6399 6397 6395 6393 6391 **6389**

MNS:  3609 3611 3613 3615 **3617** 3619 3621 **3623** 3625 3627 3629
MYS:  6387 6385 6383 6381 **6379** 6377 6375 **6373** 6371 6369 6367

MNS:  3631 3633 3635 **3637** 3639 3641 **3643** 3645 3647 3649 3651
MYS:  6365 6363 6361 **6359** 6357 6355 **6353** 6351 6349 6347 6345

MNS:  3653 3655 3657 **3659** 3661 3663 3665 3667 3669 3671 **3673**
MYS:  6343 6341 6339 **6337** 6335 6333 6331 6329 6327 6325 **6323**

MNS:  3675 3677 3679 3681 3683 3685 3687 3689 3691 3693 3695
MYS:  6321 6319 6317 6315 6313 6311 6309 6307 6305 6303 6301

MNS:  **3697** 3699 3701 3703 3705 3707 **3709** 3711 3713 3715 3717
MYS:  **6299** 6297 6295 6293 6291 6289 **6287** 6285 6283 6281 6279

MNS:  **3719** 3721 3723 3725 **3727** 3729 3731 **3733** 3735 3737 **3739**
MYS:  **6277** 6275 6273 6271 **6269** 6267 6265 **6263** 6261 6259 **6257**

MNS:  3741 3743 3745 3747 3749 3751 3753 3755 3757 3759 3761
MYS:  6255 6253 6251 6249 6247 6245 6243 6241 6239 6237 6235

MNS:  3763 3765 **3767** 3769 3771 3773 3775 3777 **3779** 3781 3783
MYS:  6233 6231 **6229** 6227 6225 6223 6221 6219 **6217** 6215 6213

MNS:  3785 3787 3789 3791 **3793** 3795 **3797** 3799 3801 3803 3805
MYS:  6211 6209 6207 6205 **6203** 6201 **6199** 6197 6195 6193 6191

MNS:  3807 3809 3811 3813 3815 3817 3819 3821 **3823** 3825 3827
MYS:  6189 6187 6185 6183 6181 6179 6177 6175 **6173** 6171 6169
```

```
MNS:  3829 3831 3833 3835 3837 3839 3841 3843 3845 3847 3849
MYS:  6167 6165 6163 6161 6159 6157 6155 6153 6151 6149 6147

MNS:  3851 3853 3855 3857 3859 3861 3863 3865 3867 3869 3871
MYS:  6145 6143 6141 6139 6137 6135 6133 6131 6129 6127 6125

MNS:  3873 3875 3877 3879 3881 3883 3885 3887 3889 3891 3893
MYS:  6123 6121 6119 6117 6115 6113 6111 6109 6107 6105 6103

MNS:  3895 3897 3899 3901 3903 3905 3907 3909 3911 3913 3915
MYS:  6101 6099 6097 6095 6093 6091 6089 6087 6085 6083 6081

MNS:  3917 3919 3921 3923 3925 3927 3929 3931 3933 3935 3937
MYS:  6079 6077 6075 6073 6071 6069 6067 6065 6063 6061 6059

MNS:  3939 3941 3943 3945 3947 3949 3951 3953 3955 3957 3959
MYS:  6057 6055 6053 6051 6049 6047 6045 6043 6041 6039 6037

MNS:  3961 3963 3965 3967 3969 3971 3973 3975 3977 3979 3981
MYS:  6035 6033 6031 6029 6027 6025 6023 6021 6019 6017 6015

MNS:  3983 3985 3987 3989 3991 3993 3995 3997 3999 4001 4003
MYS:  6013 6011 6009 6007 6005 6003 6001 5999 5997 5995 5993

MNS:  4005 4007 4009 4011 4013 4015 4017 4019 4021 4023 4025
MYS:  5991 5989 5987 5985 5983 5981 5979 5977 5975 5973 5971

MNS:  4027 4029 4031 4033 4035 4037 4039 4041 4043 4045 4047
MYS:  5969 5967 5965 5963 5961 5959 5957 5955 5953 5951 5949

MNS:  4049 4051 4053 4055 4057 4059 4061 4063 4065 4067 4069
MYS:  5947 5945 5943 5941 5939 5937 5935 5933 5931 5929 5927

MNS:  4071 4073 4075 4077 4079 4081 4083 4085 4087 4089 4091
MYS:  5925 5923 5921 5919 5917 5915 5913 5911 5909 5907 5905

MNS:  4093 4095 4097 4099 4101 4103 4105 4107 4109 4111 4113
MYS:  5903 5901 5899 5897 5895 5893 5891 5889 5887 5885 5883

MNS:  4115 4117 4119 4121 4123 4125 4127 4129 4131 4133 4135
MYS:  5881 5879 5877 5875 5873 5871 5869 5867 5865 5863 5861

MNS:  4137 4139 4141 4143 4145 4147 4149 4151 4153 4155 4157
MYS:  5859 5857 5855 5853 5851 5849 5847 5845 5843 5841 5839
```

```
MNS:  4159 4161 4163 4165 4167 4169 4171 4173 4175 4177 4179
MYS:  5837 5835 5833 5831 5829 5827 5825 5823 5821 5819 5817

MNS:  4181 4183 4185 4187 4189 4191 4193 4195 4197 4199 4201
MYS:  5815 5813 5811 5809 5807 5805 5803 5801 5799 5797 5795

MNS:  4203 4205 4207 4209 4211 4213 4215 4217 4219 4221 4223
MYS:  5793 5791 5789 5787 5785 5783 5781 5779 5777 5775 5773

MNS:  4225 4227 4229 4231 4233 4235 4237 4239 4241 4243 4245
MYS:  5771 5769 5767 5765 5763 5761 5759 5757 5755 5753 5751

MNS:  4247 4249 4251 4253 4255 4257 4259 4261 4263 4265 4267
MYS:  5749 5747 5745 5743 5741 5739 5737 5735 5733 5731 5729

MNS:  4269 4271 4273 4275 4277 4279 4281 4283 4285 4287 4289
MYS:  5727 5725 5723 5721 5719 5717 5715 5713 5711 5709 5707

MNS:  4291 4293 4295 4297 4299 4301 4303 4305 4307 4309 4311
MYS:  5705 5703 5701 5699 5697 5695 5693 5691 5689 5687 5685

MNS:  4313 4315 4317 4319 4321 4323 4325 4327 4329 4331 4333
MYS:  5683 5681 5679 5677 5675 5673 5671 5669 5667 5665 5663

MNS:  4335 4337 4339 4341 4343 4345 4347 4349 4351 4353 4355
MYS:  5661 5659 5657 5655 5653 5651 5649 5647 5645 5643 5641

MNS:  4357 4359 4361 4363 4365 4367 4369 4371 4373 4375 4377
MYS:  5639 5637 5635 5633 5631 5629 5627 5625 5623 5621 5619

MNS:  4379 4381 4383 4385 4387 4389 4391 4393 4395 4397 4399
MYS:  5617 5615 5613 5611 5609 5607 5605 5603 5601 5599 5597

MNS:  4401 4403 4405 4407 4409 4411 4413 4415 4417 4419 4421
MYS:  5595 5593 5591 5589 5587 5585 5583 5581 5579 5577 5575

MNS:  4423 4425 4427 4429 4431 4433 4435 4437 4439 4441 4443
MYS:  5573 5571 5569 5567 5565 5563 5561 5559 5557 5555 5553

MNS:  4445 4447 4449 4451 4453 4455 4457 4459 4461 4463 4465
MYS:  5551 5549 5547 5545 5543 5541 5539 5537 5535 5533 5531

MNS:  4467 4469 4471 4473 4475 4477 4479 4481 4483 4485 4487
MYS:  5529 5527 5525 5523 5521 5519 5517 5515 5513 5511 5509
```

```
MNS:  4489 4491 **4493** 4495 4497 4499 4501 4503 4505 4507 4509
MYS:  5507 5505 **5503** 5501 5499 5497 5495 5493 5491 5489 5487

MNS:  4511 **4513** 4515 **4517** **4519** 4521 4523 4525 4527 4529 4531
MYS:  5485 **5483** 5481 **5479** **5477** 5475 5473 5471 5469 5467 5465

MNS:  4533 4535 4537 4539 4541 4543 4545 **4547** 4549 4551 4553
MYS:  5463 5461 5459 5457 5455 5453 5451 **5449** 5447 5445 5443

MNS:  4555 4557 4559 4561 4563 4565 4567 4569 4571 4573 4575
MYS:  5441 5439 5437 5435 5433 5431 5429 5427 5425 5423 5421

MNS:  4577 4579 4581 **4583** 4585 4587 4589 4591 4593 4595 **4597**
MYS:  5419 5417 5415 **5413** 5411 5409 5407 5405 5403 5401 **5399**

MNS:  4599 4601 **4603** 4605 4607 4609 4611 4613 4615 4617 4619
MYS:  5397 5395 **5393** 5391 5389 5387 5385 5383 5381 5379 5377

MNS:  4621 4623 4625 4627 4629 4631 4633 4635 4637 4639 4641
MYS:  5375 5373 5371 5369 5367 5365 5363 5361 5359 5357 5355

MNS:  4643 4645 4647 **4649** 4651 4653 4655 4657 4659 4661 **4663**
MYS:  5353 5351 5349 **5347** 5345 5343 5341 5339 5337 5335 **5333**

MNS:  4665 4667 4669 4671 **4673** 4675 4677 4679 4681 4683 4685
MYS:  5331 5329 5327 5325 **5323** 5321 5319 5317 5315 5313 5311

MNS:  4687 4689 4691 4693 4695 4697 4699 4701 4703 4705 4707
MYS:  5309 5307 5305 5303 5301 5299 5297 5295 5293 5291 5289

MNS:  4709 4711 4713 4715 4717 4719 4721 **4723** 4725 4727 4729
MYS:  5287 5285 5283 5281 5279 5277 5275 **5273** 5271 5269 5267

MNS:  4731 4733 4735 4737 4739 4741 4743 4745 4747 4749 4751
MYS:  5265 5263 5261 5259 5257 5255 5253 5251 5249 5247 5245

MNS:  4753 4755 4757 **4759** 4761 4763 4765 4767 4769 4771 4773
MYS:  5243 5241 5239 **5237** 5235 5233 5231 5229 5227 5225 5223

MNS:  4775 4777 4779 4781 4783 4785 **4787** 4789 4791 4793 4795
MYS:  5221 5219 5217 5215 5213 5211 **5209** 5207 5205 5203 5201

MNS:  4797 **4799** 4801 4803 4805 4807 4809 4811 4813 4815 **4817**
MYS:  5199 **5197** 5195 5193 5191 5189 5187 5185 5183 5181 **5179**
```

```
MNS:  4819 4821 4823 4825 4827 4829 4831 4833 4835 4837 4839
MYS:  5177 5175 5173 5171 5169 5167 5165 5163 5161 5159 5157

MNS:  4841 4843 4845 4847 4849 4851 4853 4855 4857 4859 4861
MYS:  5155 5153 5151 5149 5147 5145 5143 5141 5139 5137 5135

MNS:  4863 4865 4867 4869 4871 4873 4875 4877 4879 4881 4883
MYS:  5133 5131 5129 5127 5125 5123 5121 5119 5117 5115 5113

MNS:  4885 4887 4889 4891 4893 4895 4897 4899 4901 4903 4905
MYS:  5111 5109 5107 5105 5103 5101 5099 5097 5095 5093 5091

MNS:  4907 4909 4911 4913 4915 4917 4919 4921 4923 4925 4927
MYS:  5089 5087 5085 5083 5081 5079 5077 5075 5073 5071 5069

MNS:  4929 4931 4933 4935 4937 4939 4941 4943 4945 4947 4949
MYS:  5067 5065 5063 5061 5059 5057 5055 5053 5051 5049 5047

MNS:  4951 4953 4955 4957 4959 4961 4963 4965 4967 4969 4971
MYS:  5045 5043 5041 5039 5037 5035 5033 5031 5029 5027 5025

MNS:  4973 4975 4977 4979 4981 4983 4985 4987 4989 4991 4993
MYS:  5023 5021 5019 5017 5015 5013 5011 5009 5007 5005 5003

MNS:  4995 4997
MYS:  5001 4999
```

Opciones: 2498   Soluciones: 255   Porcentaje: 10,20

Aunque consideramos que el muestreo es muy escaso, si lo comparamos con la infinitud de los números; sin embargo, nos vemos obligados a suspender aquí la exposición de más tablas de emparejamientos de impares, para lograr la suma de un par determinado, debido a que carecemos de medios adecuados para continuar más allá.

A la vista de los cuadros expuestos, en los que se han destacado en negrita las parejas de primos que constituyen cada uno de los pares estudiados (al margen de otros rasgos característicos que están al alcance de todo el que estudie las tablas con detenimiento) cabe resaltar dos importantes peculiaridades:

- Aunque con leves altibajos, que dada su pequeñez no es anticientífico despreciarlos, se observa un **permanente aumento de la cantidad de soluciones en números absolutos.**

- Ese constante incremento de soluciones en números absolutos, no desdice para que a su vez se haga palpable una incesante **disminución de soluciones en valor relativo.** O sea, que debido al siempre creciente número de opciones de emparejamientos para cada par existente, las soluciones válidas se reducen de modo apreciable; en comparación con todas las posibles, sin duda de ningún tipo. La razón, en último caso, se debe a que el número de opciones posibles, crece muchísimo más de prisa que el de soluciones válidas.

Al pie de cada tabla se indica el número de opciones, soluciones correctas y el porcentaje de correctas respecto de posibilidades. Matizamos que dichos cálculos se han efectuado despreciando la primera opción: [1+(Par cualquiera que sea-1)] pues aunque ese 'Par-1' sea primo; no se acepta por solución válida de la hipótesis de Goldbach, que es lo que pretendemos demostrar.

Una pequeña sorpresa en el par 200, que sólo consigue ocho soluciones correctas (como en 102 y 108) pero de 49 posibilidades, así que el acierto relativo desciende hasta 16,32 %. Contra lo que creímos en principio, que los pares en cero tendrían más opciones de solución: sólo se malogra el primo 5 (se darán razones más adelante) se revela otro factor que se muestra más poderoso, a saber: los impares múltiplos de 3 (uno de cada tres de ellos) cuando han de componer un par también múltiplo de 3. Entonces sucede la circunstancia de que los múltiplos de 3 de la línea de menores, concuerdan con la de mayores y se incrementan las soluciones; pues queda mayor cantidad de primos aptos para buenos emparejamientos (es lo sucedido en los casos de 102 y 108).

Por el contrario, cuando no se da tal correspondencia (caso del par 200) hay muchos primos que se han de emparejar con múltiplos de tres de ambas líneas, lo que ocasiona una importante caída de soluciones: **9**/191, 11/**189**, 17/**183**, 23/**177**, … **93**/107, etc.

En el caso del 204 se palpa bien esa circunstancia, pues consecuencia de ella (múltiplos de tres menores corresponden con múltiplos de tres mayores) se observa que **las soluciones se elevan a catorce**; lo que representa el 28 % del total. Así se explica que dos pares tan cercanos entre sí como 200 y 204, con sólo un emparejamiento más e igual cantidad de primos, ofrezcan diferencia más que notable en número de soluciones; tanto en valor absoluto como en valor relativo.

Habida cuenta que cada nuevo par conlleva un reajuste general de los emparejamientos, las fluctuaciones de las soluciones están más condicionadas por este factor que se comenta, que por el guarismo de unidades del par. Por otra parte, como uno de cada tres pares son múltiplos de tres, pero las unidades pares son cinco, van rotando por todas las posibilidades antes de volver a coincidir con otro par de idéntica unidad; así: 12-18-24-30-36-42-48, etc.

Hemos subrayado la importancia de este rasgo, por ser 3 la fuente de compuestos más importante (uno de cada tres impares, según se dijo) el segundo primo en originar más múltiplos es el 5; pero a medida que son más elevados menor es su repercusión, pues con alguna frecuencia se superponen a otros compuestos. Por ejemplo: 45 es múltiplo de 5, pero nada destruye, pues ya lo era de 3; otro tanto cabe decir del 63 con respecto a 7 y 3; en fin, el 105 es múltiplo de 3, 5 y 7. Así queda evidenciado que cuanto mayores son los compuestos, menor puede ser su repercusión en los posibles emparejamientos que se originen.

Naturalmente esta circunstancia ya ha estado presente desde el primer momento, pero sólo se ha hecho ostensible cuando al elevarse el par a estudiar, ofrecía mayor margen de maniobra para que repercutiese en los valores absolutos de las soluciones correctas. Revelar una solución menos en valor absoluto, cuando el par anterior sólo ofrecía 2 (caso del 12 con respecto a 10) aunque tiene gran repercusión en valor relativo, no despierta suspicacias e incluso parecía confirmar que el guarismo de unidades de 10, aparentemente más fácil, era el causante. Pero el incremento de 8 a 14 soluciones (caso del 200 y 204) elevado tanto en valor absoluto como relativo… y con menos soluciones en el caso del par en 0, propició que entreviéramos que existía otro factor más poderoso, en los altibajos del número de soluciones, que el dicho del guarismo de unidades; lo que ha quedado confirmado.

Obsérvese el vivo contraste que se produce entre 1004 y 1008, por la razón elemental de que 1008 es múltiplo de 3, en tanto que 1004 no lo es; circunstancia que en este caso aniquila muchas opciones, debido a los emparejamientos que se producen. Este fenómeno se reproduce en 5000 y 9996. Por ser éste, múltiplo de tres con unidades en 6, deja baldíos de la línea de mayores bastantes menos primos. Destacamos su influencia, ya que es la causa principal de los altibajos del número de soluciones; sin embargo, no resulta tan poderosa como para que reduzca a cero las parejas correctas.

Tras esos comentarios que nos han permitido comprender con mejor detalle los fenómenos que desvelan las tablas de emparejamientos, podemos coronar nuestras deducciones.

A la vista de los resultados estadísticos (que una vez más reconocemos que son escasos, sobre todo comparados con la infinidad de los números) se deducen las siguientes tres conclusiones:

- El número de emparejamientos posibles **tiende** sin la menor duda al infinito. Destacamos lo de tiende, ya que el infinito no es alcanzable.

- Las cantidades de soluciones correctas crecen siempre, pero de modo muchísimo más moderado que el de opciones, por lo cual podemos concluir que tienden a 'millones', pero de modo muy lento y con titubeos; es decir, avances constantes si se miran los datos con amplia perspectiva, aunque si se entra en detalles se perciben leves, pero palpables altibajos, tanto mayores cuanto más crece el par.

- A partir de lo afirmado en los 2 puntos anteriores, se desprende que el porcentaje de soluciones correctas, disminuye siempre de modo constante; por lo cual es lícito aseverar que se trata de un resultado que **tiende** a cero, tan próximo a cero como se desee, pero jamás verdadero cero; lo que encaja con la antigua demostración, debida a Euclides, de que los números primos no se agotan nunca… o la aserción que aquí se sostiene, de que la conjetura de Goldbach ha de ser correcta.

A consecuencia de que el infinito es un ideal imaginable pero imposible de alcanzar, se capta que siempre será factible operar a partir de un par mucho más elevado que todos los anteriores, que sin ninguna duda implicará mayor número de emparejamientos y por lo tanto, mayor número de soluciones correctas de la hipótesis de Goldbach. Semejante cifra será porcentualmente muy modesta, incluso un infinitésimo… pero dado lo elevadísimo de los emparejamientos que se produzcan, no habrá más remedio que admitir que constará de millares e incluso millones de soluciones; sin que al afirmar tal cosa incurramos en desatinos.

En suma, desde el punto de vista estadístico todos los datos que hemos calculado confluyen en que la conjetura de Goldbach es correcta… y que se cumplirá siempre y sin excepción, por grandes que sean los pares; lo que equivale a afirmar que todo par será agible mediante la adición de dos primos. Semejante rasgo coadyuva a que se comprenda sin dificultades, la circunstancia demostrada en el capítulo primero del ensayo, en el que se evidenció que cabe generar los primos todos por infinitos mecanismos; con la condición única de restar a los pares, uno cualquiera de los primos de que sepamos, con tal que el resultado sea a su vez otro número primo… y que el número de soluciones posibles crece.

Para roborar lo aseverado en los párrafos anteriores, supongamos un número par Ñ, tan grande como quepa imaginar, que lo consideraremos múltiplo de 4, es indiferente este dato, se trata sólo de tener algo más concreto que manejar en los párrafos siguientes:

Menores: 1   3   5   7   9   …   (Ñ/2)-3   (Ñ/2)-1
Mayores: Ñ-1   Ñ-3 Ñ-5   …   (Ñ/2)+3   (Ñ/2)+1

Ya están ahí expuestos de modo más o menos simbólico, todos los emparejamientos cabeza-cola que ha originado ese número tan grande como podamos imaginar, que hemos llamado Ñ. Para empezar, por muy grande que fuese Ñ, lo primero que sucede es que los emparejamientos que crea, se han reducido a menos de la cuarta parte de su valor: (Ñ/4)-1 (redondeo por defecto, sin restar 1, si Ñ es par no múltiplo de 4) habida cuenta que la pareja 1+(Ñ-1) no se ha considerado nunca.

Sea X el número de soluciones correctas que nos hayan surgido de los emparejamientos; por tanto el porcentaje de resultados que validan la conjetura de Goldbach (G) será:

$$G=100X/[(Ñ/4)-1]$$

El valor real de G será un infinitésimo tan pequeño como podamos imaginar, pero no existe la menor duda de que nunca será cero, ya que el único modo que existe de que tal fracción sea cero real, es que X=0; circunstancia que a juzgar por lo que revela la estadística, resulta imposible pues X, siempre crece y será un número grande (aunque minúsculo ante Ñ).

Como se ve, hemos desdeñado la posibilidad de que la fórmula G=100X/[(Ñ/4)-1] pueda dar 0 por resultado mediante la división por infinito, ya que NO se trata de una opción real; pues el infinito no es una realidad alcanzable, sino sólo una tendencia que jamás se ve consumada… muy especialmente en el terreno de los números.

En lo que resta de capítulo intentaremos demostrar que es imposible que exista un par Ñ, que no genere soluciones de la conjetura de Goldbah. Comencemos la tarea usando la ecuación P=2ñ-3, a la contraria, es decir, dándole a ñ los valores defesos de la lista; pero para que no se resuelvan en números compuestos, que ahora carecen de interés, mutaremos el primo 3 por otro más conveniente al caso… que lo iremos cambiando en función del par 2ñ que surja, de modo que obtengamos primos:

ñ=6: P=2ñ-5=**7**,	ñ=9: P=2ñ-5=**13**,	ñ=12: P=2ñ-5=**19**,
ñ=14: P=2ñ-5=**23**,	ñ=15: P=2ñ-7=**23**,	ñ=18: P=2ñ-5=**31**,
ñ=19: P=2ñ-7=**31**,	ñ=21: P=2ñ-5=**37**,	ñ=24: P=2ñ-5=**43**,
ñ=26: P=2ñ-5=**47**,	ñ=27: P=2ñ-7=**47**,	ñ=29: P=2ñ-5=**53**,
ñ=30: P=2ñ-7=**53**,	ñ=33: P=2ñ-5=**61**,	ñ=34: P=2ñ-7=**61**,
ñ=36: P=2ñ-5=**67**,	ñ=39: P=2ñ-5=**73**,	ñ=40: P=2ñ-7=**73**,
ñ=42: P=2ñ-5=**79**,	ñ=44: P=2ñ-5=**83**,	ñ=45: P=2ñ-7=**83**,
ñ=47: P=2ñ-5=**83**,	ñ=48: P=2ñ-7=**89**,	**ñ=49: P=2ñ-19=79.**

Es patente que restando un primo conveniente se vuelve a obtener otro primo, aunque naturalmente no nuevo, porque no hay más cera que la que arde. Este proceso no está regido por el azar, sino por leyes [31] que más adelante expondremos, pues exigen cierto trabajo preparatorio.

Comencemos por afirmar que existen tres calidades de pares, a saber:

- Múltiplos de 3, tales como: 12, 18, 24, 30, 36, etc.
- Múltiplos de 3, más 1. Así: 10, 16, 22, 28, 34, etc.
- Múltiplos de 3, más 2, como: 8, 14, 20, 26, 32, etc.

Así mismo, todos los primos corresponden a esas mismas tres clases ya descritas:

Múltiplo de 3: sólo uno, el propio 3.
Múltiplos de 3, más 1: 7, 13, 19, 31, 37, etc.
Múltiplos de 3, más 2: **5**, 11, 17, 23, 29, 41, etc.

---

31 El azar no existe… o al menos no impera en el universo, y en ciencias puras cuyas leyes no sean demasiado difíciles, poco a poco se van descubriendo; pero las ciencias humanas son… tan enrevesadas, que aún tardaremos bastante tiempo, quizás siglos, en dominarlas… hasta conseguir pronósticos con provechoso grado de acierto.

Establecida esa base, subrayaremos que los guarismos de unidades de ellos, con excepción del primo 5 que es caso único, rotan por todas las posibilidades, según se desprende de los ejemplos dados.

La ecuación general es P=2ñ-x donde 2ñ es par de todas las formas descritas… y x, en su calidad de primo, también. Si a un par cualquiera se le resta un primo de igual clase, crea compuestos: 24-3=21, 30-3=27, etc. 34-13=21, 46-7=39, etc. 20-11=9, 38-5=33, etc. Pero surgirán primos si se les restan primos de las otras dos calidades que son distintas: 14-3=11, 14-7=7, 90-7=83, 90-11=79, etc.

Esta segunda norma no es tan rigurosa como la primera, sino que tiene esporádicas excepciones. Ejemplo: 60-11=49. Estas excepciones responden a dos razones:

- El par tiene un rasgo secundario, que se manifiesta tras efectuar la resta. En el ejemplo, 60 es múltiplo de 3, pero ocultamente también es múltiplo de 7 más 4, así que al restarle 11 (7+4) surge un múltiplo de 7. Dimos numerosos ejemplos de casos afines en el apartado II de este trabajo.

- Al ser 5 el único primo con unidades en 5, el dígito de unidades, condiciona que surjan los numerosos compuestos en 5 tras efectuar las restas. Se evitarán tales compuestos si se adopta este plan:

- Pares en 0, no admiten al primo 5.
- Pares en 2, no admiten primos con unidades en 7.
- Pares en 4, no admiten primos con unidades en 9.
- Pares en 6, no admiten primos con unidades en 1.
- Pares en 8, no admiten primos con unidades en 3.

Desarrollados todos lo prolegómenos, nos encontramos ya en condiciones de explicar el proceso, mediante el cual la ecuación P=2ñ-x al recibir ñ, valores que en el formato P=2ñ-3 generaba compuestos, vuelva a crear primos. Como el asunto es bastante complejo, nos basaremos en un caso de los vistos, en concreto ñ=49, que resultó ser de todos el más laborioso:

- Puesto que ñ=49 es múltiplo de 7, claro que 2ñ=98 lo será también; por lo cual el primo 7 queda eliminado de las soluciones posibles.

- La segunda norma es mucho más restrictiva y viene determinada por la cifra de unidades, que en este caso es el 8; por lo tanto, tras restarle primos con unidades en 3 resultarán múltiplos de 5, así que para evitarlo se aplica la norma dada con anterioridad, que invalida en masa los primos con unidades en tres: 3, 13, 23, 43, etc.

- La tercera norma se averigua sumando los guarismos que componen la cifra: 9+8=17. Puesto que 17 es múltiplo de 3, más dos, se eliminan también los primos constituidos por 3 (o un múltiplo suyo) más dos, esto es: 5, 11, 17, 23, 29, etc. pues surgirían múltiplos de 3. Véase: 98-11=87.

También ésta es norma muy restrictiva, pero al propio tiempo revela la clave de la solución, a saber: un primo que sea múltiplo de 3, más uno. Por consiguiente, he aquí los candidatos: 19, 31, 37, el candidato mayor posible es 98/2=49, que al ser compuesto se descarta, aunque en otros casos puede ser válido y conduce a un par que es suma de un primo consigo mismo. Claro que 43 y 73 no serán adecuados, pues aunque son múltiplos de 3, más 1, quedaron eliminados ya por la norma segunda; al igual que el propio 3, en otros casos válido. Las soluciones son, pues: 98-19=79, 98-31=67, 98-37=61; en verdad pocas, si se recuerda que sus vecinos: 100 y 102, tienen 6 y 8, respectivamente. Queda desvelado ya el porqué.

Ahora bien, esas son las normas elementales, pero a medida que crecen los números se presentan las dificultades adicionales, que son previsibles. Veámoslo con un ejemplo. Supongamos el par 1098, los primos con unidades en 3 quedan inutilizados por ser par en 8, pero como además es múltiplo de 3, podremos, recurrir tanto a primos múltiplos de 3, más 1… o de 3, más 2; así que no resulta caso particularmente difícil. En efecto 1098-5=**1093,** 1098-7=**1091,** 1098-11=**1087** y los tres son primos; sin embargo: 1098-17=1081=47x23.

La razón es que 1098 es múltiplo de 23 más 17, así que luego de restarle el primo 17, aparentemente útil, por ser múltiplo de 3, más 2 y sin unidades en 3 (es decir, igual de válido a primera vista que el 7, que ofreció una de las soluciones) nos surge un múltiplo de 23… fenómeno que por casos anteriores conocemos: a medida que los números crecen intervienen en el proceso otros primos algo mayores, ajenos al problema en principio, por ser sus múltiplos muy elevados. Esta circunstancia es la que fuerza que cada vez surjan menos primos en la serie de números naturales… o si se prefiere, existan más excepciones, pues en lugares donde cabría un primo (por lo que llamamos efecto reverberación) debido a esta sutil confluencia de factores, se trueca en número compuesto.

En consecuencia con lo dicho en el párrafo anterior, es natural hacerse la siguiente pregunta: **¿existirá un par que luego de restarle todos los primos menores posibles, devenga siempre en compuestos y no en primos?** Si se produjese dicha circunstancia, quedaría demostrado que es falsa la conjetura de Goldbach.

Para intentar hallar respuesta a la pregunta planteada partiremos de un par en 8, que además no sea múltiplo de 3 (que sólo nos priva del primo 3) sino que procuraremos que sea múltiplo de tres, más dos. He ahí el primer indicio de que pronto o tarde, toparemos con obstáculos insalvables a fin de crear el número buscado. La razón es que no existen números (pares ni impares) que sean a la vez múltiplos de 3, más 1… y de 3, más 2; eso es contradictorio. Por tanto, siempre quedará expedito uno de esos dos caminos a fin de hallar solución a la conjetura de Goldbach; aparte, claro, del primo 3, que por ser único goza de facultad resolutiva sólo residual, pues cada vez resultará más frecuente que Par-3=compuesto, aunque no sea el par múltiplo de tres.

Antes de abordar este problema, nos permitimos aclarar que hemos optado por un par en 8, por ser el caso que más dificultad nos planteó en tareas anteriores; pero salvo los pares con unidades en 0 que aparentemente resultan los más fáciles de resolver (pues sólo recusan el primo 5) cabría recurrir a cualquier otro par, ya en 2, 4 ó 6. Sin embargo, tras ver el resultado de las pesquisas que realizaremos, se admitirá que cualquiera que sea el número de unidades del par, lo que se persigue es un fantasma… que se nos escapa por los distintos descosidos que le salen a la tupida malla con la que ilusamente pretendemos atraparlo.

Ese par con unidades en 8 y múltiplo de 3, más 2, será el **38**. Pronto salta a la vista que han quedado descartados todos los primos en 3: 3, 13 y 23 por devenir en múltiplos de 5… y el propio 33 (que podría ser útil, pues: 38-33=5) por ser compuesto. También eliminamos el 5 y con él 11 y 17 por ser múltiplos de 3, más 2; que generarían múltiplos de 3 (38-5=33, 38-11=27, 38-17=21). Es evidente que 7, ya nos resuelve el problema pues 38-7=31, que es primo; pero claro que no hemos llegado hasta aquí… para conformarnos con tan superficial conclusión, sino que forzaremos a que ese par en 8, que en principio era 38, tras restarle 7, se transforme en múltiplo de 7. (Informamos que existe además una segunda solución: 38=19+19, pero ninguna otra, esto es importante).

Veamos qué nuevo par con unidades en 8, es ése, que tras restarle 7, trueca en múltiplo de 7. En la ecuación: 7x+7= Par en 8>38, habrá que dar a x valores impares en 3 y pronto surge: 7.13+7=**98**. El nuevo par parece calcado del anterior, pues sigue siendo múltiplo de 3, más 2 y como se mantiene con unidades en 8, nos inutiliza todos los primos en 3 incluido el compuesto 93 (así que 98-93=5, tampoco es válido, como no lo fue 38-33=5). Como bien sabemos por ser viejo conocido, el 98 tiene por solución primera 19, más otras dos, tres en total: 98-19=79, 98-31=67, 98-37=61.

Ahora repetiremos el proceso anterior: crearemos un par en 8 que tras restarle 19, se transforme en múltiplo de 19. Así que 19x+19=Par en 8>98, habrá, pues, que dar a x valores impares en 1, con lo que surge: 19.11+19=228.

Ya está conseguido… pero resulta que 228 no se parece ni a 98 ni a 38, pues es múltiplo de 3 exacto. Por lo cual a la red perfecta que pretendíamos tejer, eliminando todos los candidatos que fuesen surgiendo, se le ha hecho otro nuevo agujero: los candidatos ya pueden ser múltiplos de 3, más 2 (y por supuesto múltiplos de 3, más 1) por ende, tendremos dos aspirantes que estuvieron descartados, pero que vuelven a entrar en liza y resuelven el problema. Son: 5 y 17, pues 228-5=**223** y 228-17=**211.**

La razón del descosido que se le ha hecho a nuestro proyecto de red perfecta, es que tras 19.11=209 aparece un múltiplo de 3 más 2 (pues tal es el 11) así que luego de sumarle 19 (múltiplo de 3, más 1) resulta un múltiplo de 3 perfecto; que tendrá otros defectos (vemos que 11, no sirve pese a ser múltiplo de 3, más 2, pues 228-11=217… y 228 es múltiplo de 7, más 4, así que al restarle 11 (11=7+4) se transforma en múltiplo de 7) PERO libera a otros primos que ya estaban eliminados, algunos de los cuales, según se ha demostrado, resuelven el problema.

Claro que en 19x+19 cabe hacer x=31 que nos ofrecerá un múltiplo de 3, más 2 (como deseamos). Entonces tendremos el 608, que en efecto, es parecido a 38 y 98; ahora quedan ya eliminados todos los primos en 3 (incluido 603 por ser compuesto) todos los primos múltiplos de 3, más dos… y como nos propusimos, el 19.

Pero resulta que 608 no es múltiplo de 7, por lo que 608-7=**601** es primo. Peor aun, cada vez hay más múltiplos de tres, más uno, entre el último primo eliminado y el número en 8 obtenido (en este caso 19 y 608) por cuya razón cada vez surgen más candidatos a resolver el problema: 31, 37, 61, 67, 109, 151, etc. así que del 38 sólo topamos con dos soluciones, que ya se elevaron a tres en el 98… en tanto que ahora hay muchas más; pues cada vez disponemos de más primos… aptos para ratificar la hipótesis de Golbach. Como es fácil de captar, no avanzamos hacia el hallazgo de un múltiplo de todos los primos, sino que muy al contrario, retrocedemos.

En conclusión: el par ideal que dé siempre compuestos, se le reste el primo que se le reste… no existe; pues las condiciones a imponerle son muy numerosas, lo que genera dificultades adicionales (de dos tipos) que se manifiestan imposibles de soslayar todas a la vez… y que seguidamente desarrollamos:

- Si se desea que sea múltiplo de cierto primo, para que al restárselo resulte un compuesto, obliga a que a su vez deje de ser múltiplo de otro primo que anteriormente ya se había descartado. Lo hemos visto, 98 es múltiplo de 7, pero 228 y 608 no lo son.

- Mantener el par con la cifra concreta de unidades y además múltiplo de 3, más dos o más uno (ya sabemos que dichos rasgos dificultan las soluciones) nos obliga a crear un par cada vez mayor y por tanto, más distante del último primo anulado; conque la carrera a procurar tapar todos los posibles descosidos de la red, nos aboca a hacerla más grande, por ende, cada vez con más hipotéticos agujeros que son imposibles de tapar al unísono. En suma, surge una verdad inapelable: cuanto mayor sea el par que creemos, en lugar de acercarnos al número buscado, nos alejaremos de él.

Si se desea cabe ensayar con otros pares que tengan por guarismo de unidades otro número, en vez del 8… y que sean además múltiplos de tres, más uno… o múltiplos de tres a secas (este caso es el más fácil de resolver) pero se comprobará que el resultado es similar al visto. Nunca nos aproximamos a la solución, sino que por el contrario, cada vez distamos más de la meta soñada.

De hecho los problemas mayores se presentan con los pares iniciales: 6 y 8 son de soluciones únicas, el 10 admite dos soluciones, pero de nuevo el 12 no permite sino una, etc. y sólo desde el 22 y no para siempre, como se ha visto en el caso del 38, aparecen soluciones triples.

6=3+3; 8=5+3; 10=7+3 y 10=5+5; 12=7+5; 14=7+7 y 14=11+3; 16=11+5, 16=13+3; 18=13+5, 18=11+7; 20=17+3, 20=13+7; 22=19+3, 22=17+5, 22=11+11, etc.

Creemos que ha quedado perfectamente demostrado que el proyecto de impermeable perfecto, que imaginamos fabricar a fin de evitar la entrada de primos que creasen otro primo en las ecuaciones principales (tipo P=2ñ-x) se ha revelado utópico, por la sencilla razón de que cada vez es mayor… y se manifiesta palpable la imposibilidad de acudir a todos los agujeros a la vez; por lo ya dicho de que los números son múltiplos de 3… o de 3, más 1… o de 3, más 2… y no existe uno que sea todo a la vez. Los aislantes ideales no son de este mundo…

Claro que como es de dominio público, existe un método fácil de crear números (en nuestro caso pares) que luego de restarles primos vuelven a dar compuestos. El mecanismo es tan fácil como multiplicar toda la serie de primos desde el 2 en adelante. Por ejemplo: 2x3x5x7=210, ahora al 210, se le reste 2, 3, 5 ó 7, resulta un compuesto; así que no se podría comenzar el proceso de creación de primos, con la ecuación P=2ñ-x, dando a x ningún factor que constituya al 210… pero resulta evidente que sí funcionará la ecuación: P=210-11, pues P=199 y en efecto 199 es primo.

Así que ya hemos alcanzado la solución. Cabe que se maneje la ecuación invirtiendo términos, o sea: 210-199=P=11, con ñ=105.

Obsérvese que además del 11, también son útiles: 13, 17, 19, pues: 210-13=197, 210-17=193, 210-19=191, son todos ellos primos. Por ende, la cantidad válida de soluciones, crece (aunque surjan algunos altibajos) con el par obtenido, al multiplicar los primos que lo generen; lo que ya sabíamos.

Claro está que el verdadero sentido de las igualdades: 210-11=199 y 210-199=11 es que, COMO MÍNIMO, el par 210 NO estará vedado (descubrirá primos o si se prefiere, será la suma de al menos esos dos primos) en dichos planteos. Pero siendo 210/2=105, al existir entre 11 y 105 muchos primos más, las posibilidades no están agotadas, ni de lejos.

Ya apuntamos otras opciones (210-13=197, etc.) la última de la cuales es 210-103=107, pues de nuevo 103 y 107, son ambos primos. Véase al efecto la tabla del 210:

PAR 210

MNS:		1	3	5	7	9	**11**	**13**	15	**17**	**19**	21	23	25
MYS:		209	207	205	203	201	**199**	**197**	195	**193**	**191**	189	187	185

MNS:		27	**29**	**31**	33	35	**37**	39	41	**43**	45	**47**	49	51
MYS:		183	**181**	**179**	177	175	**173**	171	169	**167**	165	**163**	161	159

MNS:		**53**	55	57	**59**	**61**	63	65	67	69	**71**	**73**	75	77
MYS:		**157**	155	153	**151**	**149**	147	145	143	141	**139**	**137**	135	133

MNS:	**79**	81	**83**	85	87	89	91	93	95	**97**	99	**101**	**103**	105
MYS:	**131**	129	**127**	125	123	121	119	117	115	**113**	111	**109**	**107**	105

Opciones: 52   Soluciones: 19   Porcentaje: 36,53

En verdad ha sido un caso fácil, pues como múltiplo de 3 que es el 210, facilita muchos emparejamientos correctos. De hecho, se da la circunstancia de que ningún primo de la línea de mayores queda baldío; algo típico de los múltiplos de 3 con unidades en cero, en sus primeros tramos.

En suma, el sentido exacto de que 210-x=P deviene en primo con x=11; es que 210 queda defeso en planteos con primos menores (los factores de 210) pero puesto que desde 11 hasta 105 (210/2) existen muchos más primos, las posibilidades de que admita otros formatos aumentan ostensiblemente.

Ahora se entenderá mejor por qué el 12 (que contiene al primo 3 entre sus factores) pese a ser múltiplo de 3, no tiene más que una solución. La razón surge de que el margen de maniobra entre 3 (primo vedado) y 12/2=6 es estrechísimo y no contiene más que otro primo: 5. Por tanto, el par 12, sólo permite dos planteos P=2ñ-x, con x=5 y con x=7.

¿Y si se multiplicasen todos los primos conocidos? En tal caso obtendríamos un par: Ñ=2.3.5 … Y.X.Z, que no cabría en la Tierra, pero tras restarle a Ñ el primo siguiente al último hoy conocido: Z, calculado con P=2ñ-3, se obtendría esta ecuación: Ñ-P'=P'' en que P'', sería primo mucho mayor que Z (claro que ignorado hasta entonces, al igual que P') como lo fue 199 mayor que 11. Así que luego de calcular todas las ecuaciones auxiliares… y la lista de ñ válidos y vedados, determinaríamos todos los primos sin errores ni omisiones.

Es evidente que las diferencias: Ñ-3, Ñ-5, Ñ-7, Ñ-11, etc. hasta Ñ-Z (Z se ha supuesto que es el último primo hoy conocido) originarán compuestos, sin excepción. Ahora bien, los primos restantes entre Z y Ñ-1, tenderán a emparejarse; no todos los primos menores (por ser más) se corresponderán con primos de la línea de mayores, pero sí será correcta en cierta medida la inversa (como se evidencia en el caso del 210) por lo que habrá muchas parejas de primos que sumen Ñ.

Queda ya evidenciado que es imposible que exista un par, que tras restarle un primo, no genere otro primo… todo se 'reduce', en el caso más difícil, a localizar primos hoy desconocidos; pero como entre el par Ñ y el último primo que lo haya generado (Z en el ejemplo) existen cada vez más primos, habrá muchas soluciones.

En consecuencia, la conjetura de Goldbach tendrá que cumplirse, pues como bien cabe imaginar, podremos averiguar esos primos hoy ignorados: P' y P'' y todos los intermedios y posteriores, por infinitos mecanismos: P=2ñ-3, P=2ñ-5, etc. P=2ñ-23, P=2ñ-89, P=2ñ-P', P=2ñ-P'', etc. cada planteo con sus auxiliares y serie de valores de ñ que corresponda… y entre todos los formatos ningún par quedará vedado siempre. Sin duda, en determinar el primero de ellos se emplearán muchas jornadas; pero tendremos la absoluta certeza de que admitirá tantas más soluciones, cuanto mayor sea tal par.

Parece imposible demostrar cuál será el primer primo posterior a Z, ni merece la pena intentar la demostración; pues la semana que viene ya se habrá descubierto un nuevo primo mayor: Z', que alejaría mucho más allá la conjetura.

Sí que cabe desde ya vaticinar que el par Ñ producto de todos los primos, resultará fácil de resolver y tendrá muchas soluciones correctas; pues será múltiplo de 3, que según se ha demostrado, es el caso más fácil de los tres posibles tipos de pares… y para colmo con unidades en cero (2x3x5, etc. deciden la cuestión hasta el infinito) así que sólo el 5 abocará a múltiplos de 5. Por ende, toda la serie de primos desde ese P' en adelante, estará disponible para ofrecer soluciones correctas a la conjetura. Aparentemente parecen pocos primos, pero osamos subrayar que el primo Z, que hemos imaginado que sea el último hoy conocido, será un número 'microscópico' en comparación con Ñ; de igual modo que resulta serlo **29** respecto a: **6469693230** en: 2x3x5x7x11x13x17x19x23x29=6469693230… no da para más la calculadora de que disponemos.

Más difícil resultará el par que surja de suprimir al producto de la serie de primos, precisamente el factor 3; pues entonces será múltiplo de tres, más uno (o múltiplo de 3, más dos) que implica que se bloquean todos los primos de su propia clase, que crearían múltiplos de tres (20-11=9, 40-13=27) no primos. Y más difícil si además se suprime el factor 5, que anularía el cero; lo que bloquearía todos los primos en 3, 7, 9 ó 1, según resultase par en 8, 2, 4 ó 6, respectivamente… por devenir en múltiplos de cinco. Y si se suprimen todos los posibles… o sea, si quedásemos sólo con el par 2x3=**6,** se genera una sola solución… y con el mismo primo; caso que resulta, sin duda (junto con 4=2+2) el más paupérrimo de todos, ya que como se ha recalcado de modo reiterado: cuanto mayor sea un par… tanto más fácil es hallarle emparejamientos correctos.

Según ya se ha dicho, no parece posible demostrar que en un emparejamiento concreto, de ese Ñ producto de todos los primos conocidos hoy, ambos números sean primos… y que además, ni merece la pena abordar la empresa; habida cuenta que pronto Z dejaría de ser el último primo conocido… y el problema se trasladaría más allá. Pero sí se atisba posible demostrar que para cualquier Ñ (resultado de multiplicar todos los primos que se conozcan en un momento dado) los primos que conformen Ñ y sus compuestos, se tendrán que complementar entre ellos; en tanto que los primos que NO conformen Ñ, habrán de emparejarse con otros primos, que tampoco conformen Ñ (estas parejas, que serán de primos hasta entonces ignorados, constituirán las soluciones de la conjetura) salvo esporádicas excepciones que son de fácil explicación según se evidenciará, por lo que los resultados no se comprometen. Sin embargo, como la tarea se revela compleja y larga de exponer; dedicaremos un capítulo nuevo e independiente a su desarrollo. Una vez concluida dicha investigación… y ya con nuevos datos a la vista, nos replantearemos la posibilidad de hallar solución a ese par múltiplo de todos los primos hoy conocidos.

IV .- ÚLTIMOS DETALLES

Para iniciar la demostración que nos hemos propuesto, comenzaremos por crear la tabla de ese número Ñ, producto de todos los primos conocidos (el último de los cuales designamos con la letra Z) aunque sea, claro está, de forma esquemática.

PAR Ñ

MNS:	1	3	5	7	9	…	Y	…	**Z**	Z+2 …		Z+98
MYS:	Ñ-1	Ñ-3	Ñ-5	Ñ-7	Ñ-9	…	Ñ-Y	…	**Ñ-Z**	Ñ-(Z+2)	…	Ñ-(Z+98)

MNS:	Z+100	…	3Z	…	Z^2 *	…	Ñ/2-4	Ñ/2-2	Ñ/2
MYS:	Ñ-(Z+100)	…	Ñ-3Z	…	Ñ-Z^2	…	Ñ/2+4	Ñ/2+2	Ñ/2

Basta con esa muestra. Antes de avanzar en nuestros razonamientos, dos observaciones: Z^2, marcado con asterisco, será impar, como todos los impares al cuadrado… y estará emparejado con ese Ñ-Z^2, que será múltiplo de Z. Lo segundo que se habrá de tener en cuenta: Z es un número tan grande como se imagine, tendrá, pues, inefable cantidad de guarismos; pero no se olvide, cuanto mayor sea Z… más insignificante será con relación a Ñ, producto de todos los primos incluido Z. Por ende, el número de emparejamientos entre el primo Z con Ñ-Z y Ñ/2 consigo mismo, es inexpresablemente grande.

Dicho eso, sólo resta iniciar nuestras reflexiones:

- Ñ es par en cero, múltiplo de 2, de 3, de 5, etc. y NO de 4. Por tanto Ñ/2, será impar en 5 y múltiplo de 3; así que quedará emparejado consigo mismo.

- Ñ/2+2 será múltiplo de 3, más 2 y se empareja con Ñ/2-2, que forzosamente será múltiplo de 3, más 1. Y en fin Ñ/2+4, será múltiplo de 3, más 1 y hará pareja con Ñ/2-4, que tiene que ser múltiplo de 3, más 2.

- La pareja 1 y Ñ-1 consta de múltiplo de 3, más 1 (el uno) y múltiplo de 3, más 2 (pues Ñ es múltiplo de 3). El dúo 3 y Ñ-3, son ambos múltiplos de tres; en tanto que 5 es múltiplo de 3, más dos… y Ñ-5 tendrá que ser múltiplo de 3, más 1… y múltiplo de 5, pues tendrá 5 en las unidades.

- Ignoramos si Z será múltiplo de 3, más 1 o múltiplo de 3, más 2; pero es indiferente, sea lo uno o sea lo otro, se emparejará con un Ñ-Z que es lo contrario: Ñ menos múltiplo de 3, más 1 = múltiplo de 3, más 2. Pero Ñ menos múltiplo de 3, más 2 = múltiplo de tres, más 1.

- Queda, pues, claro que los emparejamientos continúan como estaban en el par 210; por tanto las opciones de que surjan soluciones a la conjetura de Goldbach se mantienen en máximos, pues 3 y sus múltiplos se emparejan entre sí… y a su vez, 5 y sus múltiplos entre sí, etc. hasta Z y sus múltiplos que también se parearán entre ellos. Por ende los primos, cuando surjan, también tenderán a emparejarse entre ellos; como se ha visto en el caso de Ñ=210. Se demostrará.

- Hasta el emparejamiento de Z con Ñ-Z, resaltado en negritas, no surgirá ninguna solución válida a la hipótesis de Goldbach. Uno y Ñ-1, por no ser válida; las restantes por ser compuestos, al menos, uno de los miembros de las parejas resultantes. La razón es obvia: Ñ es múltiplo de todos los primos hasta Z incluido; así que al restarle ya sea uno de los factores primos que lo integran o bien un compuesto de ellos, no puede resolverse sino en compuestos.

En suma, las soluciones posibles surgirán a partir de Z+2 y Ñ-(Z+2) incluido… y sería posible, de darse el caso de que Z fuese múltiplo de 3, más 2 (en cuyo caso, Z+2 sería múltiplo de 3, más 1) pero si Z es múltiplo de 3, más 1, entonces Z+2 sería múltiplo de tres. Pero no aseveraremos que algún número concreto de la línea de menores sea primo (eso sólo se abordará más adelante) procuraremos por el contrario demostrar, que caso de que surjan primos (cosa que sin duda sucederá, pues sabemos con certeza que los números primos no se agotan jamás) se tendrán que emparejar, salvo pocas excepciones, con otros primos.

Planteada de otro modo la crucial cuestión anterior, de la cual depende el riguroso cumplimiento de la hipótesis de Goldbach: ¿qué garantía tendremos de que los primos (que sabemos con absoluta certeza que tienen que surgir en ambas líneas, aunque en menor proporción en la de mayores) se habrán de emparejar forzosamente entre ellos… y no sucederá que en ambas líneas dé la 'casualidad' de que la totalidad de primos se correspondan con compuestos?

Hay en principio una razón fundamental: la estructura de los primos es palindrómica, de tal modo que la presencia de uno, exige la existencia de otro en lugares bien determinados del conjunto numérico. Véase un ejemplo sencillo: Ñ=30.

1	7	11	13
29	23	19	17

Repárese en que todas esas parejas de primos suman 30, equivalente a nuestro Ñ; por tanto par en cero, múltiplo de 2, de 3, de 5 y no de 4. Y es que 30 es resultado de 2x3x5 o sea, de todos los primos anteriores a 7, por tal motivo omitidos, pues se emparejarían con compuestos.

En la redacción primera de este ensayo, se desarrollaba en los siguientes párrafos el contenido del último capítulo de nuestro trabajo inmediatamente anterior; pero puesto que en esta edición se incluyen ambos ensayos, nos limitaremos a breve esbozo, que sirva de recordatorio de lo allí expuesto. Obsérvese: los primos son complementarios a los límites… y no se copian de tablas… se determinan mediante sumas o restas:

6+1=7, 6+5=11, 6+7=13, 6+11=17, 6+13=19, 6+17=23, 6+19=**25** y 6+23=29.

Se han obtenido todos, con una excepción incluida (25, por eso marcado en negrita) para lo cual basta con sumar a 6 (Ñ=2x3=6, primos 2 y 3 omitidos de las sumas, pues crearían compuestos) el 1, creador universal, que siempre participa en las operaciones y el 5, único primo no incluido en el límite, el cual surge de 2+3=5. Los primos nacen, pues, sumando a los límites palindrómicos: Ñ=2, Ñ=6, Ñ=30, etc. los nuevos primos que se van averiguando, luego de realizar las sumas: 6+1=7, 6+5=11 y 6+7=13 (7 no se copia de una tabla, sino que está recién hallado). Se marca la excepción 25, 5^2, pues reafirma lo dicho en el primer capítulo: las excepciones a evitar… siempre se inician por los cuadrados de cada primo descubierto.

En realidad, averiguados los primos hasta el 15 (que denominamos centro de simetría… y resulta de Ñ/2=30/2=15) o sea: 7, 11 y 13; para deducir nuevos basta restarlos de 30, incluido el 1, que según se dijo participa siempre: 30-1=29, 30-7=23, 30-11=19, 30-13=17… y ya queda explicada la que hemos llamado estructura palindrómica.

El hecho evidenciado, fuerza a que cada primo de la línea de menores, se tenga que emparejar (salvo algunas excepciones que luego se detallarán, así como su razón de ser) con otro primo de la línea de mayores.

Pues bien, dicho eso, intentaremos ahora demostrar lo prometido (CON EXCEPCIONES INCLUIDAS) pero por medio de otro mecanismo, que acaso resulte más convincente. Para ello se analizan las relaciones numéricas que surgen de las parejas que se originan en la tabla del 210… y también en la expuesta más arriba; que no es sino la tabla del 30 abreviada… y luego se sacarán enseñanzas y conclusiones.

Si dividimos el par Ñ que origina la tabla, por cada uno de los impares de la línea de menores, los resultados que se obtienen responden a dos tipos:

DIVISIONES EXACTAS: se trata, pues, de divisores del par que sea; el resultado de la división será un cociente par… y resto cero. **Para obtener el impar homólogo de la línea de mayores, nos basta multiplicar tal impar, por el cociente obtenido disminuido en una unidad.** Ejemplos:

      30/5=6, luego 5x5=25,   por tanto 5 se empareja con 25
      210/3=70,   3x69=207,   por tanto 3 se empareja con 207
      210/7=30,   7x29=203,   por tanto 7 se empareja con 203
      210/15=14, 15x13=195,   por tanto 15 se empareja con 195
      210/21=10, 21x9=189,   por tanto 21 se empareja con 189

DIVISIONES INEXACTAS: no son divisores del par de que se trate, se obtendrá cociente y resto, con la peculiaridad de que ambos serán de la misma paridad; es decir, los dos serán pares o los dos impares. **Su contrapartida la descubriremos, multiplicando el impar por el cociente, disminuido en una unidad y sumando el resto.** Ejemplos:

30/7=4   Resto: 2,   7x3=21,   21+2=23; pareja: 7-23
210/11=19 Resto: 1, 11x18=198, 198+1=199; pareja: 11-199
210/23=9 Resto: 3, 23x8=184, 184+3=187; pareja: 23-**187**

```
210/31=6   Resto: 24, 31x5=155, 155+24=179;  pareja: 31-179
210/41=5   Resto: 5,  41x4=164, 164+5=169;   pareja: 41-169
210/51=4   Resto: 6,  51x3=153, 153+6=159;   pareja: 51-159
210/61=3   Resto: 27, 61x2=122, 122+27=149;  pareja: 61-149
210/77=2   Resto: 56, 77x1=77,  77+56=133;   pareja: 77-133
```

Vistos ya con todo detalle los mecanismos por los que se rigen los emparejamientos; compendiaremos los cuatro posibles casos, de modo que a la vista de los rasgos de un impar de la línea de menores, podamos determinar sin error los que portará su pareja de la línea de mayores. Antes de avanzar informamos que designaremos con la letra Ñ, no sólo al producto de todos los primos hasta ese Z, que suponemos el mayor conocido al día de hoy; sino que Ñ, en general, representará cualquier par que sea producto de primos, por ejemplo: 2x3x5x7=210=Ñ. Así mismo, llamaremos I a cualquier impar, pero en especial, de la línea de menores.

NORMA PRIMERA DE EMPAREJAMIENTOS:

En principio resulta claro que si I es divisor exacto de Ñ, el resto será cero… y como su complementario de la línea de mayores se obtiene luego de multiplicar el impar menor, por el cociente obtenido disminuido en una unidad; el resultado será, sin duda, compuesto de I. Esto no admite discusión: **todo I** (ya primo, ya compuesto) **de la línea de menores que sea divisor de Ñ, se habrá de emparejar forzosamente en la línea de mayores, con otro compuesto que comparte un factor, al menos, con Ñ. Dicho de otro modo, todo I que contenga uno o más factores de Ñ, NO se emparejará con primos sino con sus propios compuestos que comparten factores con Ñ.** Esta regla no admite excepciones hasta infinito… y afecta a los I que sean primos, cuyo único factor se incluya en Ñ… o también a compuestos, cuyos factores (todos) constituyan Ñ. Semejantes PRIMOS que están destinados a emparejarse con sus propios compuestos, los denominaremos PRIMOS DESAPTOS; es decir, NO aptos para resolver la conjetura de Goldbach.

Ejemplos: Ñ=30: 3+27=30, Ñ=210: 35+175=210

NORMA SEGUNDA DE EMPAREJAMIENTOS:

Los I compuestos con al menos un factor ajeno a Ñ, no lo dividirán exactamente, por lo tanto, se resolverán tras la operación Ñ/I en cociente y resto, ambos pares o bien ambos impares [32]. Subrayamos, por otra parte, que la operación: Ix(cociente-1) será sin discusión compuesto, por tanto todo depende de las características del resto (par o impar) claro que el resto tendrá sin duda alguno de los factores comunes de I con Ñ, pues al restar 2 números múltiplos de terceros, la diferencia (dividir es una resta abreviada) también tendrá uno al menos de esos factores. Así que Ix(cociente-1)+resto, resultará compuesto, ya que al compuesto Ix(cociente-1) se añaden otra vez factores que ya contiene. Ejemplo: 210/45=4, Resto=30, así que 45x3+30=165 y es claro que 45+165=210. No hay tampoco duda: **todo I compuesto que NO comparta con Ñ algún factor, se tendrá que emparejar sin remedio con otro compuesto en la línea de mayores; ambos compartirán los factores comunes con Ñ. Dicho de otro modo: aunque I no divida exactamente a Ñ por no compartir todos sus factores, se debe aparear con otro compuesto, con al menos, los factores que los 3 compartan; no con primos o compuestos de algún otro tipo. Tampoco esta norma admite excepciones. Los compuestos con uno o más factores de Ñ, los denominamos vulgares o comunes. Son múltiplos de primos desaptos.**

Ejemplos: Ñ=30: 9+21=30, Ñ=2310: 195+2115=2310

NORMA TERCERA DE EMPAREJAMIENTOS:

Por el contrario, si I es primo PERO no es factor de Ñ, el producto Ix(cociente-1) no contendrá ningún factor de Ñ y el resto (sea par, impar, primo o compuesto) tampoco tendrá factores comunes con el compuesto: Ix(cociente-1) … por ende devendrá, SALVO EXCEPCIONES, en número primo. Por ejemplo: 210/47=4 y Resto=22, 47x3+22=163. Repárese en que se suma un múltiplo de 3, con uno de 2, lo cual naturalmente no suele implicar un compuesto, sino más bien primo. A estos **primos que no son factor de Ñ y que se emparejan, EN GENERAL, con otros primos los llamamos: PRIMOS APTOS.** [Significamos que estas denominaciones que utilizamos, no tienen aplicación ninguna fuera de este trabajo… y su fin es imponer orden que permita más fácil comprensión de los emparejamientos.] En esta regla se producen excepciones: **ciertos primos, tanto de la línea de menores como de mayores, no se emparejan entre sí; sino que lo hacen con una clase especial de compuestos, que denominamos**

---

32 De no suceder así surgiría la paradoja de que se obtendría en la línea de mayores un par. Véase: supongamos que Ñ/I se resuelve en cociente par y resto impar, entonces como I hay que multiplicarlo por el cociente disminuido en una unidad, será: Iximpar (por tanto será impar) así que luego de sumarle otro impar, se resolvería en par, lo cual resulta imposible… y además la suma de ambos no sería igual a Ñ. Lo mismo sucedería si el cociente es impar y el resto par, fácil es de entender.

SÚBITOS (pues surgen de manera inesperada) que se reconocen porque ninguno de sus 2 factores conforman Ñ. Si son múltiplos de un primo APTO, jamás se emparejan con él, pues un primo apto suma al compuesto: Ix(cociente-1) un resto que no es factor ni de I ni de ese: cociente-1.

Ejemplos: Ñ=30: 13+17=30, Ñ=210: 73+137=210; 23+**187**=210

Repárese en que 187 es compuesto de los que denominamos súbitos, pues ninguno de sus factores: 11 y 17, constituye a Ñ=210=2x3x5x7… y ni 11 ni 17 coinciden con 23.

NORMA CUARTA DE EMPAREJAMIENTOS:

A veces algunos compuestos súbitos se emparejan entre sí, la condición es que ninguno de los dos factores del uno coincida con los del otro y claro que tampoco con los de Ñ.

Ejemplos: Ñ=420: 121+299=420, Ñ=1050: 247+803=1050

420=3x4x5x7   121=11x11, 299=13x23
1050=2x3x5x5x7   247=13x19, 803=11x73

Comprobadas la normas que rigen en los emparejamientos, informamos que están deducidas a partir de la tabla Ñ=210… y son aplicables al pie de la letra cuando Ñ contiene todos los primos posibles; que es el caso que nos ocupa. Pero en general son válidas con cualquier Ñ, sin distinción, sólo añadiendo leves matices que ilustramos.

Sea Ñ=70. Lo descompondremos en sus factores primos y comprobamos que 70=2x5x7; por tanto se omite el factor 3, que en consecuencia será primo de los que llamamos aptos (pues crean soluciones Goldbach) por lo que 3 y sus múltiplos (compuestos súbitos) se emparejan con primos o bien con compuestos súbitos (no de múltiplos de 3). Véase:

3+67=70, 9+61=70, **15+55=70, 21+49=70**, 27+43=70, 33+37=70

En los casos 3º y 4º, cabe argüir que ni 55 ni 49 son compuestos súbitos… y en efecto así es; pero resulta que los multiplicadores de 3, son 5 y 7, ambos primos desaptos y por tanto imponen su marca a la pareja. Se colige de aquí que lo que determina que un primo cualquiera, NO sea apto, depende de que constituya, o no, parte de Ñ. Ésta es la razón por la cual, cuando un primo cualquiera se incorpora a Ñ, arrastra consigo todos sus múltiplos (pese a que alguno de sus multiplicadores NO conformen a Ñ) que pasan a ser, de compuestos súbitos a vulgares… y todos quedan ya configurados matemáticamente a emparejarse con sus propios compuestos y no descubren primos. Compruébese que así ha de suceder también con 5 y 7.

En suma, en los emparejamientos lo decisivo no es el tamaño de los números, sino el hecho de que conformen, o no, el par Ñ que se estudia. Por tal razón en los ejemplos vistos, 5 y 7, ya incorporados a Ñ=70, ejercían su papel preponderante o como se diría en términos genéticos, su papel de genes dominantes en los emparejamientos.

Dedicaremos ahora unos párrafos a explicar con detalle esos compuestos inesperados, que denominamos súbitos… y su razón de ser. Se dan esporádicamente por razones ya en el segundo apartado detalladas; pero dada su importancia y el hecho de que se emparejan con primos aptos e incluso entre ellos, volveremos a dedicarles atención. Ejemplo: 210/89=2 y Resto=32; por tanto: 89x1+32=**121.**

Obsérvese: concurren todas las circunstancias necesarias para que se generase otro primo en la línea de mayores: 89 es primo… y como se da el caso de que su multiplicador es 1, se mantiene su primidad; a su vez el resto: 32, carece como es natural de factores comunes con 89; sin embargo, la suma se concreta en 121, compuesto súbito por la razón de ser múltiplo de un primo que no está en Ñ. Ya queda claro el motivo del nombre que les aplicamos, pues surgen debido a que son compuestos de un factor, con el que no se contaba en principio.

Como se explicó en el apartado II, la razón de ser de tales compuestos súbitos es que constan de sendos sumandos: 89 (múltiplo de 11 más uno) y 32 (múltiplo de 11 menos 1) así que tras sumarlos, se origina un múltiplo de 11 que no constituye a Ñ y es por ende inesperado.

Existe también la posibilidad de que surjan múltiplos súbitos en la línea de menores. NO en el caso de Ñ=210 por ser aún pequeño, pues siendo Ñ=210=2x3x5x7, su compuesto súbito primero sería precisamente el 121; como la línea de menores del 210 concluye en el 105, no existe margen para ello. Pero incluyendo en Ñ otro primo: Ñ=2x3x5x7x11=2310 se dan ya casos.

Veamos algún ejemplo: sea I=323, se trata de un impar (resultado de 210+113) que debería ser primo; pero se origina la circunstancia de ser compuesto súbito por ser múltiplo de 17 (323=17x19 que no son factores de 2310). Su complemento (2310/323=7, resto 49) será: 323x6+49=**1987**, el cual resulta ser… PRIMO; de modo que 323 nos revela su verdadero rasgo de compuesto SÚBITO, al descubrirnos que se tiene que emparejar con un primo. Véase un segundo ejemplo: sea 361, (19x19=361) por tanto compuesto súbito. Su pareja debe ser: 2310/361=6, resto=144, así que: 361x5+144=**1949** que también resulta primo. Adviértase que **323** y **361** son compuestos, pero carecen de factores comunes con Ñ=2310; además, 6 y 49, así como 5 y 144, tampoco comparten factores con 323 y 361, por lo que tras sumarlos: 323x6+49 y 361x5+144 originan primos.

No sucede lo mismo con el 121, porque es múltiplo de 11… y como 2310 ya contiene ese factor; 121 ha dejado de ser compuesto súbito… y ha evolucionado a compuesto vulgar y corriente; por tanto ya no se emparejará más con primos. Véase 2310/121=19, resto: 11; 121x18+11=2189 y 2189=11x199, claro que compuesto de 11, como es natural. Por lo demás, cáptese, con sus excepciones esporádicas, que se produce lo que hemos llamado estructura palindrómica:

210+1=211, 210+11=**221** (excepción) 210+13=223, 210+17=227, 210+19=229, 210+23=233, 210+29=239, 210+31=241, etc.

2310-1=2309, 2310-13=2297, 2310-17=2293, 2310-19=**2291**, (excepción) 2310-23=2287, 2310-29=2281, etc.

Por otra parte, es lógico que en la línea de menores aparezcan, a la postre, compuestos súbitos; ya que a medida que Ñ crece, lo que sucede es que una cierta proporción de cifras de la línea de mayores, pasa a formar parte de la de menores… con todas sus consecuencias.

Reiteramos que la distinción que hacemos de compuestos vulgares y súbitos… y primos aptos y desaptos; es exclusiva para este trabajo… y surge tras compararlos con Ñ (cierto número compuesto).

Si entre Ñ y un compuesto C, sea cual sea, NO existe factor común, tal compuesto C lo calificamos de súbito; pero al crecer Ñ, incorpora nuevos factores, así que primos aptos y compuestos súbitos, pierden sus rasgos distintivos y truecan a desaptos y comunes respectivamente.

Concluidas las demostraciones de todos los posibles casos que se dan en los emparejamientos, cabe que elevemos las conclusiones a definitivas, relativas a lo que sucederá cuando Ñ sea el producto de todos los primos incluso Z.

- Hasta la pareja Z con Ñ-Z incluida, no habrá ninguna solución a la conjetura de Goldbach, como ya se dijo; pues se emparejan primos desaptos y sus compuestos, entre ellos.

- A partir de ahí surgirán trillones de trillones… de emparejamientos, hasta llegar al último Ñ/2, Ñ/2. En estos aparejamientos se darán los siguientes casos:

- Los compuestos vulgares (divisores exactos o no, de Ñ) se complementarán, sin excepción, también con compuestos vulgares, de la línea de mayores.

- Los primos aptos se emparejarán a su vez con primos también aptos. Todos los cuales serán hoy desconocidos: los designaremos con las letras a', b', c' etc. menores… y A', B', C', etc. mayores. Claro que a'+A'=Ñ y serán soluciones de la conjetura. En este caso se darán excepciones:

- Algunos primos aptos de la línea de menores se complementarán con compuestos súbitos de la línea de mayores… o sea, compuestos que contendrán a', b', etc. por factores, que aún no conforman Ñ.

- Compuestos súbitos de la línea de menores, mostrarán su genética de primos y tenderán a descubrir a otros primos (alfa, beta, etc.) y así será, hasta que reciban la etiqueta de compuestos vulgares, que sucederá cuando se incorpore su factor menor a cierto nuevo Ñ, que ha de responder a esta forma: Ñ=2.3.5… X.Y.Z.a'.b', etc. en que los primos a', b' etc. arrastrarán sin excepción a todos sus compuestos y siempre se emparejarán entre sí.

- Algunos compuestos súbitos se emparejarán entre ellos y no con primos.

Hasta ahí las conclusiones de estas investigaciones. No cabrá decir, con certeza científica, de ningún impar posterior a Z, que sea primo. Pero cada vez que se localice un primo en la línea de menores, será fácil determinar con casi absoluto grado de certeza a otro primo… en la línea de mayores. Y ya sabemos que localizar primos en la línea de menores (además de las fórmulas dadas en este ensayo) es tan fácil como sumar al valor anterior de Ñ (Ñ=…X.Y, sin Z) primos no contenidos en Ñ y 1. Ejemplo: 30+1=31, 30+7=37, 30+11=41, 30+13=43, 30+17=47; pero cuidado, en ocasiones sucederá que 30+19=**49**, el cual es compuesto súbito que como se dijo, siempre comienzan con un cuadrado perfecto (según ya se ilustró en el primer apartado) cuyos complementarios ya sabemos que surgirían también, por medio de restas tipo Ñ-a', Ñ-b' etc. Oportunamente, también se originan compuestos súbitos en la línea de menores.

Al igual que antes se ha reconocido que será imposible decir de un impar concreto que sea primo, así mismo se reconoce que ni siquiera podremos imaginar la cantidad de emparejamientos correctos (primo con primo) que surgirán en el caso de Ñ= 2.3.5 … X.Y.Z; pero sí podremos vaticinar que serán muchísimos, pues las soluciones tienden siempre a crecer; por lo que si hemos cifrado el número de emparejamientos en trillones de trillones… aunque sólo el uno por millón de emparejamientos fuesen entre primos, las soluciones ya se elevarían a miles, decenas de miles, cientos de miles… Y no olvidemos que la hipótesis de Goldbach, queda demostrada con que se produjese UN sólo emparejamiento entre primos. Los mecanismos descritos nos confirman, no sólo que será posible, sino incluso que es necesario que así sea, porque los primos tienden forzosamente a emparejarse con primos; lo que se ratifica debido a su estructura palindrómica.

Concluyamos estas reflexiones con la sólida afirmación siguiente: la conjetura de Goldbach no sólo es correcta, sino que tiene que serlo por la razón sencilla de que de no cumplirse, los compuestos no serían compuestos; es decir, no estarían obligados a emparejarse con otros compuestos, en razón a su constitución factorial… ni los primos serían primos, que a su vez tienden a emparejarse entre sí, debido precisamente a carecer de factores de Ñ en su constitución. Con otras palabras: porque son números de una sola pieza.

Como se ha reconocido repetidamente, este caso prevé excepciones (los que hemos denominado compuestos súbitos) que surgen, porque así como las trayectorias de los compuestos emplazan a intervalos regulares sus aposentos… y sin excepciones; los escondrijos de los primos (lo que se denominó en su momento reverberación de primos) resultan invadidos, a trechos no tan regulares, por el cruce con las trayectorias que siguen los múltiplos de otros primos mayores (súbitos).

Esta irregularidad de la reverberación de los primos, es lo que ha hecho afirmar desde tiempo inmemorial que los primos no siguen una ley. Ya sabemos que eso no es rigurosamente cierto, sino que más bien sucede que dicha ley, está salpicada aquí y allá de **excepciones** (compuestos súbitos) **que SÍ siguen una ley**, por tanto, caben pronósticos seguros sobre su lugar.

Opinamos que tras estas reflexiones, la posibilidad apuntada al inicio de este capítulo de que la hipótesis de Goldbach no se cumpliría si diese la infinita 'casualidad' de que todos los primos hasta cierto Ñ (exclusos de Ñ) se emparejasen, NO con primos sino todos ellos con compuestos, ha quedado definitivamente descartada; pues ya no existe la menor duda de que todos los primos llamados desaptos y los compuestos denominados vulgares, resultan matemáticamente determinados para tener que emparejarse entre ellos. Ahora bien, como se ha reconocido que los primos aptos no siempre se aparearán entre ellos, sino que una pequeña pero cierta porción, deben emparejarse con los denominados compuestos súbitos e incluso estos últimos entre ellos; todavía cabe plantear esta postrera y única objeción: NO SE CUMPLIRÍA LA CONJETURA DE GOLDBACH, SI DIESE LA CURIOSA 'CASUALIDAD' DE QUE EN ALGÚN POSIBLE Ñ, TODOS LOS PRIMOS APTOS DE LA LÍNEA DE MENORES, QUEDASEN EMPAREJADOS CON COMPUESTOS SÚBITOS, otro emparejamiento sería impensable… Y VICEVERSA.

Aseveramos que NO es posible que se produzca semejante contingencia, para lo que nos basamos en las dos siguientes razones:

- El número de primos es muy superior al de compuestos súbitos, que son algo así como números que habrían ido para primos, pero que su escondrijo se ha visto invadido por un factor con el que hasta entonces no se contaba. Dicho de otro modo, los compuestos súbitos son interrupciones de la reverberación de los primos; por tanto excepciones que se interponen en su camino de modo ocasional, no es por tanto algo común.

- La cantidad de primos, aunque cada vez de modo más moderado, siempre tiende a aumentar; también la de los compuestos súbitos, pero de modo mucho más moderado; pues son excepciones en la serie de primos, mientras que los primos son lo corriente. Además, no olvidemos una crucial circunstancia: su cantidad sin duda queda limitada por la esencial razón de que siempre, llegado un momento, Ñ, sea cual sea, incorpora su factor menor… y ya pasarán a ser compuestos vulgares; punto a partir del cual, pierden su facultad de emparejarse con primos aptos y lo tendrán que hacer con su primo desapto o sus compuestos vulgares.

No obstante, para disipar toda duda, reforzaremos las razones expuestas con datos concretos, a partir de tablas de algunos Ñ entre 30 y 2310 acompañadas de estadística que excluye como siempre la pareja 1 y Ñ-1. Recordamos que se consideran compuestos súbitos, los que carecen de factores comunes con el Ñ que se estudia.

PAR 30

MNS:	1	**3**	**5**	**7**	9	**11**	**13**	15
MYS:	29	27	25	**23**	21	**19**	**17**	15

PRIMOS MENORES: 5
COMPUESTOS SÚB. MENORES: 0
PAREJAS CORRECTAS: 3

PRIMOS MAYORES: 3
COMPUESTOS SÚB. MAYORES: 0
PRIMOS MAYORES BALDÍOS: 0

Obsérvese que 25 no es compuesto súbito, pues 5 ya es factor de 30, por lo cual se empareja con 5; como 3 se debe emparejar con un múltiplo suyo, ya también compuesto común. Este rasgo a partir de Ñ=210, se extiende al primo 7.

PAR 60

MNS:	1	**3**	**5**	**7**	9	**11**	**13**	15	**17**	**19**	21	**23**	25	27	**29**
MYS:	59	57	55	**53**	51	49	**47**	45	**43**	**41**	39	**37**	35	33	**31**

PRIMOS MENORES: 9
COMPUESTOS SÚB. MENORES: 0
PAREJAS CORRECTAS: 6

PRIMOS MAYORES: 6
COMPUESTOS SÚB. MAYORES: 1
PRIMOS MAYORES BALDÍOS: 0

PAR 90

MNS:	1	**3**	**5**	**7**	9	**11**	**13**	15	**17**	**19**	21	**23**	25	27	**29**
MYS:	89	87	85	**83**	81	**79**	77	75	**73**	**71**	69	**67**	65	63	**61**

MNS:	**31**	33	35	**37**	39	**41**	**43**	45
MYS:	**59**	57	55	**53**	51	49	**47**	45

PRIMOS MENORES: 13
COMPUESTOS SÚB. MENORES: 0
PAREJAS CORRECTAS: 9

PRIMOS MAYORES: 9
COMPUESTOS SÚB. MAYORES: 2
PRIMOS MAYORES BALDÍOS: 0

PAR 120

MNS:	1	**3**	**5**	**7**	9	**11**	**13**	15	**17**	**19**	21
MYS:	119	117	115	**113**	111	**109**	**107**	105	**103**	**101**	99

MNS:	**23**	25	27	**29**	**31**	33	35	**37**	39	**41**	**43**
MYS:	**97**	95	93	91	**89**	87	85	**83**	81	**79**	77

MNS:	45	**47**	49	51	**53**	55	57	**59**
MYS:	75	**73**	**71**	69	**67**	65	63	**61**

PRIMOS MENORES: 16	PRIMOS MAYORES: 13
COMPUESTOS SÚB. MENORES: 1	COMPUESTOS SÚB. MAYORES: 2
PAREJAS CORRECTAS: 12	PRIMOS MAYORES BALDÍOS: 1

Por primera vez un compuesto súbito (49) se incorpora a la línea de menores y en efecto se empareja con un primo, por lo que se volatiliza una posible solución. Sin embargo, la resolución de la conjetura dista de verse en apuros, pues la cantidad de primos de la línea de mayores, resulta ser muy superior. Más primos menores neutralizan los súbitos mayores.

PAR 150

MNS:	1	**3**	**5**	7	9	**11**	**13**	15	**17**	**19**	21
MYS:	149	147	145	143	141	**139**	**137**	135	133	**131**	129

MNS:	**23**	25	27	**29**	**31**	33	35	**37**	39	**41**	**43**
MYS:	**127**	125	123	121	119	117	115	**113**	111	**109**	**107**

MNS:	45	**47**	49	51	**53**	55	57	**59**	**61**	63	65
MYS:	105	**103**	**101**	99	**97**	95	93	91	**89**	87	85

MNS:	**67**	69	**71**	**73**	75
MYS:	**83**	81	**79**	77	75

PRIMOS MENORES: 20	PRIMOS MAYORES: 13
COMPUESTOS SÚB. MENORES: 1	COMPUESTOS SÚB. MAYORES: 6
PAREJAS CORRECTAS: 12	PRIMOS MAYORES BALDÍOS: 1

Los primos 3, 5 y sus compuestos se emparejan entre sí.

PAR 180

MNS:	1	**3**	**5**	**7**	9	**11**	**13**	15	**17**	**19**
MYS:	179	177	175	**173**	171	169	**167**	165	**163**	161

```
MNS:   21  23  25  27  29  31  33  35  37  39
MYS:  159 157 155 153 151 149 147 145 143 141

MNS:   41  43  45  47  49  51  53  55  57  59
MYS:  139 137 135 133 131 129 127 125 123 121

MNS:   61  63  65  67  69  71  73  75  77  79
MYS:  119 117 115 113 111 109 107 105 103 101

MNS:       81  83  85  87  89
MYS:       99  97  95  93  91
```

PRIMOS MENORES: 23   PRIMOS MAYORES: 16
COMPUESTOS SÚB. MENORES: 2   COMPUESTOS SÚB. MAYORES: 7
PAREJAS CORRECTAS: 14   PRIMOS MAYORES BALDÍOS: 2

Dos primos mayores baldíos… con compuestos súbitos.

PAR 210

```
MNS:    1   3   5   7   9  11  13  15  17  19  21  23  25
MYS:  209 207 205 203 201 199 197 195 193 191 189 187 185

MNS:   27  29  31  33  35  37  39  41  43  45  47  49  51
MYS:  183 181 179 177 175 173 171 169 167 165 163 161 159

MNS:   53  55  57  59  61  63  65  67  69  71  73  75  77
MYS:  157 155 153 151 149 147 145 143 141 139 137 135 133

MNS:   79  81  83  85  87  89  91  93  95  97  99 101 103 105
MYS:  131 129 127 125 123 121 119 117 115 113 111 109 107 105
```

PRIMOS MENORES: 26   PRIMOS MAYORES: 19
COMPUESTOS SÚB. MENORES: 0   COMPUESTOS SÚB. MAYORES: 4
PAREJAS CORRECTAS: 19   PRIMOS MAYORES BALDÍOS: 0

Véase que al incorporarse el primo 7 a Ñ, la cantidad de compuestos súbitos se reduce de modo notable en ambas líneas, lo cual propicia que no quede ningún primo mayor baldío.

PAR 266

```
MNS:    1   3   5   7   9  11  13  15  17  19  21  23  25
MYS:  265 263 261 259 257 255 253 251 249 247 245 243 241
```

```
                                                    *              *
MNS:      27  29  31  33  35  37  39  41  43  45  47  49  51
MYS:     239 237 235 233 231 229 227 225 223 221 219 217 215
                                  *
MNS:      53  55  57  59  61  63  65  67  69  71  73  75  77
MYS:     213 211 209 207 205 203 201 199 197 195 193 191 189
          *
MNS:      79  81  83  85  87  89  91  93  95  97  99 101 103 105
MYS:     187 185 183 181 179 177 175 173 171 169 167 165 163 161
              *                           *   *   *
MNS:     107 109 111 113 115 117 119 121 123 125 127 129 131 133
MYS:     159 157 155 153 151 149 147 145 143 141 139 137 135 133
```

(En negrita: fila 1 MNS **29 31 37 41 43 47**; fila 1 MYS **239 233 229 227 223**; fila 2 MNS **53 59 61 67 71 73**; fila 2 MYS **211 199 197 193 191**; fila 3 MNS **79 83 89 97 101 103**; fila 3 MYS **181 179 173 167 163**; fila 4 MNS **107 109 113 127 131**; fila 4 MYS **157 151 149 139 137**)

PRIMOS MENORES: 31
COMPUESTOS SÚB. MENORES: 24
PAREJAS CORRECTAS: 8

PRIMOS MAYORES: 24
COMPUESTOS SÚB. MAYORES: 29
PRIMOS MAYORES BALDÍOS: 16

Se expone la tabla de un par no múltiplo de todos los primos menores posibles: 266 lo es de 7 y 19, pero NO de 3 ni de 5; claro que las soluciones correctas se reducen de forma drástica. A cambio el 3, pues se empareja, no con un compuesto súbito (ejemplo: el Ñ=28 crearía el par baldío 3 y 25) asegura solución a la conjetura. Por contra el 5 permanece estéril al corresponderle el 261: súbito de 3. Tal rodeo robora que los pares en 0, múltiplos de todos los primos menores posibles, carecen de fisuras en el inicio; mas son un coladero desde el último primo que los integra. Véanse los estragos que causan en ambas líneas de primos, los numerosos compuestos súbitos de 3 y 5. Un * encima destaca los 8 pares de compuestos súbitos.

PAR 420

```
MNS:      1   3   5   7   9  11  13  15  17  19  21  23  25  27
MYS:     419 417 415 413 411 409 407 405 403 401 399 397 395 393

MNS:     29  31  33  35  37  39  41  43  45  47  49  51  53  55
MYS:     391 389 387 385 383 381 379 377 375 373 371 369 367 365

MNS:     57  59  61  63  65  67  69  71  73  75  77  79  81  83
MYS:     363 361 359 357 355 353 351 349 347 345 343 341 339 337

MNS:     85  87  89  91  93  95  97  99 101 103 105 107 109 111
MYS:     335 333 331 329 327 325 323 321 319 317 315 313 311 309
                      *
MNS:    113 115 117 119 121 123 125 127 129 131 133 135 137 139
MYS:    307 305 303 301 299 297 295 293 291 289 287 285 283 281
```

(En negrita: fila 1 MNS **3 5 11 13 17 19 23**; fila 1 MYS **409 401 397**; fila 2 MNS **29 31 37 41 43 47 53**; fila 2 MYS **389 383 379 373 367**; fila 3 MNS **59 61 67 71 73 79 83**; fila 3 MYS **359 353 349 337**; fila 4 MNS **89 97 101 103 107 109**; fila 4 MYS **331 317 313 311**; fila 5 MNS **113 127 131 137 139**; fila 5 MYS **307 293 283 281**)

```
MNS: 141 143 145 147 **149** **151** 153 155 **157** 159 161 **163** 165 **167**
MYS: 279 **277** 275 273 **271** **269** 267 265 **263** 261 259 **257** 255 253

MNS: 169 171 **173** 175 177 **179** **181** 183 185 187 189 **191** **193** 195
MYS: **251** 249 247 245 243 **241** **239** 237 235 **233** 231 **229** **227** 225

MNS:     **197** **199** 201 203 205 207 209
MYS:     **223** 221 219 217 215 213 **211**     PAREJAS SÚBIT. * = 1
```

PRIMOS MENORES: 45   PRIMOS MAYORES: 34
COMPUESTOS SÚB. MENORES: 5   COMPUESTOS SÚB. MAYORES: 13
PAREJAS CORRECTAS: 30   PRIMOS MAYORES BALDÍOS: 4

Obsérvese que ahora los compuestos súbitos se reducen notablemente y sólo surge una pareja de ellos, que destacamos como antes con * sobre el menor.

PAR 1050

```
MNS:    1    3    5    7    9   11   13   15   17   19   21
MYS: 1049 1047 1045 1043 1041 1039 1037 1035 1033 1031 1029

MNS:   23   25   27   29   31   33   35   37   39   41   43
MYS: 1027 1025 1023 1021 1019 1017 1015 1013 1011 1009 1007

MNS:   45   47   49   51   53   55   57   59   61   63   65   67   69
MYS: 1005 1003 1001  999  997  995  993  991  989  987  985  983  981

MNS:   71   73   75   77   79   81   83   85   87   89   91   93   95
MYS:  979  977  975  973  971  969  967  965  963  961  959  957  955

MNS:   97   99  101  103  105  107  109  111  113  115  117  119  121
MYS:  953  951  949  947  945  943  941  939  937  935  933  931  929

MNS:  123  125  127  129  131  133  135  137  139  141  143  145  147
MYS:  927  925  923  921  919  917  915  913  911  909  907  905  903

MNS:  149  151  153  155  157  159  161  163  165  167  169  171  173
MYS:  901  899  897  895  893  891  889  887  885  883  881  879  877

MNS:  175  177  179  181  183  185  187  189  191  193  195  197  199
MYS:  875  873  871  869  867  865  863  861  859  857  855  853  851
                          *
MNS:  201  203  205  207  209  211  213  215  217  219  221  223  225
MYS:  849  847  845  843  841  839  837  835  833  831  829  827  825
```

```
                                                                      *
MNS:  227   229  231   233  235  237  239  241  243  245  247  249  251
MYS:  823   821  819   817  815  813  811  809  807  805  803  801  799

MNS:  253   255  257   259  261  263  265  267  269  271  273  275  277
MYS:  797   795  793   791  789  787  785  783  781  779  777  775  773

MNS:  279   281  283   285  287  289  291  293  295  297  299  301  303
MYS:  771   769  767   765  763  761  759  757  755  753  751  749  747
                                            *
MNS:  305   307  309   311  313  315  317  319  321  323  325  327  329
MYS:  745   743  741   739  737  735  733  731  729  727  725  723  721

MNS:  331   333  335   337  339  341  343  345  347  349  351  353  355
MYS:  719   717  715   713  711  709  707  705  703  701  699  697  695
                 *
MNS:  357   359  361   363  365  367  369  371  373  375  377  379  381
MYS:  693   691  689   687  685  683  681  679  677  675  673  671  669

MNS:  383   385  387   389  391  393  395  397  399  401  403  405  407
MYS:  667   665  663   661  659  657  655  653  651  649  647  645  643

MNS:  409   411  413   415  417  419  421  423  425  427  429  431  433
MYS:  641   639  637   635  633  631  629  627  625  623  621  619  617

MNS:  435   437  439   441  443  445  447  449  451  453  455  457  459
MYS:  615   613  611   609  607  605  603  601  599  597  595  593  591

MNS:  461   463  465   467  469  471  473  475  477  479  481  483  485
MYS:  589   587  585   583  581  579  577  575  573  571  569  567  565

MNS:  487   489  491   493  495  497  499  501  503  505  507  509  511
MYS:  563   561  559   557  555  553  551  549  547  545  543  541  539
                 *
MNS:  513 515 517 519  521  523  525
MYS:  537 535 533 531 529 527 525        PAREJAS SÚBIT. * = 5
```

PRIMOS MENORES: 98   PRIMOS MAYORES: 76
COMPUESTOS SÚB. MENORES: 24   COMPUESTOS SÚB. MAYORES: 43
PAREJAS CORRECTAS: 57   PRIMOS MAYORES BALDÍOS: 19

PAR 1680

```
MNS:     1    3    5    7    9   11   13   15   17   19   21
MYS:  1679 1677 1675 1673 1671 1669 1667 1665 1663 1661 1659
```

```
MNS:   23    25    27    29    31    33    35    37    39    41    43
MYS: 1657  1655  1653  1651  1649  1647  1645  1643  1641  1639  1637

MNS:   45    47    49    51    53    55    57    59    61    63    65
MYS: 1535  1633  1631  1629  1627  1625  1623  1621  1619  1617  1615

MNS:   67    69    71    73    75    77    79    81    83    85    87
MYS: 1613  1611  1609  1607  1605  1603  1601  1599  1597  1595  1593

MNS:   89    91    93    95    97    99   101   103   105   107   109
MYS: 1591  1589  1587  1585  1583  1581  1579  1577  1575  1573  1571

MNS:  111   113   115   117   119   121   123   125   127   129   131
MYS: 1569  1567  1565  1563  1561  1559  1557  1555  1553  1551  1549
                                         *
MNS:  133   135   137   139   141   143   145   147   149   151   153
MYS: 1547  1545  1543  1541  1539  1537  1535  1533  1531  1529  1527

MNS:  155   157   159   161   163   165   167   169   171   173   175
MYS: 1525  1523  1521  1519  1517  1515  1513  1511  1509  1507  1505

MNS:  177   179   181   183   185   187   189   191   193   195   197
MYS: 1503  1501  1499  1497  1495  1493  1491  1489  1487  1485  1483

MNS:  199   201   203   205   207   209   211   213   215   217   219
MYS: 1481  1479  1477  1475  1473  1471  1469  1467  1465  1463  1461

MNS:  221   223   225   227   229   231   233   235   237   239   241
MYS: 1459  1457  1455  1453  1451  1449  1447  1445  1443  1441  1439

MNS:  243   245   247   249   251   253   255   257   259   261   263
MYS: 1437  1435  1433  1431  1429  1427  1425  1423  1421  1419  1417

MNS:  265   267   269   271   273   275   277   279   281   283   285
MYS: 1415  1413  1411  1409  1407  1405  1403  1401  1399  1397  1395
                  *
MNS:  287   289   291   293   295   297   299   301   303   305   307
MYS: 1393  1391  1389  1387  1385  1383  1381  1379  1377  1375  1373
                                                *
MNS:  309   311   313   315   317   319   321   323   325   327   329
MYS: 1371  1369  1367  1365  1363  1361  1359  1357  1355  1353  1351
                                    *
MNS:  331   333   335   337   339   341   343   345   347   349   351
MYS: 1349  1347  1345  1343  1341  1339  1337  1335  1333  1331  1329
```

```
MNS:  353  355  357  359  361  363  365  367  369  371  373
MYS: 1327 1325 1323 1321 1319 1317 1315 1313 1311 1309 1307

MNS:  375  377  379  381  383  385  387  389  391  393  395
MYS: 1305 1303 1301 1299 1297 1295 1293 1291 1289 1287 1285
                                    *
MNS:  397  399  401  403  405  407  409  411  413  415  417
MYS: 1283 1281 1279 1277 1275 1273 1271 1269 1267 1265 1263
                                                       *
MNS:  419  421  423  425  427  429  431  433  435  437  439
MYS: 1261 1259 1257 1255 1253 1251 1249 1247 1245 1243 1241

MNS:  441  443  445  447  449  451  453  455  457  459  461
MYS: 1239 1237 1235 1233 1231 1229 1227 1225 1223 1221 1219
                               *                   *
MNS:  463  465  467  469  471  473  475  477  479  481  483
MYS: 1217 1215 1213 1211 1209 1207 1205 1203 1201 1199 1197
Z
MNS:  485  487  489  491  493  495  497  499  501  503  505
MYS: 1195 1193 1191 1189 1187 1185 1183 1181 1179 1177 1175

MNS:  507  509  511  513  515  517  519  521  523  525  527
MYS: 1173 1171 1169 1167 1165 1163 1161 1159 1157 1155 1153
               *
MNS:  529  531  533  535  537  539  541  543  545  547  549
MYS: 1151 1149 1147 1145 1143 1141 1139 1137 1135 1133 1131
                              *
MNS:  551  553  555  557  559  561  563  565  567  569  571
MYS: 1129 1127 1125 1123 1121 1119 1117 1115 1113 1111 1109

MNS:  573  575  577  579  581  583  585  587  589  591  593
MYS: 1107 1105 1103 1101 1099 1097 1095 1093 1091 1089 1087

MNS:  595  597  599  601  603  605  607  609  611  613  615
MYS: 1085 1083 1081 1079 1077 1075 1073 1071 1069 1067 1065

MNS:  617  619  621  623  625  627  629  631  633  635  637
MYS: 1063 1061 1059 1057 1055 1053 1051 1049 1047 1045 1043

MNS:  639  641  643  645  647  649  651  653  655  657  659
MYS: 1041 1039 1037 1035 1033 1031 1029 1027 1025 1023 1021

MNS:  661  663  665  667  669  671  673  675  677  679  681
MYS: 1019 1017 1015 1013 1011 1009 1007 1005 1003 1001  999
```

```
MNS:  683  685  687  689  691  693  695  697  699  701  703
MYS:  997  995  993  991  989  987  985  983  981  979  977

MNS:  705  707  709  711  713  715  717  719  721  723  725
MYS:  975  973  971  969  967  965  963  961  959  957  955
                *              *
MNS:  727  729  731  733  735  737  739  741  743  745  747
MYS:  953  951  949  947  945  943  941  939  937  935  933
                                              *
MNS:  749  751  753  755  757  759  761  763  765  767  769
MYS:  931  929  927  925  923  921  919  917  915  913  911
                          *    *
MNS:  771  773  775  777  779  781  783  785  787  789  791
MYS:  909  907  905  903  901  899  897  895  893  891  889

MNS:  793  795  797  799  801  803  805  807  809  811  813
MYS:  887  885  883  881  879  877  875  873  871  869  867

MNS:  815  817  819  821  823  825  827  829  831  833  835
MYS:  865  863  861  859  857  855  853  851  849  847  845

MNS:       837  839
MYS:       843  841          PAREJAS SÚBIT. * = 15
```

PRIMOS MENORES: 145   PRIMOS MAYORES: 117
COMPUESTOS SÚT. MENORES: 49   COMPUESTOS SÚB. MAYORES: 74
PAREJAS CORRECTAS: 83   PRIMOS MAYORES BALDÍOS: 34

PAR 2310

```
MNS:     1     3     5     7     9    11    13    15    17    19    21
MYS:  2309  2307  2305  2303  2301  2299  2297  2295  2293  2291  2289

MNS:    23    25    27    29    31    33    35    37    39    41    43
MYS:  2287  2285  2283  2281  2279  2277  2275  2273  2271  2269  2267

MNS:    45    47    49    51    53    55    57    59    61    63    65
MYS:  2265  2263  2261  2259  2257  2255  2253  2251  2249  2247  2245

MNS:    67    69    71    73    75    77    79    81    83    85    87
MYS:  2243  2241  2239  2237  2235  2233  2231  2229  2227  2225  2223

MNS:    89    91    93    95    97    99   101   103   105   107   109
MYS:  2221  2219  2217  2215  2213  2211  2209  2207  2205  2203  2201
```

```
MNS:  111  113  115  117  119  121  123  125  127  129  131
MYS: 2199 2197 2195 2193 2191 2189 2187 2185 2183 2181 2179

MNS:  133  135  137  139  141  143  145  147  149  151  153
MYS: 2177 2175 2173 2171 2169 2167 2165 2163 2161 2159 2157

MNS:  155  157  159  161  163  165  167  169  171  173  175
MYS: 2155 2153 2151 2149 2147 2145 2143 2141 2139 2137 2135

MNS:  177  179  181  183  185  187  189  191  193  195  197
MYS: 2133 2131 2129 2127 2125 2123 2121 2119 2117 2115 2113

MNS:  199  201  203  205  207  209  211  213  215  217  219
MYS: 2111 2109 2107 2105 2103 2101 2099 2097 2095 2093 2091

MNS:  221  223  225  227  229  231  233  235  237  239  241
MYS: 2089 2087 2085 2083 2081 2079 2077 2075 2073 2071 2069

MNS:  243  245  247  249  251  253  255  257  259  261  263
MYS: 2067 2065 2063 2061 2059 2057 2055 2053 2051 2049 2047

MNS:  265  267  269  271  273  275  277  279  281  283  285
MYS: 2045 2043 2041 2039 2037 2035 2033 2031 2029 2027 2025
           *
MNS:  287  289  291  293  295  297  299  301  303  305  307
MYS: 2023 2021 2019 2017 2015 2013 2011 2009 2007 2005 2003

MNS:  309  311  313  315  317  319  321  323  325  327  329
MYS: 2001 1999 1997 1995 1993 1991 1989 1987 1985 1983 1981

MNS:  331  333  335  337  339  341  343  345  347  349  351
MYS: 1979 1977 1975 1973 1971 1969 1967 1965 1963 1961 1959

MNS:  353  355  357  359  361  363  365  367  369  371  373
MYS: 1957 1955 1953 1951 1949 1947 1945 1943 1941 1939 1937
                                                  *
MNS:  375  377  379  381  383  385  387  389  391  393  395
MYS: 1935 1933 1931 1929 1927 1925 1923 1921 1919 1917 1915

MNS:  397  399  401  403  405  407  409  411  413  415  417
MYS: 1913 1911 1909 1907 1905 1903 1901 1899 1897 1895 1893

MNS:  419  421  423  425  427  429  431  433  435  437  439
MYS: 1891 1889 1887 1885 1883 1881 1879 1877 1875 1873 1871
```

```
MNS:  441  443  445  447  449  451  453  455  457  459  461
MYS: 1869 1867 1865 1863 1861 1859 1857 1855 1853 1851 1849
                                                      *

MNS:  463  465  467  469  471  473  475  477  479  481  483
MYS: 1847 1845 1843 1841 1839 1837 1835 1833 1831 1829 1827
                          *

MNS:  485  487  489  491  493  495  497  499  501  503  505
MYS: 1825 1823 1821 1819 1817 1815 1813 1811 1809 1807 1805

MNS:  507  509  511  513  515  517  519  521  523  525  527
MYS: 1803 1801 1799 1797 1795 1793 1791 1789 1787 1785 1783
        *

MNS:  529  531  533  535  537  539  541  543  545  547  549
MYS: 1781 1779 1777 1775 1773 1771 1769 1767 1765 1763 1761
                          *

MNS:  551  553  555  557  559  561  563  565  567  569  571
MYS: 1759 1757 1755 1753 1751 1749 1747 1745 1743 1741 1739

MNS:  573  575  577  579  581  583  585  587  589  591  593
MYS: 1737 1735 1733 1731 1729 1727 1725 1723 1721 1719 1717

MNS:  595  597  599  601  603  605  607  609  611  613  615
MYS: 1715 1713 1711 1709 1707 1705 1703 1701 1699 1697 1695
                                    *

MNS:  617  619  621  623  625  627  629  631  633  635  637
MYS: 1693 1691 1689 1687 1685 1683 1681 1679 1677 1675 1673

MNS:  639  641  643  645  647  649  651  653  655  657  659
MYS: 1671 1669 1667 1665 1663 1661 1659 1657 1655 1653 1651
                     *

MNS:  661  663  665  667  669  671  673  675  677  679  681
MYS: 1649 1647 1645 1643 1641 1639 1637 1635 1633 1631 1629

MNS:  683  685  687  689  691  693  695  697  699  701  703
MYS: 1627 1625 1623 1621 1619 1617 1615 1613 1611 1609 1607

MNS:  705  707  709  711  713  715  717  719  721  723  725
MYS: 1605 1603 1601 1599 1597 1595 1593 1591 1589 1587 1585

MNS:  727  729  731  733  735  737  739  741  743  745  747
MYS: 1583 1581 1579 1577 1575 1573 1571 1569 1567 1565 1563

MNS:  749  751  753  755  757  759  761  763  765  767  769
MYS: 1561 1559 1557 1555 1553 1551 1549 1547 1545 1543 1541
```

```
MNS:  771  773  775  777  779  781  783  785  787  789  791
MYS: 1539 1537 1535 1533 1531 1529 1527 1525 1523 1521 1519
       *
MNS:  793  795  797  799  801  803  805  807  809  811  813
MYS: 1517 1515 1513 1511 1509 1507 1505 1503 1501 1499 1497

MNS:  815  817  819  821  823  825  827  829  831  833  835
MYS: 1495 1493 1491 1489 1487 1485 1483 1481 1479 1477 1475
                 *
MNS:  837  839  841  843  845  847  849  851  853  855  857
MYS: 1473 1471 1469 1467 1465 1463 1461 1459 1457 1455 1453

MNS:  859  861  863  865  867  869  871  873  875  877  879
MYS: 1451 1449 1447 1445 1443 1441 1439 1437 1435 1433 1431
                                   *                *
MNS:  881  883  885  887  889  891  893  895  897  899  901
MYS: 1429 1427 1425 1423 1421 1419 1417 1415 1413 1411 1409
                                                       *
MNS:  903  905  907  909  911  913  915  917  919  921  923
MYS: 1407 1405 1403 1401 1399 1397 1395 1393 1391 1389 1387

MNS:  925  927  929  931  933  935  937  939  941  943  945
MYS: 1385 1383 1381 1379 1377 1375 1373 1371 1369 1367 1365
                                        *
MNS:  947  949  951  953  955  957  959  961  963  965  967
MYS: 1363 1361 1359 1357 1355 1353 1351 1349 1347 1345 1343

MNS:  969  971  973  975  977  979  981  983  985  987  989
MYS: 1341 1339 1337 1335 1333 1331 1329 1327 1325 1323 1321

MNS:  991  993  995  997  999 1001 1003 1005 1007 1009 1011
MYS: 1319 1317 1315 1313 1311 1309 1307 1305 1303 1301 1299

MNS: 1013 1015 1017 1019 1021 1023 1025 1027 1029 1031 1033
MYS: 1297 1295 1293 1291 1289 1287 1285 1283 1281 1279 1277
       *
MNS: 1035 1037 1039 1041 1043 1045 1047 1049 1051 1053 1055
MYS: 1275 1273 1271 1269 1267 1265 1263 1261 1259 1257 1255

MNS: 1057 1059 1061 1063 1065 1067 1069 1071 1073 1075 1077
MYS: 1253 1251 1249 1247 1245 1243 1241 1239 1237 1235 1233

MNS: 1079 1081 1083 1085 1087 1089 1091 1093 1095 1097 1099
MYS: 1231 1229 1227 1225 1223 1221 1219 1217 1215 1213 1211
```

```
                                                           *
MNS: 1101 1103 1105 1107 1109 1111 1113 1115 1117 1119 1121
MYS: 1209 1207 1205 1203 1201 1199 1197 1195 1193 1191 1189

MNS: 1123 1125 1127 1129 1131 1133 1135 1137 1139 1141 1143
MYS: 1187 1185 1183 1181 1179 1177 1175 1173 1171 1169 1167

MNS: 1145 1147 1149 1151 1153 1155
MYS: 1165 1163 1161 1159 1157 1155    PAREJAS SÚBIT. * = 16
```

PRIMOS MENORES: 190   PRIMOS MAYORES: 151
COMPUESTOS SÚB. MENORES: 53   COMPUESTOS SÚB. MAYORES: 88
PAREJAS CORRECTAS: 114   PRIMOS MAYORES BALDÍOS: 37

Ya estamos facultados para hacer balance definitivo. A la vista de los resultados estadísticos expuestos, no surgen dudas: ES IMPOSIBLE QUE TODOS LOS PRIMOS APTOS DE AMBAS LÍNEAS SE EMPAREJEN CON COMPUESTOS SÚBITOS, DEBIDO A LA RAZÓN INAPELABLE DE QUE EL NÚMERO DE ÉSTOS NO LLEGA NI DE LEJOS AL DE PRIMOS APTOS. En consecuencia, la conjetura de Goldbach se revela indudablemente correcta. Aunque basta con lo dicho, roborado por el dato matemático de que más de la mitad de primos menores, en general, implican solución de la conjetura; compendiaremos semejante conclusión con otros argumentos que dividiremos en dos grupos.

I) Como ya se ha expresado, el argumento esencial para desechar la posibilidad de que no se cumpliese la hipótesis de Goldbach… o si se prefiere que no surjan emparejamientos correctos entre primos; es que no existe cantidad adecuada de compuestos súbitos en ninguna de las dos líneas, ya sea mayores o menores, que al parearse con todos los primos de la opuesta, no permitiesen ni siquiera una solución. Muy al contrario, existen en ambas líneas primos aptos sobrados respecto a compuestos súbitos, que lograrían soluciones con un Ñ, ya producto de todos los primos hoy sabidos… u otro.

Ciñéndonos a primos de la línea de mayores, que sería en principio la más débil por contener menos primos, la situación se revela incluso más holgada, debido a que en la línea de menores la cantidad de compuestos súbitos resulta escasa; argumento reforzado por otra razón complementaria: algunos compuestos súbitos han de emparejarse entre ellos, lo que incrementa las opciones de soluciones correctas. De hecho, en el postrimero caso expuesto (Ñ=2310) se producen hasta 16 emparejamientos de compuestos súbitos entre sí.

II) Es cierto que el número de los compuestos súbitos crece, pero no resulta menos palpable que también aumenta la cantidad de primos, así como el hecho decisivo de que la existencia de primos es la que determina el de compuestos; es decir, surgen compuestos súbitos porque aparecen nuevos primos, por lo tanto, aquéllos, jamás podrán superar y ni siquiera igualar en cantidad a los primos. Por otra parte, cada vez que Ñ se incrementa con un primo nuevo, todos los compuestos súbitos que contienen ese factor, pasan a ser compuestos vulgares; por consiguiente, no será posible que se vuelvan a emparejar con primos, sino que en adelante y hasta infinito, se aparearán con sus primos desaptos… o bien con compuestos comunes. Esto propicia que sigan siendo muy escasos los compuestos súbitos… e incluso que retrocedan; todo lo cual garantiza el cumplimiento de la conjetura.

Se ignora cuándo surgirá en el caso de la tabla de Ñ producto de todos los primos conocidos, el primo siguiente a Z, que con anterioridad lo hemos denominado: a'; pero sí se sabe con absoluta certeza que tendrá que emparejarse con ese otro primo muy posterior, en la línea de mayores, que antes llamamos A'. A su vez el nuevo primo b' se emparejará con el primo B', etc. Conforma el primer compuesto súbito: a'.a' o sea, el cuadrado del primer primo tras Z. No habrá cuidado de que a' se empareje con a'.a', debido a la razón poderosa que se expone en el párrafo siguiente.

Para que dicho primo a' se tuviese que emparejar con su propio cuadrado, se tendría que dar la circunstancia de que ya estuviese incluido en Ñ. Véase un ejemplo: 5+25=30, donde al darse la circunstancia que 5 divide a 30, su complementario ha de ser forzosamente múltiplo suyo: 30/5=6 Resto=0, por tanto, 25=5.5+0. Pero como ese primo nuevo: a', es evidente que no conforma a Ñ=2.3… X.Y.Z, el complementario de a', no puede ser múltiplo suyo, sino sucederá que A'=a'(c-1)+r (donde c-1 es el cociente Ñ/a' disminuido en una unidad… y r es el resto que surgiere). Más ejemplos de lo expuesto: 7+49=56, 11+121=132, 13+169=182, etc. donde los pares 56, 132 y 182 son resultado de Ñ=8x7=56, Ñ=3x4x11=132, Ñ=2x7x13=182… y se aprecia que Ñ incluye siempre al primo que se aparea con su propio cuadrado, que tiene que ser compuesto vulgar, no súbito.

En consecuencia, dichos nuevos primos de la línea de menores: a', b', c', se emparejarán forzosamente con otros primos tales como A', B', C', etc. de la línea de mayores [pues ya se ha demostrado que es imposible que se correspondiesen con los compuestos súbitos derivados de ellos mismos; o sea, ni a' con a'.a', ni b' con a'.b' ni c' con a'.c', etc. aunque sí podría darse la pareja: b' y a'.c', o al menos, parece posible que surgiese esa pareja] por consiguiente, esas serían las primeras soluciones para Ñ producto de todos los primos conocidos hoy; claro que sin dejar de reconocer que resulta impredecible cuáles, en concreto, serán tales primos.

Nos permitimos resaltar que por este procedimiento, se podrán determinar muchos primos con recursos fáciles, pues a medida que se descubran primos en la línea de menores, se calcularán todos sus compuestos súbitos: a'.a', b'.a', etc. b'.b', etc. Existirán además compuestos comunes, así mismo fáciles de predecir: cada tres múltiplos de 3, cada cinco múltiplos de 5, cada siete múltiplos de 7, etc. Por tanto los huecos que persistan los rellenaremos, con la certeza de que serán primos, sin más comprobaciones.

Claro que no olvidamos que por su gran cantidad de guarismos, tales operaciones nunca estarán al alcance de los humanos; sino que requerirán ordenadores dotados de potencia operativa y memoria astronómica, puesto que con cifras de tamaño calibre nos desenvolvemos.

Ahora, con los datos averiguados, estamos en condiciones de investigar posibles emparejamientos de primos en el par Ñ, producto de todos los primos conocidos en un momento dado. Multipliquemos todos ellos sin omisión de ninguno y tendremos un valor de Ñ, que denominaremos: $Ñ_z$, de modo que no ofrezca duda el sentido exacto de dicha Ñ. Precisada la constitución de $Ñ_z$, se revela evidente que si a tal número le sumamos y restamos la unidad… o sea: $Ñ_z+-1$, se obtendrán 2 primos NUEVOS, ya que ninguno de los primos existentes los dividirá por una sola unidad y es palpable que se habrán tanteado todos los primos posibles, pues a la fecha no existirían más.

Calculemos también el par producto de todos los primos, excluido el primo Z; sólo, pues, hasta el primo Y. Tendremos: $Ñ_y$, al que también sumaremos y restaremos la unidad: $Ñ_y+-1$. Por la misma razón antes aducida, estos números ($Ñ_y+-1$) serán también primos nuevos. Ahora restaremos al par en θ, $Ñ_z$, el primo nuevo $Ñ_y+1$ y obtendremos un impar diferencia ($Ñ_d$) que será forzosamente primo, pues al par $Ñ_z$ (compuesto por todos los primos le restamos un primo nuevo que no lo conforma… por lo que se obtendría: $Ñ_z-(Ñ_y+1)=Ñ_d$; claro que $Ñ_d+(Ñ_y+1)=Ñ_z$. No ofrece duda que ambos sumandos son primos; del caso de $Ñ_y+1$, ya se han dado razones; por lo que se refiere a $Ñ_d$ se añade este argumento: no puede ser más que primo o compuesto súbito… y esto último es impensable, pues dichos compuestos son de primos no incluidos en el $Ñ$ que corresponda… y $Ñ_z$ contiene a todos los conocidos, sin excepción, hasta z. Tendríamos, pues, emparejados dos primos, cuya suma es $Ñ_z$. Igual cabe actuar con el primo $Ñ_y-1$… y surgiría: $Ñ_{d'}+(Ñ_y-1)=Ñ_z$

En resolución, queda ya demostrado que $Ñ_z$, sí es suma de dos primos… además por partida doble, o sea, que la conjetura de Goldbach es correcta… sin ninguna duda. La demostración que acabamos de exponer es extensiva hasta el infinito, pues si un mañana cualquiera se descubre un nuevo primo posterior a z, tal que z'; se podrá repetir el proceso descrito:

- Calcularemos $Ñ_{z'}$, y a $Ñ_z$ le sumaremos y restaremos 1: $Ñ_z+-1$ (surgirán dos primos nuevos obtenidos de sumar y restar la unidad al par en 0 $Ñ_z$, (primo ya para entonces penúltimo) y obtendremos el primo $Ñ_{d1}$… y sucederá que: $Ñ_{d1}+(Ñ_z+1)=Ñ_{z'}$. Es decir, que el nuevo par en 0, producto de todos los primos incluido z' (recién descubierto) será la suma de estos dos primos: $Ñ_{d1}+(Ñ_z+1)$. Igual cabe actuar con el primo nuevo: $Ñ_z-1$ y surgiría : $Ñ_{d'1}+(Ñ_z-1)=Ñ_{z'}$.

Lo recién expresado lo parificaremos con un ejemplo numérico real, que ayudará a la comprensión y esclarecimiento de lo dicho:

En un momento dado el último primo conocido pudo ser el 5, por lo que $Ñ_z=30$, en tanto que $Ñ_y=6$… y por ende $Ñ_y+-1=7$ y 5; tras lo que cabe hacer: $Ñ_d=Ñ_z-(Ñ_y+1)=23$ y claro que 7 y 23 son ambos primos y sucede que 23+7=30; también 5+25=30, aunque al conformar 5 a 30, ya es primo desapto y se empareja con uno de sus compuestos vulgares. Ahora, averiguado un nuevo primo posterior al 5, que es, claro está: 7, calcularemos su $Ñ_z=210$, del que deduciremos dos nuevos primos tipo: $Ñ_y+-1=31$ y 29. Por consiguiente: $Ñ_d=Ñ_z-(N_y+1)=179$… y $Ñ_{d'}=Ñ_z-(N_y-1)=181$ es patente que 31 y 179… 29 y 181 son primos… y ambas parejas suman=210. Todo, pues, es correcto y extensible y aplicable al descubrimiento de cuantos primos nuevos se hallen hasta infinito.

Frente a lo descrito, cabe argüir que al menos en teoría sería posible que algún $Ñ_d$ sea compuesto súbito conformado por dos primos posteriores a z o z', por tanto no incluidos en $Ñ_z$ o $Ñ_{z'}$; del mismo modo que entre el primo 7 y $Ñ_7=2\times3\times5\times7=210$, existen muchos primos posteriores a 7 no incluidos en 210, que

284

es condición imprescindible. La objeción consideramos que es impecable y por ende posible; a lo que cabe replicar con el siguiente argumento:

- Cada compuesto súbito, $\tilde{N}_d$, estará constituido (salvo los casos peculiares de cuadrados perfectos, por dos primos, a los que se podrá aplicar el proceso tan minuciosamente descrito, hasta alcanzar un $\tilde{N}_d$, que no sea compuesto súbito, sino primo, con lo que la conjetura habrá quedado resuelta correctamente; pues no puede haber compuestos súbitos sin que previamente existan primos puros que se habrán de emparejar con otros primos puros, a falta de compuestos súbitos, pues como se ha demostrado, no existen más posibilidades.

Consideramos que tras todo este conjunto de pruebas de valor científico perspicuo, la conjetura o hipótesis de Goldbach queda definitivamente demostrada… no sólo hasta ese $\tilde{N}$, producto de todos los primos hoy conocidos, sino hasta $\tilde{N}$ producto de todos los primos que se descubran; pues queda probado sin asomo de duda, que por sorprendente que parezca, los emparejamientos derivados de cualquier $\tilde{N}$=par, no son fruto del azar, sino que habrán de atenerse a unas leyes tan rigurosas… como sólo de las matemáticas cabría esperarlas.

Una postrera advertencia. Se observará que en la tabla del par $\tilde{N}$=1680, los primos aptos 107 y 349, se emparejan con los compuestos súbitos: 1573=11x11x13 y 1331=11x11x11, que resultan peculiares debido a que los multiplicadores de 11, no son primos sino compuestos de 11. Esas excepciones las tenemos ampliamente estudiadas en otro trabajo, por lo que aquí sólo les dedicaremos unas breves líneas. El hecho de que varíe o sea inesperado el multiplicador, nada altera su calidad de compuestos súbitos que perderán su categoría de tales, para pasar a ser compuestos vulgares, tan pronto se incluya 11 en $\tilde{N}$; por lo que su presencia resulta fugaz y no altera la cuantía de soluciones correctas, que dependen en particular del número de primos de la línea de mayores, que contiene menos cantidad y por tanto es la más débil… aunque como se ve, la existencia de soluciones no corre peligro.

De hecho, si restamos los primos menores y los compuestos súbitos mayores… y primos mayores con súbitos menores; tal circunstancia contribuye a que la cantidad de primos de ambas líneas se equilibre. Fácil es comprobarlo: $\tilde{N}$=1680: 145-74=**71**, 117-49=**68** y $\tilde{N}$=2310: 190-88=**102**, 151-53=**98**. Y si se tiene en cuenta que en la línea de menores existen respectivamente 3 y 4 primos, que ya han tomado la calidad de desaptos (71-3=**68** y

102-4=**98**) se concluye que los primos aptos (los que originan soluciones a la conjetura) en ambas líneas se igualan.

Adviértase que en el par Ñ=2310, que ya incorpora al 11, se ha producido el emparejamiento de 979 con 1331… y ambos son múltiplos vulgares de 11. Mientras que por el contrario surge el dúo: 113 con 2197, donde este último es 13x13x13=2197… y 13, a su vez, pasará a ser primo desapto con Ñ=30030; que ya incluye al factor 13, etc. Así que la influencia de tales compuestos súbitos es fugaz y escasa.

V .- CONCLUSIONES FINALES

Rematadas nuestras pesquisas, podemos compendiarlas en los siguientes puntos:

- Es imposible crear un par que tras restarle un primo adecuado, no genere otro primo; pues como se ha demostrado, los dos métodos posibles de generarlo acaban fracasando. Y no se olvide que cuanto mayor sea el par que compongamos, tantas más posibilidades existirán de que tal dicho par, sea el resultado de sumar dos primos.

- Los primos no están esparcidos a voleo, sino que por el contrario gozan de aposentos determinados… desde los muy primeros balbuceos de la numeración, hasta el infinito; así que al confrontar una mitad con la otra, lo natural es que tiendan a emparejarse, al menos en cierta proporción, debido a que guardan una especie de homología.

- Esas afirmaciones han quedado confirmadas de modo definitivo, por el hecho que hemos demostrado de que los emparejamientos no son fruto del azar, sino que resultan determinados por leyes matemáticas muy precisas; las cuales implican que una cierta cantidad de primos de la línea de menores, se habrán de emparejar irremediablemente con otros primos de la línea de mayores, porque no existen compuestos súbitos suficientes (la otra opción de emparejamiento de tales primos) para todos los primos aptos de cada Ñ. Los llamados compuestos súbitos son escasos, aumentan paralelamente con los los primos aptos… y ese aumento se frena y reduce, cada vez que **un primo** apto se debe incorporar a Ñ, arrastrando consigo a **todos sus compuestos súbitos.**

- Recordamos, por último, que el hecho de que algunos compuestos súbitos estén destinados a emparejarse entre sí; juega a favor de que se incremente el número de soluciones de la conjetura de Goldbach.

- Respecto a los compuestos de nuevo cuño comentados al finalizar el apartado anterior, cabe aducir que poco a poco se harán más numerosos. En efecto así es… y a medida que crezca Ñ se originarán otros a partir, ya no de cubos de primos sino de bicuadrados, quintas potencias, etc. siguiendo estos modelos: 23x23x23x23, 23x23x23x29, etc. y que pasarán a ocupar la línea de menores, según lo ya visto en el caso de Ñ=2310. Nada de todo esto alterará las conclusiones que se han alcanzado, pues no son más que primos aptos, con sus compuestos súbitos, que en su momento se trocarán en primos desaptos y compuestos comunes; determinados por mecanismo matemático a emparejarse entre sí, tan pronto el primo que los origina se incorpore a Ñ, arrastrando consigo a todos sus compuestos.

Es decir, lo sabido, pero con cierta leve variante que nada obsta nuestras averiguaciones; sino que contribuye, como se ha evidenciado, a que la cantidad de primos aptos de ambas líneas, válidos para proporcionar soluciones a la hipótesis de Goldbach, al cabo se igualen.

- Cabe compendiar el ensayo afirmando que la conjetura ha de cumplirse sin duda, porque los primos están matemáticamente determinados a emparejarse en el siguiente orden:

1º) Con otros primos aptos (no incluidos en Ñ). Estos emparejamientos cumplirán la conjetura.

2º) Con compuestos súbitos, o comunes, según Ñ.

3º) Con ellos mismos (o sea, un primo consigo mismo). Implica paso a línea de menores. Así mismo servarán la conjetura.

4º) Con sus propios compuestos; lo que acontece cuando dicho primo: P, por hallarse incluido en Ñ, ya es desapto. Acaecerá que como mínimo: Ñ=4P.

El caso 3º no se ha detallado en el apartado general, por atenerse en todo a las normas dadas; pero aquí se le prestará alguna atención:

En un par múltiplo de 2, pero no de 4, aunque puede serlo de 3, 5, etc. tales como: 6, 18, 22, 30, 46, 58, etc. sucede que Par/2=I, resto=0; por tanto: Par/I=2, resto=0, I puede ser primo o compuesto. En consecuencia el complemento de I al par, será: I(2-1)+0=I. Es decir, se trata de pares suma de un impar (primo o compuesto) consigo mismo. Ejemplos: 6=3+3, 30=15+15.

Cuando el par es muy pequeño, caso del 6, como no existe otro primo, ni caben compuestos comunes ni súbitos (serían los primeros: 9, 15, etc. mayores que el par, pues) la solución es autoemparejarse; lo que evidencia la poderosa alergia de los primos aptos a aparearse con compuestos comunes.

La aversión evidenciada en el párrafo anterior de los primos (mientras conservan su categoría de aptos) hacia los compuestos, nos faculta para que les apliquemos, el alias de compuestófobos.

Todo primo P, ha de pasar inevitablemente por esas cuatro fases que se han descrito y en el orden que se han expuesto; con la excepción del 3 que comienza emparejándose consigo. La fase cuarta NO puede anteponerse a ninguna de las 3 previas, pues el destino primero de un primo: P, es emparejarse con 3, 5 y 7, luego con el 9 (será compuesto vulgar o súbito, según 3 conforme, o no, al Ñ que sea). Si tal primo no es factor de Ñ, no se podrá aparear con sus propios compuestos; que por otra parte todavía no habrán aparecido… y no surgirán hasta que se sobrepase el punto 3º, con P=Ñ/2.

La primera aparición de la fase 4ª sucede con Ñ=4P, donde P se emparejará con 3P. Posteriormente se alternarán las diferentes fases (excepto la 3ª que es irrepetible) en función del tamaño de Ñ y sus características.

Ahora bien, eso acontecerá si se progresa por pares consecutivos. Si por el contrario el incremento se realiza por multiplicación de la serie natural de primos (que es como se detalló en el apartado IV) o sea: Ñ=2x3, Ñ=2x3x5, Ñ=2x3x5x7, etc. los primos subsiguientes al último que conforme Ñ (hasta Ñ/2) se hallarán en la línea de menores, en tanto que los muy distantes al postrero que constituya Ñ: desde Ñ/2 hasta Ñ-1 ocuparán la línea de mayores.

En ambos casos oscilarán entre las zonas 1ª y 2ª… y se emparejan con primos aptos (más frecuentes: solucionan la conjetura) o con compuestos súbitos (menos casos).

El fugaz punto 3º consistirá en un compuesto con unidades en 5, emparejado consigo mismo. La zona 4ª, ya sin retorno, la iniciarán todos los primos luego de incorporarse a Ñ: primo desapto.

En resolución, la conjetura de Goldbach no es tanto… una curiosidad… que da la 'casualidad' que se cumple… como una contingencia que forzosamente se ha de servar; puesto que los impares se complementan para conformar pares (sean los que sean) no aleatoria o caprichosamente, sino cumpliendo leyes matemáticas precisas, que exigen que los primos que hemos llamado aptos, se emparejen con preferencia entre ellos, por lo que cumplen la conjetura… o en su defecto con compuestos peculiares que denominamos súbitos (que son a modo de intrusos que ocupan una hornacina que en principio correspondía a un primo) no con compuestos comunes. **Tal dicotomía garantiza el cumplimiento de la conjetura.**

Mosteirín, 10 de Noviembre 2018
Javier de Mosteyrín Hernández

A B C

DE COLLATZ

I .- PLANTEO

La conjetura 3x+1, también llamada conjetura de Collatz, es la que pronostica que todos los números naturales, sin excepción, son reductibles a la UNIDAD mediante el proceso de dividirlos por dos, sucesivamente, sin son pares (ejemplo: 16, tras dividirlo por 2 tantas veces como es posible, deviene en 1) o de ser impares, tras trocarlos en pares multiplicándolos por 3 y añadir 1. Hecho el paso previo de transformarlo en par (de donde deriva el nombre de conjetura 3x+1) se dividirá por 2, tantas veces como sea posible hasta reducirlo a la unidad. Ejemplo: 5, luego de multiplicarlo por 3 y añadirle 1, se convierte en 16, que según se ha visto, se reduce a la unidad mediante sucesivas divisiones por 2.

Con mucha mayor frecuencia, antes de alcanzar la unidad mediante divisiones por 2, el par calculado con el proceso 3x+1 deviene de nuevo en impar. De suceder esto, se volverá a mutar el nuevo impar en par, reiterando el proceso 3x+1… es decir, tornando a multiplicarlo por 3 y añadiéndole 1. Hecho lo cual, se le aplicarán nuevamente cuantas divisiones por 2 sean posibles… hasta alcanzar el uno, etc. Sirva de ejemplo muy sencillo de esta última opción, el 12. Dividido por 2, dos veces, da 3, que se trueca en par: 3x3+1=10; a su vez, 10 dividido por 2 se reduce a 5, el cual se transforma en el par 16=5x3+1, cuya resolución a la UNIDAD ya se ha descrito.

Es evidente que esta conjetura, planteada hacia 1937 por el matemático L. Collatz, se desarrolla dentro del conjunto de los números naturales sin el cero; aunque por prevención lo incluimos. Al día de hoy no se ha demostrado; tarea a la que nos afanaremos en este ensayo.

II .- PRIMEROS PASOS

Iniciaremos nuestra tarea por afirmar que en este teorema sólo tenemos que demostrar que los impares en su totalidad lo cumplen; pues todo par, bien se reduce sin más a la unidad (según vimos en el ejemplo del 16, mostrado en el apartado inicial) o transmuta de paridad incluso ya desde la primera división por dos; en cuyo caso pasa a estar englobado en el apartado de los impares… que resulta ya evidente que es el verdadero caballo de batalla del problema.

Establecido eso y para sistematizar el quehacer que nos hemos propuesto; el siguiente paso que daremos es clasificar los impares en dos grandes categorías, grupos o subconjuntos, a saber:

- Impares múltiplos de 4, más 1. Dentro de este grupo se encuentran: 1, 5, 9, 13, 17, 21, etc.

- Impares múltiplos de 4, más 3. Se incluyen dentro de esta categoría: 3, 7, 11, 15, 19, 23, etc.

Es evidente que entre ambos grupos ya quedan incluidos, sin excepción, todos los impares hasta infinito; puesto que resultan ser complementarios. Avancemos ahora en su minucioso estudio.

MÚLTIPLOS DE CUATRO, MÁS UNO

Todos estos impares se incluyen en la ecuación: $K=4A+1$ (para A natural =ó>0). Para resolverlos debemos multiplicarlos por 3 y sumarles 1 (según ya se expuso en la introducción) y sucederá esto:

$$Ñ=(4A+1)3+1=12A+3+1=12A+4=4(3A+1)$$

Salta a la vista: todos los impares K (tipo 4A+1) tras someterlos al proceso de multiplicarlos por 3 y sumarles 1, se trocarán en múltiplos de 4, como mínimo (pues 3A+1 también será par cuando A=impar) y como dividirlos por 4 implica mayor disminución que el incremento que hayan experimentado después de multiplicarlos sólo por 3 y sumarles 1; la consecuencia es que todo impar tipo K tiende a disminuir, sin ningún género de dudas, luego de aplicarles la corrección que los muta de nuevo en impares.

Ejemplo: K=9, Ñ=3K+1=9x3+1=28, luego K'=28/4=7

La reducción que ha sufrido 9 fue modesta, sólo dos unidades, pero cumple las previsiones. No obstante, ése ha sido el resultado de dar a A, en K, el valor 2. Sin embargo, de haberse establecido A=1, entonces: K=5, Ñ=16 y K'=1; lo cual significa que el impar 5 (tipo 4K+1) se reduce a uno de inmediato. Así se hace patente que no todos los números K, muestran comportamiento idéntico al transformarlos en pares, por el proceso que hemos llamado Ñ... y que el resultado es ajeno al tamaño. Estudiemos con detenimiento todas sus posibilidades, dando valor a A, en K y luego en Ñ.

El resultado de las pesquisas, cuyo proceso omitimos ya que está al alcance de cualquiera que se lo proponga, ofrece los datos siguientes (se deja indicado Ñ, debido a que lo que interesa es el divisor que podremos aplicar para alcanzar K'):

A=1, K=5, Ñ=16x1; A=2, K=9, Ñ=4x7; A=3, K=13, Ñ=8x5;
A=4, K=17, Ñ=4x13; A=5, K=21, Ñ=64x1; A=6, K=25, Ñ=4x19;
A=7, K=29, Ñ=8x11; A=8, K=33, Ñ=4x25; A=9, K=37, Ñ=16x7;
A=10, K=41, Ñ=4x31; A=11, K=45, Ñ=8x17; A=12, K=49, Ñ=4x37;
A=13, K=53, Ñ=32x5; A=14, K=57, Ñ=4x43; A=15, K=61, Ñ=8x23;
A=16, K=65, Ñ=4x49; A=17, K=69, Ñ=16x13; A=18, K=73, Ñ=4x55;

Las expectativas han quedado confirmadas. Todos los casos son como mínimo divisibles por 4 (se trata de los K surgidos tras dar a A valores pares: 2, 4, 6, etc.) por el contrario cuando A recibe valores impares y muy en especial precisamente múltiplos de 4, más uno: 1, 5, 9, etc. los divisores admitidos se elevan como mínimo a 8, llegando a 32 e incluso 64; lo que origina procesos reductivos de los K' muy superiores al valor K del que se partía.

Tras lo expuesto, se hace patente que los impares tipo K se comportan con arreglo a lo previsto (se reducen, con respecto al previo) e incluso resulta posible prever el giro que tomarán. La reducción que sufrirá cada uno depende del valor que A reciba en K=4A+1; o sea, en Ñ=3K+1… y como los A crecen hasta infinito, las reducciones pueden ser enormes.

Pero no está dicha la última palabra. En ocasiones, el proceso de transmutar K, mediante Ñ, en K', produce un cambio apenas perceptible… pero de gran trascendencia. Lo expondremos con algunos ejemplos que son los siguientes: K=9, K=25, K=29, K=61, frutos de hacer A=2, 6, 7 y 15 en las ecuaciones K=4A+1. Véase:

$$Ñ=9x3+1=28=4x7, \quad K'=7 \qquad Ñ=25x3+1=76=4x19, \quad K'=19$$
$$Ñ=29x3+1=88=8x11, \quad K'=11 \qquad Ñ=61x3+1=184=8x23, \quad K'=23$$

El proceso siguió los cauces previstos, los Ñ iniciales fueron divisibles por 4 (primero y segundo) y por 8 (tercero y cuarto) pero los K' resultantes ya no son múltiplos de 4, más uno; sino que se han transformado en múltiplos de 4, más tres, cuyo comportamiento es muy distinto como demostraremos pronto. En suma, después de Ñ la mitad de los K, cambian de imparidad.

MÚLTIPLOS DE CUATRO, MÁS TRES

He aquí la ecuación general que los engloba a todos: Q=4A+3, sin más que dar valores a la variable A (incluso 0). Sometamos la ecuación Q al proceso de multiplicar por tres y añadir uno (o sea, Ñ=3Q+1) a fin de trocar impares en pares… y observemos los resultados:

$$Ñ=(4A+3)3+1=12A+9+1=12A+10=2(6A+5)$$

El cambio que experimentan los números Q (múltiplos de 4, más 3) con respecto a sus colegas K (múltiplos de 4, más 1) después de someterlos al proceso Ñ (para trocarlos en pares que lo llamaremos también algoritmo) se revela notable: todos, sin excepción, serán divisibles por 2 y sólo por 2; ya que el binomio: 6A+5, no puede ser, tome A el valor que tome, más que IMPAR… y al multiplicar un impar por 2, sólo cabe obtener múltiplos de 2, no otra cosa. Véase en sus primeros elementos con Ñ=2(6A+5):

A=0, Ñ=2x5, Q'=5; A=1, Ñ=2x11, Q'=11; A=2, Ñ=2x17, Q'=17, etc.

No es necesario continuar el proceso, pues su clara sencillez no da lugar a dudas. El significado de los hechos expuestos lleva a la siguiente conclusión: los impares Q, luego de someterlos al proceso de reparificación, tienden siempre a incrementarse, nunca a disminuir; debido a que multiplicarlos por tres y añadirles la unidad, crea mayor incremento cuantitativo que la disminución que origina la posterior división por dos (reducción máxima a que es posible someterlos).

A continuación mostraremos con diversos ejemplos el incremento que se produce en cada Q, a medida que crecen.

Q=3,	Ñ=3x3+1=2x5,	Q'=5;	Q=7,	Ñ=7x3+1=2x11;	Q'=11
Q=11,	Ñ=11x3+1=2x17,	Q'=17;	Q=15,	Ñ=15x3+1=2x23;	Q'=23
Q=19,	Ñ=19x3+1=2x29,	Q'=29;	Q=23,	Ñ=23x3+1=2x35;	Q'=35
Q=27,	Ñ=27x3+1=2x41,	Q'=41;	Q=31,	Ñ=31x3+1=2x47;	Q'=47

Cáptese que los incrementos que sufre cada Q, se atienen a la sencilla ley: Z=2ñ+2 (para todo ñ=ó>0) es decir, que aumentan de dos en dos unidades, cuando se progresa de modo uniforme; así que el tercer impar (múltiplo de 4, +3) o sea: 11, se incrementará en Z=2x2+2=6, por lo tanto Q=11 pasará a ser Q'=11+6=17. Así mismo el Q undécimo, esto es Q=43, se incrementará en Z=2x10+2=22 unidades y surgirá Q'=65… y en efecto: Ñ=43x3+1=129+1=2x65 por ende Q'=65… y se produce el imperceptible pero transcendental hecho de que cambian de tipo de imparidad, ya que 17 y 65, son impares tipo K. Por otra parte, el Q cuarto: Q=15 (incremento: Z=2x3+2=8) origina al Q'=23, en tanto que Q octavo: Q=31 (incremento: Z=2x7+2=16) Q'=47, por lo que en estos otros casos no ha lugar a cambio de imparidad. Adviértase que el valor que tome ñ en Z=2ñ+2, debe coincidir con el de A en Q=4A+1.

Por tanto la ley que se sigue, es que los Q que ocupan lugar impar (primero, tercero, etc.) luego de someterlos al algoritmo; por trocar a impares tipo K, en su siguiente proceso Ñ deberán disminuir cuantitativamente. Por contra, impares que ocupan lugar par (segundo, cuarto, etc.) seguirán en su inmediato paso, forzados a continuar incrementando su cuantía. Así que el 50% de impares K y Q, mutan la imparidad.

El mecanismo matemático para calcular el ordinal que ocupa un determinado Q, es muy sencillo; incrementaremos su valor en uno, para hacerlo par… y lo dividiremos entre cuatro.

Así: Q=23, 24/4=6 y ya sabemos que por ser par, tras el proceso Ñ, incrementará su valor, que podremos calcular: Z=2x5+2=12, luego Q'=35. Idéntico mecanismo nos conduce a vaticinar que Q=167, 168/4=42º, por ende será Z=2x41+2=84 y como 167+84=251, podremos profetizar sin temor a errar, que Q=167 devendrá en Q'=251. Ambos seguirán creciendo.

Al margen de la clasificación que hemos hecho de los impares en múltiplos de 4, más uno y múltiplos de 4, más tres; admiten una segunda ordenación, que tiene gran influencia en su evolución posterior. Esta segunda clasificación tiene 3 categorías, a saber:

- Múltiplos de tres, más uno.
- Múltiplos de tres, más dos.
- Múltiplos de tres.

Las dos primeras categorías nunca inician recorrido, sino que al menos en principio, cabe imaginarlas segundo paso de cualquier otro impar previo; para averiguar el precedente, procederemos a la inversa que en el proceso Ñ. Aquí aparece una bifurcación: si el impar (cuyo anterior deseamos calcular) es múltiplo de tres, más dos; entonces lo multiplicaremos por 2 (luego de lo cual devendrá par múltiplo de tres, más uno) restaremos uno, dividiremos por tres… y ya se tendrá calculado el previo inmediato: será menor… y caso de ser múltiplo de 3 (por haberlo sido de 9 el impar que resulta, luego del proceso de multiplicar por 2 y restar uno) ya no será posible volver a retroceder a otro impar previo, por este procedimiento. De no ser múltiplo de 3, sí será posible continuar con el proceso de retrocesión (como se demostrará pronto con el 11). Véase con todo detalle:

Ejemplos: 5x2=10, 10-1=9, 9/3=3   NO admite retroceso
            11x2=22, 22-1=21, 21/3=7   SÍ admite retroceso

Ahora bien, si el impar es múltiplo de tres más uno, deberemos multiplicarlo por 4 (para mantenerlo múltiplo de 3, más 1) y hecho eso restaremos 1 y dividiremos por 3; será mayor que el originario ahora, por haberlo multiplicado por 4. Así mismo (de no ser múltiplo de tres) se podrá calcular el precedente del nuevo, mediante los procesos ya descritos:

Ejemplos: 7x4=28, 28-1=27, 27/3=9;   NO admite retroceso
19x4=76, 76-1=75, 75/3=25;   25x4=100, 100-1=99, 99/3=33

Por el contrario, los impares múltiplos de tres, a secas, es imposible que procedan de otro, pues cualquiera que sea el número por el que lo multipliquemos, devendrá de nuevo en múltiplo de 3 a secas… y luego de restarle la unidad de rigor, nunca será divisible por tres. Dicho de otro modo, los impares múltiplos de tres puros, inauguran siempre itinerario, puesto que por no admitir rectificación del proceso Ñ, habrán de ser forzosamente cabezas de recorrido.

Ahora bien, que los impares múltiplos de tres exactos siempre inauguren itinerario… y no puedan constituir etapas intermedias de procesos de reducción a la unidad; no equivale a que sólo ellos sean precedentes de ciertos impares e incluso podremos descubrirlos. Bastará con multiplicarlos por cuatro y añadirles UNO. Véase parificado:

Ejemplos: 5x2=10, 10-1=9,   9/3=3;   3x4=12, 12+1=13
           23x2=46, 46-1=45, 45/3=15;   15x4=60, 60+1=61

           7x4=28,   28-1=27, 27/3=9;   9x4=36, 36+1=37
           25x4=100, 100-1=99, 99/3=33; 33x4=132, 132+1=133

Compruébese ahora que tanto 3, como 13, tras el proceso Ñ (o sea, luego de aplicarles el algoritmo: 3x+1) abocan al 5; en tanto que 15 y 61 convergen en el 23. Confírmese también que 9 y 37 una vez algoritmados, truecan a 7; mientras que por su parte 33 y 133 derivan al 25.

No obstante, todo impar múltiplo de tres (sin más) luego de someterlo al primer proceso Ñ, deviene bien en múltiplo de 3, más 1, bien en múltiplo de 3, más 2… y ya, para siempre, se quedará en una de esas 2 posibilidades. Absurdo es que trocase de nuevo en múltiplo de 3 a secas, pues sería caso de múltiplo de 3 puro, que procede de múltiplos de 3, más 1 ó más 2, que según se demostró es matemáticamente imposible.

La única excepción posible a lo recién dicho, es que un impar múltiplo de tres derive de un par… que a su vez sea múltiplo de tres; por tanto, múltiplos de seis: 6, 12, 18, 24, 30, etc. que como es claro, todos, tras sucesivas divisiones por 2; llevan al 3 o un múltiplo suyo. El resto de pares cabe englobarlos en otros dos grupos complementarios, a saber:

   - Potencias exactas de dos: 4, 8, 16, 32, 64, etc. que se reducen mediante sucesivas divisiones por dos a la unidad, por tanto resuelven el problema.

- Restantes pares: que se caracterizan por contener el factor dos una o más veces, más cualquier otro, excepto tres. Ejemplos: 10, 14, 20, 22, 26, 28, 34, etc. Estos pares, luego de aplicarles todas las divisiones posibles por dos, truecan a impares múltiplos de tres, más uno… o múltiplos de tres, más dos; por lo que serán mutuamente convertibles. Es decir, que 14 al dividirlo por 2 trueca a 7, el cual después del proceso Ñ, pasa a ser 22; que dividido a su vez por 2 muta a 11, al que luego, mediante nuevo proceso Ñ se transforma en 17, etc.

- Por último existe la notable excepción del impar 5, que luego de aplicarle el proceso Ñ queda reducido a 1 y resuelve el problema… e implica en ello a sus múltiplos por potencias exactas de 2: 4, 8, 16, 32, etc. o sea: 20, 40, 80, 160, etc.

Esta digresión sobre pares ha permitido ratificar, que dichos números no requieren atención especial en este problema.

Concluido el estudio previo de ambas formas de impares y otros detalles; compendiaremos los resultados en las siguientes normas:

- Los impares formato tipo Q, siempre crecerán en progresión aritmética (la cuantía del incremento será proporcional a su tamaño) hasta que cambien de tipo de imparidad… o sea, hasta que truequen a impares tipo K.

- Los impares tipo K de modo constante disminuirán, en mayor o menor cuantía, según el par resultante tras el proceso Ñ, sea múltiplo de 4, 8, 16, etc. esta tendencia se mantiene también estable hasta que se produzca cambio a imparidad tipo Q.

Como la cuantía de impares tipo Q es igual a la de tipo K… y las fluctuaciones de un tipo a otro están reguladas por el proceso Ñ que no muestra preferencia hacia un tipo u otro, existe el mismo número de opciones de que un impar cualquiera… sea tantas veces Q, como K. La consecuencia, por ende, es que la estadística obliga a aceptar que su disminución, o sea, su aproximación a la unidad, por grande que sea su tamaño, será inapelable e inevitable; pues la mayor cuantía de cocientes reductores, que culminan el algoritmo de los impares tipo K, acabará imponiendo su poder.

Como la mitad de impares son múltiplos de 4, más 3 (que sufren divisiones por 2 sin excepción) y la otra mitad son tipo 4, más 1, que son divisibles al menos por 4, pero que pueden llegar a cifras muy superiores; sus fluctuaciones de cuantía estarían regidas por el siguiente baremo (para grupos de 16 iteraciones):

- 8 veces dividido por 2, mayor tamaño que el previo.
- 4 veces dividido por 4, poco menor tamaño que el previo.
- 2 veces dividido por 8, menor tamaño que el previo.
- 1 vez dividido por 16, muy menor tamaño que el previo.
- 1 vez dividido por 64, mucho menor tamaño que el previo.

Consúltese al respecto lo desarrollado algunas páginas atrás, cuyos primeros 8 pasos reproducimos a continuación:

A=1, K=5, Ñ=16; A=2, K=9, Ñ=4x7; A=3, K=13, Ñ=8x5;
A=4, K=17, Ñ=4x13; A=5, K=21, Ñ=64x1; A=6, K=25, Ñ=4x19;
A=7, K=29, Ñ=8x11; A=8, K=33, Ñ=4x25;

Es evidente que si se amplía el número de iteraciones, las proporciones se mantienen, pero harían acto de presencia divisores aun mucho mayores: 128, 256, etc. La tendencia a la reducción es por tanto indiscutible e ilimitada.

Por otra parte, si la rutina iterativa: Ñ, estuviese limitada por algún factor temporal (sólo cabe ejecutar el proceso Ñ durante equis minutos o días) cuantitativo (sólo se admitiese la iteración un número exacto de veces) o de límites de la numeración (caso de que los números no fuesen infinitos) el resultado del algoritmo iterativo admitiría algún tipo de reserva, en su diagnóstico.

Sin embargo, una vez descartados por definición, sin ningún genero de dudas, los tres tipos de limitaciones imaginables; el resultado seguro es que todo impar, hasta el infinito (y con esto subrayamos que somos conscientes de que existen cifras cuyo número de guarismos requerirían la velocidad de la luz… para columbrarlos desde el primero al postrero… en tiempo humano) se podrá reducir a la unidad.

En resolución y dicho de otro modo, comprendidas las leyes matemáticas que regulan la conjetura de Collatz: no existe ningún obstáculo insalvable para que NO se cumpla, sin matices ni limitaciones… y la estadística corrobora nuestro aserto…

NO OBSTANTE lo evidenciado, cabe todavía imaginar una objeción sólida a lo recién aseverado: **sí sería posible**, que al menos dos impares o tal vez grupos de ellos, **se movieran en bucle** del que no se saliese ni mediante eternas iteraciones del algoritmo Ñ.

Es decir, que un impar Q (o K) tras discurrir por una serie de impares intermedios tipos: Q_1, K, Q_2, Q_3, K_1, … etc. Q_4, K_2, … etc. retornase a Q o K (u otro impar intermedio) para otra vez después de volver a transformarse en Q_1, K_1, etc. tornar siempre al punto de partida, sea Q o K (u otro punto intermedio) por consiguiente, sin opciones de que se alcanzase la unidad, ni siquiera mediante procesos perpetuos de iteraciones.

A intentar refutar la objeción expuesta, dedicaremos el resto del ensayo.

III .- OTRAS PESQUISAS

Una vez que ya dominamos todos los secretos que regulan la reducción a 1, de los impares; los vamos a poner en práctica, con los 100 primeros (lo cual a su vez brindará la solución de todos los pares al menos hasta el 200) y tras los resultados sacaremos conclusiones, para progresar en nuestro afán de demostrar la conjetura.

Ya hemos resuelto casos elementales, pero los ignoraremos y expondremos todas las soluciones, para que las conclusiones se basen en la mayor cantidad de casos posibles y resulten fidedignas.

$Q=3$, $\quad$ $Ñ=3\text{x}3+1=2\text{x}5$, $\quad$ $Ñ_1=5\text{x}3+1=16$, $\qquad\qquad\qquad$ $Q'=16/16=1$
$K=5$, $\quad$ $Ñ=5\text{x}3+1=16$, $\qquad\qquad\qquad\qquad\qquad\qquad\qquad$ $K'=16/16=1$

$Q=7$, $\quad$ $Ñ=7\text{x}3+1=2\text{x}11$, $\quad$ $Ñ_1=11\text{x}3+1=2\text{x}17$, $\quad$ $Ñ_2=17\text{x}3+1=4\text{x}13$
$\qquad\quad$ $Ñ_3=13\text{x}3+1=8\text{x}5$, $\quad$ $Ñ_4=5\text{x}3+1=16$, $\qquad\qquad$ $Q'=16/16=1$

$K=9$, $\quad$ $Ñ=9\text{x}3+1=4\text{x}7$, $\quad$ sigue como $Q=7$ cuya reducción sabemos.
$Q=11$, $\quad$ como $Q=7$ desde $Ñ_1$
$K=13$, $\quad$ como $Q=7$ desde $Ñ_3$

$Q=15$, $\quad$ $Ñ=15\text{x}3+1=2\text{x}23$, $\quad$ $Ñ_1=23\text{x}3+1=2\text{x}35$, $\quad$ $Ñ_2=35\text{x}3+1=2\text{x}53$,
$\qquad\quad$ $Ñ_3=53\text{x}3+1=32\text{x}5$, $\quad$ sigue como $K=5$
$K=17$, $\quad$ como $Q=7$ desde $Ñ_2$
$Q=19$, $\quad$ $Ñ=19\text{x}3+1=2\text{x}29$, $\quad$ $Ñ_1=29\text{x}3+1=8\text{x}11$, sigue a $Q=7$ desde $Ñ_1$.

$K=21$, $\quad$ $Ñ=21\text{x}3+1=64$, $\qquad\qquad\qquad\qquad\qquad\qquad$ $K'=64/64=1$
$Q=23$, $\quad$ sigue a $Q=15$, desde $Ñ_1$
$K=25$, $\quad$ $Ñ=25\text{x}3+1=4\text{x}19$, sigue como $Q=19$

Q=27, por su complejidad, unos 40 pasos, nos limitamos a indicar los impares intermedios, separados por el signo /

27/41/31/47/71/107/161/121/91/137/103/155/233/175/263/395/593/
445/167/251/377/283/425/319/479/719/1079/1619/2429/911/1367/
2051/3077/577/433/325/61/23/35/53/5/1.

K=29, $\tilde{N}$=29x3+1=8x11, sigue como Q=11, o como Q=7 desde $\tilde{N}_1$
Q=31, Como Q=27, desde paso segundo: /31/
K=33, $\tilde{N}$=33x3+1=4x25, sigue a K=25
Q=35, $\tilde{N}$=35x3+1=2x53, $\tilde{N}_1$=53x3+1=32x5, sigue como K=5
K=37, $\tilde{N}$=37x3+1=16x7, Sigue como Q=7

Q=39, $\tilde{N}$=39x3+1=2x59, $\tilde{N}_1$=59x3+1=2x89, $\tilde{N}_2$=89x3+1=4x67,
        $\tilde{N}_3$=67x3+1=2x101, $\tilde{N}_4$=101x3+1=16x19, sigue como Q=19

K=41, Como Q=27 desde paso primero: /41/
Q=43, $\tilde{N}$=43x3+1=2x65, $\tilde{N}_1$=65x3+1=4x49, $\tilde{N}_2$=49x3+1=4x37, como K=37
K=45, $\tilde{N}$=45x3+1=8x17, sigue como K=17
Q=47, Como Q=27 desde paso tercero: /47/

K=49, $\tilde{N}$=49x3+1=4x37, sigue como K=37
Q=51, $\tilde{N}$=51x3+1=2x77, $\tilde{N}_1$=77x3+1=8x29, sigue como K=29
K=53, $\tilde{N}$=53x3+1=32x5, sigue como K=5
Q=55, $\tilde{N}$=55x3+1=2x83, $\tilde{N}_1$=83x3+1=2x125, $\tilde{N}_2$=125x3+1=8x47, sigue
        como Q=47

K=57, $\tilde{N}$=57x3+1=4x43, sigue como Q=43
Q=59, Como Q=39 desde $\tilde{N}_1$
K=61, $\tilde{N}$=61x3+1=8x23,   sigue como Q=23
Q=63, $\tilde{N}$=63x3+1=2x95, $\tilde{N}_1$=95x3+1=2x143, $\tilde{N}_2$=143x3+1=2x215,
        $\tilde{N}_3$=215x3+1=2x323, $\tilde{N}_4$=323x3+1=2x485, $\tilde{N}_5$=485x3+1=16x91,
        como Q=27 desde paso octavo: /91/

K=65, Como Q=43 desde $\tilde{N}_1$
Q=67, Como Q=39 desde $\tilde{N}_3$
K=69, $\tilde{N}$=69x3+1=16x13, sigue como K=13
Q=71, Como Q=27 desde paso cuarto: /71/
K=73, $\tilde{N}$=73x3+1=4x55, sigue como Q=55
Q=75, $\tilde{N}$=75x3+1=2x113, $\tilde{N}_1$=113x3+1=4x85, $\tilde{N}_2$=85x3+1=256,
                                                        Q'=256/256

K=77, $\tilde{N}$=77x3+1=8x29, sigue como K=29
Q=79, $\tilde{N}$=79x3+1=2x119, $\tilde{N}_1$=119x3+1=2x179, $\tilde{N}_2$=179x3+1=2x269,
        $\tilde{N}_3$=269x3+1=8x101, $\tilde{N}_4$=101x3+1=16x19, como Q=19

K=81,   Ñ=81x3+1=4x61, sigue como K=61
Q=83,   Como Q=55, desde $Ñ_1$
K=85,   Ñ=85x3+1=256,   K'=256/256=1

Q=87,   Ñ=87x3+1=2x131, $Ñ_1$=131x3+1=2x197, $Ñ_2$=197x3+1=16x37,
         sigue como K=37

K=89,   Ñ=89x3+1=4x67, sigue como Q=67
Q=91,   Como Q=27 desde paso octavo: /91/
K=93,   Ñ=93x3+1=8x35, sigue como Q=35
Q=95,   Como Q=63 desde $Ñ_1$

K=97,   Ñ=97x3+1=4x73, sigue como K=73
Q=99,   Ñ=99x3+1=2x149, $Ñ_1$=149x3+1=64x7, sigue como Q=7

Se ha concluido la tarea con más facilidad de la prevista, pues como salta a la vista, la gran mayoría de impares, a partir del 27, siguen caminos ya conocidos. Así que resulta que existen como itinerarios a los que cada impar se incorpora, tras algunas idas y venidas. De hecho, salvo los impares 5, 21 y 85 que gozan de itinerarios propios y breves, el resto con frecuencia nos remite a camino ya recorrido.

Adviértase, por otra parte, que aunque nos hemos detenido en el impar 99, si nos fijamos en los itinerarios que siguen los que hemos resuelto, han implicado a impares de centenas posteriores: 101, 103, 107, etc. 215, 233, etc. 323, 377, etc. (es imposible y ocioso citarlos todos) que ya quedan, así mismo, resueltos.

En consecuencia con lo dicho, intentaremos averiguar cuál es el vínculo que existe entre los números, para que a partir de ahí progresemos en la investigación.

Lo primero que observamos es que hay números, como 5, 21 y 85, que se resuelven al 1 en un paso: Ñ=5x3+1=16, a su vez: Ñ=21x3+1=64 y al ser 16 y 64 potencias de 2, se reducen de inmediato. Este fenómeno se repite con 85, pues Ñ=85x3+1=256, y K'=256/256=1.

No hay duda que entre 5, 21 y 85 existe un vínculo y es éste: 5x4+1=21, 21x4+1=85… por ende reiterando el proceso, localizaremos más impares con el mismo rasgo de ser reductibles de inmediato… y no pase inadvertido que 5=1x4+1. La unidad es el modelo. Veamos:

K=85x4+1=341	Ñ=341x3+1=1024	K'=1024/1024=1
K=341x4+1=1365	Ñ=1365x3+1=4096	K'=4096/4096=1
K=1365x4+1=5461	Ñ=5461x3+1=16384	K'=16384/16384=1

Ha quedado patente que el proceso continúa hasta el infinito. Se produce, pues, la circunstancia de que los números: 1, 5, 21, 85, 341, etc. son entre ellos a manera de múltiplos de Collatz.

La primera enseñanza que extraemos de estas pesquisas, es que los números de solución inmediata derivan todos del UNO... y hemos averiguado ya que el mecanismo que rige el proceso hasta infinito, es multiplicar por 4 y añadirle la unidad, al impar precedente.

Se ha optado por denominarlos MÚLTIPLOS DE COLLATZ, expresión con la que en lo sucesivo los identificaremos.

Existen otros números, como 13, que no se resuelven del tirón, pero que son reductibles a 5, que ya sabemos que es fácil a su vez de reconducirlo al 1... apliquemos, pues, el mismo mecanismo:

K=13x4+1=53	Ñ=53x3+1=160=32x5	sigue como K=5
K=53x4+1=213	Ñ=213x3+1=640=128x5	sigue como K=5
K=213x4+1=853	Ñ=853x3+1=2560=512x5	sigue como K=5

Fijémonos ahora en el paso previo al 13, que se da en el impar Q=7, el cual luego de haber hecho escala en Q=11 nos lleva a K=17, para desde ahí retroceder a K=13. Apliquemos idéntico criterio al 17 y observemos:

K=17x4+1=69	Ñ=69x3+1=208=16x13	sigue como K=13
K=69x4+1=277	Ñ=277x3+1=832=64x13	sigue como k=13
K=277x4+1=1109	Ñ=1109x3+1=3328=256x13	sigue como K=13

El paso previo al 17, bien sabemos ya que es el 11 (según se desprende del itinerario que sigue el 7) por consiguiente el proceso hay que reiterarlo una vez más:

Q=11x4+1=45	Ñ=45x3+1=136=8x17	sigue como K=17
K=45x4+1=181	Ñ=181x3+1=544=32x17	sigue como k=17
K=181x4+1=725	Ñ=725x3+1=2176=128x17	sigue como K=17

Y puesto que al 11 se llega desde el 7, apliquemos el mismo criterio a este último número:

```
Q=7x4+1=29          Ñ=29x3+1=88=8x11          sigue como Q=11
K=29x4+1=117        Ñ=117x3+1=352=32x11       sigue como Q=11
K=117x4+1=469       Ñ=469x3+1=1408=128x11     sigue como Q=11
```

Al 7 se llega, según se demostró en el primer capítulo desde: 7x4-1=27 y 27/3=9… y 9 es cabeza de itinerario (por ser múltiplo de 3) también asequible desde sus múltiplos pares: 18, 36, 72, etc.

Naturalmente en todos los casos el proceso se remonta hasta el infinito. A su vez, cada uno de esos impares, arrastraría a los infinitos pares… fruto de multiplicar los impares por dos… hasta gastar cuantos lápices tuviésemos a nuestro alcance.

Hemos rehecho el itinerario de un número de ciclo breve, como 7, hasta sus últimos detalles; pero podríamos haber rastreado uno de ciclo más amplio como 27… y también iríamos topando con nuevos impares, hasta el infinito, que a su vez arrastrarían infinitos pares, fruto de multiplicaciones por dos hasta el hartazgo.

Dediquemos, pues, unos párrafos a inspeccionar el recorrido del impar 27 hasta su disolución en la unidad, para obtener nuevas enseñanzas. Para ello comencemos por presentar el largo recorrido del 27 hasta alcanzar la unidad, con todo detalle:

27/41/31/47/71/107/161/121/91/137/103/155/233/175/263/395/593/ 445/167/251/377/283/425/319/479/719/1079/1619/2429/911/1367/ 2051/3077/577/433/325/61/23/35/53/5/1.

Lo primero que observamos es que el paso /23/ quinto por la cola, contando desde luego el /1/ es ya número menor que 27, por tanto su recorrido no es completamente original, sino que casi al final se incorpora al itinerario del 23… y tras el paso por 35, se alcanza el 53, que tiene particular importancia por ser antesala del 5 que lleva a la meta. Hemos hecho esta observación, porque es esencial saber el modo de llegar al importante impar: 53 (múltiplo de 4, +1 de 13).

Apliquemos al impar 35 el mecanismo que ya sabemos: 35x4+1=141 y comprobaremos que desde el 141, también se alcanza el 53; véase: Ñ=141x3+1=8x53. Así que tanto 35, como 141 y sucesivos múltiplos de Collatz de 141 (ejemplo:

141x4+1=565, Ñ=565x3+1=32x53) crean el mismo resultado.

Otro tanto sucede con el 35, al que se llega no sólo por la vía del 23; sino también desde 93=23x4+1 y sucesivos múltiplos de Collatz. Este fenómeno se produce siempre que el previo a un impar de llegada es menor: 23 menor que 35 y éste menor que 53.

Pero también puede suceder cuando el previo es mayor que el de llegada (caso de 61 y 23 o bien 325 y 61) siempre y cuando cumpla el previo la condición de ser múltiplo de 4, más uno (61-1=15x4; ó 325-1=81x4) por ende, al 61 se llega tanto desde 325, como desde 81… y al 23 tanto desde 61, como desde 15.

Todo ello sin olvidar que además resultarán afectados todos los infinitos múltiplos de Collatz tanto de 325 como de 61 y sus innumerables pares. Estos procesos se repiten con 445 y 111 (ambos conducen al 167) 2429 y 607 (pues también ambos originan el 911) con 3077 y 769 (ambos desembocan en el 577) etc.

Hemos visto que el itinerario del 27, acaba cruzándose con el del 23, pero como éste no es múltiplo de 3… no cabe que sea cabeza de este otro itinerario, honor que le corresponde al 15, que es el antecedente de 23 (se capta por los datos expuestos anteriormente, relativos a los impares hasta 99… y se demuestra si nos remontamos desde 23 a la inversa… como ya se indicó en su momento: 23x2-1=45, 45/3=15). Es, pues, de entender que el largo recorrido previo del 27, hasta entrar en el paso /23/ del itinerario del 15, es a modo de prerrequisito hasta culminar subsumiéndose en otros recorridos iniciados por impares menores.

Recuérdese que todos los eslabones de la cadena de impares, permiten reproducciones a escala ilimitadamente (los denominados múltiplos de Collatz) por el método descrito: multiplicar por 4 y añadirles la unidad. Esta circunstancia origina que surjan desde impares distintos, las cruciales confluencias de itinerarios.

En consecuencia con lo evidenciado, la tercera conclusión que extraemos de estas investigaciones, es que todo itinerario de los impares menores, nos orientan acerca del recorrido que habrán de tomar otros posteriores; pues cada uno de sus pasos emite o modo de emisarios (múltiplos de 4, más 1) que anuncian y determinan el recorrido a tomar por otros impares de mayor cuantía.

Cuanto más largo es el itinerario de un impar cualquiera (sea o no múltiplo de tres) más posibilidades tiene, en sus vaivenes, de tropezar con uno de esos emisarios… que son el inicio de la confluencia de las órbitas correspondientes.

No insistiremos más en este aspecto; se ha hecho evidente que a cada impar, se arriba por infinidad de mecanismos que implican a muchos impares… y sus correspondientes múltiplos de dos (pares) hasta el infinito.

En conclusión, sólo se han resuelto hasta sus últimas consecuencias impares menores de 100; sin embargo, han quedado implicados tal enormidad de números, que caso de proseguir avanzando en nuestras indagaciones: 101, 103, 105, etc. ya muy rara vez nos aportarían verdaderas novedades de itinerario; pues todo parece partir de la unidad y de los primeros múltiplos de 3, impares, en los que dan en confluir el resto de números.

Una vez estudiados en profundidad los itinerarios de muchos impares, que nos han servido para confirmar la solidez de las deducciones efectuadas en el anterior apartado; prosigamos nuestra tarea, que ha de culminar en la refutación de la posibilidad de que existan números que puedan entrar en bucles, por lo cual su solución sería imposible.

Para ello las condiciones que tendrían que cumplir los impares Q o K (que son las variables que usaremos, en vez de valernos de sus equivalentes: 4A+3 y 4A+1, que enmarañarían las operaciones) supuesto un bucle mínimo de un paso (impar que se autorreproduce) deberán ser las que siguen:

$$(3Q+1)/2=Q \qquad\qquad (3K+1)/4=K \qquad [M]$$

$$3Q+1=2Q, \text{ luego: } \mathbf{Q=-1} \qquad\qquad 3K+1=4K, \quad \text{luego: } \mathbf{K=1}$$

Lo primero que observamos es que hemos tenido que ampliar el conjunto numérico en que nos desenvolvemos y acogernos primero al de los números enteros… y muy pronto tendremos que acudir al de los fraccionarios.

Ambas soluciones se muestran perfectamente correctas, ya que, en efecto, sucede que luego de someterlas al obligado algoritmo Ñ, nos retornan al punto de partida, como se muestra con detalle en los pasos que siguen:

$$Ñ=(3(-1)+1)/2=-2/2=-1 \qquad\qquad Ñ=(3x1+1)/4=1$$

Por otra parte, no olvidamos que en el caso de K, el divisor puede ser también 8, 16, etc. y en tal coyuntura:

$(3K+1)/8=K$ $8K=3K+1$,   luego: $K=1/5$

Se han omitido los casos con divisores: 16, 32, etc. también propios de impares K, pues salta a la vista que serían fracciones aún menores que el resultado obtenido de 1/5; el cual también se muestra correcto, pues entraría en bucle de un solo paso:

$$Ñ=(3/5+1)/8=8/40=1/5$$

Por lo pronto las cosas van muy bien, pues tanto en el caso de Q por pertenecer la solución a los números negativos, como en el de los impares tipo K, que tendrían que ser fraccionarios; no empecen un tris la conjetura… que continúa por el momento incólume.

Avancemos un peldaño más. Sometamos las ecuaciones anteriores a bucles de dos pasos, que ni en el caso de Q, ni en el de K, cabe que sean iguales, pues nos volverían a dar las soluciones conocidas ya de: Q=-1, K=1, K=1/5, etc.

Por tanto, ahora las ecuaciones modelo M (que se anotó al margen) habrán de tomar este formato tipo, M':

I) $3[(3Q+1)/2)]+1)/4=Q$ II) $3[(3K+1)/4)]+1)/2=K$ [M']

I) $3(3Q+1)/2=4Q-1$, $3(3Q+1)=2(4Q-1)$, $9Q+3=8Q-2$,

$9Q-8Q=-2-3$,   **Q=-5**

II) $3(3K+1)/4=2K-1$, $3(3K+1)=4(2K-1)$, $9K+3=8K-4$,

$9K-8K=-4-3$,   **K=-7**

De nuevo hemos obtenido soluciones válidas que se atienen a los bucles exigidos. Véase:

$Ñ=[(-5)3+1]=-7x2$, $Q'=-7$, $Ñ_1=[(-7)3+1]=-5x4$, $K'=-5$

$Ñ=[(-7)3+1]=-5x4$, $K'=-5$, $Ñ_1=[(-5)3+1]=-7x2$, $Q'=-7$

Así que en ambos casos, por mecanismos inversos, -5 remite al -7, que a su vez nos devuelve al -5; sin que sea posible salir de semejante círculo vicioso hasta la eternidad.

Podríamos continuar la búsqueda mediante las ecuaciones tipo M, de otras soluciones, añadiendo nuevos términos; pero dado que su abigarramiento se hace con cada paso más abstruso, una vez comprendido el mecanismo y detectado el filón de las soluciones, daremos con todas ellas por método menos fatigoso, pero así mismo eficaz. Lo desarrollaremos para los primeros impares hasta 49… y ya con los datos a la vista, obtendremos conclusiones nuevas.

Según se ha visto las soluciones pasan por dar a Q o K valores negativos, o bien cambiar el algoritmo: en vez de sumar la unidad, restarla… y los valores Q o K, serán positivos. Todo es, por ende, cuestión de gusto personal. Expondremos ambas opciones sólo hasta Q=7, punto en que lo reduciremos a una de las posibilidades; pues siendo las dos de valor similar, sin que disminuya la claridad, se abrevia el desarrollo.

K=1 ó -1   Ñ=3K-1=2   K'=2/2=1,   Ñ₁=-3+1=-2,   K'=-2/2=-1 Bucle

Q=3 ó -3   Ñ=3Q-1=8   K'=8/8=1,   Ñ₁=-9+1=-8,   Q'=-8/8=-1 soluc.

K=5 ó -5   Ñ=3K-1=14 K'=14/2=7   Ñ₁=-15+1=-14, K'=-14/2=-7 Bucle

Q=7 ó -7   Ñ=3Q-1=20 K'=20/4=5, Ñ₁=-21+1=-20, Q'=-20/4=-5 Bucle

Como se previó -5 y -7 conforman bucle entre ellos (o bien 5 y 7 y restando la unidad, en lugar de sumarla, en el proceso Ñ).

K=9   Ñ=3K-1=27-1=2x13,   Ñ₁=13x3-1=2x19,   Ñ₂=19x3-1=8x7,
           y Q'=7   entra en bucle con el 5, como ya sabemos.

Q=11   Ñ=3Q-1=32,   Q'=32/32=1

K=13   Ñ=3K-1=39-1=2x19   como K=9 desde Ñ₂ y llega al bucle
           del 7/5.

Q=15   Ñ=3Q-1=45-1=4x11   y llega a solución como Q=11

K=17   Ñ=3K-1=51-1=2x25,   Ñ₁=3x25-1=2x37,   Ñ₂=3x37-1=2x55

Ñ₃=3x55-1=165-1=4x41,   Ñ₄=3x41-1=123-1=2x61, Ñ₅=3x61-1=2x91
Ñ₆=3x91-1=273-1=16x17   y entra en bucle desde su inicio.

Quizás el caso más interesante, pues que forma amplio bucle, exclusivo, desde su mismo inicio, al cual luego se incorporarán muchos otros impares (25, 37, 55, 41, 61, 91… de momento) en un punto u otro del recorrido.

Q=19 $\quad$ Ñ=3Q-1=57-1=8x7 $\;$ y entra en el bucle del 7 con el 5.
K=21 $\quad$ Ñ=3K-1=63-1=2x31, $\quad$ Ñ$_1$=3x31-1=4x23, $\quad$ Ñ$_2$=3x23-1=4x17
$\qquad$ y se incorpora al gran bucle del 17.

Q=23 $\quad$ como K=21 desde Ñ$_2$ y entra en el bucle del 17.
K=25 $\quad$ Ñ=3K-1=75-1=2x37 $\;$ como K=17 desde Ñ$_2$
$\qquad$ y va al bucle del 17.

Q=27 $\quad$ Ñ=3K-1=81-1=16x5 $\;$ y entra en el bucle del 5 con el 7.
K=29 $\quad$ Ñ=3K-1=87-1=2x43, Ñ$_1$=3x43-1=129-1=128 $\qquad$ K'=128/128=1

Q=31 $\quad$ como K=21 desde Ñ$_1$ $\;$ y entra en el bucle del 17.
K=33 $\quad$ Ñ=3K-1=99-1=2x49, $\;$ Ñ$_1$=3x49-1=147-1=2x73,
Ñ$_2$=3x73-1=219-1=2x109, $\;$ Ñ$_3$=3x109-1=327-1=2x163,
Ñ$_4$=3x163-1=489-1=8x61 $\;$ y entra en el punto Ñ$_5$, al bucle del 17.

Q=35 $\quad$ Ñ=3Q-1=105-1=8x13, sigue como K=13, al bucle
$\qquad$ de 7 y 5.

K=37 $\quad$ entra en el bucle del 17 desde Ñ$_2$.
Q=39 $\quad$ Ñ=3Q-1=117-1=4x29, sigue a K=29 que llega a solución.
K=41 $\quad$ se incorpora en el punto Ñ$_4$ al bucle del 17.

Q=43 $\quad$ sigue a K=29 desde Ñ$_1$ y llega a solución.
K=45 $\quad$ Ñ=3K-1=135-1=2x67, $\;$ Ñ$_1$=3x67-1=201-1=8x25 y se
$\qquad$ incorpora en Ñ$_1$ al bucle del 17.

Q=47 $\quad$ Ñ=3Q-1=141-1=4x35, $\;$ sigue a Q=35 que entra en el bucle
$\qquad$ del 7 con el 5.
K=49 $\quad$ sigue a K=33 desde Ñ$_1$ y entra en el bucle del 17.

Nos hemos limitado a exponer hasta el impar K=49, pero las indagaciones las hemos continuado hasta Q=99 sin novedades dignas de mención, pues se sigue la norma vista de incorporarse de modo directo o tras rodeos, en el breve bucle 7/5 (casos de 51, 63, 75, etc.) o en cualquier punto del amplio bucle del 17 (casos de 55, 61, 83, etc.) o bien se resuelven en la unidad (57, 65, 69, etc.) correctamente… tras procesos más o menos largos.

Las conclusiones son claras, bastantes números alcanzan la solución buscada de disolverse en la unidad; pero no son escasos los que entran en dos bucles fundamentales; bien el breve de 5 con 7 (o viceversa, 7 con 5) o en ocasiones en el amplio ciclo del 17 que absorbe a muchos impares. Pese a que la muestra presentada ha sido exigua; bien se percibe que muchos otros impares todavía no alcanzados, como 267, 363, etc. por ser múltiplos de 4 menos 1, de 67 y 91, se acabarán por incorporar a ese absorbente bucle. Además se ve que los mecanismos se repiten. Igualmente resultan afectados muchos impares no estudiados de centenas posteriores.

Ahora bien, ninguno de estos dos bucles resta ni un ápice a la exactitud de la conjetura de Collatz, debido a que están basados en la aplicación de un algoritmo: 3x-1, que es ajeno a la hipótesis… o bien, en la opción de valernos de los números negativos… que fue la solución que proporcionaron las ecuaciones.

En borradores hemos tanteado la búsqueda de nuevos bucles con hasta 6 reiteraciones del proceso 3x+1, infructuosamente; pero como son las opciones sumamente variadas; los matemáticos siempre podrían retrucar que aunque por estadística, en cuatro procesos, se debe tropezar con un múltiplo de 4, más 1, nada impide que no surja en número tan limitado de posibilidades. Cierto, pues no es contradictorio que arrojando un dado de 6 caras, docenas de veces, saliesen sólo tres (o una) de las posibilidades.

Por el contrario nos dedicaremos a intentar confirmar que no son posibles los bucles, nada más que acogiéndonos a una de las posibilidades descritas: impares negativos, fraccionarios; o bien, alterar el algoritmo a la forma: 3x-1.

IV .- NUEVOS HALLAZGOS

Visto el comportamiento contrario que nos muestra el mismo conjunto de números (naturales) según se les aplique el algoritmo 3x-1 ó el 3x+1; en este apartado nos afanaremos en averiguar las razones en las que reside ese distinto comportamiento, lo que nos permitirá alcanzar conclusiones definitivas acerca de la exactitud o falsedad de la conjetura de Collatz.

Comenzaremos por el estudio de los resultados del algoritmo 3x-1, que en lo sucesivo denominaremos conjetura anticollatz… y las conclusiones las aplicaremos a la conjetura Collatz. A partir de los resultados de este segundo estudio, estableceremos nuestras conclusiones definitivas… que nos facultarán para ratificar o bien refutar esta segunda hipótesis.

ESTUDIO DE LA CONJETURA ANTICOLLATZ

A fin de avanzar en nuestras pesquisas, recordemos ante todo el comportamiento que mostraron los cuatro primeros impares; pues su resultado consideramos que ejerce decisiva influencia en el resto de la numeración:

$K=1$ ó -1 $\tilde{N}=3K-1=2$ $K'=2/2=1$, $\tilde{N}_1=-3+1=-2$, $K'=-2/2=-1$ Bucle
$Q=3$ ó -3 $\tilde{N}=3Q-1=8$ $K'=8/8=1$, $\tilde{N}_1=-9+1=-8$, $Q'=-8/8=-1$ Soluc.
$K=5$ ó -5 $\tilde{N}=3K-1=14$ $K'=14/2=7$, $\tilde{N}_1=-15+1=-14$, $K'=-14/2=-7$ Bucle
$Q=7$ ó -7 $\tilde{N}=3Q-1=20$ $K'=20/4=5$, $\tilde{N}_1=-21+1=-20$, $Q'=-20/4=-5$ Bucle

Es evidente que los impares 1 y 3 resuelven de modo correcto esta conjetura, en tanto que los impares 5 y 7, conforman bucle que impide para toda la eternidad la solución del problema. Por otra parte, ninguno de esos cuatro casos afectan a otros impares; ya que el recorrido que realizan todos ellos se culmina, bien en la unidad, bien en la recíproca convergencia: 5/7, 7/5.

A estos primeros cuatro impares los llamaremos BÁSICOS… y los identificaremos así:

Tipo 1: múltiplos de 8, más 1. Luego del algoritmo crean pares, que siempre serán DIVISIBLES POR DOS y nada más que por DOS. Que el 1 se resuelva es engañoso. El resto de impares del tipo 1 (9, 17, 25, etc.) originan siempre impares mayores. Es decir, tienden a incrementarse, no a disminuir (previsible, puesto que sólo son divisibles por 2) y lo que es aun más importante: todos, al menos hasta donde hemos comprobado, se acaban por incorporar a un bucle; bien al 5/7 (caso del 9) o bien al del 17, caso del 25, 33, etc.

Tipo 3: múltiplos de 8, más 3. Generan tras aplicarles el algoritmo, pares que serán DIVISIBLES AL MENOS por OCHO.

Tipo 5: múltiplos de 8, más 5. Ya aplicado el algoritmo originan pares, que siempre serán DIVISIBLES POR DOS y nada más que por DOS. Es decir, igual que los tipo 1.

Tipo 7: múltiplos de 8, más 7. Tras el algoritmo generan pares, que siempre serán DIVISIBLES POR CUATRO y nada más que por CUATRO.

Resulta claro, pues, que los pares tipos 1 y 5, tienden a que las cifras resultantes crezcan. En tanto que los tipos 7 y sobre todo 3 (que llegan a dividir por cifras astronómicas) reducen los resultados. Son estos tipos, a la postre, los que decidirían la solución correcta de la conjetura; pero debido a que 7 entra en bucle con el 5, se truncan muchas soluciones.

Por otra parte, se sabe por resultados habidos de los trabajos previos, que cabe sacar copias de los impares por el procedimiento de multiplicarlos por 4 y restarles (en este caso concreto, que se ha denominado conjetura anticollatz) la unidad; con la total certeza de que mostrarán comportamiento idéntico que el impar de origen.

Según lo afirmado en el párrafo anterior, habida cuenta de que (1x4)-1=3, comprobamos que el impar 3 resuelve la conjetura por la circunstancia de ser múltiplo de 4, menos 1, del propio 1; tras lo cual, debido a que ya los restantes múltiplos de 4, menos 1 (de 3) serán idénticos a los que resultasen del propio UNO, tendremos que modificar el balance inicial… en el sentido de afirmar que sólo un impar resuelve la conjetura (digamos que el 3, que es heredero del patrimonio del UNO) en tanto que dos impares: 5 y 7, crean bucles entre sí. En cuanto al 9, tras idas y venidas, entra también en el bucle del 7/5… así que de los iniciales sólo el 3 resuelve.

Consecuencia de lo que acabamos de exponer es que en términos estadísticos, un tercio de los impares resolverán la hipótesis de anticollatz; en tanto que los dos tercios restantes, entrarán de modo inevitable en bucles. La razón es que un impar que marcha en su recorrido en pos de solución, la hallará… si en cualquier punto de su itinerario se topa con un impar que es múltiplo de 4, menos uno, del impar 3. Por contra, entrará sin remedio en bucle; si el múltiplo de 4, menos uno con el que se encuentre, lo es de 5 ó de 7. Eso le acontece al 9 en $\tilde{N}_2=19$, pues 4x5-1=19.

Además, sucederá que todos los impares por los que haya pasado en su itinerario, estarán irremediablemente implicados en idéntico destino; con toda su infinidad de múltiplos de 4, menos 1 sea cual sea el resultado final: solución… o bucle.

Otra cuestión importante es que todo múltiplo de 4, menos 1, pertenece a la imparidad que hemos denominado tipo 3, como vamos a demostrar:

4(8K+1)-1=32K+4-1=32K+3   //   4(8K+3)-1=32K+12-1=32K+8+3

4(8K+5)-1=32K+20-1=32K+16+3 //   4(8K+7)-1=32K+28-1=32K+24+3

Esta demostración explica por qué todos los múltiplos de 4, menos 1, son divisibles al menos por 8. Ahora bien, como cada uno tiene un origen, tras aplicarle el algoritmo (en este caso 3k-1) resolverá la conjetura… si pertenece a la estirpe del 3 o sus afines: 11, 15, 29, etc. pero si deriva de las progenies de 5, 7 o sus secuaces: 9, 13, 19, etc. mucho más abundantes, la conjetura carecerá de solución; pues quedará abocada irremediablemente a los bucles: 5/7 ó 7/5… donde permanecerá por siempre bucleando.

Veamos una última curiosidad que nos faculta para comprender la razón por la cual surge bucle entre 5 y 7.

Ya se expuso que cualquier impar, no múltiplo de 3, se puede retroceder a su origen (múltiplo de 3) invirtiendo el algoritmo. Pues bien, al intentar localizar los antecedentes de 5 y 7, nos estrellamos con un muro invisible que nos lo impide. Véase:

$$K=5x4+1=21=7x3, \text{ por tanto: } K'=7$$
$$Q=7x2+1=15=5x3, \text{ por tanto: } Q'=5$$

La razón de tan curioso comportamiento es fácil de entender; ambos números al aplicarles el algoritmo, invierten el proceso de retrocesión. Es decir:

Algoritmo: 5x3-1=14, 14/2=7, retroceso: 7x2+1=15, 15/3=5

Algoritmo: 7x3-1=20, 20/4=5, retroceso: 5x4+1=21, 21/3=7

Parece claro que 5 y 7 conforman una especie de isla numérica aparte del resto de números, en esta conjetura anticollatz; que al menos en apariencia, ni involucran a otros números, ni surgen de impares múltiplos de 3. Sin embargo, no es así, como seguidamente vamos a demostrar.

Supongamos que en el paso anterior a 7, el impar era múltiplo de 4, menos 1, de cinco; esto es: 5x4-1=19. Ahora a 19 le podemos calcular los precedentes con toda normalidad… omitimos el proceso, por ser fácil de realizar y llegaremos a la fuente primitiva… que naturalmente es múltiplo de 3. Así:

9/13/19/7/5/7/5, etc.

Ya hemos desvelado el enigma. Ha resultado que el múltiplo de 3 origen del itinerario es el 9, que en su etapa segunda nos lleva a 19; el cual, por ser múltiplo de 4, menos 1, de 5, se comporta como 5 y nos introduce en el bucle, sin escape posible.

Lo mismo sucede con el siete, pero de modo más veloz, pues su múltiplo de 4, menos 1, es 27… que ya es múltiplo de 3, por lo que la cadena completa se compone de:

27/5/7/5, etc.

Claro que como 27 es múltiplo de 4, menos 1, de 7; se comporta como 7 y nos aboca al bucle sin retorno, comenzando ahora por 5.

Es evidente que a 9, 13, 19 y 27, les podremos calcular sus propios múltiplos de 4, menos 1; a los que a su vez cabe buscarles sus precedentes, múltiplos de 3… y entonces, luego de aplicarles el algoritmo, nos volverán a 9, 13, 19 ó 27 (según el escogido, a fin de confirmar el proceso) los cuales de nuevo irremediablemente se verán embrosquilados en el redil sin salida que llamamos bucle del 5/7 o del 7/5. En suma, los múltiplos de 3 involucrados en las operaciones que condenan al bucle son infinitos. Y no se olvide, todos los intermediarios de las series padecen el mismo mal.

Dedicaremos ahora unas líneas a comentar el largo bucle que surge del impar 17, que reproducimos para tenerlo a la vista.

K=17   Ñ=3K-1=51-1=2x25,   Ñ$_1$=3x25-1=2x37,   Ñ$_2$=3x37-1=2x55
Ñ$_3$=3x55-1=165-1=4x41,   Ñ$_4$=3x41-1=123-1=2x61,   Ñ$_5$=3x61-1=2x91
Ñ$_6$=3x91-1=273-1=16x17   y aquí entra en bucle desde su inicio.

El bucle surge porque 91 es múltiplo de 4, menos 1, de 23; que aunque aparentemente no existe en el itinerario del 17, es fácil localizarlo retrocediendo desde 17 al múltiplo de 3 que inicie la serie, que es el 21:

21/31/23/17… y el resto ya lo sabemos.

Ahora se entiende bien el motivo del bucle, que se ocasiona porque en el recorrido del 17 surge el 91, que por ser múltiplo de 4, menos 1, de 23, nos lleva irremediablemente al 17; lo que ya cierra el bucle de modo inevitable. Este fenómeno sucede, por la tendencia de los impares tipo 7 (ése es el rasgo que porta 23) a reducir los subsiguientes. Es decir, los impares de tipo 7 en la conjetura anticollatz, tienden a converger con los tipo 5… en vez de divergir; como ese mismo tipo de impares, según posteriormente se verá, en la conjetura de Collatz.

Hasta ahí los aspectos esenciales de esta conjetura que hemos dado en llamar anticollatz. Pasemos ya al estudio de la verdadera hipótesis de Collatz. La ventaja de haber actuado siguiendo este mecanismo, es que debido a que en los cuatro primeros casos anticollatz, ya hay tanto soluciones como bucles; estaremos mejor facultados a fin de comprender los enigmas que afrontaremos.

ESTUDIO DE LA CONJETURA DE COLLATZ

Comenzaremos, así mismo, con la exposición de los 4 primeros casos de impares con todos sus detalles… y ya de salida captaremos a simple vista (además de otras palpables diferencias) que ahora sí implican a otros impares:

K=1,   Ñ=1x3+1=4   K'=4/4=1
Q=3,   Ñ=3x3+1=2x5,   Ñ$_1$=5x3+1=16,   Q'=16/16=1
K=5,   Ñ=5x3+1=16,   K'=16/16=1
Q=7,   Ñ=7x3+1=2x11,   Ñ$_1$=11x3+1=2x17,   Ñ$_2$=17x3+1=4x13
       Ñ$_3$=13x3+1=8x5,   Ñ$_4$=5x3+1=16,   Q'=16/16=1

Al igual que hicimos en el caso anterior, a estos primeros cuatro impares los denominaremos BÁSICOS, pues constituyen la clave del proceso resolutivo… y los identificaremos siguiendo la misma pauta, pues nada lo desaconseja:

Tipo 1: múltiplos de 8, más 1. Ya aplicado el algoritmo generan pares, que siempre serán DIVISIBLES POR CUATRO y nada más que por CUATRO; son sus iguales: 9, 17, etc.

Tipo 3: múltiplos de 8, más 3. Luego del algoritmo crean pares que serán divisibles por DOS y sólo por DOS.

Tipo 5: múltiplos de 8, más 5. Tras el algoritmo generan pares que siempre serán divisibles AL MENOS POR OCHO, PERO EN OCASIONES POR CIFRAS MUY SUPERIORES.

Tipo 7: múltiplos de 8, más 7. Aplicándoles el algoritmo originan pares que siempre serán divisibles por DOS y nada más que por DOS. Igual, pues, que el tipo 3.

Al contrario que en el caso anticollatz, es manifiesto que ahora los pares tipos 3 y 7, tienden a que las cifras resultantes crezcan y no resuelvan la conjetura; pero como sabemos desde el segundo apartado que en sucesivas etapas trasmutan de categoría; nada empece para que al cabo se llegue a la solución, como se hace evidente por los casos expuestos. Por su parte los impares tipo 1 reducen las cifras… y sobre todo los tipo 5; que pueden llegar a dividir por potencias de dos muy elevadas y son la causa esencial de que se alcancen soluciones correctas de la conjetura.

A diferencia de la conjetura anticollatz, el 1 resuelve verdaderamente la conjetura y al ser 5, su múltiplo de cuatro, más 1, delega en él sus facultades; por lo que UNO Y CINCO resultarán superpuestos… sus múltiplos de Collatz lo serán de uno y de otro.

Esta cesión de facultades de los impares múltiplos de ocho, más uno (tipo 1, pues) en los del tipo 5; no afectan en absoluto al hecho descrito de que los múltiplos tipo 1, luego de aplicarles el algoritmo, serán divisibles por cuatro y sólo por cuatro.

Ejemplo: 129 (múltiplo de 8 más uno, por tanto impar tipo 1) tras aplicarle el algoritmo, origina el par: 388, que es divisible por cuatro, ni más, ni menos: (129x3)+1=388=4x97.

Adviértase algo esencial del comportamiento que muestran los 4 impares básicos: no existen bucles, todos resuelven la conjetura… lo que implica sendas expeditas hasta el infinito:

a) Impar 1: divide por 4. En esta forma, denominémosla natural de la conjetura, NO ES ENGAÑOSO, MERMA VERDADERAMENTE AL PAR POSTERIOR, pues lo divide por cuatro, no por dos.

b) Impar 3: divide por 2, lleva al 5 y aumenta el valor; PERO… sus múltiplos de 4, +1, conducirán al 5, que resuelve.

c) Impar 5: resuelve la conjetura. Tiende a disminuir mucho el impar ulterior. Debemos resaltar que el 5 sigue la misma pauta que el 1, como múltiplo de 4, más 1 que es de 1; lo que no sucede en el caso de la que hemos llamado forma anticollatz de la conjetura, entre el 1 y el 3, pese a que 3=4x1-1. Ya se dijo, los tipo 1 (como 9) entran en bucle.

d) Impar 7: divide por 2 y sólo por 2; acrecienta, pues, el valor del subsiguiente. Por lo tanto (esto es crucial) su tipo, respecto al tipo 5, tienen trayectorias divergentes; por lo cual, ya de salida, confluencias y cruces entre ambos tipos (embrión de los bucles en la conjetura anticollatz) se tornan muy difíciles… por no decir imposibles.

Al igual que en la conjetura anticollatz, otro aspecto esencial es el siguiente: todo múltiplo de 4, más uno, resulta impar tipo 5, es decir, múltiplo de 8+5. Véase la demostración:

$$4(8Y+1)+1=32Y+4+1=32Y+5 \qquad 4(8Y+3)+1=32Y+12+1=32Y+8+5$$

$$4(8Y+5)+1=32Y+20+1=32Y+16+5 \quad 4(8Y+7)+1=32Y+28+1=32Y+24+5$$

Consecuencia crucial de esa demostración, es que explica por qué los impares tipo 5, facultan para efectuar divisiones por potencias elevadas de dos. Claro que cada cual responde según su origen; es decir, que un múltiplo de 4, más 1 de once (caso del 45) se resolverá en el 17, al igual que 11.

Adviértase la notable diferencia respecto a la conjetura anticollatz: ahora los 4 tipos básicos de impar, más todos los incontables afines de cualquiera de ellos, tienden a resolver la conjetura. En suma, ahora no surge la dicotomía entre impares que resuelven la conjetura… e impares que implican bucles.

Esta es la razón esencial por la cual la conjetura de Collatz, tiende siempre a reducir a 1; pues son múltiplos de 4, más 1, uno de cada cuatro impares. Por tanto, estadísticamente, cada cuatro aplicaciones del algoritmo, debe hacerse etapa en uno de ellos; si bien (debido a la sabida tendencia al cambio de tipo de imparidad que surgen durante los desarrollos) requieran en ocasiones muchos más de 4 pasos. Claro que por idéntica razón, pueden igualmente surgir dos múltiplos de 4, más 1, consecutivos.

Ahora progresaremos e intentaremos evidenciar que debido a que en los cuatro impares básicos no ha surgido ningún bucle, ya será imposible que surjan. Muy en particular visto que la solución del tipo 7 (algo más compleja de lo previsible) ha implicado en ello a los impares: 7, 11, 17 y 13 que son nuevos, no así el 5. A fin de tenerlo a la vista se reproduce, pues haremos algunas digresiones.

$$Q=7, \quad Ñ=7\times3+1=2\times11, \quad Ñ_1=11\times3+1=2\times17, \quad Ñ_2=17\times3+1=4\times13$$
$$Ñ_3=13\times3+1=8\times5 \quad Ñ_4=5\times3+1=16, \quad Q'=16/16=1$$

Obsérvese que la solución ha sido posible gracias a que en su itinerario, ha hecho escala en su cuarta etapa en el impar 13, que es múltiplo de 4, más 1, de tres… y como 3 ya vimos que nos dirige al 5 y éste resuelve la conjetura, por ser a su vez múltiplo de 4 más 1, de UNO; todo se muestra comprensible.

La diferencia de comportamiento es esencial. En el caso de la conjetura anticollatz, el hecho de que 5 y 7 entren en recíproco bucle, implica que sus respectivos múltiplos de cuatro, menos 1, que son infinitos, sigan su rastro… y evidencia que es condición de dos tercios de los impares, que entren en bucle al aplicarles el algoritmo: $3x-1$.

Por su parte, en la conjetura de Collatz, puesto que los cuatro primeros impares se resuelvan y uno de ellos (7) implicando en su trayectoria a otros impares imprevisibles en principio; lo que nos evidencia es, la condición natural de los impares de no entrar en bucle en ningún caso, cuando se les aplica el algoritmo 3x+1. Pues así mismo, en este caso, resultan afectados todos los múltiplos de 4, más uno: de 3, 5, 7... y 11, 17... e infinitos, como demostraremos.

Antes de adentrarnos en la tarea citada, es conveniente que recordemos que todo itinerario se inicia por un impar... que ha de ser múltiplo de 3. Lo que se desprende de esta evocación, es que debido a que 5, 7, 11 y 17, NO son múltiplos de 3, han de tener antecedentes que también resuelvan la conjetura de Collatz; de lo contrario sería absurdo que 5 la cumpliese... y el impar inmediato anterior entrase en bucle. Veamos, pues, impares previos a 5, 7, 11 y 17; hasta dar con los orígenes de los itinerarios.

5x2-1=9 y 9/3=3, por lo tanto, el impar que origina el itinerario del 5 es el ¡tres!

7x4-1=27 y 27/3=9, así que 9 es cabeza de itinerario de 7 y por tanto de 11, 17 y 13; etapas sucesivas de 7.

Consecuencia de esto último es que 9 (el tres ya sabíamos que resuelve satisfactoriamente la conjetura, tras hacer etapa en 5) de modo indirecto, con toda su progenie de múltiplos de 4, más 1, también están implicados en la solución; pues sería contradictorio que 7 la resuelva... y por el contrario el 9 (predecesor inmediato en la cadena) entrase en bucle. Ya vimos que los bucles no admiten retrocesos a números ajenos, sino que se condicionan mutuamente.

En resolución, el desarrollo de los cuatro primeros impares han implicado en la operación, no sólo a sí mismos (como 3, 5 y 7, en el caso anticollatz) sino además a 9, 11, 17 y 13... y debido a que éste es múltiplo de 4, más 1, de 3 (que dirige al 5) también 13, ha de encaminar a 5... y ya sabemos que 5 (cuyo antecedente es 3) tiene en sus manos el poder de resolver la conjetura de Collatz, como el 3 lo tiene en la que hemos llamado anticollatz.

Como se ve, resulta crucial que durante el curso del itinerario de un impar cualquiera, haga escala en un impar...

múltiplo de 4, más 1, de otro impar cualquiera; que será el que imponga su ley.

Ya tenemos preparados todos los ingredientes previos para la prosecución de nuestra tarea, consistente en hallar a continuación todos los múltiplos de 4, más 1, de todos los números hasta ahora afectados en las soluciones descubiertas; con lo que demostraremos que el número de impares múltiplos de tres (o no) que han quedado ligados de modo irremediable al proceso, son muchísimos más.

Por el momento los impares implicados en las pocas soluciones encontradas, a los que nos limitaremos, son los siguientes:

9/7/11/17/13/5/1   (más 3, que lleva a 5)

Múltiplo de 4, más 1 de 9 es: 37; así mismo, como 9, luego de aplicarle el algoritmo, se resolverá en 7. Por tanto tendremos que calcular los precedentes de 37, hasta determinar cuál es múltiplo de 3, cabeza de serie que lo origina; tras lo que sabremos nuevos impares (múltiplos de 3, o no) implicados en la resolución.

Como las operaciones a realizar ya nos son conocidas y no es necesario detallarlas, nos limitaremos a expresar los resultados; que copiamos de borradores que por no hastiar, se omiten:

57/43/65/49/37/7/11/17/13/5/1

Por supuesto que a 37, le podríamos calcular nuevos múltiplos de 4, más 1 y remontarnos aún más en la cadena; pero como somos humanos y por tanto ni infinitos ni autómatas… basta con indicar la posibilidad e hipotéticos lectores, comprenderán el océano de impares que quedan inmersos en los itinerarios.

Además, cabe reafirmar lo mismo de 57… y el resto de impares recién descubiertos: 43, 65 y 49; para hacernos cabal idea de la inmensidad de impares (múltiplos de tres, o no) implicados.

Por su parte, múltiplo de 4, más 1, de 7 es: 29, cuya serie completa es:

33/25/19/29/11/17/13/5/1

Por supuesto que al igual que antes, cabe afirmar que 29 tiene infinitos múltiplos de 4, más 1, que se omiten; que generarán a su vez series de nuevos impares (encabezados por múltiplos de 3) que así mismo callamos por no aburrir, pero que quedan supuestos.

Igualmente, los novatos impares hallados: 33, 25 y 19… a su vez implicarán a tres nuevas infinitudes de impares múltiplos de 4, más 1; con sus precedentes, hasta localizar el múltiplo de 3, que origine cada uno de esos itinerarios.

El siguiente impar en la serie que desmenuzamos es 11, cuyo múltiplo de 4, más 1 es: 45; el cual por ser ya múltiplo de 3 es al mismo tiempo cabeza de su trayecto, que es el siguiente:

45/17/13/5/1

Esta vez la cosecha ha sido escasa, pero bien sabemos ya que 45 tendrá infinitud de múltiplos de 4, más 1 (múltiplos de 3, o no) que se silencian.

El subseyente impar de la serie diseccionada es 13, ya en sí múltiplo de 4, más 1, de 3; pero le buscaremos el siguiente, que resulta ser: 53, cuya familia completa es:

15/23/35/53/5/1

Hartazgo producirá ya, leer que 15, 23 y 35, gozarán de sus propios múltiplos de 4, más 1 y precedentes, hasta la infinidad.

Por último, 5, que también es múltiplo de 4, más 1, tendrá así mismo, sus propios descendientes de idéntica estirpe, entre ellos 21 (múltiplo de 3, que como su ancestro, resuelve directamente la conjetura) y 85, cuya progenie completa es:

75/113/85/1

Los nuevos adeptos a la causa, 75 y 113, ya cabe suponer que generan sendas infinitas estirpes, que dejamos a la libre imaginación de curiosos lectores.

Analizado el tema someramente, por cuanto nos hemos limitado a lo mínimo… posible para hacer comprensible la línea de pensamiento que seguimos; hagamos balance de los múltiplos de 3… y múltiplos de 4, más 1; que luego de esta primera serie, que encabeza el 9, han quedado ya, de manera inevitable, implicados en la resolución de la conjetura:

MÚLTIPLOS DE 3: 3, 9, 15, 21, 33, 45, 57 y 75.

Si hubiésemos manipulado un segundo múltiplo de 4, más 1, de algunos otros impares ya conocidos de la serie del 9, hubiésemos localizado además a: 39, 51, 69, 81, 87, 93 y 99; pues sus series (en negritas se indican múltiplos de 4, más 1) son:

39/59/89/67/**101**/19/**29**/11/17/**13**/5/1

51/**77**/**29**/11/17/**13**/5/1

69/**13**/5/1

81/**61**/23/35/**53**/5/1

87/131/**197**/**37**/7/11/17/**13**/5/1

93/35/**53**/5/1

99/**149**/7/11/17/**13**/5/1

MÚLTIPLOS DE 4, más 1: 5, 13, 21, 29, 37, 45, 53 y 85. Y caso de añadirse los recién citados: 61, 69, 77, 93, 101, 149 y 197.

Entre los múltiplos de 3, se detectan las notables ausencias de 27 y 63. La razón es que ambos están emparentados y sólo tras larguísimos periplos, llegan al buen puerto del 1. Transcribimos la serie del 27… y la del 63 sólo hasta el punto de confluencia de ambas; gracias, claro está, a un múltiplo de 4, más 1.

27/41/31/47/71/107/161/**121**/**91**/137/103/155/233/175/263/395/593/445/167/251/377/283/425/319/479/719/1079/1619/2429/911/1367/2051/3077/577/433/325/61/23/35/**53**/5/1.

63/95/143/215/323/**485**/**91**/ etc.

Es obvio que los luengos periplos que implican 27 y 63, no desdicen un tris la resolución de la conjetura; bien al contrario lo que revelan es, que impares que hasta entonces parecían quedar al margen del problema, se incorporan de modo satisfactorio. Por otra parte, los que hasta ahora no habían surgido (incluidos 27 y 63) originarán polinfinitud de múltiplos de 4, más 1. Alguno será múltiplo de 3 (sólo uno de cada 3) y a los que no lo sean, se les rastrearía su itinerario hasta dar con el múltiplo de 3 inicio de la serie. Se ha insistido quizás en exceso (reiterando aspectos ya detallados en otro capítulo) mas la importancia del tema lo exige.

Expuestos ya los elementos necesarios, estamos en condiciones de avanzar hacia la resolución de la conjetura de Collatz, por la vía de demostrar que no son posibles en ella los bucles. Para ello comencemos recordando los resultados hallados en el apartado III; cuando buscamos la presencia de bucles que a la postre desvelaron la existencia de la que hemos denominado conjetura anticollatz:

a) Las soluciones de una etapa son números fraccionarios, menores que la unidad o la propia unidad; positiva o negativa.

b) Las soluciones para bucles de más de una etapa, son negativas o fraccionarias.

En consecuencia con lo anterior se infiere que la conjetura de Collatz queda incólume; pues la unidad es la solución del enigma, por lo que se muestra bucle de tipo inocuo. Por lo que se refiere a números fraccionarios o negativos, tampoco afectan en absoluto a la esencia de tal conjetura; pues ha de desarrollarse dentro del conjunto de números naturales.

Pasemos al estudio de bucles mayores a tres iteraciones, que son los hasta ahora vistos. He aquí una ecuación que contiene un extenso bucle con siete etapas. Su resolución no es difícil, pero dado lo abigarrado de la expresión, requiere avanzar con tiento, a fin de no extraviarnos o errar. En adelante usaremos la variable K para todo impar, pues el tipo de imparidad sigue ya otro criterio.

$$3(3(3(3(3(3(3K+1)/2)+1)/2)+1)/2)+1)/4)+1)/2)+1)/2)+1)/16 = K$$

$$3(3(3(3(3(3K+1)/2)+1)/2)+1)/2)+1)/4)+1)/2)+1)/2 = (16K-1)/3$$

3(3(3(3(3K+1)/2)+1)/2)+1)/2)+1)/4)+1)/2 = 2(16K-1)/3)-1)/3

3(3(3(3(3K+1)/2)+1)/2)+1)/2)+1)/4)+1/)2 = (32K-2)/3)-1)/3

3(3(3(3(3K+1)/2)+1)/2)+1)/2)+1)/4)+1)/2 = (32K-5)/9

3(3(3(3K+1)/2)+1)/2)+1)/2)+1)/4 = 2(32K-5)/9)-1)/3

3(3(3(3K+1)/2)+1)/2)+1)/2)+1)/4 = (64K-10)/9)-1)/3

3(3(3(3K+1)/2)+1)/2)+1)/2)+1)/4 = (64K-19)/27

3(3(3K+1)/2)+1)/2)+1)/2 = 4(64K-19)/27)-1)/3

3(3(3K+1)/2)+1)/2)+1)/2 = (256K-76)/27)-1)/3

3(3(3K+1)/2)+1)/2)+1)/2 = (256K-103)/81

3(3K+1)/2)+1)/2 = (512K-206)/81)-1)/3

3(3K+1)/2)+1)/2 = (512K-287)/243

(3K+1)/2 = (1024K-574)/243)-1)/3

(3K+1)/2 = (1024K-817)/729   //   3K = (2048K-1634)/729)-1

3K = (2048K-2363)/729   //   2187K = 2048K-2363

139K = -2363   //   K = -2363/139=17   SOLUCIÓN K = -17

Ahora, desvelada la solución, se percibe que en la ecuación se ocultaba de modo algebraico el gran bucle del 17, de la que hemos dado en llamar conjetura anticollatz.

Adviértase que el resultado obtenido es negativo, mas no por consecuencia del valor que tomase la variable K, que es libre; sino porque al término independiente (el modestísimo 1) la iteración múltiple del algoritmo lo agiganta hasta un valor elevado, que al pasar al segundo miembro, fuerza a soluciones negativas.

¿Qué quiere expresarnos el álgebra con dicha solución… pues que tal problema solamente admite solución en el conjunto de los números enteros. Es decir, el álgebra, mediante su automatismo… nos encamina al formato: 3(-K)+1, del algoritmo.

Pasemos ahora a acogernos al cambio de algoritmo, usando la fórmula: 3K-1.

$3(3(3(3(3(3(3K-1)/2)-1)/2)-1)/2)-1)/4)-1)/2)-1)/2)-1)/16 = K$

$3(3(3(3(3(3K-1)/2)-1)/2)-1)/2)-1)/4)-1)/2)-1)/2 = (16K+1)/3$

$3(3(3(3(3K-1)/2)-1)/2)-1)/2)-1)/4)-1)/2 = 2(16K+1)/3)+1)/3$

$3(3(3(3(3K-1)/2)-1)/2)-1)/2)-1)/4)-1/)2 = (32K+2)/3)+1)/3$

$3(3(3(3(3K-1)/2)-1)/2)-1)/2)-1)/4)-1)/2 = (32K+5)/9$

$3(3(3(3K-1)/2)-1)/2)-1)/2)-1)/4 = 2(32K+5)/9)+1)/3$

$3(3(3(3K-1)/2)-1)/2)-1)/2)-1)/4 = (64K+10)/9)+1)/3$

$3(3(3(3K-1)/2)-1)/2)-1)/2)-1)/4 = (64K+19)/27$

$3(3(3K-1)/2)-1)/2)-1)/2 = 4(64K+19)/27)+1)/3$

$3(3(3K-1)/2)-1)/2)-1)/2 = (256K+76)/27)+1)/3$

$3(3(3K-1)/2)-1)/2)-1)/2 = (256K+103)/81$

$3(3K-1)/2)-1)/2 = (512K+206)/81)+1)/3$

$3(3K-1)/2)-1)/2 = (512K+287)/243$

$(3K-1)/2 = (1024K+574)/243)+1)/3$

$(3K-1)/2 = (1024K+817)/729$ // $3K = (2048K+1634)/729)+1$

$3K = (2048K+2363)/729$ // $2187K = 2048K+2363$

$139K = 2363$ // $K = 2363/139 = 17$ SOLUCIÓN $K = 17$

Por esta otra senda, sin salir del conjunto de números naturales, se llega a K=17; lo previsible, pero el algoritmo 3K-1 es efugio para salir del paso. Sibilinamente el álgebra pregona: los bucles… son impropios de la conjetura de Collatz.

Y aun más, gracias a tal digresión por esta conjetura, que se ha llamado anticollatz, logramos dar en el hito que ordena la de Collatz; cuyos pormenores los expondremos con todo lujo de detalles en el apartado siguiente.

Una breve observación. Hay un procedimiento más rápido y un tanto mecánico, de resolver la ecuación que hemos manejado en estas últimas páginas de modo tan minucioso. Se explicará con todo detenimiento en el próximo apartado, ya que además de facilitar su resolución, facultará a fin de esquematizar los resultados… y mucho más importante: nos permitirá profundizar en su comprensión.

Antes de clausurar este apartado abundamos en un aspecto crucial: el TIPO de imparidad informa del divisor que admitirá un impar, tras Ñ; excepto los tipo 5, que 'como mínimo' serán divisibles por 8. Ahora bien, puesto que se ha demostrado que todo múltiplo de 4, más 1 de impar son tipo 5, todos admitirán grandes divisores; pero su desenlace final dependerá del impar originario. Véase detallado con un ejemplo.

Apliquemos al impar 30037 (tipo 5) el algoritmo, veremos que deviene en 11:

$$30037\times3+1=90112, \quad 90112/8192=11, \qquad [8192=2^{13}]$$

La razón es que su impar primitivo no es 5, sino 7; por tanto se comporta como 7. Véase:

$(30037-1)/4=7509; \ (7509-1)/4=1877; \ (1877-1)/4=469;$
$(469-1)/4=117; \ (117-1)/4=29$ y por fin $(29-1)/4=7.$

Así que el privilegiado tipo 5, es como la nacionalidad, título que se adquiere (además a las primeras de cambio) sin embargo, el comportamiento es especie de genotipo, de modo que no transmuta; por ende, 30037, bichozno de 7, se comporta como su retrastatarabuelo o quinto abuelo.

De este modo se entenderá mejor, que estando el conjunto de los números naturales pleno de impares múltiplos de Collatz … no pocos con ancestros en los impares denominados básicos y siguientes; por no producirse bucles en tales impares, absurdo es que surjan en el resto del conjunto.

V .- POSTRERAS DISQUISICIONES

Comenzaremos desarrollando la ecuación del gran bucle del 17 por otro método, según prometimos.

$$3(3(3(3(3(3(3K+1)/2)+1)/2)+1)/2)+1)/4)+1)/2)+1)/2)+1)/16 = K$$

(2187K+2363)/2048 = K // 2187K+2363 = 2048K // 139K = -2363 //

$$K = -2363/139 \quad // \quad K = -17$$

Esta ecuación: (2187K+2363)/2048 = K, ya conocida, es posible generalizarla así: (aK+b)/c = K y particularizar sus parámetros: a, b y c, en cada caso concreto, sabido el número de iteraciones y divisores que hayan surgido, mediante los recursos siguientes:

El parámetro 'a' se obtendrá multiplicando entre sí todos los factores 3 necesarios, a razón de uno por cada iteración; por tanto si sólo hay una iteración: a=3, si hay dos: a=3x3=9, si hay tres: a=3x3x3=27, si hay cuatro: a=3x3x3x3=81, etc. Los parámetros 'b' y 'c', por su parte, se obtienen mediante la creación de fracciones, a razón de una por iteración, cuyo numerador es 'b', siendo 'c' el denominador ('b' y 'c' finales serán numerador y denominador de la última fracción) que surge ateniéndose a las siguientes pautas:

La primera fracción, es decir, la primera iteración, siempre tiene por numerador: 1 y por denominador, el divisor que haya surgido en esa iteración primera, sea 2, 4, 8, etc. Supongamos, pues, que en la primera iteración surge el divisor 2; en semejante caso la fracción que se obtendría sería: 1/2…

y por consiguiente la ecuación ya quedaría particularizada así: (3K+1)/2=K. De ser 4 el primer divisor: (3K+1)/4=K.

Supongamos ahora que deseamos particularizar una ecuación que ha exigido dos iteraciones con divisores 2 y 4. El parámetro 'a' no admite dudas, será 3x3=9. En cuanto a 'b' y 'c', nos exigirán ya dos fracciones… la primera será como sabemos: 1/2 y la segunda se obtendrá desde la primera. Su denominador será el producto de los dos divisores, por tanto: 2x4=8; mientras el nuevo numerador surge de multiplicar por 3 el numerador de la primera fracción y sumándole su propio denominador.

Así: 3x1+2=5. He aquí las dos fracciones y la ecuación particularizada que origina, en la que según lo dicho, 'b' y 'c' son numerador y denominador de la postrera fracción:

1/2,   5/8,   (9K+5)/8=K

Veamos un tercer ejemplo con tres iteraciones… que generaron los divisores 2, 4 y 8, que originan las siguientes fracciones, la última de las cuales surge a partir de la segunda:

1/2,   5/8,   23/64,

Claro que 5=3x1+2 y 23=3x5+8. El denominador final resulta de 2x4x8=64. La ecuación final particularizada es, por tanto: (27K+23)/64=K.

Obsérvese que puesto que el orden de factores no altera el producto, si la serie de divisores en vez de 2, 4 y 8, hubiese sido 8, 4 y 2; el parámetro 'c' final no habría sufrido cambio. Por el contrario 'b' sí resulta profundamente afectado. Véase:

1/8,   11/32,   65/64,   (27K+65)/64=K

Es claro que 11=3x1+8 y 65=3x11+32; en tanto que por su parte los denominadores son: 8x4=32 y 8x4x2=64. Ese margen de variación de 'b' para idénticos divisores, se debe a que el primer numerador es 1 o sea, sin multiplicadores… y no le afecta el postrer divisor a veces elevadísimo.

La variabilidad clara de 'b' respecto a 'c', así como su rigurosa dependencia, se revela decisiva en los resultados finales.

Explicado con detalle el cálculo de los tres parámetros de la ecuación, es fácil obtener los de cualquiera de ellas. Veámoslo en la que iniciaba este apartado, correspondiente al bucle K=17.

1/2, 5/4, 19/8, 65/32, 227/64, 745/128, **2363/2048**

Según lo ya expuesto, se anotan tantas fracciones como iteraciones hubiese, cuyos denominadores surgen de multiplicar los divisores… y cada numerador surge del previo, multiplicado por 3, más su propio denominador: (1x3)+2=5; (5x3)+4=19; (19x3)+8=65, etc. Y ya cabe particularizarlas todas; aunque nos limitamos a primera, tercera, quinta y última, que es la que en general concentra el interés:

(3K+1)/2=K; (27K+19)/8=K; (243K+227)/64=K; **(2187K+2363)/2048= K**

Resulta evidente que sabido el número de iteraciones y las cifras y cadencia de divisores, es fácil calcular todas las ecuaciones imaginables. Por otra parte, las ecuaciones devienen en dos formatos, según cuál sea el parámetro ('a' o 'c') que domine: aK>cK (K negativo) o bien cK>aK (K positivo).

(aK+b)/c=K,   ora: K=-b/(a-c)   ora: K=b/(c-a)   [Z]

Claro que aK y cK, nunca serán iguales, pues aK siempre será impar, en tanto que cK será par siempre. Tales expresiones [Z] corresponden a secuencias que concluyesen en bucles. Por contra, si reflejasen solución correcta, en el segundo miembro se originaría un UNO; en cuyo caso [Z]: (aK+b)/c=1, o bien: aK+b=c, cualquiera que sea el valor que tome K. Válganos el siguiente ejemplo:

(3K+1)/256=1,   3K+1=256,   3K=256-1,   K=255/3=85

En principio aK es mayor que c (pues potencias de 3, han de ser mayores que potencias de 2) y mientras tal suceda, los valores que tome K serán negativos, en los bucles. En otros casos influyen las proporciones entre 'a', 'b' y 'c'. Siguen ejemplos:

(3K+1)/2=1, **K=1/3** // (3K+1)/2=K,   3K+1=2K,   **K=-1**

3(3K+1)/2)+1)/4=K,   (9K+5)/8=K,   9K=8K-5,   **K=-5**

3(3K+1)/2)+1)/4=1,   (9K+5)/8=1,   9K=8-5,   **K=1/3**

Ahora bien, como en 'c' se incorporan a veces divisores mucho mayores que 2; no sólo es posible que sea: cK>aK, sino que visto lo anterior, es imprescindible que sea c>a, para lograr soluciones positivas. Con grandes divisores 'c' se desmesura:

(3K+1)/4=1,   3K+1=4,   **K=1** // (3K+1)/16=1,   3K+1=16,   **K=5**

(3K+1)/64=1, 3K+1=64, **K=21** // 3(3K+1)/2)+1)/16=1, 9K+5=32, **K=3**

Hemos realizado estas operaciones, a fin de evidenciar que la ecuación es perfectamente cabal… y funciona tanto con la conjetura de Collatz, como con la que hemos denominado anticollatz. En todos estos casos son soluciones correctas de la conjetura. Basta mutar 1 por K en el segundo miembro y se localizarán bucles:

(3K+1)/4=K, 3K+1=4K, **K=1** // (3K+1)/16=K, 3K+1=16K,   **K=1/13**

(3K+1)/64=K, 3K+1=64K,   64K-3K=1,   **K=1/61**

3(3K+1)/2)+1)/16=K, (9K+5)/32=K, 9K+5=32K, 32K-9K=5,   **K=5/23**

Resulta que si los divisores adquieren K, dejan de ser término independiente; en consecuencia se restan con aK y se retorna a las soluciones fraccionarias. Ya no son posibles las negativas, debido a que partimos de que cK>aK.

A este proceso, en el que yendo a la búsqueda de bucles, 'c' adquiere K, lo denominamos: 'cambio de pareja' (pues 'c' deja de operar con 'b' y lo hace con 'a') suele originar fracciones menores que la unidad por el escaso valor de 'b'… y se revela de capital importancia por el giro que imprime a las soluciones.

El álgebra informa que serían posibles tales bucles. En efecto comprobemos, con K=5/23, que así es.

3(3K+1)/2)+1)/16,   3(15/23+1)/2)+1)/16,   3(38/46)+1)/16,

(114/46+1)/16   160/736=5/23

Queda, pues, confirmado: se generan bucles con las cadencias de iteraciones que manejamos; pero puesto que tal resultado escapa del conjunto de los números naturales, la conjetura queda indemne.

En ocasiones 'b' adquiere entidad como para enfrentarse a la diferencia cK-aK y que la fracción sea mayor que la unidad; pero pocas veces excede de 10, por lo cual, dado que todos los impares hasta 101 se han resuelto correctamente (en borradores, que se han omitido, hasta más allá de 1001 que en ocasiones remontan a muchos miles) la conclusión final es que los bucles son imposibles en la conjetura de Collatz. Esta conclusión, la procuraremos evidenciar y ratificar en párrafos subsiguientes, pues hemos demostrado lo que se afirma con escasas iteraciones … pero no olvidamos que hasta infinito queda aún mucho trecho que recorrer.

Hay por supuesto muchos más impares que hallan solución según la pauta expuesta de dos iteraciones, claro que exigen divisores pares mayores. He aquí un caso ilustrativo:

$$3(3K+1)/2)+1)/c=1, \qquad (9K+5)/2c=1, \qquad K=(2c-5)/9$$

Se ha planteado a manera de ecuación diofántica, en la que K tiene que ser impar positivo; en cuanto a 'c', ha de ser potencia exacta de dos. Se exponen a continuación considerable número de casos:

c=2, K=-1/9; c=4, K=1/3; c=8, K=11/9; c=16, **K=27/9=3;**

c=32, K=59/9; c=64, K=41/3; c=128, K=251/9; c=256, K=169/3;

c=512, K=1019/9;   c=1024, **K=227;**   c=2048, K=4091/9;

c=4096, K=2729/3;   c=8192, K=16379/9; c=16384, K=10921/3;

c=32768, K=65531/9;   c=65536, **K=14563;**

c=4194304, **K=932067;**   c=268435456,   **K=59652323;**

Bien se capta que existen infinitas soluciones correctas, en que tras dos iteraciones, K se resuelve en la unidad. Se repiten a partir de c=16, multiplicando c por 64.

Comprobaremos solamente la última K; pues es evidente que el desenlace es similar.

59652323/89478485/1

Naturalmente K=59652323, como múltiplo de 8, más 3 o sea, del tipo 3; permite sólo división por 2, según lo previsto de antemano en la ecuación de partida. Por lo que respecta a:

89478485, puesto que es múltiplo tipo 5; permite al menos división por 8… pero como además es múltiplo de 4, más 1, reiterado de 5… tras aplicarle el algoritmo, admite división por: $2^{28} = 268435456$, siendo el resultado el previsto de solución correcta de la conjetura.

Cabe preguntarse aquí, qué sucedería si en vez de igualar la ecuación a 1, se igualase a K, en búsqueda de bucles. Veamos con un ejemplo lo que sucede:

$$3(3K+1)/2)+1)/c=K, \qquad 9K+5=2cK$$

Como el caso supuesto es fruto de sólo dos aplicaciones del algoritmo, 'b' es insignificante, menor que 'a'. Por tanto:

$$K=-5/(9-2c) \qquad \text{o bien: } K=5/(2c-9)$$

De las dos opciones, la primera sería el caso de que en ambas aplicaciones del algoritmo, el divisor posible hubiese sido: 2 o bien 2 y 4, sucesivamente. Entonces a>c sería 9-4=5, o bien 9-8=1 y la ecuación tomaría este aspecto:

$$9K-4K=-5, \qquad K=-1, \qquad 9K-8K=-5, \qquad K=-5,$$

Correspondería al autobucle sabido de -1 consigo mismo, como es fácil de comprobar, en el primer caso. O bien el de -5/-7/-5, en que el primer algoritmo lleva al parcial:-7, para retornar al -5, tras la aplicación del segundo algoritmo. Los dos casos pertenecen de lleno a lo que hemos denominado conjetura anticollatz.

Adviértase que en ambas posibilidades, el segundo divisor, sea 2 ó 4, deja a 'b' inalterado, pues el último divisor, nunca afecta al parámetro 'b'.

Los restantes casos de c-a, implicarían c>a e igualmente 'b' quedaría inalterado. Por tanto, como 'c' ya no puede ser menor que c=8, resultará:

$$9K+5=16K, \qquad 16K-9K=5, \qquad K=5/7<1$$

Es evidente que otros valores de 'c', dejarían a 'a' y 'b' inalterados… y acercaría a cero la fracción resultante, pues crece solamente el denominador.

Ya está lo esencial del problema expuesto, pero por supuesto no nos limitaremos a esos ejemplos. Veamos otros más complejos:

$$3(3(3(3(3(3(3K+1)/4)+1)/2)+1)/2)+1)/4)+1)/8)+1)/16 = 1 \qquad [J]$$

$$(729K+1631)/8192 \; = 1 \; // \; 729K = 8192\text{-}1631 \; // \; \mathbf{K=6561/729=9}$$

Una vez resuelta la ecuación propuesta, descubrimos que se ocultaba en ella la resolución del impar K=9; caso que requiere de hasta seis iteraciones del algoritmo.

Por otra parte, se observará que resolverla no implica grandes dificultades; basta con manejar cautelosamente la fracción, según las pautas dadas.

Bien cabe ahora imaginar que idéntica cadencia que implica 6 repeticiones del algoritmo… y claro está que con la misma sucesión de divisores, ofrezca un bucle con otros valores de K.

En semejante caso, deberemos igualar la ecuación no a 1 sino a K… y en tal coyuntura, la ecuación [J] se trocaría en:

$$3(3(3(3(3(3(3K+1)/4)+1)/2)+1)/2)+1)/4)+1)/8)+1)/16 = K$$

$$(729K+1631)/8192 = K \; // \; 1631 = 8192K\text{-}729K \; // \; \mathbf{K=1631/7463<1}$$

El álgebra revela que tal bucle surgiría con un número menor que la unidad… motivado por el cambio de pareja de 'c'.

Planteemos la ecuación, no obstante, con 'c' libre, en modo diofántico. Es claro que 'c' sólo permite la variación del último divisor (que no afecta a 'a', ni 'b') aunque los divisores previos podrían alterar el ORDEN sin que afecte a 'a' aunque sí a 'b'. Veamos resultados:

$$(729K+1631)/512c = K, \qquad\qquad 1631 = 512cK\text{-}729K,$$

Como 'c' es libre, contaremos con todas la posibilidades del último divisor: 2, 4, 8, etc.

c=2, K=1631/295=5,52; c=4, K=1631/1319=1,23;

c=8, K=1631/3367<1

Bastan los ejemplos vistos. Los restantes valores de 'c', no harán sino incrementar el denominador, que aproximará la fracción a 0.

En cuanto a c=2 y c=4 conforman bucles, pero al ser números no naturales, no afectan a la conjetura. En último caso, queda siempre el argumento de que los impares hasta 101 (más allá de 1001 en borradores) están resueltos todos sin el menor contratiempo.

Se ha escogido el itinerario del impar K=9, por ser el más complejo de los cuatro básicos (3, 5, 7, 9) los restantes no ofrecen dudas. Veamos un nuevo caso, también de los más complejos entre los primeros impares:

$$3(3(3(3(3(3K+1)/2)+1)/8)+1)/2)+1)/4)+1)/8)+1)/16 = 1$$

$(729K+2533)/16384 = 1,$ $729K=(16384-2533)$ **K=13851/729 = 19**

En efecto, la ecuación anterior ocultaba el itinerario del impar 19, también con 6 iteraciones del algoritmo, que implica aumento de una unidad del exponente de dos. Esa misma ecuación, si se deja K en el segundo miembro a la búsqueda de bucles, ofrece la solución siguiente:

$$3(3(3(3(3(3K+1)/2)+1)/8)+1)/2)+1)/4)+1)/8)+1)/16 = K$$

$(729K+2533)/16384 = K,$ $16384K-729K=2533,$ **K=2533/15655<1**

Los resultados son elocuentes, sólo es posible el bucle con valor fraccionario de K… y menor que la unidad; pero bien se sabe que K, ha de ser número natural, impar y mayor que UNO. Dejemos a 'c' libre en ecuación diofántica y observemos otras opciones.

$$3(3(3(3(3(3K+1)/2)+1)/8)+1)/2)+1)/4)+1)/8)+1)/c = K$$

$(729K+2533)/1024c = K,$ $1024cK-729K=2533,$ $K=2533/(1024c-729)$

Si c=2, $2048K-729K=2533,$ $K=2533/1319=1,92$

Si c=4, $4096K-729K=2533,$ $K=2533/3367<1$

Y de nuevo tropezamos con el mismo obstáculo: el que llamamos 'cambio de pareja' de 'c', elimina las soluciones negativas, pero no así las fraccionarias… y como 'c' es de

340

ilimitado crecimiento, origina que la mayoría de soluciones que propone sean menores que la unidad. En cuanto a c=2, como antes, sobrepasa la unidad, pero no de modo inquietante que ponga en entredicho la conjetura.

Véase una última comprobación de lo que procuramos demostrar, para cerciorarnos de la exactitud de los resultados que obtenemos.

3(3(3(3(3(3(3(3(3(3(3K+1)/2)+1)/2)+1)/4)+1)/2)+1)/16)+1)/
/2)+1)/8)+1)/2)+1)/4)+1)/8)+1)/16 = 1

(177147K+1479875)/8388608 = 1,   K=(8388608-1479875)/177147=39

Claro que al trocar 1 por su variable, perquiriendo posibles bucles, la respuesta es la previsible:

3(3(3(3(3(3(3(3(3(3(3K+1)/2)+1)/2)+1)/4)+1)/2)+1)/16)+1)/
/2)+1)/8)+1)/2)+1)/4)+1)/8)+1)/16 = K

(177147K+1479875)/8388608 = K,   K=1479875/8211461<1

Y puesta la ecuación en modo diofántico:

(177147K+1479875)/524288c = K,   1479875=(524288cK-177147K)

Si c=2, 1048576K-177147K=1479875,   K=1479875/871429=1,69

Si c=4, 2097152K-177147K=1479875,   K=1479875/1920005<1

Y vemos de nuevo que los resultados no ofrecen dudas: sólo son posibles los bucles, con números insignificantes, fraccionarios… y lejos de poner en entredicho la corrección de la conjetura.

LLegados a este punto lo único que cabe es preguntarnos si es posible encontrar cadencias que hagan crecer 'b', más que 'c'. La respuesta es afirmativa; pero… no por mucho tiempo y al final 'c' acaba imponiéndose, pues como harto sabemos, siempre se accede a un punto en que surgen impares múltiplos de 4, más 1, los cuales exigen grandes divisores y con ellos bruscos crecimientos de 'c'.

Expresado lo anterior de otro modo. Mientras los divisores son todos 2, 'b' crece más que 'c', pues la unidad se multiplica por 3 y se le suma el divisor, es decir: 3x1+2=5; lo que origina mayor crecimiento que multiplicar por 2 (que afecta a 'c'). Sin embargo, concurren dos circunstancias que malogran o truncan el proceso:

- Con sólo divisores 2, los impares a los que se les aplique el algoritmo siempre crecen, por lo que los bucles son imposibles.

- Sólo la mitad de los divisores de una cierta cantidad de iteraciones admiten divisor 2; la otra mitad, serán mayores que 2: 4, 8 e incluso cifras enormes. Eso exige la estadística.

Esta combinación de las dos tendencias son las que originan los bucles, pero los grandes divisores llevan consigo, de manera irremediable, el crecimiento desmesurado de 'c'; lo que al cabo implica reducir los posibles bucles a números insignificantes. La inmensa mayoría menores que la unidad y sólo el valor menor de 'c' es el que implica K>1; pero de números que están estudiados y que por tanto no pueden poner en entredicho la conjetura de Collatz.

Cuanto mayor es el número de divisores elevados, tanto mayor será 'c' con respecto a 'b'... y es evidente que surgirán muchos más divisores elevados, cuantas más iteraciones se produzcan; es decir, cuanto mayor sea K.

Véase un ejemplo curioso (el progreso del término independiente se detalla algo más adelante, para mayor claridad) de este caso:

3(3(3(3(3(3(3(3(3(3(3(3(3(3(3(3(3(3(3(3(3K+1)/2)+1)/2)+1)/
2)+1)/2)+1)/2)+1)/2)+1)/2)+1)/2)+1)/4)+1)/4)+1)/128)+1)/
/8)+1)/4)+1)/4)+1)/16)+1)/2)+1)/2)+1)/4)+1)/8)+1)/16 = 1

3486784401K+417276426641)/2199023255552 =1

3486784401K+417276426641) = 2199023255552

3486784401K = (2199023255552-417276426641)

3486784401K = 1781746828911,   K=1781746828911/3486784401 = 511

Cáptese en el progreso de la fracción correspondiente a 'b' y 'c' (véase la página siguiente) que tan pronto surgen grandes divisores; el numerador o sea, 'b', desde el comienzo mayor, queda raquítico ante la cifra del denominador: 'c'.

Así mismo la potencia de 3 o sea, 'a', acaba por ser, de largo, la menor de las tres cifras; tanto que soporta la diferencia c-a, sin que 'b' origine valores de K que pudieren ser inquietantes para la correcta solución de la conjetura.

1/2, 5/4, 19/8, 65/16, 211/32, 665/64, 2059/128, 6305/256,

19171/1024, 58537/4096, 179707/524288, 1063409/4194304,

7384531/16777216, 38930809/67108864, 183901291/1073741824,

1625445697/2147483648, 7023820739/4294967296,

25366429513/17179869184,

93279157723/137438953472, 417276426641/2199023255552.

Confirmemos de nuevo, cómo al sustituir la unidad por K, en la afanosa búsqueda de posibles bucles; el valor de la fracción se torna insignificante… y cuanto mayor sea el postrero divisor, 'c', tanto menor será la fracción, pues ése no le afecta a 'b'.

3486784401K+417276426641)/2199023255552 = K

3486784401K+417276426641 = 2199023255552K

2195536471151K=417276426641   **K=417276426641/2195536471151<1**

Bien se percibe que la aparición del divisor 128, decide sin titubeos la contienda a favor de 'c'. Además, no hay la menor duda de que cuanto mayor sea el impar a reducir a la unidad; muchas más iteraciones se requieren (o una de cociente enorme) por lo que al final, será inevitable un divisor 'c' gigantesco.

Hasta ahora hemos avanzado en nuestras pesquisas, adoptando secuencias de itinerarios de impares que teníamos resueltos. Pero en los siguientes párrafos actuaremos con secuencias improvisadas; avanzando en iteraciones de manera sistemática, a fin de que no quede nada sin rastrear.

La intención que se persigue, es triple:

I) Confirmar datos ya conseguidos antes mediante otros procedimientos.

II) Ratificar que los bucles son ajenos a la conjetura, salvo números negativos o fraccionarios e insignificantes.

III) Debatir detalles que pueden parecer dudosos, cuando el número de iteraciones son escasas.

UNA SOLA APLICACIÓN DEL ALGORITMO

En este primer caso la ecuación que regula el proceso toma el siguiente aspecto: $3K+1=cK$, en que 'c', cuyos valores ya sabemos que han de ser potencias exactas de dos, queda libre. Es decir, manejaremos la ecuación en modo diofántico, como ya se ha hecho.

Si c=2: $(3K+1)/2=K$, $3K+1=2K$,   **K=-1**

Si c=4: $(3K+1)/4=K$, $3K+1=4K$,   **K=+1**

Si c=8: $(3K+1)/8=K$, $3K+1=8K$,   **K=1/5**

Y es evidente ya que valores superiores: c=16, 32, etc. harán que K se torne fraccionario mucho menor que 1/5. Son bucles que ya nos resultan familiares. Ahora bien, si en $3K+1=cK$, hacemos en el segundo miembro K=1 en búsqueda de soluciones:

Si c=2: $3K+1=2$, $K=1/3$,   Si c=4: $3K+1=4$,   **K=3/3=1**

Si c=8: $3K+1=8$, $K=7/3$,   Si c=16: $3K+1=16$,   **K=15/3=5**

Si c=32: $3K+1=32$, $K=31/3$,   Si c=64: $3K+1=64$,   **K=63/3=21**

Basta con lo visto, pues es evidente que surgirán soluciones correctas de K con exponentes pares de 2; pero serán fraccionarias si los exponentes de 2 son impares.

DOS APLICACIONES DEL ALGORITMO

En adelante procederemos con más diligencia y limitaremos los detalles al mínimo, puesto que el procedimiento está ya establecido.

$3(3K+1)/2)+1)/c=K$, $(9K+5)/2c=K$, $9K+5=2cK$,

Si c=2: $9K+5=4K$, $5K=-5$, **K=-1**;   Si c=4: $9K+5=8K$,   **K=-5**

Si c=8: 9K+5=16K, 7K=5, **K=5/7**; Si c=16: 9K+5=32K, **K=5/23**

Cabe invertir el orden de divisores, con 4 en primer lugar:

3(3K+1)/4)+1)/c=K, (9K+7)/4c=K, 9K+7=4cK,

Si c=2: 9K+7=8K, **K=-7**; Si c=4: 9K+7=16K, **K=7/7=1**

Si c=8: 9K+7=32K, **K=7/23**; Si c=16: 9K+7=64K, **K=7/55**

No es necesario continuar pues crece sólo el denominador. Véanse el autobucle del -1 y los bucles -5 y -7 y viceversa; de la que se dio en llamar conjetura anticollatz… además del autobucle de +1, en la conjetura Collatz.

Por su parte, si K=1 en el segundo miembro de 9K+5=2cK:

Si c=2: 9K+5=4, K=-1/9; Si c=4: 9K+5=8, K=1/3

Si c=8: 9K+5=16, K=11/9; Si c=16: 9K+5=32, **K=27/9=3**

Si c=32: 9K+5=64, K=59/9; Si c=64: 9K+5=128, K=41/3

Si c=1024: 9K+5=2048, K=2043/9= **227**

Se ha mantenido 2 como primer divisor, pues resulta evidente que el segundo divisor, que siempre aumenta, sólo generaría bucles si implica sentido inverso.

Sin embargo, lo exploraremos:

(9K+7)/4c=K   9K+7=4cK

Si c=2, 9K+7=8K, **K=-7**, Si c=4, 9K+7=16K, **K=1**

Si c=8, 9K+7=32K, **K=7/23**, Si c=16, 9K+7=64K, **K=7/55**

Es clara la imposibilidad de bucles con impares >1 naturales. En cuanto a la posibilidad de soluciones, sí que existen.

(9K+7)/4c=1   9K+7=4c

Si c=2, 9K+7=8, **K=1/9**, Si c=4, 9K+7=16, **K=1**

Si c=8, 9K+7=32, **K=25/9**, Si c=256, 9K+7=1024, **K=113**

Aparte de K=113, existen otras como K=7281, que se obtiene de hacer c=16384… y muchas más siguiendo la línea de múltiplos de 64 desde c=4: c=256, c=16384, c=1048576, etc.

TRES APLICACIONES DEL ALGORITMO

3(3(3K+1)/2)+1)/2)+1)/c=K,   27K+19=4cK

Si c=2: 27K+19=8K, K=-1;

Si c=4: 27K+19=16K, K=-19/11

Si c=8: 27K+19=32K, K=19/5= **3,8**;

Si c=16: 27K+19=64K, K=19/37<1

El resto es previsible. Veamos casos con un denominador 4, que lo anotamos en primer término, pues es cuando más favorece a 'b':

3(3(3K+1)/4)+1)/2)+1)/c=K   27K+29=8cK

Si c=2, 27K+29=16K, K=-29/11;

Si c=4, 27K+29=32K, K=29/5= **5,8**

Si c=8, 27K+29=64K, K=29/37<1;

Y de nuevo es inútil continuar el incremento de 'c', pues ya se capta a simple vista que las fracciones serán todas tipo K<1.

Por lo que se refiere a K=1, en el segundo miembro:

Si c=2: 27K+19=16,   K=-1/9;

Si c=4: 27K+19=32,   K=13/27;

Si c=8: 27K+19=64,   K=5/3;

Si c=16: 27K+19=128, K=109/27;

Si c=32: 27K+19=256, K=79/9;

Si c=64: 27K+19=512, K=493/27;

En este caso de =1, en los números que hemos tanteado (no muchos) no hemos hallado ninguna solución con K=impar natural; lo cual no quiere decir que no las haya, sino que no nos es posible remontarnos hasta el infinito para verificarlo. No obstante, este detalle no empece un tris la tesis que sostenemos, pues si surge alguna división K=(c-b)/a=impar natural; lo que significa es que con la cadencia de divisores expresada existe una solución o tal vez más... y caso de que todos los cocientes hasta infinito fuesen fraccionarios, sería prueba de que no existen soluciones del tipo impar y natural. En cualquier caso la hipótesis en ninguna de los dos opciones quedaría refutada.

Consecuencia de lo afirmado, es que en adelante no expondremos la opción de =1 en el segundo miembro; pues nada aporta, excepto hallar soluciones si las hubiere.

CUATRO APLICACIONES DEL ALGORITMO

$3(3(3(3K+1)/2)+1)/2)+1)/2)+1)/c=K$, $(81K+65)/8c=K$, $81K+65=8cK$

Si c=2: 81K+65=16K,   K=-1;   Si c=4: 81K+65=32K,   K=-65/49

Si c=8: 81K+65=64K,   K=-65/17;

Si c=16: 81K+65=128K, K=65/47= **1,38**

Si c=32: 81K+65=256K,   K=13/35<1

Veamos algún caso con divisor 4 en primer lugar; sin olvidar que han de cumplirse varias premisas:

- La ecuación siempre debe constar de tantos divisores como unidades tenga el exponente de tres.

- Sólo los divisores 2 acrecen K, el resto lo merman... y es la combinación de ambos lo que podría originar bucles.

- Evitar divisores gigantes que dejen el dilema resuelto por ser ya de salida c>>b.

$3(3(3(3K+1)/4)+1)/2)+1)/2)+1)/c=K$, $81K+103=16cK$

Si c=8,   81K+103=128K,   K=103/47= **2,19**

Si c=16,   81K+103=256K,   K=103/175<1

Y se ha llegado de nuevo a soluciones tipo: K<1, cualquiera que sea el valor que en lo sucesivo tome c. Se omiten valores c<8, pues ofrecen resultados negativos de K.

CINCO APLICACIONES DEL ALGORITMO

$$3(3(3(3(3K+1)/2)+1)/2)+1)/2)+1)/2)+1)/c=K$$

$$243K+211=16cK$$

De nuevo omitiremos valores de c que hagan 16cK<aK, pues ya sabemos que implican K=negativo.

Si c=16,	243K+211=256K,	K=211/13= **16,23**
Si c=32,	243K+211=512K,	K=211/269<1

Y no se requiere continuar el proceso, pues es evidente que sucesivos valores de 'c', siempre harán K<1. Veamos ahora el caso de divisor 4 en primer término:

$$3(3(3(3(3K+1)/4)+1)/2)+1)/2)+1)/2)+1)/c=K$$

$$243K+341=32cK$$

Si c=8,	243K+341=256K,	K=341/13= **26,23**
Si c=16,	243K+341=512K,	K=341/269= **1,26**
Si c=32,	243K-341=1024K,	K=341/781<1

Los sucesivos valores que tome c, reducirán el ya exiguo valor de K. En cuanto a los resultados fraccionarios mayores que 1, que se han ido destacando; más adelante se comentarán.

Antes de pasar a 6 iteraciones del algoritmo, coincidiendo con el valor máximo alcanzado por K, efectuaremos una digresión digna de interés. Anotaremos la segunda variable diofántica: 'c', a modo de primer divisor; e intentaremos localizar bucles.

$$3(3(3(3(3K+1)/c)+1)/2)+1)/2)+1)/4)+1)/2=K,$$

$$1/c, \quad (3+c)/2c, \quad (9+5c)/4c, \quad (27+19c)/16c, \quad (81+73c)/32c$$

$$(243K+81+73c)/32c=K; \quad 243K+81+73c=32cK; \quad \mathbf{K=(81+73c)/(32c-243)}$$

Se ha procurado favorecer 'b' al máximo, anotando sólo un divisor por 4 y el resto doses. Consecuencia de ello es que los primeros valores de 'c'… es decir, c=2 y c=4, hacen K negativo, por lo que los omitimos. En cuanto a los siguientes:

c=8,   K=665/13= **51,15**   //   c=16,   K=1249/269=4,64

c=32, K=2417/781=3,09   //   c=64,   K=4753/1805=2,63

Es estéril ya aumentar 'c', pues K=(81+73c)/(32c-243) tiende a disminuir, no a crecer. De hecho con 'c' muy elevados tiende a:

$$K=73c/32c=73/32= \textbf{2,28125}$$

Poco se alteran los resultados si se anotan otros divisores, según se demuestra a continuación:

3(3(3(3(3K+1)/c)+1)/2)+1)/8)+1)/2)+1)/4=K,

1/c, (3+c)/2c, (9+5c)/16c, (27+31c)/32c, (81+125c)/128c

(243K+81+125c)/128c=K;   243K+81+125c=128cK;

K=(81+125c)/(128c-243)

Se ha alambicado al máximo, de modo que ya incluso el primer valor de 'c', haga positivo el resultado final; pero con el segundo, el cociente se desploma, pues ni 81 ni -243 quedan afectados.

c=2, K=331/13= **25,46**   //   c=4,   K=581/269=2,15

c=8, K=1081/781=1,38   //   c=16,   K=2081/1805=1,15

De nuevo resulta palpable que la fracción tiende a disminuir, siendo su tendencia, para valores muy elevados de 'c':

$$K=125c/128c=125/128<1$$

Y si surgiere un último divisor enorme: c'>4, la fracción K=(81+125c)/(32cc'-243) tiende a 0 sin duda; fácil es captarlo.

SEIS APLICACIONES DEL ALGORITMO

3(3(3(3(3(3k+1)/2)+1)/2)+1)/2)+1)/2)+1)/c=K

729K+665=32cK

Si c=32,   729K+665=1024K,   K=665/295= **2,25**

Si c=64,   729K+665=2048cK,   K=665/1319<1

Sigue la habitual segunda opción, con un divisor 4 en primer término… y en seguida en tercer lugar, por apreciar diferencias:

3(3(3(3(3(3k+1)/4)+1)/2)+1)/2)+1)/2)+1)/2)+1)/c=K,

729K+1087=64cK

Si c=16,   729K+1087=1024K,   K=1087/295= **3,68**

Si c=32,   729K+1087=2048K,   K=1087/1319<1

3(3(3(3(3(3k+1)/2)+1)/2)+1)/4)+1)/2)+1)/2)+1)/c=K,

729K+817=64cK

Si c=16,   729K+817=1024K,   K=817/295= **2,76**

Si c=32,   729K+817=2048K,   K=817/1319<1

SIETE APLICACIONES DEL ALGORITMO

3(3(3(3(3(3(3k+1)/2)+1)/2)+1)/2)+1)/2)+1)/2)+1)/c=K

2187K+2059=64cK   K=2059/(64c-2187)

Si c=64,   2187K+2059=4096K,   K=2059/1909= **1,078**

Si c=128,   2187K+2059=8192K,   K=2059/6005<1

Es obvio que K=2059/(64c-2187) tiende a cero. Sigue la habitual segunda opción, con divisor 4 en primer término:

3(3(3(3(3(3(3k+1)/4)+1)/2)+1)/2)+1)/2)+1)/2)+1)/c=K,

2187K+3389=128cK   K=3389/(128c-2187)

Si c=32,   2187K+3389=4096K,   K=3389/1909= **1,77**

Si c=64,   2187K+3389=8192K,   K=3389/6005<1

Ahora que hay margen, se añadirá un divisor por 16 en posición intermedia. Evidentemente 'b' se incrementará, pero al final, 'c', tomará los mismos valores, pues son los primeros posibles para que cK sea mayor que aK… y los cocientes se mantienen insignificantes. Sólo se suelen extraer 2 decimales, pues interesa la parte entera.

$$3(3(3(3(3(3(3k+1)/4)+1)/2)+1)/2)+1)/16)+1)/2)+1)/2)+1)/c=K$$

2187K+7645=1024cK   K=7645/(1024c-2187)

Si c=4,   2187+7645=4096K,   K=7645/1909= **4,0047**

Si c=8,   2187+7645=8192K,   K=7645/6005=1,27

Como bien se ve, la presencia de divisores de mayor tamaño no cambia las cosas de modo radical en 'b'; en cuanto a 'a' y 'c' se mantienen sin alteraciones, porque lo ganado por 'c' en pasos intermedios se cede al final… además se procura evitar grandes divisores.

OCHO APLICACIONES DEL ALGORITMO

$$3(3(3(3(3(3(3(3k+1)/2)+1)/2)+1)/2)+1)/2)+1)/ /2)+1)/2)+1)/c=K$$

6561K+6305=128cK   K=6305/(128c-6561)

Si c=64,   6561K+6305=8192K,   K=6305/1631= **3,86**

Si c=128,   6561K+6305=16384K,   K=6305/9823<1

Veamos la segunda opción, pero con dos divisores 4:

$$3(3(3(3(3(3(3(3k+1)/4)+1)/2)+1)/2)+1)/2)+1)/ /4)+1)/2)+1)/2)+1)/c=K$$

6561K+11639=512cK   K=11639/(512c-6561)

Si c=16,   6561K+11639=8192K,   K=11639/1631= **7,13**

Si c=32,   6561K+11639=16384K,   K=11639/9823=1,18

No es necesario continuar pues la tendencia a 0 de la ecuación básica: K=11639/(512c-6561) y anteriores es evidente.

NUEVE APLICACIONES DEL ALGORITMO

3(3(3(3(3(3(3(3(3(3k+1)/2)+1)/2)+1)/2)+1)/2)+1)/2)+1)/
/2)+1)/2)+1)/2)+1)/c=K

19683K+19171=256cK   K=19171/(256c-19683)

Si c=128,   19683K+19171=32768K,   K=19171/13085= **1,46**

No se requieren más tanteos, pues los resultados serán mucho menores que 1. Veamos ahora la opción con 2 divisores por cuatro:

3(3(3(3(3(3(3(3(3(3k+1)/4)+1)/2)+1)/2)+1)/2)+1)/
/4)+1)/2)+1)/2)+1)/2)+1)/c=K

19683K+35941=1024cK   K=35941/(1024c-19683)

Si c=32,   19683K+35941=32768K,   K=35941/13085= **2,74**

Y de nuevo se intuye que los siguientes valores de c, harán que sea K<1; por la dicha tendencia a 0 que muestra la ecuación K=b/(c-a) con los grandes divisores al final.

DIEZ APLICACIONES DEL ALGORITMO

3(3(3(3(3(3(3(3(3(3(3k+1)/2)+1)/2)+1)/2)+1)/2)+1)/
/2)+1)/2)+1)/2)+1)/2)+1)/c=K

59049K+58025=512cK   K=58025/(512c-59049)

Si c=128,   59049K+58025=65536K,   K=58025/6487= **8,94**

Si c=256,   59049K+58025=131072K,   K=58025/72023<1

Nos permitimos subrayar que si c<128 (u otros de los valores mínimos antes escogidos) los de K serían negativos. K=8,94… se ha acercado a 9, mas no peligra la corrección de la conjetura; pues 9 lo tenemos comprobado y se sabe con rigor que no entra en bucle.

Para culminar estas indagaciones, en las que se ha procurado siempre favorecer los divisores menores (4 y sobre todo 2) en esta última operación nos atendremos, del modo más riguroso posible, a los divisores que revela la estadística, a saber:

- 50 % de iteraciones que concluyen en divisiones por 2.
- 25 % de iteraciones que concluyen en divisiones por 4.
- 25 % de iteraciones que concluyen en divisiones por 8 o más.

Como 10 iteraciones no permitirían partición exacta, sino que surgen decimales, para evitarlos nos alargaremos hasta 16 iteraciones, que facultan para usar datos redondos. A saber:

- 8 divisiones por dos.
- 4 divisiones por cuatro.
- 2 divisiones por 8, una por 16 y la última quedará libre en ecuación diofántica.

La distribución la procuraremos homogénea… y eludiremos de modo intencionado las divisiones elevadas (64, 128, 256, etc.) que transforman a 'c', sin paliativos, en gigante indiscutible de la contienda en la que se impone, mucho antes de haber culminado las iteraciones; puesto que ya surgiría un par muy superior al mínimo posible, para que ck>ak.

3(3(3(3(3(3(3(3(3(3(3(3(3(3(3(3(3k+1)/2)+1)/2)+1)/4)+1)/8)+1)/
/2)+1)/2)+1)/4)+1)/16)+1)/2)+1)/2)+1)/4)+1)/8)+1)/2)+1)/
/2)+1)/4)+1)/c=k

43046721K+600042553=67108864cK

K=600042553/(67108864c-43046721)

Si c=8 K=600042553/(536870912-43046721)

K=600042553/493824191= **1,21**

Bien se percibe que 'a' es una hormiguita frente a los otros colosos, así como el hecho de que a pesar de nuestra contención en anotar divisores gigantes; al final 'c' aventaja aunque no mucho a 'b'. Por otra parte, aunque por estadística correspondía divisor 64, ha bastado con 8, para que K sea sólo levemente mayor que la unidad. La conclusión resulta inapelable: los bucles sólo son posibles con números negativos… y/o en su caso fraccionarios y dentro de estos, muy próximos a la unidad y en adelante aun menores.

Adviértase que si hubiésemos comenzado con c=2, en vez de c=8 (que aunque por estadística no corresponde, bien podría suceder) aún K se elevaría sólo a K=6,58 (NO SE REBASAN LOS IMPARES BÁSICOS) que amén de estar resueltos… no es algo inquietante en absoluto… cuando se han solucionado hasta más allá del 1001.

La razón esencial es que la ecuación que rige la conjetura de Collatz: K=b/(c-a) goza de muy escasos vuelos, pues 'b' (numerador) y 'c' (denominador) están vinculadas entre sí, de modo que resulta imposible que crezca 'b', sin que lo haga 'c'… e incluso en mayor medida, pues el último divisor no afecta a 'b'.

Para evitar que a>c (que origina soluciones K<0) el postrer divisor que tome 'c' (como se ha subrayado, reiteradamente, con anterioridad) tendrá que ser enorme; de modo que no sólo superará a 'a', sino que también será muy superior a 'b' ¡que no le afecta el postrer divisor! con lo cual el resultado final de K habrá de ser, según se ha recalcado en varias ocasiones, poco mayor que la unidad; soluciones que no inquietan en absoluto por las razones sabidas. Eso con el primer valor posible del postrer divisor; los subsiguientes, aún harían K mucho menores, por lo repetido varias veces de que las fracciones K=b/(c-a) tienden a 0, pues sólo el postrer divisor puede crecer.

Cabe objetar que si sucediere la contingencia, contraria a la estadística mas acaso posible, de que apareciesen de modo ilimitado divisores por dos (u otros) o decenas de ellos; 'b' crecería más que 'c'.

En efecto así sería, pero en semejante coyuntura, también sucederá que aK>cK, pues los divisores por dos, crearían 'c' (cuya base es 2) con exponente idéntico que 'a' (cuya base es 3) lo que originaría K negativos; en concreto K=-1. Además evidenciaremos que ambas posibilidades son irreales:

(3K+1)/2=K, K=-1 //   (9K+5)/4=K, K=-5/5=-1 //

(27K+19)/8=K, K=-19/19=-1 // (81K+65)/16=K,   K=-65/65=-1

Si las iteraciones generasen múltiples divisores por 4, los bucles se originarían con K=1. Véase demostrado:

(3K+1)/4=K, K=1 //   (9K+7)/16=K, K=7/7=1 //

(27K+37)/64=K, K=37/37=1 // (81K+175)/256=K, K=175/175=1

Si por contra las divisiones fuesen reiteradamente por 8, las soluciones serían ya menores que la unidad:

(3K+1)/8=K,   K=1/5=0,2 //   (9K+11)/64=K,   K=11/55=0,2

   (27K+97)/512=K,   K=97/485=0,2 //

   (81K+803)/4096=K, K=803/4015=0,2

No es necesario continuar con divisores sucesivos, pues ya es evidente que los bucles se generarían con valores aún menores de K, que tienden a cero. En suma, semejantes bucles surgen con números que no afectan a la conjetura de Collatz por infringir uno de sus pilares fundamentales: no ser impares naturales, excepto 1, que no afecta al resultado.

De todo lo anteriormente expuesto, se deduce que los bucles mayores que la unidad se producen esencialmente con la combinación de los divisores 2 y 4, pero no en cualquier proporción, pues si domina el divisor 2 las soluciones de K, según se expuso, serán negativas; si por contra domina el divisor 4, entonces K tenderá a 1. Resulta evidente que es en la transición del dominio del 2 al 4 y viceversa, cuando surgen resultados de K claramente superiores a la unidad, como se muestra a continuación en sendos ejemplos:

   (3K+1)/2=K,   k=-1 // (9K+5)/4=K,   K=-1 //

   (27K+19)/8=K,   K=-1

   (81K+65)/16=K,   K=-65/65=-1 // (243K+211)/64=K,

   K=-211/179=-1,178

   (729K+697)/256=K,   K=-697/473= -1,473 //

   (2187K+2347)/1024=K,   K=-2347/1163= -2,018 //

   (6561K+8065)/4096=K,   K=-8065/2465= -3,271 //

   (19683K+28291)/16384=K, K=-28291/3299= -8,575 //

   (59049+101257)/65536=K, K=101257/6487= **15,609** //

   (177147+369307)/262144=K, K=369307/84997= 4,344 //

Y ya se torna evidente que sucesivas iteraciones con divisor 4, reducirían aun más el valor de K, aproximándolo a la unidad.

$(3K+1)/4=K$, $K=1$ // $(9K+7)/16=K$, $K=1$ //

$(27K+37)/64=K$, $K=1$

$(81K+175)/256=K$, $K=1$ // $(243K+781)/512=K$,

$K=781/269=2,903$

$(729K+2855)/1024=K$, $K=2855/295=$ **9,677** //

$(2187K+9589)/2048=K$, $K=-9589/139=-68,985$ //

$(6561K+30815)/4096=K$, $K=-30815/2465=-12,501$ //

Antes de avanzar en nuestras deducciones, hemos de hacer una observación crucial. Se ha salido de los bucles a base de imponer divisores arbitrarios, pues han resultado valores de K a veces fraccionarios, de modo que aunque en alguna iteración posterior hubiese surgido un K natural e impar, no implicaría la refutación de la conjetura; al no haberse respetado algo esencial, como es que cada iteración tiene que concluir en un natural e impar.

Hecha esa importante observación, añadiremos que de estos cálculos deducimos varias conclusiones importantes, a saber:

a) Son imposibles bucles de naturales, a base de repetir un mismo divisor, cualquiera que sea el valor de K.

b) Tampoco son posibles bucles mediante la combinación de divisores dos y cuatro; ni se requieren otras combinaciones de dos con divisores mayores que cuatro, por lo ya dicho de que no es posible salir de bucles imponiendo divisores arbitrarios; además del hecho ya descrito, de que grandes divisores exigen valores de K cada vez menores, esto también es esencial.

c) Solamente son lícitas las combinaciones de divisores que respeten las PROPORCIONES detectadas: 50 % divisores por dos, 25 % divisores por cuatro y 25 % divisores mayores: 8, 16, 32, 64, etc.

Es de observar que lo dicho respecto de las proporciones, en nada afecta a la cadencia de esos divisores, que puede ser de variedad infinita y por tanto impredecible.

En resolución, los divisores tienen que respetar las proporciones ya dichas… y cuando se da tal circunstancia; se hace palpable que los bucles son posibles únicamente con valores minúsculos de K. En general no mayores de K=11. Si en algunos casos han surgido datos algo mayores, se ha debido a nuestra intención de favorecer los resultados para evidenciar, que incluso en esas circunstancias, los bucles son posibles sólo con números mucho menores que 101; si bien según se dijo, en borradores se ha sobrepasado el 1001.

Esa clara tendencia de los bucles a ser menores que 11, es lo que nos indujo a denominar básicos a los primeros impares, que si en la conjetura que hemos llamado anticollatz, reveló un bucle con los impares -5 y -7 (o bien con 5 y 7 y restar la unidad) no se dan en la conjetura auténtica… aunque por bien poco… véase:

Los impares 3 y 5 tienden a la convergencia (3 crece en tanto que 5 decrece) pero mientras que 3 se eleva al 5, éste, retrocede hasta la solución. De nuevo 7 y 9 son convergentes, el 9 retrocede al 7… si el 7 creciese hasta el 9 se produciría bucle; pero el 7 se excede y se remonta al 11.

Superados los impares iniciales, se hace imposible que surjan bucles, ya que unos impares remiten a otros que han superado la prueba… o a los que se han llamado múltiplos de Collatz suyos.

Comprobados los impares básicos; es de admitir que tampoco tendrían que cumplirse las proporciones que marca la estadística con impares muy elevados (digamos que mayores que mil) si surgiesen entre sus divisores uno, sea 524288 o bien dos elevado a cifras inimaginables… pues todo depende del tamaño del impar; en tal coyuntura, podrían suceder dos cosas:

a) El impar en cuestión tras esa magna división, que podría surgir a la primera o segunda iteración; se reduce a la unidad y por ende queda resuelta la conjetura correctamente. Recuérdese la resolución del K=59652323, ya expuesta.

b) El impar no queda resuelto, pero sí tan reducido que podría considerarse pequeño y por consiguiente con solución garantizada.

En ambos casos la hipótesis de Collatz queda indemne. Además, se daría la circunstancia de que a partir de dicho divisor enorme, los bucles posibles serían para valores de K muy por debajo de la decena… al menos durante bastantes iteraciones; lo que nuevamente garantizaría ya el cumplimiento de las proporciones que determina la estadística, que según se ha reiterado, implican bucles con valores insignificantes de K. Todo, pues, ratifica la tesis que venimos sosteniendo.

Opinamos que ya es ocioso proseguir con más muestras de casos, ni con más argumentos que apoyen nuestra tesis; pues la tendencia es clara y la conclusión evidente: LA CONJETURA DE COLLATZ SE REVELA PERFECTAMENTE CORRECTA. Resumiremos en el apartado final las razones esenciales que inducen a tal conclusión.

VI .- CONCLUSIONES FINALES

Las tareas desarrolladas en apartados anteriores, llevan a la conclusión final de que la conjetura de Collatz, es absolutamente correcta. Basamos nuestra categórica conclusión tras el estudio de la ecuación que la compendia:

$(aK+b)/c=K$,   o sea: $K= -b/(a-c)$ o bien: $K= b/(c-a)$

que REVELA BUCLES (único obstáculo que podría impedir lograr soluciones) para los valores de K resultantes. En esa ecuación los parámetros 'a', 'b' y 'c' se calculan según los siguientes criterios:

$a=3^n$ $b=3…\{3[3(3+d_1)+d_1 \times d_2]+d_1 \times d_2 \times d_3)+ … +d_1 \times d_2 \times d_3…\times d_{n-1}\}$

$c=d_1 \times d_2 \times d_3… \times d_n$ n=número de iteraciones

                                                    d=divisores por iteración

Es decir, 'a' es potencia de base tres cuyo exponente es el número de iteraciones realizadas, para un determinado valor de K. En cuanto a 'c', es el resultado de multiplicar entre sí, todos los divisores que van surgiendo tras cada iteración.

Por lo que se refiere a 'b', acaso resulte más claro obtenerlo a la par que 'c', mediante sucesivas fracciones (una por iteración, teniendo en cuenta que la primera fracción es: $1/d_1$) elaborándose las sucesivas (numerador 'b', denominador 'c') según este plan:

$1/d_1$; $(3 \times 1 + d_1)/d_1 \times d_2$; $[3(3+d_1)+d_1 \times d_2]/d_1 \times d_2 \times d_3$;

$\{3[3(3+d_1)+d_1 \times d_2]+d_1 \times d_2 \times d_3\}/d_1 \times d_2 \times d_3 \times d_4$ y al fin resulta:

b = 3[3(3+d₁)+d₁xd₂]+d₁xd₂xd₃   **c = d₁xd₂xd₃xd₄**

Así que cada numerador es el previo, multiplicado por 3, más el denominador de esa misma fracción; en tanto que los denominadores se calculan multiplicando los divisores surgidos de cada iteración, entre sí. Determinada la fracción final, 'b' será el numerador de la postrera fracción, mientras que 'c' lo proporciona el denominador de esa misma fracción.

Obsérvese que ya de salida 'b' está en desventaja respecto a 'c'; pues el primer 3 multiplica por 1 (y los divisores la primera vez sólo suman) y el postrer divisor (con frecuencia muy elevado) no le afecta a 'b'. Todo ese conjunto de detalles implica que 'b', llegue a ser netamente menor que 'c' al final de las iteraciones; tanto más, cuanto mayor sea el número de iteraciones… y más elevado el postrer divisor.

Pues bien, en cualquiera de sus formatos, tal ecuación ofrece distintos resultados; según cuál sea el parámetro: 'a', 'b' o 'c' que en ella domine, de donde surgen 3 posibilidades, a saber:

- Si sucede que a>c, cualquiera que sea el valor de 'b', K (número que originaría bucle) resultará negativo:

$$K = -b/(a-c)$$

Es opción que no refuta la conjetura de Collatz, por vulnerar una de sus premisas básicas: ha de resolverse dentro del conjunto de números naturales.

- Si por contra c>a, entonces las soluciones de K, casi en su totalidad, son menores que la unidad:

$$K = b/(c-a) < 1$$

Así mismo se desechan y tampoco alteran la corrección de la hipótesis de Collatz; al ser números NO naturales y MENORES QUE 1. Es el caso más habitual y surge cuando se respetan en la cadencia de los divisores, las proporciones que determina la estadística.

- En algunos pocos casos (generalmente cuando 'c' es el primer par posible de modo que cK>aK, para que K sea positivo) los valores de K resultan, no enteros, aunque sí algo mayores que la unidad (por ser 'b', en cierta medida, mayor que c-a):

$$K = b/(c-a) > 1 < 60$$

Se han anotado 60, cifra nunca alcanzada; si bien, rara vez excede de 10… lo que robora la hipótesis de que si no surgen bucles con los primeros impares (1, 3, 5, 7, 9) ya es imposible que se produzcan.

En este tercer caso las soluciones, aunque mayores que uno, son siempre fraccionarias y jamás alcanzan cuantías que pongan en duda o hagan sospechar que existan bucles de impares naturales, con retorno eterno al punto de partida; pues se trata de cifras exhaustivamente estudiadas y resueltas, sin asomo de duda, dentro de la ortodoxia de la conjetura de Collatz.

En consecuencia con todo lo expuesto, ratificamos sin titubeos la conclusión aseverada: la conjetura de Collatz es correcta… amén de extenderla al infinito; con la certeza de que por elevado que fuere el número natural impar escogido: K (con trillones y trillones de guarismos) puesto que los bucles (único obstáculo que podría impedir la resolución correcta de tales casos) son patrimonio exclusivo de números negativos y/o fraccionarios, cuyas partes enteras rara vez exceden la decena… siempre surgirán divisores por potencia de 2 elevadísima, que reducirán el impar: K (u otros que se deriven de él por senda más o menos tortuosa) bien a la unidad directamente… o tal vez a cifra vulgar de escasos guarismos que ya se resolverán en la unidad, con algunas iteraciones adicionales.

Roquetas de Mar, febrero/marzo 2021
Burgos, noviembre/diciembre 2021
Javier de Mosteyrín Hernández

LAS CUATRO CARAS

DEL CERO

ACERCA DEL PRODUCTO DE DOS CEROS

I .- FUNDAMENTO CIENTÍFICO

En este ensayo me temo que voy a decir cosas con las que los matemáticos no van a estar conformes, pero la razón me impulsa a ello, pues los argumentos que me dieron aquéllos con los que me fue dado consultar, no me han resultado convincentes.

Todo empezó cuando me enzarcé en la tarea de demostrar cuál es el resultado de la prosaica operación 0x0… y llegué a la sorprendente conclusión de que no podía ser cero real, como se viene afirmando desde que hace algunos siglos se incorporó el cero a las matemáticas europeas.

El fundamento teórico de tan osada afirmación reside en las siguientes sutilezas:

- Cuando afirmamos que el resultado de sumar dos ceros es también cero… o sea: 0+0=0, la solución de la operación es perfectamente comprobable. No existe ningún ejemplar de la realidad que se desea sumar, en dos ámbitos distintos; por ejemplo, en esta habitación no hay flores ni en los floreros ni en las macetas. Por tanto el número de 0 flores queda demostrado… y refleja la exactitud de una realidad comprobada científicamente. Cabe cambiar el enunciado por cualquier otro, tal como: carecemos de dinero en los bolsillos y en la cartera; luego el total de dinero que existe en los lugares investigados es 0, que queda comprobado. En resolución la suma exige que los sumandos sean reales e independientes.

Ahora bien, cuando se establece mediante multiplicación que 0x0=0, la solución se revela incomprobable; pues la exactitud científica de uno de los ceros multiplicados, está supeditada a las características de un ser u objeto del que se carece. Por lo cual nada cabe comprobar relativo a sus rasgos y el resultado no queda científicamente demostrado; al estar multiplicando y multiplicador indisolublemente vinculados a la existencia de un objeto, sin el cual falta información.

Veamos con algún detalle lo que se acaba de aseverar. Supongamos que la operación 0x0=0 se refiere al siguiente enunciado: calcular el número de cajones de las mesas que hay en el almacén de una tienda. La forma científica de realizar con corrección dicho problema, consistiría en ir al almacén, contar el número de mesas así como el de cajones por mesa… y efectuar el producto; tras lo cual el resultado sería exacto y quedaría científicamente demostrado. Claro que si una vez en el almacén, se comprobase que NO existe ninguna mesa (0 del multiplicando) no cabe afirmar científicamente que las mesas carezcan de cajones (0 del multiplicador) debido a que no habiendo mesas, es imposible comprobarlo; por consiguiente el resultado (0 del segundo miembro) carece de valor científico… y ni siquiera es dable considerarlo exacto. En el almacén del establecimiento no se tienen mesas, es todo cuanto la ciencia permite afirmar.

A fin de evidenciar la solidez de lo aseverado en los párrafos anteriores, imaginemos que hemos llegado a una isla donde nunca ha habido caballos; por tanto sus naturales (que son de mente muy científica) lo ignoran todo acerca de los caballos.

Tales indígenas entenderán las operaciones tipo 0x0=0 detalladas anteriormente (ahora referidas a caballos y patas o caballos y alas, que se las atribuiremos a un supuesto señor Equis) del siguiente modo:

0 (caballos) x 0 (alas/caballo) = 0 (alas)
0 (caballos) x 0 (patas/caballo) = 0 (patas)

Mediante esas ecuaciones lo que se nos afirma acerca de ese extraño animal llamado caballo, que nunca hemos visto; es que carece de alas y que así mismo carece de patas: 0 de los multiplicadores. Pero somos científicos, no creeremos lo que se nos afirma hasta que tengamos caballos; pues la ciencia se basa en pruebas… que es imposible obtenerlas sin realidades.

Cuando por fin llegan N caballos a la imaginaria isla, sus incrédulos nativos actuarán de esta manera:

N (caballos) x 0 (alas/caballo) = 0 (alas)
N (caballos) x 4 (patas/caballo) = 4N (patas)

Tras el estudio detenido de los N caballos llevados a la isla, sus científicos le dirán al supuesto señor Equis:

Hicimos bien en no creerlo, señor Equis, pues aunque nos dijo la verdad en lo relativo a las alas, ya que en efecto, hemos comprobado científicamente que los caballos carecen de alas; sin embargo, nos mintió respecto a las patas, pues tras estudiar los ejemplares recibidos, hemos detectado que todos tienen cuatro patas. Esto que hemos hecho nosotros es ciencia; lo que usted nos propuso, para intentar demostrar que 0x0=0, es una extraña fantasmagoría mal pergeñada.

Decimos mal pergeñada porque el señor Equis debió actuar así: 0 (caballos) x 4 (patas/caballo)=0 (patas). Los nativos ya entenderían que los caballos son animales con 4 patas, pero tampoco lo aceptarían, pues sin caballos resulta afirmación hueca… y además no es operación tipo 0x0. **Admitimos el valor de Nx0=0, aun sin tener caballos en ese momento; pero no el de 0x0=0, que equivale a afirmar que incluso sin caballos… queda demostrado que carecen de alas** (o de cuernos).

Claro está que la operación 0x0 establecida por el señor Equis, referida a la carencia de alas de los caballos, o sea:

0 (caballos) x 0 (alas/caballo) = 0 (alas)   @

tampoco tiene valor científico, pues sin caballos, no hay modo de comprobar la veracidad de que no tienen alas. Es cierto que para quienes han visto caballos aunque sólo sea una vez en la vida, las posibilidades de equivocarse son despreciables; pero es claro que no se trata de una verdad científica, sino que es la expresión de un conocimiento empírico. Por ende, debe ser sometido a comprobación para que adquiera valor científico… y la comprobación implica siempre, irremediablemente, que se tenga al menos un ejemplar de la cosa en estudio, por lo que deja de ser caso de 0x0 y pasa a ser [33] tipo: Nx0.

---

33 En el caso que nos ocupa (mesas, caballos, patas, alas, etc.) N ha de ser número natural; en otros casos el valor de N cabe ampliarlo a otros conjuntos numéricos: fraccionarios, enteros, etc. pero N jamás carecerá de valor… si se desea hacer ciencia. Es decir, no cabe que sea N=0.

Véase. Los indígenas, llevados de su profundo espíritu científico, tomarán la ecuación final de la página anterior, marcada con @, por conjetura imposible de demostrar, hasta la llegada de caballos a la isla. Entonces, tras el estudio de los caballos, la solución (0 alas) queda demostrada y toma validez científica; pero es evidente que ha sido a costa de que el número de caballos dejó de ser 0.

Por fin hemos llegado al final de nuestros razonamientos, y creemos con firmeza que ha quedado patente la imposibilidad de afirmar, CON VALOR CIENTÍFICO, que pueda ser igual a CERO REAL el resultado de la operación 0x0.

Acaso a esto se arguya que las matemáticas NO son ciencia empírica. Conforme, entonces sucederá que cabrá pensar: 0x0=0, pero no será aplicable el resultado a casos reales; puesto que no los resuelve con corrección. Pero además, dicha objeción, aunque la admitamos, también carece de solidez. Se produce la la curiosa circunstancia de que Einstein [34] ya reparó en la posibilidad de tal paradoja. Lo expresó así:

> **¿Cómo puede ser que la matemática -un producto del pensamiento independiente de la experiencia- se adecue tan admirablemente a los objetos de la realidad? …**

> **En mi opinión, la respuesta a esa pregunta es, brevemente, la siguiente: en la medida en que se refieren a la realidad, las proposiciones de la matemática no son seguras, y viceversa, en la medida en que son seguras, no se refieren a la realidad.**

En resolución, la proposición matemática de que 0x0=0, sólo ofrece seguridad en la medida en que sea aplicable a la realidad; es decir, que sólo merecería el marchamo de verdad ineluctable, si lograra pasar incólume por el banco de pruebas del empirismo… lo que no consigue.

No obstante, anticipamos que en el apartado IV, punto 4º del ensayo, sin salirnos del puro terreno matemático… sino tan sólo mediante la aplicación de la propiedad distributiva, nos sumiremos en contradicciones inadmisibles en una ciencia tan sólida como las matemáticas; lo que ratifica que el producto 0x0=0 tampoco cabe aceptarlo en un puro ámbito teórico.

---

34 Einstein, A. Sobre La Teoría de la Relatividad. Madrid. A. Bosch Editor, S. A. Sarpe. 1983. Página 41.

En suma, si 0x0=0 podemos pensarlo pero no es demostrable científica ni matemáticamente, sino que por el contrario en ambos casos llegamos a contradicciones; resultará que sostener que 0x0=0 tendrá el mismo valor que creer en la existencia del alma. Así que habrá pocos matemáticos que lo acepten.

Antes de concluir este apartado, nos permitimos una última aseveración: La operación 0xN=0 afirmada en seco, es decir, sin enunciado, siempre tiene valor científico debido a que la multiplicación tiene la propiedad conmutativa, por lo cual aunque no sea lícito afirmar 0xN=0, si el 0 multiplicando es número de caballos que se poseen y N el número de patas por caballo; siempre cabe invertir los términos y considerar que N es el número de caballos y 0 el de alas o incluso el de patas, pues quien tiene los ejemplares a la vista está en condiciones de afirmar tal cosa con fundamento científico. Así que puesto que confirma que carecen de patas, es que esa es la realidad; bien porque se trata de caballos de juguete (cartón, madera, etc.) a los que les han roto las patas o bien cierto caso de monstruosidad, que a veces surge en la naturaleza.

Recuérdese al respecto que ya el filósofo D. Hume, dejó perfectamente establecido que del conocimiento empírico no se deduce necesidad o conocimiento apodíctico, sino solamente probabilidad.

Veamos esta idea expresada en su famoso tratado por el filósofo [35] edimburgués:

> **Muchos argumentos basados en la causalidad exceden la probabilidad, pudiendo ser admitidos como una clase superior de evidencia. Si alguien dijera que es sólo probable que el sol salga mañana o que todos los hombres deben morir, haría el ridículo. Y sin embargo, es evidente que no tenemos más seguridad en estos hechos que la proporcionada por la experiencia.**

Y algo más adelante dicho autor nos expresa estas otras consideraciones, que ratifican sin ambages lo afirmado en el párrafo anterior:

> **… la suposición de que el futuro es semejante al pasado no está basada en argumentos de ningún tipo, sino que se deriva totalmente del hábito…**

> **Cada experiencia pasada puede ser considerada como una especie de caso de azar: es inseguro si el objeto existirá conforme a una experiencia u otra.**

35 Hume, David. Tratado de la Naturaleza Humana. Madrid. Ediciones Orbis. 1984. Páginas 243, 254 y 255.

En resolución, el conocimiento empírico no proporciona certeza apodíctica para veces sucesivas, sino sólo mayor o menor grado de probabilidad de que se produzca, o no, un hecho. Cuantas más veces comprobemos que el sol sale por las mañanas, más probabilidades hay de que mañana se repita el fenómeno; pero jamás tendremos certeza científica, hasta que veamos surgir el sol por el horizonte… porque ciencia implica demostración… y no elevadísimas probabilidades de que algo ocurra.

Resumamos algunas de las conclusiones más importantes alcanzadas en este primer apartado.

El planteo Nx0=0 (o bien 0xN=0, pues la multiplicación tiene la propiedad conmutativa y el resultado habrá de ser el mismo) donde N>0, resulta impecable desde el punto de vista teórico; pues en él se afirma que con N ejemplares a la vista de cualquier realidad, alcanzaremos certeza científica (cero del resultado) de que todos carecen de tal o cual rasgo.

Como además N>0, cabrá iniciar investigación científica y comprobar si el planteo es correcto, en cuyo caso también lo será el resultado… o si por el contrario el planteo es erróneo (también lo será el resultado) o incluso si era un bromista y nos quería tomar el pelo afirmando, por ejemplo, que tiene N caballos sin patas, cuando en verdad no los tiene, etc.

Sin embargo, el planteo 0x0=0 permite inferir sin ninguna reserva que se trata de un error; pues en él se afirma que con cero ejemplares de cualquier realidad, se habrá demostrado que carece de cierto rasgo (cero del resultado). Ese enunciado no tiene valor científico ninguno, debido a que uno de los ceros multiplicados carece de pruebas y no pasa de ser, en el mejor de los casos, elevado grado de probabilidad.

Siendo además cero multiplicando y multiplicador, no se podrá investigar empíricamente el tipo de error cometido; lo que prueba de modo inconcuso que la supuesta demostración no es científica, pues la ciencia se basa en pruebas.

A lo sumo cabrá debatir con quien efectuó el planteo del problema el sentido de su afirmación… y de ahí deduciremos si está infinitamente próxima a la verdad, pero no es verdad científica. Sería el caso de que se asevere que con cero caballos tendremos la certeza de que carecerán de alas; o infinitamente próxima a la falsedad (no científicamente falsa) si se afirma que con cero caballos demostraremos que carecen de patas.

Los caballos con alas (pegasos) hasta ahora sólo se han dado en la mitología, pero no sería imposible que surgieren en la naturaleza; por eso, aunque la afirmación está muy próxima a la verdad, carece de valor científico, pues siendo cero el número de caballos, sólo es posible afirmar: NO HAY CABALLOS.

Por el contrario si la afirmación se hubiera referido a mesas y cajones: con cero mesas tendremos la certeza de que carecerán de cajones; estaría a medio camino entre verdad y falsedad, pues tan probable es que una mesa tenga cajones como que no los tenga. En cualquier caso tampoco es científica la afirmación, pues se carece de mesa en el momento de afirmarlo.

En suma, 0x0=0 carece de todo rigor, porque sin datos es imposible alcanzar certeza científica; pues ya se afirme que mañana saldrá el sol (porque siempre ha sido así) o que mañana se hundirá el universo (pues nunca ha sido así) no será algo científicamente demostrado hasta mañana… cuando suceda lo uno o lo otro. **Sin datos se revelan imposibles las afirmaciones científicas, ni siquiera las más comunes.**

Opinamos, tras estas disquisiciones filosóficas, que la supuesta demostración de los científicos de que 0x0=0, no sólo se tambalea; sino que resulta palpable que no es científica.

Por lo demás parece que es tema que a fuerza de aparentar transparente evidencia y amplio vigor persuasivo, apenas ha merecido atención por parte de los matemáticos. Al menos no me ha sido posible localizar ningún escrito matemático en que se dedique atención a la materia; salvo cierta demostración, que a juicio de quien suscribe es falsa… y está según todos los indicios limpiamente refutada en este ensayo. Nos ocuparemos de ella mucho más adelante: véase apartado IV, punto 4º.

Igualmente a los filósofos no parece haberles inquietado la cuestión lo más mínimo, pues tampoco he logrado localizar ningún escrito de sesgo filosófico que dedique ni una sola línea al asunto… y todo ello a pesar de que considero que el tema tiene tanto de filosófico como de matemático; ya que el cero, como número límite que es, planta un pie en la ciencia y el otro en la metafísica. Decimos que planta un pie en la metafísica, porque en el cero reside la particularidad de ser el guarismo que nos permite expresar la cuantía que existe de una realidad… precisamente cuando no tenemos representantes de esa realidad que nos afanamos en contar.

Así, al decir que de algo hay cero ejemplares, negamos que exista en el ámbito estudiado ningún elemento del ente que nos ocupa; pero sin dejar de asignarle número (como en los casos en que sí lo hay) lo cual confiere al cero una doble faceta de la que carecen los restantes números. A saber: por una parte, la de ser un elemento más del conjunto numérico, como todos los otros números; por otra parte la de carecer de valor cuantitativo, en lo que se diferencia de modo radical del resto de miembros del conjunto.

En suma, el cero es un número real que nos permite expresar que no existe realidad del tipo que se pretende cuantificar; lo que lleva implícito el que sea un número algo menos real que el resto de números reales… ya que describe o cuantifica la ausencia de realidad.

Esto, acaso no lo ha dicho nunca ningún matemático, pero fuerza es reconocerlo y reconocido eso… queda explicado por qué tiene comportamiento claramente distinto que el resto de números reales, en especial en las multiplicaciones y en las divisiones u operaciones afines.

Más adelante se abundará con ejemplos en ese aspecto de la semirrealidad del cero, que creemos que ha quedado patente… y el comportamiento errático que esa semirrealidad implica en ciertas operaciones, que nos fuerzan a manejarlo con tiento exquisito para no incurrir en yerros… que por ser a veces casi imperceptibles, han pasado inadvertidos a los científicos en general y a los matemáticos en particular, desde que hace ya algunos siglos se implantara su uso.

Resumamos estas consideraciones. Tras las disquisiciones anteriores, que nos han permitido confirmar que el cero es un número muy particular que presenta dos caras, creemos que se han hecho palpables tres ideas que nos parecen esenciales para penetrar hasta el fondo del tema que nos ocupa… y facilitarán el progreso en la dirección adecuada a fin de desvelar tan apasionante como ignorada quisicosa. Tales tres ideas son las siguientes:

    - Comprendemos que los filósofos no han visto en el cero más que un número real (por ende del dominio puro de la ciencia) sin reparar en que decir: cero, es una manera parcial de expresar cuantitativamente la nada o el vacío;

términos ambos de indudable sabor filosófico. Se capta que decir cero es una manera científica e indirecta, de expresar vacío de una determinada realidad. Queda claro, pues, por qué lo consideraron tema de ocupación pura de los matemáticos; pero sesgadamente, también se revela ostensible que el cero deba ser asunto de incumbencia indudable de la filosofía.

De hecho hemos tenido que recurrir a un filósofo de alto prestigio, a fin de reforzar nuestras afirmaciones; prueba de que nos movemos en un territorio colindante de dos disciplinas del saber, lo que requerirá en ocasiones argumentos tanto matemáticos como filosóficos, para consolidar nuestro progreso por tan delicado paraje.

- Del mismo modo los matemáticos o científicos en general, no prestaron atención nada más que a la cara real del cero. La que nos informa de que carecemos de ejemplares de determinada realidad en cierto ámbito; ignorando que decir cero equivale a afirmar: 'vacío de tal realidad', lo que indirectamente nos está empujando a tener que admitir que el cero no es tan real como los restantes números. Es claro ya, por tanto, que cuando se plantea la operación 0x0 lo que se pretende es efectuar cálculos relativos a algo inexistente, por cuya razón la solución de la operación, no es cosa de tan fácil alcance como parecía inferirse de su inocente planteo.

- Puesto que el cero sienta simultáneamente sus reales en dos territorios: científico y filosófico… o físico y metafísico (como se prefiera) queda ya patente que progresar en nuestras averiguaciones nos exigirá, tanto recurrir a las ciencias en general (especialmente a las matemáticas) como también a la filosofía; con el fin de interpretar el significado que se desprenda de las soluciones que nos proporcionen los cálculos científicos.

Ambos procedimientos deberán caminar de la mano, si no queremos despeñarnos por el insondable precipicio de una nada, que aunque parcial, no deja de ser nada.

Hechas esas salvedades estamos en condiciones de avanzar en nuestras pesquisas, desarrollando los argumentos que existen en defensa de la tesis que se sostiene (que nos permitimos recordar que consiste en la sorprendente afirmación de que 0x0 no puede ser cero real) que para mayor claridad y por las razones ya expuestas, dividiremos en varias secciones:

- Argumentos matemáticos
- Argumentos filosóficos
- Argumentos científico-filosóficos

Una vez expuestos nuestros razonamientos tendentes a refutar la solución tradicional de la operación 0.0 … y desarrollados los argumentos que opinamos que justifican la idea que sostenemos en cada uno de los terrenos enumerados; culminaremos nuestras reflexiones con el previsible apartado de conclusiones.

II .- ARGUMENTOS MATEMÁTICOS

Estos argumentos se sustentan en la aplicación de fórmulas aritméticas, que nos conducen a absurdos cuando nos apoyamos en que 0.0=0, en tanto que si nos basamos en la solución que aquí se propugna, no conducen a conclusiones disparatadas.

Comencemos por probar que 0.0 no puede ser cero, sin incurrir en graves incongruencias. Veamos: por una parte se sabe que 0/0=N; resultado que aparece en cualquier tratado de matemáticas. Tal resultado es correcto, pues si, en efecto, a ese cociente se le 'hace la prueba' tendremos N.0=0… y bien sabemos que esa solución (o sea, que cualquier número por cero es igual a cero) es [36] correcta.

Por tal razón 0.0 no puede ser 0, pues si se admite que 0.0=0, al despejar en el primer miembro un cero, resulta que entonces 0=0/0, lo cual es contradictorio con lo dicho en el párrafo anterior de que 0/0=N (que ya se ha demostrado que es correcto) y como 0 no es igual a N, surgirían dos resultados contradictorios para la operación 0/0; lo que se revela sin duda incongruente, pues las matemáticas no pueden dar para una misma operación aritmética dos soluciones, que además son incompatibles.

Aceptar que 0.0=0 implica, pues, la contradicción nada despreciable de que cualquier número y el cero son cosas

---

[36] A los matemáticos que estallen en carcajadas por la campechana expresión 'hacer la prueba'… o se lleven las manos a la cabeza afirmando que eso no es un cociente entre dos números sino un límite, se les ruega paciencia; más adelante se responderá a esa cuestión. Así mismo nos permitimos aclarar que con N expresamos el conjunto de todos los números, excepto el cero, que resulta solución imposible, como se demostrará.

idénticas (o sea, que 0=N) pues en efecto, si 0.1=0, 0.2=0, 0.N=0, etc. en 0.0=0 no hacemos sino considerar que el segundo cero es un número con valor cuantitativo, como cualquier otro número… y las matemáticas, que al momento han detectado la liviandad en que se ha incurrido, nos informan inmediatamente de ello, evidenciando una contradicción.

Esta conclusión absurda de que 0=N (o sea, que nulidad es igual a cantidad… o que nada es igual a algo) **la alcanzaremos más adelante por otros diversos métodos.** Nos permitimos desde ya, adelantar que será contradicción que surgirá de manera recurrente en nuestros cálculos; delatando que existe algo incorrecto en la operación 0x0=0. A fin de que no pase la cuestión inadvertida, haremos la correspondiente anotación recordatoria en cada una de las ocasiones.

Cierto que como sólo asumimos semejante igualdad (0=N) en la operación citada de 0.0=0, la cosa no tiene trascendencia mayor, pues no transmitimos el error más allá. No obstante, opinamos que no hay razón para resolver mal, conscientemente, una operación; aunque sea intrascendente y sin repercusión en otras.

A lo mostrado cabe argüir que semejantes operaciones son absurdas, que a los matemáticos no les interesan, que carecen de sentido, que dividir por cero, etc. Pero lo que no ofrece la menor duda es que hemos arribado a un absurdo: 0=N… y que absurdo no es sinónimo de trivial o despreciable; sino señal inequívoca de que se ha incurrido en algún tipo de error… o que hemos topado con un misterio que todo espíritu científico se debe sentir inclinado a desentrañar.

Dicho de otro modo: con frecuencia, tras un aparente absurdo, en realidad se nos vela un misterio cuya correcta explicación no se ha alcanzado.

La solución que inicialmente se propone es: 0.0=Infinito, cosa que se hace por eliminación, pues si se afirma que no puede ser cero, ni N (que elimina a todos los demás números de un plumazo) no queda más remedio que admitir que es infinito, una de las infinitas formas de infinito, que representamos con un solo signo; razón por la cual debe intervenir la filosofía, para explicar el sentido de la palabra infinito en cada caso.

El sentido que tendría en esta ocasión la solución, infinito, que se propone para la operación 0.0, sería algo así como: operación inexistente, absurdo, irrealidad, resultado inescrutable, operación cuyo resultado excede el ámbito de las matemáticas, etc. ya que en efecto, plantear 0.0 y no decir nada cuantitativamente hablando… es más o menos lo mismo.

Más adelante (en la sección que se dedica a apreciaciones filosóficas relativas a este problema) ampliaremos dichos aspectos y los respaldaremos razonadamente; pues se da por sentado que más de un lector se habrá rasgado las vestiduras, ante una propuesta que bien parece disparatada.

Justifiquemos primero la solución apuntada y seguidamente progresaremos en nuestras reflexiones.

Es cierto que en matemáticas el producto de dos números reales debe ser también un número real, lo que nos obligaría a aceptar que 0.0 no puede ser más que cero, pues otra solución sería inadmisible; sin embargo, a eso respondo que el caso de multiplicar dos ceros es una notable excepción… veamos, pues, el porqué.

El cero es un número anómalo, distinto a todos los demás, pues como ya hemos dicho con anterioridad, tiene un pie en las matemáticas (en el conjunto de los números reales) y el otro fuera de las matemáticas… concretamente en el terreno de la metafísica; por el hecho ya descrito de que cuantifica la no existencia de una realidad en cierto ámbito y momento.

Tal es la razón por la cual, el cero, manifiesta una conducta muy diferente de los restantes números (que son los que le permiten participar de pleno en la realidad): a la derecha de un número real cualquiera incrementa su valor, a la izquierda no hace más que bulto, como sumando no hace más que molestar, como multiplicando reduce a cero (o sea, atrae a su terreno) los valores reales del multiplicador (o viceversa) como divisor transforma la realidad en infinito: es decir, irrealidad, etc.

Evidenciado que el cero es un número muy especial cuyo funcionamiento es distinto del resto de números, a los que en ocasiones zarandea de mala manera; queda claro que cuando se combine sólo y exclusivamente consigo mismo… tendremos que extremar las precauciones para no equivocarnos.

Así resulta que 0/0=N, siendo esa N de la solución, una manera de expresar que el resultado de dicha operación… puede ser cualquier número real… o sea, que la solución de ese cociente es indeterminada, como suele expresarse.

Esto que algunos matemáticos (no sé si todos) me han afirmado que es un límite (y no una división de ceros) yo no lo llamo límite, ni puedo llamarlo así… pues para mí es un vulgar cociente de un número por sí mismo. Cociente N, que caso que ambos ceros procedan de series, que en el límite converjan a cero (y en tal caso no niego que sería un límite) en ocasiones se puede calcular; desenmascarando la susodicha indeterminación.

Sin embargo, en el planteo que en este trabajo se hace, no cabe de ningún modo tal posibilidad, pues los ceros de que se parte en el cociente lo son de modo absoluto: cero en acto; así que no es el caso de algo que tiende a cero, sin llegar a serlo sino trasponiendo las cosas al infinito.

Precisamente porque 0/0 no da un solo resultado concreto, sino que pueden ser muchos (todos menos 0) es por lo que no podemos asumir, tan a la ligera, que 0.0 nos dé por resultado un número real (que tendría que ser cero) pues sucede que si aceptamos que 0.0=0, simultáneamente estamos negando que 0/0 sea una indeterminación y afirmando que 0/0 es también igual a 0 y sólo cero, lo que es inadmisible; pues las matemáticas no pueden afirmar y negar a la vez una misma cosa, a saber: que 0/0 es una indeterminación a resolver si fuere posible… y que nunca es una indeterminación, sino que siempre es cero y nada más que cero.

Para evitar tal incongruencia, hay que aceptar que el producto de 0.0 no sea un número real, sino que ha de ser una irrealidad, es decir, infinito; lo cual no significa que sea cantidad inefablemente grande, sino que equivale a aseverar que el producto de dos ceros, carece de solución dentro del conjunto de los números reales.

Tampoco da solución real o dicho de otro modo, también es infinito la solución del cociente entre cualquier otro número real y el cero; lo que suelen expresar los matemáticos con la afirmación de que la división por cero no está definida dentro del conjunto de los números reales (sin que se escandalice nadie) así pues, nada nuevo bajo el sol.

Justificado nuestro aserto, estamos en condiciones de avanzar para determinar las implicaciones de tal aseveración de que 0x0=Infinito... calculando el resto de fórmulas que se derivan de 0x0=Infinito.

De ahí se deduce que en tal caso, Infinito (al que en lo sucesivo, para abreviar, se designará con I) dividido por 0, tiene que ser cero, es decir, I/0=0; de donde deducimos a su vez, que 0/I=I (al invertir I/0=0, tendríamos 0/I=N/0 y bien sabemos que N/0 equivale a Infinito) ecuación de la cual, por último, obtenemos que I.I=0 o sea, que infinito por infinito es igual a cero.

Seguidamente se intentará demostrar que la solución 0.0=I y sus diversas derivadas ya vistas, son congruentes con otras operaciones de las mismas características que las que estamos manejando; cosa que ya se ha visto que no sucede cuando se parte de la hipótesis de que 0.0=0, según se ha evidenciado anteriormente.

Sabemos a ciencia cierta que 0/0=N, así mismo sabemos, también con certeza, que cero por infinito es indeterminado o sea, 0.I=N; se ha dicho que sabemos con certeza, porque ambas operaciones aparecen en cualquier manual de matemáticas que aborde el tema de las indeterminaciones, así que partiremos de esa base que se da por segura.

Puesto que ambas operaciones dan indeterminado, se pueden igualar también los primeros miembros, con lo que tendremos lo siguiente:

0/0=0.I   (1)

y despejando en el primer miembro, saldrá que

0=0.0.I   (2)

El segundo miembro se puede resolver de dos maneras. Por una parte aceptando que 0.0=0, entonces resultará que (2) se nos transforma en

0=0.I   (3)

y como 0.I=N; sustituyendo en la ecuación (3) **se obtendrá que 0=N ... y he aquí de nuevo la igualdad que ya alcanzamos antes mediante otro razonamiento; que resulta incongruente.**

Es cierto que si en (2) primero resolvemos 0.I, que como sabemos es N, tendríamos que 0=0.0.I equivale a:

0=0.N   que a su vez es: 0=0

lo cual es sin duda correcto; pero como en una multiplicación el orden de los factores no debe alterar el producto, se concluye que 0.0 no puede ser igual a 0; ya que conduce en ocasiones a soluciones contradictorias, evidenciando que hay algún detalle que escapa a las previsiones lógicas.

Es decir, se confirma que hay algo que no funciona… y ese algo que no funciona… no puede ser otra cosa que el hecho de que 0.0 no es cero; ya que cuando operamos por el segundo de los caminos el resultado es correcto… y obsérvese, esto es muy importante, que entonces se elude la operación 0.0, lo que nos pone de manifiesto que es el paso en el que se induce el error en el cálculo.

Por contra, si se sustituye en (2) o sea, en 0=0.0.I, el factor 0.0 por el equivalente que se propone en este ensayo: infinito, tendríamos que se llegaría a esta otra ecuación:

0=I.I   (4)

que como hemos visto con anterioridad deriva consecuentemente también de 0.0=I… y puesto que ahora no nos surge solución contradictoria, concluimos que 0.0=I y sus derivadas son todas correctas y coherentes con el resto de soluciones de este tipo de operaciones.

Adviértase, por otra parte, que la ecuación (4) 0=I.I, fruto de sustituir 0.0 por el equivalente que proponemos, es decir, I; sí es correcta, pues al cambiar I por sus valores admitidos, esto es, N/0 (todo número dividido por cero es igual a infinito) tendríamos:

0=N/0.N/0 (5)

que a su vez equivale a

0=N'/I

la cual es correcta, pues es del dominio público que todo número dividido por infinito es igual a cero. A esta solución llegamos asumiendo que N.N=N', en lo que nadie… puede tener inconveniente y que 0.0=I, que es la solución que aquí se propone para dicha operación.

En tanto que si asumimos que 0.0=0, nos conduciría al absurdo de que (5) equivaldría a: 0=N'/0, y puesto que N'/0=I, llegaríamos a una nueva contradicción, como es que cero e infinito son la misma cosa: 0=I; todo lo cual es ya para escamarse y poner en entredicho la operación 0.0=0, por la razón sencilla de que conduce a sucesivas contradicciones.

Hagamos ahora sustituciones de unos valores por otros en la ecuación (1) ya vista de

0/0=0.I

Comencemos, como antes, despejando el primer miembro, con lo que tendremos

0=0.0.I

seguidamente en esta ecuación, sustituiremos cada uno de los términos del segundo miembro por sus equivalentes averiguados anteriormente a partir de 0.0=I, con lo que obtendremos:

0=I/0.I/0.0/I

de esta nueva ecuación se deduce, teniendo en cuenta que I.I=0 y que 0.0=I, que

0=0/I.0/I

y por último, puesto que 0.0=I, e I.I=0, tendremos que

0=I/0

lo cual es coherente con todo lo visto anteriormente. Por lo demás, se pueden multiplicar las fracciones del miembro segundo de la ecuación 0=I/0.I/0.0/I en el orden que se desee, y el resultado siempre será coherente (si se acepta que 0.0=I) pero incongruente si admitimos 0.0=0; no obstante, omitimos las operaciones para no fatigar más con este árido proceso.

No abundamos en más ejemplos, pero cuantas veces hemos hecho operaciones de este tipo, no se ha logrado más que confirmar nuestra aseveración de que 0.0=0 se resuelve en contradicciones; en tanto que la solución que aquí se propone (o sea, 0.0=I) aunque de apariencia descabellada, se muestra congruente.

Antes de que abandonemos el terreno en el que, hasta ahora, nos hemos desenvuelto, compendiaremos nuestras conclusiones relativas a la operación 0.0=0, en comparación con la solución que aquí se propugna: 0.0=I.

- La operación 0.0=0 conduce a la contradicción de que a veces hay que aceptar que 0=N y 0=I… y por ende: I=N; ahora bien, habida cuenta que el cero puro sólo puede ser igual a sí mismo y no a uno cualquiera de los restantes números, de los que difiere muy a las claras… y mucho menos podemos aceptar que sea infinito… se debe admitir que la operación 0.0=0 no parece muy de fiar.

- Puesto que en la ecuación 0=0.0.I, si primero hacemos 0.0=0 y este último cero al multiplicarlo posteriormente por infinito: 0.I=N, nos conduce a la desigualdad 0=N. En tanto que si hacemos primero 0.I=N y luego esta N, al multiplicarla por 0, o sea: N.0=0, alcanzamos la perfecta igualdad 0=0… y vemos que tal cosa ocurre cuando, curiosamente, se ha eludido la operación que está en discusión: 0.0; hemos de reafirmar nuestra opinión de que 0.0=0, debe ponerse en cuarentena.

- La solución que se propone en este ensayo: 0.0=I, no sólo evita las contradicciones que se observan en 0.0=0, sino que afronta las mismas dificultades con buena solvencia; por lo que deberemos de aceptar, que aunque puede que la solución a la postre no sea infinito, sí parece aconsejable en principio desechar la de cero, pues no resiste las pruebas idénticas a que se han sometido ambas soluciones.

No aburriremos con más operaciones de este jaez, ya que con ello nada nuevo averiguaremos ni adelantaremos un solo paso en la dirección que nos parece adecuada; pues por semejante derrotero no se vislumbra que podamos progresar en nuestras pesquisas. Así que para intentar avanzar, deberemos abrir nuevas sendas que ofrezcan ideas de refresco… y nos permitan penetrar en los entresijos del problema con el que nos enfrentamos; para intentar comprender el misterio que se oculta detrás de los absurdos desvelados.

III .- ARGUMENTOS FILOSÓFICOS

Concluidas esas pesquisas, abandonaremos el ámbito matemático y nos adentraremos en el territorio filosófico, para intentar razonar si la operación 0.0=0 y las soluciones que hemos encontrado de 0.0=I, I.I=0, etc. son coherentes desde el punto de vista de la razón o por el contrario muestran fisuras.

Comencemos con 0.0, operación que las calculadoras y toda la comunidad científica pasada y actual dicen que es igual a cero… y aquí se afirma que debe ser infinito, no en sentido cuantitativo, sino en el sentido de absurdo o allende las matemáticas.

Como bien se sabe, una multiplicación es una suma abreviada. Es decir, que 2.3, equivale a sumar tres veces dos (o dos veces tres, pues el orden de los factores no altera el producto) y 3.4, equivale a sumar cuatro veces tres (o tres veces cuatro).

Igualmente cuando decimos 0.3=0 las matemáticas operan así: 0+0+0=0, es decir, suman el cero tres veces y comprueban que es igual a cero, que lo dan por solución. Es cierto que si tomamos la operación del revés… o sea, sumar 3 ninguna vez, las matemáticas no pueden operar; pero como tienen que ser coherentes y dar la misma solución tanto en un caso como en el otro (pues el orden de factores no debe alterar el resultado del producto) responden que la solución de la operación 3.0 tiene que ser cero, al igual que lo fue 0.3=0.

Veamos con detalle el caso y que la conclusión es exacta y científica. Si no tenemos mesas y afirmamos que tienen 4 cajones, resultará: 0x4=0.

Cabe argüir que puesto que se carece de mesas, afirmar que serían de 4 cajones no es más que una conjetura y que el resultado final no puede ser cero real, sino sólo probable… puesto que al carecer de mesas no cabe comprobar su número de cajones.

Sin embargo, como la multiplicación tiene la propiedad conmutativa, la operación anteriormente planteada es posible entenderla así: 4x0=0; es decir, tenemos 4 mesas y ninguna de ellas tiene cajones; luego ahora no hay contradicción ni hemos asumido ninguna conjetura, pues teniendo mesas y percibiendo por los sentidos que carecen de cajones, el resultado habrá sido exacto y queda rigurosa y científicamente verificado.

En consecuencia, cuando SÓLO uno de los factores de la multiplicación es cero, debido a la circunstancia de que la operación 0xN=0 ha de ser igual a Nx0=0 (donde N>0) el 0 de la solución es científico y real; puesto que un solo cero no es contradictorio que se dé ante un producto real del universo… y dado que la multiplicación tiene la propiedad conmutativa, el resultado será (al menos podría ser) correcto y científico.

Lo afirmado de mesas y cajones cabe extenderlo a caballos y patas, toros y cuernos, etc. pues aunque sostener que aun sin caballos han de ser de 4 patas carece de valor científico, no es imposible entender la operación en el sentido de tener 4 caballos sin patas: 4x0=0 … o dos toros sin cuernos: 2x0=0. El resultado sería (de ser cierto) real, por ser verificable.

En suma, para que el cero del resultado sea real y de valor científico, uno de los factores de la multiplicación ha de ser mayor que cero; para lo cual ante una operación tipo 0xN (N>0) como no es inteligible en el sentido de que tenemos cero mesas (o caballos) de N patas, sólo cabe interpretarla acogiéndose a su inversa: tenemos N mesas (o caballos) de cero patas, lo cual sería perfectamente científico (caso de ser verdadero) aunque resulte quizás chocante.

Ahora bien, como en el caso de 0.0=0 las matemáticas no pueden operar (en el primer miembro de la igualdad) ni de izquierda a derecha ni de derecha a izquierda (pues en ambos casos, en esencia, no se nos dice nada) para ser coherentes responden que la solución es infinito; su forma de expresar que tal operación es irresoluble por ningún procedimiento y excede el ámbito matemático, por falta de datos.

No pueden resolverla, por la sencilla razón de que la expresión 0.0 quiere decir, en definitiva, sumar cero con cero ninguna vez, en cualquier orden que se intente el producto… y esas instrucciones matemáticas nos abocan a no emprender nada, cuantitativamente hablando, en cualquiera de ambas opciones.

Véase que en este caso en que ambos factores son 0, su permuta no aporta mayor certeza al resultado; en cualquier caso uno de los factores ha de ser una conjetura, por ende, también lo será el resultado.

Por lo tanto, preguntarle a las matemáticas cuánto es 0x0, equivale a preguntarle cuánto suma un folio en blanco… pues sumar cero con cero ninguna vez, equivale a calcular la suma de un folio en el que no hay escrito ningún sumando, que en eso consiste transcribir la operación 0.0 a signos.

Creemos que cualquier persona estará de acuerdo en admitir que un folio en blanco no suma cero, que quiere decir que se ha hecho la operación de sumar y el resultado final carecía de valor cuantitativo; sino que un folio en blanco equivale a no poder intentar siquiera la suma, porque no hay sumandos con los que operar… y puesto que las matemáticas son ciencia exacta, no pueden decir cero, que sería el resultado de hacer una suma cuyos sumandos carecen de valor, sino que tienen que responder que no hay suma que efectuar. Solución que a falta de otro signo más eficaz, la expresan con esa I (infinito) que ya hemos dicho con anterioridad… que ha de interpretarse a modo de: absurdo, imposibilidad, etc.

Tal solución es la misma que dan las matemáticas cuando planteamos el problema de dividir N/0, cuyo resultado es infinito, no porque ese signo cuantitativo sea el resultado de la operación (absurdo es que tras repartir algo, se toque a una cantidad inefablemente grande… que es irreal) sino porque es el signo del que se pueden valer las matemáticas a fin de responder que no existe operación que resolver; pues dividir por cero (repartir algo entre nadie) equivale a no indicar divisor… pero exigiendo solución.

Vemos, pues, que también desde el punto de vista del razonamiento, la respuesta 0.0=I es más comprensible… que la solución 0.0=0, que no se corresponde con la realidad de solución a folio en blanco.

Seguidamente lo que hay que hacer es interpretar lo que las matemáticas nos quieren expresar con 0.0=I, que es ni más ni menos que decir, que esa operación no tiene solución en este mundo; porque las matemáticas no pueden funcionar en vacío, en vista de lo cual nos remiten fuera del universo (o sea, más allá de la realidad) lo cual es más coherente que responder que la solución sea cero.

También cabe interpretar la cuestión, diciendo que las matemáticas lo que contestan es: 'ese problema que se plantea es un disparate para el que no tengo solución, porque resulta que la operación 0.0 no es más que apariencia de problema'.

Pero aceptar que 0.0=0, equivaldría a admitir que las matemáticas han resuelto correctamente un problema cuando en realidad no había tal problema, porque no teníamos nada que resolver, puesto que 0.0=No hay problema… y debido a que las matemáticas responden con signos y no con frases, recurren al signo que en este caso les sirve para manifestar que no hay problema… o que el problema planteado les es ajeno.

El resto de ecuaciones que se derivan de 0.0=I (I/0=0, I.I=0, etc.) no se analizarán. Puesto que matemáticamente dependen de la ya estudiada, no tenemos más remedio que aceptarlas, pues las matemáticas en eso no pueden engañarnos; arrojan la solución que arrojan, a fin de ser coherentes con otras soluciones afines (o bien como en este caso, vinculadas con la que manejan) pues ya de salida la operación 0.0 se les atraganta un tanto… y la dejan sin solución clara y de corte puramente matemático.

No obstante, veamos otros razonamientos que justifican las tres operaciones que intentamos elucidar: I.I=0, I/0=0 y 0/I=I; si bien, apoyándonos ligeramente en las matemáticas, por lo que esperamos que resultarán más convincentes, al menos para los matemáticos.

Comencemos por la operación 0/I=I. Como es del dominio público, al dividir cualquier número por infinito nos daría la solución de cero: es decir, N/I=0, donde N puede ser cualquier número excepto el cero. Precisamente por ello, cuando lo que dividimos por infinito no es N sino 0, la solución no puede ser también cero, necesariamente ha de ser otra… y la única opción que queda es la propia de I (infinito) pues de lo contrario, las matemáticas incurrirían en la contradicción de admitir que 0/I=N/I; que equivale a dar el visto bueno a la chocante igualdad 0=N.

Dicho de otro modo, que el cero es un número con valor cuantitativo, como todos los demás, lo cual es absurdo… evidentemente.

Viceversa, en el cociente I/0=0, como es también harto sabido todo número dividido por cero debe dar por resultado infinito: N/0=I; por lo tanto, cuando lo que dividimos por cero no es un número cualquiera, sino infinito, la solución tiene que ser diferente; ya que es la única manera que tienen las matemáticas de evidenciar, que infinito, no es un número real cualquiera, sino muy otra cosa. Dicho de otro modo, si admitimos que I/0=I (como suele decirse) incurriríamos en la contradicción de considerar que N/0=I/0, que es incongruente a simple vista, pues N=I es absurdo.

Aplicando, por último, estos razonamientos a la operación I.I=0, habida cuenta de que infinito por N es infinito: I.N=I y que infinito por cero es indeterminado: I.0=N, cuando las matemáticas se enfrentan al producto de dos infinitos, no les queda ya más salida que dar por solución cero; para mostrar que siendo el multiplicando el mismo (infinito) sin embargo, al ser el multiplicador distinto en cada uno de los tres casos, el resultado de la operación tiene que evidenciar semejante diferencia. Por tanto, si admitimos que I.I=I, nos estaríamos contradiciendo, ya que puesto que I.N=I, al cabo resultaría que I.I=I.N o sea que I=N.

Véase, por otra parte, como ya advertimos, que en todos los casos, a la postre, nos surgen las mismas incongruencias (si se admite que 0.0=0) que ya se hicieron resaltar en el apartado anterior, a saber: N=0, I=N y 0=I (lo último por la propiedad transitiva) a todas luces inadmisibles.

Obsérvese que N=0=I nos aboca a un mundo en el que no se perciben las diferencias, cuantitativas ni cualitativas; por tanto a un mundo que no es nuestro universo… y ese mundo no puede ser sino lo irreal, lo imaginario, lo imperceptible.

En resolución, creemos que ha quedado patente que en todos los casos, los resultados a que deben acudir las matemáticas no son verdaderas soluciones, sino recursos socorridos y a la desesperada, ante problemas irresolubles para los que carece de otros remedios.

Las matemáticas deben resaltar que aunque cada caso es diferente (lo que las obliga a dar soluciones distintas) tienen el denominador común de la imposibilidad de resolución; ya que los elementos que hay en juego en tales ecuaciones son nada menos que el todo (o sea, N) la nada (el cero) y el infinito, ante los cuales las matemáticas se estrellan por la sencilla razón de que dos de ellos (cero e infinito) marcan el límite de su territorio, donde por tanto pierden efectividad.

En cuanto al tercero (la totalidad) expresa en bloque el conjunto de los dominios numéricos de la ciencia matemática, más allá de los cuales se salen de madre.

Hemos llegado ya al final de nuestro recorrido por el territorio de la filosofía acerca de la operación 0.0… y creemos que ha quedado razonablemente probado que el resultado que ofrecen las calculadoras y sostienen los matemáticos de que 0.0=0, es muy poco consistente y muestra fisuras que lo hacen inadmisible.

En consecuencia con ello, proponemos por solución de la citada operación la que se ha hallado en este ensayo de 0.0=I, que parece mostrarse más sólida y es consecuente con otras operaciones afines.

Repetimos lo ya dicho anteriormente de que no lo hacemos porque creamos que 0.0=I sea la verdadera solución de la citada operación (pues tal operación no pueden resolverla las matemáticas con sus recursos habituales) sino porque es la solución más coherente con otras operaciones afines a la descrita.

Podría suceder que alguien piense que en tal caso 0+0 debería ser también infinito, pero negamos esa posibilidad, ya que sumar dos veces el cero es hacer una suma con dos sumandos de valor nulo, así que equivaldrá a esto otro 0.2=0, que no admite discusión.

Por otra parte, puesto que cero por cero es una operación inexistente, dar por solución de ella infinito resulta patente que es el procedimiento desesperado de las matemáticas de responder, que tal operación es absurda (o sin solución) con los signos de que disponen las matemáticas para operar.

En tanto que ofrecer por solución 0.0=0, muestra tal apariencia de normalidad y de solución correcta… que no se corresponde con la realidad; pues resulta una falacia sostener que la suma de un folio en blanco sea cero.

Un folio en blanco no suma cero, sino que es material a la espera de datos para operar.

Naturalmente si forzamos respuesta de las matemáticas, es lógico que nos den por solución infinito, que equivale a decir: mientras no se me faciliten más datos… todas las soluciones (infinitas) son posibles, con lo que no incurren en error.

Concluiremos este apartado de reflexiones filosóficas, con la sorprendente afirmación de que la expresión 0x0=0 ¡no es una igualdad! Por el contrario, en la expresión 0x0=I hay coherencia entre ambos miembros de la ecuación. Veámoslo.

En la ecuación 0x0=0, nadie puede tener duda de que en el segundo miembro hay un cero… por otra parte, en el primer miembro hay una multiplicación por cero. Ahora bien, los matemáticos y científicos en general afirman que multiplicar por cero induce errores en las operaciones; por consiguiente en el primer miembro no hay un cero… sino un error. Por lo tanto, como 0 (que hay en el segundo miembro) no es sinónimo de error (que es el contenido del primer miembro, según los propios matemáticos) queda claro que la expresión 0x0=0 no implica igualdad, sino la desigualdad: ERROR=CERO.

Por el contrario en la expresión 0x0=I, mediante el signo I (infinito) del segundo miembro, queda reflejado el error o anomalía que involucra el primer miembro; ya que infinito sí es recurso matemático para expresar las soluciones anómalas y que rebasan los significados numéricos.

Por otra parte, ante la expresión 0.0=0, cabe plantearse diversas cuestiones ninguna de las cuales admite respuestas sencillas, a saber:

- No existe el menor asomo de duda de que 0=0 es igualdad perfecta; por tanto: 0.0=0, en que sin motivo aparente ninguno se ha multiplicado sólo un miembro de la igualdad por cero, es como mínimo una arbitrariedad.

Para aceptar que 0.0=0 sea en efecto igualdad, son necesarias tres condiciones:

1º Demostrar que hay razones científicas que avalen que es correcta la medida de multiplicar por cero, sólo un miembro de la igualdad.

2º Demostrar que en el caso de 0.0, no se induce error en la expresión; pues si bien es cierto que en 0 no había cantidad que destruir mediante la multiplicación 0.0, no es menos cierto que se trata de una intuición… y es evidente que las intuiciones no son demostraciones. En suma, tendremos que demostrar que 0.0 y 0 son iguales entre sí.

3º Demostrado que 0.0=0, habría que demostrar además que 0.0=0 y 0=0 son equiparables entre sí; pues podrían ser correctas ambas, sin ser equivalentes entre ellas. Ejemplo: A=A y B=B… pero es falso que A=B.

- Más razonable sería: 0.0=0.0, en que se multiplican por cero ambos miembros de la ecuación. Ahora no existe la menor duda de que 0.0=0.0 es de nuevo una igualdad.

Otra cosa es que la igualdad 0=0 y la igualdad 0.0=0.0, sean equivalentes entre sí; según nuestro modesto entender no lo son… y por consiguiente, habría que demostrarlo, no nos basta la percepción intuitiva.

En resolución, la igualdad 0.0=0, presumimos que se ha establecido de modo si no arbitrario, sí al menos intuitivo… y consideramos que ha de hacerse previa demostración científica. Desarrollaremos estas afirmaciones más adelante… y entonces demostraremos que la expresión N.0=0 es igualdad cabal, porque los ceros (multiplicador y solución) son reales o al menos pueden serlo.

Sin embargo, en la operación 0.0, uno de los ceros que se multiplican es imposible que sea real… y de serlo ambos, el resultado de la operación no pasa de ser puro despropósito (se evidenciará esta afirmación) por lo que en consecuencia, la ecuación 0.0=0 jamás puede implicar una igualdad real, sino que siempre resulta ser la expresión de un disparate.

Adviértase una última incongruencia. Si 0=0, se compara con 0/0=N, se observa que en este caso al dividir por cero el primer miembro, se modifica el segundo; lo que no se hizo con la pareja 0=0 y 0.0=0.0. Es en extremo chocante esta paradoja… más que paradoja, ruejo con el que me es imposible comulgar.

IV .- ARGUMENTOS CIENTÍFICO-FILOSÓFICOS

Hasta ahora sólo un matemático de sólida formación, ha tenido el interés o cortesía, de leer el ensayo completo. Sus argumentos y mis respuestas se desarrollan con detenimiento a continuación:

1º .- Se me arguyó que 0/0 no se considera operación aritmética, sino un límite cuyo resultado hay que precisar resolviendo la indeterminación. Respondí que el cociente de dos ceros será un límite… cuando estemos trabajando con límites; pero cuando yo escribo 0, no me refiero a algo que tiende a cero (pero no es exactamente cero) sino que es cero mondo y redondo… así que no puede ser un cociente de límites, sino que es un cociente entre dos cantidades nulas.

Por tanto 0/0 es una operación tan aritmética como 3/3, que nadie pone en duda su resultado, ni arguye que sea un límite. Claro que al ser el cero un número muy particular, como ya se resaltó en párrafos anteriores, hay que andarse con tiento a la hora de expresar el resultado de la operación. Por tal razón 0/0=N, donde N es todos los números (excepto cero) no uno cualquiera tras resolver la indeterminación, que en mi planteo es irresoluble. En efecto: 1x2x3x4x5 … Nx0=0, luego el cociente es correcto. Eso se debe a que 0/0 es dividir nada entre nada y las matemáticas, que no funcionan en vacío, sino con datos, responden que la solución es N, que equivale a: 'vale la solución que plazca, pues faltan datos para operar'.

Con encomiable rigor, los matemáticos rechazaron que el cociente de dos nadas pudiera ser cero, pero se olvidaron que su operación homóloga (el producto de dos nadas) es también inefable. Como según ellos se debe a que lo otro es un límite, pero esto no, quedó planteada una contradicción.

Ya hemos dicho en otro apartado que en nuestro planteo, 0 es vacío de realidad en acto y no tras un proceso infinito. Si se dijera, por ejemplo, que el número de osos panda de los bosques europeos es cero, no cabe entender la expresión en el sentido de que haya una cantidad infinitésima de osos… cuyo número será cero en el infinito.

Decir que el número de osos panda en los bosques europeos es cero, es la forma matemática de expresar lo que diríamos así lingüísticamente: 'en los bosques de Europa no existe la especie oso panda', frase que ningún biólogo o lingüista que se precie, interpretaría de la torcida manera de admitir que existe una pequeña porción de algún ejemplar… que llevando las cosas al infinito se reducirá a cero.

Aferrarse, pues, a ver un límite en la operación 0/0 (en la forma que en este ensayo se plantea la operación) es una manera equivocada de afrontar el problema; ya que por cero debemos entender cero absoluto y no cantidad infinitamente pequeña de realidad. A nuestro juicio esta objeción no tiene solidez de ningún tipo.

No obstante, aun si se considera un límite, la cuestión no varía un tris, pues tiendan numerador y denominador a cero cabal o a infinitésimos, el resultado de $0/0=N$, $N/N'=N''$ no son 0; sino cualquier otro número (todos a la vez en el caso de 0/0). Solamente las fracciones 0/N y N/I equivalen a 0, de ninguna de ellas se discute aquí su resultado. Reiteramos lo dicho: Esta objeción carece de fundamento.

2º .- Se me reprochó haber establecido esta igualdad:

$0/0=N$ y $N=I.0$,   luego $0/0=I.0$

pues se aducía que N son cosas distintas en cada caso. A esto respondo que N será cosas distintas en cada uno de esos casos, cuando se trate de límites que una vez resueltos impliquen dos valores distintos de N, pero puesto que no se manejan límites, sino que se trata de una operación aritmética cuya solución es en ambos casos N (la totalidad de los números excepto cero) no veía cuál era la diferencia entre una N y la otra… por tanto la igualdad establecida consideramos que es tan lícita como la siguiente:

$$6/2=3 \quad y \quad 9/3=3, \text{ luego} \quad 6/2=9/3$$

3º .- Se me evidenció que multiplicar o dividir por cero, induce errores; como en el ejemplo siguiente:

3 no es igual a 7, pero resulta que $3.0=7.0$; ahora tras dividir por 0, obtendremos que 3=7, que es evidente dislate.

A esto respondí que me había guardado muy mucho de hacer simplificaciones de tal tipo… o introducir ceros inexistentes; resaltando que en mis manipulaciones de las expresiones me había limitado a traspasar el cero de un miembro a otro de las ecuaciones, respetando las reglas del álgebra, lo cual tiene que ser tan lícito como realizar la operación siguiente:

$$6/2=3 \quad \text{luego} \quad 6=3.2$$

Así pues, de igual modo: $N/0=I$, luego $N=I.0$… y no veo en qué reside la incorrección. Por su parte $N/I=0$, por lo que $N=I.0$, de modo que hay la necesaria coincidencia, como [37] en $0/0=N$, de donde $0=N.0$, que es así mismo coherente. Es ocioso y superfluo ya abundar en tal tema, que se ha desarrollado en otro apartado con amplitud.

No obstante, hemos de hacer un importante matiz en este punto, cual es que al multiplicar por cero se ha trocado en igualdad algo que no lo era: 3 no es igual a 7, dijimos, pero $3.0=7.0$; **esto otro es correcto, aquello NO LO ERA Y SEGUIRÁ SIN SERLO**. Por tal razón, al dividir por el cero que al multiplicar creó una igualdad correcta, lo que hacemos no es demostrar que lo que no era igual ya lo es; sino que lo que sucede es que recuperamos la primitiva desigualdad… o si se prefiere, enmendamos un error.

Por tanto, el error no consiste en ver una igualdad en $3.0=7.0$; sino en admitir que la desigualdad 3<7 y la igualdad $3.0=7.0$, son equivalentes entre sí y convertibles la una en la otra de modo correcto.

---

37 El manejo de estas ecuaciones me lo han reprochado ya varios matemáticos, con el argumento de que: 'no se puede operar así'; su respuesta a mi pregunta de por qué no se puede, fue ésta: 'porque no se puede'… réplica poco convincente y nada científica. De haberse acatado siempre semejante argumento… no habría aviones, ni barcos de hierro, ni etc. y la humanidad, seguiría caminando a cuatro patas y comiendo carroña… o ni siquiera tanto.

(K) Aún otro matiz. Supongamos que la igualdad correcta 3+3=6 (A) la multiplicamos por cero, llegaremos a esta otra igualdad (también correcta): 3.0+3.0=6.0 (B) o sea, 0=0 (C). Estos son ejemplos de lo que los matemáticos llaman inducción de errores al multiplicar (o dividir) por cero… y que aquí se expresará de esta otra manera: **MULTIPLICAR POR CERO** igualdades o incluso desigualdades, **CREA IGUALDADES** (si no hay ceros o su número en ambos miembros es el mismo) **NUEVAS PERO ENGAÑOSAS,** pues no guardan relación de equivalencia con su precedente.

Al dividir por el cero que se multiplicó (si ello es posible, lo es en: 3.0+3.0=6.0 ó en: 3.0=7.0, pero ya no lo es en 0=0) se recupera la igualdad o desigualdad primitiva, que será tan correcta o incorrecta como lo fuese en principio.

Véase que las igualdades marcadas con A, B y C, son todas correctas, pero A es distinta de B; y B, a su vez, es distinta de C; por cuya razón no es legítimo igualarlas entre sí, lo cual no equivale a que su expresión sea falsa, sino que no se relacionan con su precedente de forma matemáticamente lícita.

A y B son respectivamente convertibles, lo que no implica que A=B, sino que se rectifica el entuerto de multiplicar por cero; así mismo de B se puede pasar a C, pero de C no se puede volver ni a B y mucho menos a A… a menos que sepamos cuál fue el extraño subterfugio por el que se llegó a C desde A.

Queda patente así que multiplicar o dividir por cero, conduce a igualdades nuevas y engañosas… POR LO TANTO NO EQUIPARABLES CON SUS PRECEDENTES, que pueden ser lo mismo correctas que falsas.

(K) Sea ahora la igualdad correcta y que admito: 0=0+0 (A'). Multipliquemos A' por cero y obtendremos: 0.0=0.0+0.0 (B'). Según lo visto, habría que afirmar que B' es [38] igualdad correcta, pero A' y B' no serán equivalentes entre sí, pues aunque B' surge de A'; deriva de ella mediante método falaz (multiplicar A' por 0) que crea igualdades engañosas, así que si decimos A'=B' incurriremos en equivalencia fraudulenta.

No obstante, si dividimos B' por cero, obtendremos A', que seguirá siendo tan correcta como antes de multiplicarla y dividirla por cero; pues lo que se ha hecho fue rectificar un

---

38 Ejemplo de la salvedad citada. La expresión 0.0=0.0+0.0 no es una igualdad, pues hay 0.0 una vez en el primer miembro, pero dos en el segundo. Se demostrará dicha desigualdad.

yerro; ya que de otro modo implicaría demostraciones de absurdos, como se ha evidenciado con anterioridad.

CONCLUSIÓN: 0=0+0 no puede ser equivalente a 0.0=0.0+0.0, aunque la segunda deriva de la primera y aparenta ser correcta (luego veremos que no lo es) ya que el mecanismo matemático por el que una se obtiene de la otra, es delusorio.

Téngase muy presente lo dicho en este apartado 3º, porque recurriremos a ello más adelante. A los matemáticos que hayan tenido la curiosidad o cortesía de seguirme hasta aquí, les ruego que no se impacienten. Estamos estableciendo las bases necesarias para argumentos difícilmente rebatibles.

En el punto 4º se culminarán estas reflexiones… y tras la lectura de dicho apunto 4º, confiamos que el natural recelo y dudas comiencen no sólo a disiparse… sino a mutarse en asombro ante verdades tan sencillas como apodícticas.

De momento, si afirman que 3.0 (3 ó cualquier otro número) y 0.0 deben dar el mismo tipo de error; les respondo que puesto que 3… o cualquier otro número no cero, son distintos del cero, no pueden comportarse del mismo modo al multiplicarlos por cero… pronto tendrán que admitirlo.

Antes de concluir este punto 3º, expondremos un corolario que ocultamente se desprende de las premisas establecidas y que puede pasar inadvertido; por lo que dada su importancia capital lo resaltaremos adecuadamente:

COROLARIO: El número cero no cumple la propiedad distributiva, ni respecto de la multiplicación, ni respecto de la división… si está más de una vez.

La razón en que nos basamos para hacer tan temeraria afirmación es más que evidente: si multiplicar y dividir por cero induce errores en las operaciones, puesto que la propiedad distributiva implica multiplicaciones o divisiones, no podrá aplicarse al número cero (más de una vez). Veámoslo:

En los párrafos precedidos por una (K) hay aplicaciones encubiertas de la propiedad distributiva. La conclusión en el primer caso fue que aunque C es igualdad correcta, puesto que C deriva de A de forma matemáticamente ilícita, no se pueden establecer las igualdades A=B=C sin incurrir en grave fraude.

En cuanto al segundo caso ha sido que 0=0+0 no puede ser equivalente a 0.0=0.0+0.0, luego la conclusión es clara: EL NÚMERO CERO CONSIGO MISMO NO ADMITE LA PROPIEDAD DISTRIBUTIVA.

Es muy importante al aplicar la propiedad distributiva, no limitarse a contrastar la exactitud de la ecuación final, C … y puesto que surge correcta, ya que 0=0 no admite duda de su corrección, avenirse a concederle el visto bueno; olvidando que al multiplicar por cero se inducen errores… y que por ende la igualdad final, aunque resulte correcta, no equivale a sus precedentes (A: 3+3=6, y B: 3.0+3.0=6.0) de las que deriva, pues no surge de ellas por método legítimo.

Tal ha sido la razón por la cual aquí, se ha expresado la incorrección de otra manera: diciendo que multiplicar por cero crea igualdades correctas pero engañosas; de modo que se tenga presente que C deriva de A por método falaz, por ende no cabe igualarlas, pues implica error en el proceso demostrativo.

Generalizando, ahora, los ejemplos de los párrafos (K) tendremos lo siguiente (recordamos que en todo el ensayo la letra N, simboliza cualquier número excepto el cero):

$$N+N=2N \qquad (X)$$

Apliquemos la propiedad distributiva a la ecuación X con el número cero y tendremos:

$(N+N)0=N.0+N.0$ (Y)   que dado que N+N=2N, equivale a

$2N.0=N.0+N.0$ la cual a su vez nos conduce a

$0=0+0$ (Z)

Resulta más que evidente que las ecuaciones X, Y, Z, aunque las tres son correctas, no son equiparables entre sí. Desde Y se puede retroceder a X dividiendo por cero y subsanar el yerro; pero desde Z el retroceso es imposible. Por otra parte, como la igualdad Z: 0=0 no es equiparable a X: 2N=N+N, o sea, N=N, porque ya establecimos que N puede ser cualquier número excepto cero; queda, pues, patentemente demostrado, que no se puede aplicar la propiedad distributiva cuando el cero es multiplicador, ya que se pierde el valor absoluto de la igualdad inicial de partida, es decir, del contenido del paréntesis.

Adviértase que para que el proceso fuese correcto, nos obligaría a admitir la igualdad N=0… o sea, que el cero es un número como cualquier otro; lo que es evidentemente falso y que ya resaltamos al principio del ensayo que surge siempre, a modo de contradicción omnipresente, que nos impide aceptar los resultados finales.

Veamos ahora si es posible aplicarla con los ceros en el multiplicando.

$$0+0=0 \quad (X')$$

Apliquemos la propiedad distributiva multiplicando todo por N (que recordemos no es igual a cero, sino cualquier otro número con valor cuantitativo).

$$(0+0)N=N.0+N.0 \quad \text{y pues } 0+0=0, \text{ equivale a}$$

$$0.N=N.0+N.0 \quad (Y') \quad \text{la cual desemboca en}$$

$$0=0+0 \quad (Z')$$

Es palpable que X', Y', Z', son igualdades correctas, también es evidente que X' y Z' son iguales entre sí, por lo que parece lícito establecer la igualdad X'=Z' sin incurrir en fraude, PERO… no se olvide que en la ecuación Y' existe un multiplicador, cuyo valor absoluto no es cero y que se nos ha esfumado en Z'; por tanto tampoco podemos aplicar la propiedad distributiva en este caso, debido a que el eslabón de enlace (ecuación Y') entre X' y Z' no resulta equiparable ni con su precedente ni con su subsiguiente.

Por tanto, puesto que X' no es igual a Y'… e Y' no es igual a Z'; poco importa que sea lícita la igualdad X'=Z', porque el proceso que se ha seguido, carece de legitimidad matemática.

En suma, el cero, sea multiplicador, en cuyo caso anula el valor de los multiplicandos… o ya sea doble multiplicando, en cuyo caso anula el valor del multiplicador, lo cierto es que no cumple la propiedad distributiva.

El único caso posible en que será aceptable aplicar la propiedad distributiva, es con un solo cero que esté dentro del paréntesis. Veamos:

N+0=N   (P) multipliquemos por N' (otro número no cero)

(N+0)N'=N.N'+N'.0   (Q) y dado que N+0=N, equivale a

N.N'=N.N'+N'.0   (V)

ahora, puesto que N'.0=0, tendremos que V pasa a ser

N.N'=N.N'   (V')

y aunque ahora, las ecuaciones P y V' no son iguales en valor absoluto, sí resultan equiparables entre ellas; es decir, será lícita la equivalencia P=V', debido a que al multiplicar una ecuación por un número cualquiera (no cero) se respeta el valor de la variable. Dicho de otro modo, el valor de N no queda anulado, como sí quedó en los casos anteriores; ya que ahora está multiplicado no por cero (que induce errores) sino por N', que no los induce, puesto que se limita a acrecer equitativamente (no los anula) ambos miembros de la ecuación.

Eso es cumplir la propiedad distributiva, no comprobar que el primer miembro de la ecuación resultante es igual al segundo; cosa que está garantizada de antemano cuando se multiplica por cero… que crea igualdades nuevas (¡incluso donde no las había!) pero engañosas.

Con los números N (o sea, no cero) la corrección de la ecuación resultante está garantizada, pues dichos números al multiplicar respetan el equilibrio de las igualdades; así que aunque incrementan el valor absoluto de la igualdad, la exacta relación de equivalencia con su precedente se mantiene.

Por el contrario, cuando interviene el cero, si bien la igualdad de la ecuación resultante, que debe ser condición necesaria, se cumple; sin embargo, no resulta suficiente, pues además ha de haber equivalencia correcta, no fraudulenta, con la ecuación de la que deriva… y esta circunstancia no está garantizada cuando se multiplica por cero.

Por tal motivo es necesaria la comprobación… y ya hemos visto que sólo se mantiene relación de equivalencia con la precedente; cuando no hay más que un cero y está dentro del paréntesis.

La razón de que en este último caso no se llegue a un resultado falso, es que la operación N.0=0 aparece una sola vez; con lo cual no hay que sumarlo con otro factor similar, que arruina la equivalencia con su precedente. Digamos que N.0=0 es una forma matemática de decir error (en el punto 4º ampliaremos con poderosos argumentos esta afirmación, que ahora expresamos a la ligera) y un error (un cero) es asumible por las matemáticas, pues obsérvese que ya de partida había un cero (en N+0). Pero cuando deben sumarse dos errores (o más) el valor absoluto de la ecuación de partida, sea multiplicando o multiplicador, queda reducido a cero… por lo que la ecuación resultante no equivale a su precedente.

Claro que el 0 tampoco cumple la propiedad distributiva respecto de la división, de modo similar. Si todo son ceros se llegaría a N=2N que crea cuantitativos donde había ceros; si todo son ceros dentro del paréntesis, se anula al divisor N del conjunto; ha de haber, pues, al menos un N dentro del paréntesis y entonces se abocaría a N/N'=N/N', que sí mantiene la equivalencia con la primitiva: (0+N)=0+N, aunque sea, por supuesto, con los términos decrecidos.

Es muy probable que muchos matemáticos consideren este corolario superfluo; pero se ha optado por incluirlo, ya que afamado profesor de universidad a quien rogué diálogo, se limitó a enviarme el argumento que figura al inicio del punto siguiente (4º) calificándolo de 'demostración rigurosa' que invalida mis conclusiones cualesquiera que fuesen. Prosigamos ya nuestro recorrido.

4º .- Se me intentó demostrar por diversos métodos que 0.0=0, todos infructuosos. El más aparatoso de ellos (que me envió el profesor citado en el párrafo anterior) partía de que 0.0=A y se aplica la propiedad distributiva: (0+0)0=0.0+0.0; de donde (0+0)0=A+A y como 0+0=0, tendremos 0.0=2A, por tanto A=2A, luego 0=2A-A, y en fin: A=0. ¡Ole ahí las demostraciones rigurosas! Así que si tenemos 2 cosas y nos quitan 1… nos quedamos sin nada; claro que a cambio gozamos la imponderable ventaja de que cuando sólo tengamos 1… ¡nos podrán quitar 2!

Mal puede probar que 0.0=0 una propiedad ya refutada en el punto 3º, pero me esforcé en seguir derroteros nuevos para hallar las debilidades a la demostración… y la búsqueda no fue infructuosa; pues por otro procedimiento parece limpiamente rebatida… y además afloraron argumentos que impugnan que 0.0=0 … así que se pormenorizan acto seguido.

Juzgando a la ligera y desde el punto de vista de la mecánica matemática la demostración parece correcta, luego veremos que no lo es, como se ha anticipado resaltando que A no es igual a 2A. Por otra parte, implica una suposición que en nuestro concepto es inadmisible y decisiva, a saber:

Puesto que lo que queremos averiguar es cuánto vale el producto de 0.0 y lo designamos con la letra A… de esa A no sabemos absolutamente nada; ni siquiera que sea número real al que se le puede aplicar la propiedad distributiva. Habría que empezar por demostrar que A es número real, yo creo que no lo es, doy argumentos de peso… y no me basta con que se me afirme dogmáticamente, pues en tal caso no hay demostración. Las matemáticas no deben funcionar dejando cabos sueltos, sino que se ha de proceder con absoluto rigor.

El argumento puede parecer traído por los pelos y a la desesperada; pero lo cierto es que la demostración en su conjunto, a la postre, revela ser una gran falacia (como se deduce de A=2A) lo que confirma nuestra aseveración de que habría que empezar por demostrar que A es número real… cosa que sorprendentemente no se consigue. Lo dicho suena grave, pero así es. Veámoslo:

Fruto de aplicar la propiedad distributiva a esa A, cuya pertenencia al conjunto de los números reales se afirma sin discusión, es que se comulga con la rueda de molino de que sencillo es igual a doble: A=2A y se llega a la contradicción **A=0;** que informa que la realidad que aseguran los matemáticos que surge de 0.0 equivale a nada. Lo cual es absurdo, pues no existe ninguna cosa del universo que sea igual a nada… y si esa realidad surgida de 0.0 no se percibe por los sentidos; entonces no es una realidad. En cualquier caso A=0 tampoco refleja esta última afirmación, pues 0 es respuesta científica (no hay realidad) en tanto que A (cosa imperceptible) no es demostrable. Dicho de otro modo: A=0 es expresión científica de: *aquí no hay petróleo;* pero no lo es si se pretende decir aquí no hay almas. Por eso sostenemos que 0.0=A=0 (tanto si A es real, como si es imperceptible por los sentidos) no es una identidad, sino patente desigualdad.

La ecuación A=2A se debe resolver dividiendo todo por A; y entonces, eliminada la posibilidad de multiplicar por 0 la ecuación (que induce igualdades engañosas ¡incluso donde no las había!) aflora el absurdo que portaba, a saber: 1=2; que obliga al disparate: 2-1=0 ó 1-2=0. Tras estos razonamientos es patente que a esta antigua y supuesta demostración, le ha surgido un grave contratiempo y se desmorona. Es asaz probable que se reproche que al dividir por A, como se divide por cero, se inducen errores en la ecuación; a lo que hemos de responder con estos tres argumentos:

- No se divide por cero, sino por A, que estamos intentando averiguar cuánto vale. Siempre es lícito dividir una ecuación por la variable si aparece en todos sus monomios, lo cual lleva implícito que uno de los INFINITOS valores que pueda tomar esa variable sea cero; pero no olvidemos que si A=0, como multiplicar o dividir por cero induce igualdades nuevas y engañosas, ocurrirá que: A=2A (*) ecuación que iguala 1 elemento desconocido con dos elementos desconocidos, conducirá a esta otra 1.0=2.0 (**) que es igualdad correcta; SIN EMBARGO, como ** deriva de * por un método falaz que crea igualdades nuevas (incluso donde no las había) pero delusorias… ambas ecuaciones no serán equivalentes entre sí, por lo cual no podremos decir *=** sin incurrir en grave fraude.

Por tanto, lo que de aquí se infiere es que ya había un error en la ecuación… y con la división por A lo que hacemos es evidenciarlo.

Recuérdese al respecto lo que dijimos en el apartado 3º, MULTIPLICAR POR CERO PERMITE ALCANZAR IGUALDADES NUEVAS, PERO ELIMINADO EL CERO MULTIPLICADOR NO HACEMOS IGUAL LO DESIGUAL, SINO QUE RECUPERAMOS LA DESIGUALDAD PRIMITIVA.

Es claro ya que en A=2A, al dividir por A, lo que se ha hecho no es demostrar que 1=2, cosa que es absurda… sino evidenciar que se había partido de una desigualdad.

- De hecho, tras sumar en el primer miembro los dos ceros del paréntesis (lo resaltamos porque es evidente que en el primer miembro no se ha podido incurrir en error, pues la operación 0+0 no está en pleito) llegamos a 0.0=2A… y ya se percibe que el absurdo ha hecho acto de presencia en la ecuación; pues es inadmisible aceptar que la operación 0.0 nos dé dos soluciones desiguales… y si 0.0 es cualquier cosa, entonces 0.0=I. Naturalmente la única manera de salir airosos de tal atolladero, es afirmar que A=0. Claro que para eso hay que escoger el camino a seguir al llegar al punto A=2A… y además aceptar que 2-1=0, lo cual ha de resultarnos más que sospechoso.

Deberemos, pues, admitir que las matemáticas, mediante la contradicción: 1=2, dicen a voces que no es lo mismo 0+0 que 0x0; que es la diferencia que existe entre el primer miembro y el segundo… y eso es lo que se sostiene en este ensayo.

- El tercer argumento es el siguiente: multiplicar por cero induce errores en las operaciones. Pues bien, en la igualdad 0=0+0, si multiplicamos todo por 0, se llega a: 0.0=0.0+0.0, donde haciendo 0.0=A, se obtiene: A=A+A. Esta segunda igualdad, pues surge de multiplicar por 0 su precedente, ya no puede ser tipo 0=0+0, pues multiplicar por cero induce errores que dicen los matemáticos… y aquí se expresa afirmando que conduce a igualdades nuevas pero engañosas por falta de equivalencia con sus precedentes.

En resolución, 0=0+0 y 0.0=0.0+0.0 no son equiparables.

Dicho de otro modo: en la operación 0.0 hay un producto de dos ceros, luego debe dar por solución algo que sea patente error… decir 0.0=0, no tiene aspecto de evidenciar error… luego 0.0 debe ser ALGO RARO, que delate que nos planteamos una operación disparatada.

En suma: los matemáticos se contradicen, afirmando que multiplicar por cero induce errores… que posteriormente no se evidencian en la operación 0.0=0 de modo palpable. Por tal razón 0.0=A=0, como se dijo, no refleja una igualdad correcta, pues 0.0 es error… y 0 (a secas) no es sinónimo de error.

Por lo tanto deberemos admitir, que la ecuación que ha resultado (0.0=0.0+0.0) de multiplicar la igualdad 0=0+0, por cero y de hacer 0.0=A, esto es: A=A+A, será ahora una igualdad nueva, pero engañosa y sin relación lícita con su precedente; probemos a expresarla de este modo: I=I+I o sea, denominemos infinito al producto que ha surgido, en vez de llamarlo A…

No obstante, como dijimos, se podrá volver a la igualdad primitiva, dividiendo por el cero que multiplicó y nos condujo a igualdad de otro tipo; hagamos tal cosa: I/0=I/0+I/0 y como concluimos en los apartados matemático y filosófico de este ensayo que ¡I/0=0! llegaremos a la igualdad de la que se partió, esto es: 0=0+0.

Esta igualdad ha de mantenerse tan correcta como antes de multiplicarla y dividirla por cero, porque se ha enderezado el entuerto de multiplicar por cero; así que de paso… demostramos que la solución 0.0=I y sus derivadas, se muestran eficaces.

Prosigamos nuestro sendero. Respondida la inquietante cuestión, se hace manifiesto que con idéntico procedimiento demostraremos, por tanto, que 7 es igual a 14, 3 igual a 6, etc. Va un ejemplo.

Al producto de 0.0 lo designaremos ahora siete… por tanto: 0.0=7

(0+0)0=0.0+0.0   o sea,

(0+0)0=7+7   y puesto que 0+0=0, tendremos

0.0=14

esto ya por sí solo es bastante sospechoso, pues habida cuenta la suposición de partida (0.0=7) deberíamos haber llegado a 0.0=7 y no a otra cosa; por lo demás, aplicada la hipótesis inicial al primer miembro, se redondea la ya anunciada y escandalosa contradicción:

7=14

El malabarismo hecho con el 7 lo podemos extender a todos los números hasta infinito; de donde se colige que lo que parecía demostración impoluta, una vez desenmascarada, es en verdad más falsa que un diamante de cartón.

Visto eso, llegamos a la conclusión de que surgen estas llamativas contradicciones, porque aceptar que 0.0=0 equivale a decir que el cero es un número exactamente igual que cualquier otro, lo que es un absoluto desatino (al que las matemáticas se rebelan con reiteradas contradicciones… que pretenden informarnos que se trata de un número distinto de todos; por lo que requiere manejo peculiar) pues el cero describe vacío de la realidad que se intentaba computar; en tanto que los restantes números, afirman la existencia de al menos un ejemplar de esa realidad computada.

Entre unidad y pluralidad la diferencia es cuantitativa, pero entre vacío y cantidad (cualquiera que sea) la diferencia no es sólo cuantitativa, sino además cualitativa. En suma, el cero no es número cuantitativo (como los restantes) sino cualitativo, conceptual o vacío (de todas estas formas lo denominaremos, según convenga al buen sentido del texto) por ello en las multiplicaciones (y en las divisiones) muestra comportamiento errático.

La flagrante falacia detectada (1=2) tiene origen en aplicar la propiedad distributiva a algo que no la permite; es decir, al resultado de 0.0, llámese A, llámese siete… o como nos plazca. Pues el nombre es lo de menos, ya que lo esencial no es el nombre sino saber si el resultado del producto de dos ceros admite, o no, la propiedad distributiva; en lugar de dar por sentado que tiene que admitirla. En suma, lo esencial es saber si el producto de dos ceros, llámese como se quiera, es, o no, número real.

Seguidamente se demostrará que si se trata del producto de otros dos números cualesquiera, es posible aplicar tal propiedad sin incurrir en contradicciones. Supongamos el producto de 3.3=A

```
(3+3)3=3.3+3.3      o sea,
(3+3)3=A+A         y puesto que 3+3=6
6.3=2A             por tanto: A=18/2=9
```

es claro que ahora no hay contradicción… de donde se infiere que el producto de dos ceros NO SE COMPORTA COMO EL PRODUCTO DE OTROS DOS NÚMEROS CUALESQUIERA, lo que evidencia que el producto de dos ceros no permite la propiedad distributiva porque no es número plenamente real.

Actuemos de igual modo, pero usando un solo cero. Es decir, 0.5=A [39]

```
(0+5)5=0.5+5.5      o sea,
(0+5)5=A+25        y puesto que 0+5=5
5.5=A+25           por tanto: A=0
```

es palpable que todo es correcto y no afloran contradicciones. Sin embargo, en el caso que se expone a continuación (seguimos partiendo de 0.5=A=0):

```
(0+5)0=0.0+5.0      o sea,
(0+5)0=0.0+A       y puesto que 0+5=5
5.0=0.0+A          por tanto: A=0.0+A
```

---

39 Obsérvese que el cero lo hemos anotado una sola vez y en el paréntesis, con arreglo a lo deducido en el punto 3º, de lo contrario, podrían surgir contradicciones graves.

como bien se ve, para llegar a algo coherente habría que asumir que 5.0=A y 0.0, son idénticos (o sea, cero en ambos casos) eso nos exigiría aceptar que el cero es un número exactamente igual que todos los demás; pero resulta que admitido que 5.0=0.0=A y que el cero es número igual a los demás; entonces las matemáticas nos abocan a la falacia de que doble es igual a sencillo: A=2A (según se evidenció unos párrafos más arriba) por consiguiente, no podremos aceptar que 5.0=0.0 sea igualdad correcta, así que hay de desecharla forzosamente a fin de no incurrir en incoherencias.

En suma, 5.0 no puede ser igual a 0.0… y como hemos demostrado que 5.0=0, es claro ya que 0.0 no puede ser también igual a cero. Generalizando, tendremos que N.0=0 (donde N es cualquier número excepto 0) pero 0.0 no podrá ser también igual a cero, sino que debe ser algo nuevo y distinto.

Es evidente, por otra parte, que podremos trasformar el resultado final de la operación en el despropósito que se quiera; por el sencillo mecanismo de poner en el paréntesis tantos ceros como se deseen: (0+0+0)0=0.0+0.0+0.0. Así que en este caso, tras llamar a 0.0=A y operar en ambos miembros… se llegaría a: A=3A; es decir, que algo (si A es real como dicen los matemáticos) es igual a su triple… el dislate no tiene fin y es inadmisible. Sólo 0 es igual a su triple: 0=3.0 o bien: 0=0+0+0, pero 0 no es algo sino nada… y la nada no es realidad … sino carencia de realidad. En suma, el resultado de 0.0 no puede ser real. Por fin, si A es imperceptible (más allá de la realidad) no sabremos si es igual a su triple, o no, pues la irrealidad (si la hay) no permite investigación empírica.

Esto corrobora, en conclusión, que el 0, número vacío o conceptual, no puede funcionar como todos los demás… y menos cuando se multiplica por sí mismo.

Así que en las multiplicaciones ocurre lo siguiente: al multiplicar dos números cualesquiera (no cero) se multiplican cantidades y se obtiene otra cantidad. **Además entre ambos multiplicadores debe existir cierta relación: el multiplicando cuantifica una realidad, el multiplicador cuantifica un rasgo ínsito al multiplicando; de lo contrario el producto carece de sentido. Esto tiene una implicación crucial: si es cero el multiplicando, resulta imposible determinar científicamente ninguna característica suya, sólo caben conjeturas, que son inútiles para la ciencia y restan realidad al resultado.**

Al multiplicar un número (no cero) cualquiera por 0, se multiplica cantidad por cualidad… y la cantidad se esfuma **pues son multiplicables las cantidades, pero no cualidades vacías**.

Por último, cuando intentamos multiplicar cero por cero, como lo que se quiere es multiplicar el número vacío por sí mismo, las matemáticas responden que eso que se plantea no es una multiplicación; pues las multiplicaciones implican al menos una cantidad, dos conceptos puros (o sea, dos entidades vacías de cantidad) no son multiplicables en el terreno de la realidad. Tal resultado excepcional, deben manifestarlo con una solución nueva y distinta a todas las demás.

LLegados a este punto nos percatamos de que hemos topado, inopinadamente, con el problema filosófico de los universales; ya que el producto de dos ceros es la expresión matemática de intentar multiplicar dos conceptos vacíos, es decir, dos cualidades sin cantidad… dos palabras, hablando llanamente, ¡QUE NI SON MULTIPLICABLES NI SON REALIDAD TANGIBLE!

Ante semejante problema, quien escribe sostiene que las matemáticas dan por solución infinito, que quiere decir: eso no es problema de multiplicar, sino metafísico; así que queda allende las fronteras matemáticas (infinito) o si se prefiere, más allá de la realidad.

Por el contrario, los matemáticos y físicos, desde la noche de los tiempos y sin haber reflexionado mucho sobre ello… sostienen que es posible multiplicar conceptos puros, cuando realizan operaciones [40] como la que a continuación se expone: **0** (burros) **x 0** (ajos) **= 0** (burrajos) sin captar la incongruencia que resaltamos con palabras.

Naturalmente las matemáticas se sublevan ante tamaño despropósito, diciendo que entonces 1=2, A=3A, 7=14, etc. pues burrajo (palabra que existe y que significa estiércol) en concepto puro y vacío (cantidad nula) no es sintetizable… y menos mediante una MULTIPLICACIÓN, que ha de ser de otros dos conceptos puros: burro y ajo, también en sutilísima proporción cuantitativa: cero.

Cuando el burro del ejemplo sea de verdad (por tanto ya no serán cero burros) y coma ajos de verdad (y no la palabra ajos, que es incomestible) tras elaborarlos… tendremos burrajo

---

40 Por extraño que parezca, ese enunciado y sus afines… ¡que no conducen a problemas de multiplicar! son la única posibilidad de que ambos ceros sean reales, en todos los demás casos que se imaginen, uno de los ceros no es real, como se verá más adelante.

de verdad… que lo veremos… y olerá mal. Pero multiplicando las palabras burro y ajo (si es que eso tiene sentido) a lo sumo se obtendría la palabra burrajo; que no es realidad, sino a decir de los filósofos medievales: flatus vocis (soplo de voz) por eso, aunque la hemos escrito… ¡no huele mal el papel!

Para sintetizar algo se necesita cantidad: materia y se obtendrá materia… salvo que el multiplicador sea cero, en cuyo caso se inducen errores: se esfuma la materia. Por eso los matemáticos mutan por 0 la A resultante de 0.0, de modo que la realidad que primero afirman se les esfume.

En consecuencia, multiplicar o dividir por ceros induce errores en las operaciones… esto es algo archisabido; que ya hemos averiguado que se produce porque al multiplicar por cero, número cualitativo o conceptual, intentamos introducir una cualidad vacía. Es decir, UN CONCEPTO PURO en el problema… y las matemáticas nos aperciben de que NO se puede multiplicar por puros conceptos tan a la ligera; porque se anulan las cantidades que existían hasta entonces.

Cuando ya no hay cantidad que anular y aún se sigue insistiendo en querer multiplicar por conceptos vacíos (caso de 0.0) deben volver a informar que eso no es posible… y puesto que ya no se trata de multiplicar dos cantidades y ni siquiera cantidad por concepto, sino concepto por concepto… ambos puros y vacíos, la solución no puede ser ni cantidad ni concepto vacío; sino algo nuevo y nunca visto. Porque es caso insólito de multiplicación (supuesto que se pueda denominar a tal cosa multiplicación) así que se necesita un signo distinto a los utilizados hasta ahora en los productos; por ejemplo, infinito. Aunque admitimos que pueda ser otro signo, con tal de que no sea cero, que oculta lo extraño del fenómeno, le da aspecto de normalidad… y las matemáticas lo rechazan con reiteradas contradicciones: 1=2, 7=14, A=2A, etc.

Nos permitimos hacer en este punto un paréntesis en nuestras disquisiciones, para subrayar que de este modo ha quedado probado matemáticamente, que la solución que los filósofos le dieron en la edad media al problema de los universales… fue exacta y fidedigna.

Concluida tan importante observación… prosigamos. Esas absurdas desigualdades surgen, por obstinarse en afirmar que el resultado de 0.0 es cero real y no algo nuevo e inusitado.

Obsérvese que tras aplicar la propiedad distributiva, en el proceso 0.0=A, la operación 0.0 aparece una sola vez en el primer miembro y en el segundo dos veces. Tal circunstancia implica que como sumar ceros no induce errores, pero sí los induce multiplicar por cero; en el primer miembro, donde sólo hay un producto de ceros (un 0.0=A) hay sólo un error o sólo un elemento insólito y desconocido; en tanto que en el segundo debe haber dos errores o dos elementos inusitados y nunca vistos.

Por tanto, si al producto de 0.0 lo llamásemos 'patata', tras aplicar la propiedad distributiva, al final resultaría que 'una patata tiene que ser igual a dos patatas'.

La clara contradicción A=2A, se disimuló posteriormente (restando 2A-A) y concluyendo que A=0, pero en el caso dicho de llamar a 0.0= patata (o cualquier otro término real) al llegar a: 1 patata = 2 patatas; en el afán de subsanar la disensión, nos conduciría al absurdo de que 1 patata = cero, o lo que es igual, que una patata real y su puro concepto (o sea, la palabra patata) tienen que ser idénticos.

No parece absurdo 0.0=A=0, pues A es entidad abstracta cuya realidad no hay óbice en negar equiparándola con su puro concepto; pero hacer lo mismo con una patata de verdad u otra cosa real delata el desliz, **ya que no es lo mismo una patata real que la palabra patata** (siendo 0 vacío cuantitativo, queda el puro concepto, la palabra).

Véase que al ser A solución de 0.0 (no algo a contar de lo que se carece) ya afirma saber… ¡sin datos!

Es claro ya que las reiteradas contradicciones en que incurrimos (llámese como se llame al resultado de 0.0) es el método por el que las matemáticas nos subrayan, que no podemos aplicar la propiedad distributiva dentro del conjunto de los números reales a semejante producto, porque no es lo mismo 0+0 que 0.0, por sorprendente que parezca.

CONCLUSIÓN: No podemos aplicar la propiedad distributiva dentro del conjunto de los números reales al producto de 0.0, pues llámese como se llame arribamos a contradicción; ya que equivale a multiplicar conceptos puros o vacíos, que no son multiplicables en el ámbito de la realidad, así que no puede ser real su solución.

Sólo si admitimos que 0.0=Infinito saldremos airosos de la prueba, pues al no ser número real no admite la propiedad distributiva… y caso de que nos empeñemos en aplicarla, acabaríamos con la conclusión de que Infinito = 2 Infinitos, que no es científicamente contradictorio, pues el infinito no permite investigación.

Analizaremos ahora todo el proceso de sustitución 0.0=A, ya que nos aportará luz que permitirá a toda persona de buena voluntad que desee leer y comprender; captar con precisión el oculto rosario de dislates en que incurren los matemáticos (que no se comprende que les pasen inadvertidos) y la solidez de lo que afirma quien escribe.

Si los matemáticos aseveran que 0.0=0, la sustitución correcta sería 0.0=0A… y entonces se obtendría: 0A=0A+0A que equivale a 0=0; claro que eso es hacer 0.0=0 por la brava… y se pretende demostrarlo; para lo cual afirman que 0.0=A, lo que ocultamente implica A=algo… que sin remedio ha de quedar multiplicado por 1 (coeficiente de A) que resulta correcto, ya que multiplicar algo (lo que sea) por el elemento neutro del producto, no alteraría ese algo. Por tanto, fuere cual fuere la solución de 0x0, es evidente que saldrá indemne del proceso multiplicativo. Es claro que repetir tal sustitución en el segundo miembro de la ecuación será así mismo impecable… y llegaremos a: A=A+A.

Hasta ahí todo bien y conforme, es en ese punto donde han de empezar los matemáticos a hacer malabarismos para intentar salvar el obstáculo al que se enfrentan. Debido a que las A del segundo miembro hay que sumarlas… y cada una tiene por coeficiente 1… y se da el fatídico albur de que el elemento neutro de la multiplicación no coincide con el neutro de la suma; sucede que A+A=2A y no 0A, como convendría a su causa, lo cual demostraría que 0x0=0… si a su vez A=0A fuese una igualdad… lo que tampoco sucede; sino que las matemáticas nos informan que eso sería una igualdad si 1=0… o dicho de otro modo, si el elemento neutro del producto coincidiese con el de la suma… y eso ni ha sido ni será posible, por la cuenta que nos trae, ya que conviene distinguir la diferencia que existe entre tener y no tener o entre ser o no ser; como preferiría cierto príncipe de Dinamarca.

Pero no acaban ahí las desventuras del caso, sino que resulta que A+A tampoco es A o dicho de otro modo; la suma del elemento neutro de la multiplicación consigo mismo, no lo deja inalterado… sino que lo duplica. Si fuese A+A=A, resultaría que A=A; es decir, que se obtendría igualdad al final del proceso sustitutivo; lo que implicaría que el 0 al multiplicar la ecuación 0=0+0 y mutarla en 0.0=0.0+0.0, no habría inducido errores. Pues no sólo eso nos niegan las matemáticas, sino que además ni siquiera habrían demostrado que 0x0=0, ya que de la ecuación final: A=A, como buena igualdad que es, se deduce que 0=A-A o sea, que 0=0, que confirmaría que hay igualdad; pero la A que se trajo de la nada para que nos revelase el secreto de 0.0, se nos esfumaría con una su igual a la misma nada de la que provino… llevándose su secreto sin desvelarlo.

La razón de tal misterio es que 0.0=0 equivale a afirmar que aun sin datos es posible el conocimiento científico… y las matemáticas, se niegan a tal aserción y prefieren 0.0=I, que quiere decir: sin datos, nuestra ignorancia será total.

Las tribulaciones del calvario deductivo culminan con el resultado de A+A=2A, que origina ese monstruo bicéfalo: A=2A, que niega que 0.0=0.0+0.0 sea igualdad cabal, debido a que el 0 al multiplicar induce errores. Así que nos vemos abocados al peor de los desenlaces: no demuestran que 0x0 sea cero… ni el cero cumple la propiedad distributiva (pues se arriba a una desigualdad) ni el resultado de 0x0 puede ser real (puesto que ninguna realidad es igual a 0) y para colmo… la ecuación final revela que un ejemplar del resultado de 0x0 no será igual a dos de ellos… o sea, que la solución de 0x0 NO ES EL ELEMENTO NEUTRO DE LA SUMA (no se olvide que aunque A esté separado por el signo = de 2A, eso no es una igualdad real).

Por lo demás, es claro que 0.0 ha recibido ya dos valores no iguales: A y 2A. Repárese que el proceso demostrativo sigue la línea anticientífica de que 0.0, será lo que convenga en cada caso; pues si en vez de partir de 0=0+0, se parte con 3, 4 ó N ceros en el segundo miembro, al final admitirían que 0.0=3A, 0.0=4A y en suma que 0.0=NA (sin dejar de afirmar que 0.0=A) y si bien es cierto que el 1 no altera el valor de A, todos los demás coeficientes sí lo alterarían; salvo que A=0, número que en lugar de alterarse él, altera a su coeficiente y lo anula, transformando en igualdad lo que era desigualdad. A juicio de quien escribe la demostración va un tanto errada… y habría que poner coto ya a tanta veleidad… pero apuremos hasta el fin las consecuencias.

Intacta aún su fe en que 0x0=0, no escatiman el derroche de dislates al enfrentarse a A=2A. En vez de dividir todo por

A y admitir que se ha incurrido en la arbitrariedad de 0.0=1, 0.0=2 y reconocer que la expresión 0.0=0.0+0.0 NO resulta ser igualdad, sino la desigualdad: Error=Error+Error (un error NO es igual que dos errores del mismo tipo) resuelven A=2A de una manera extraña, en la que 2A-A ya no es igual a A, sin más… sino A=0. **He ahí metido de rondón el 0.0=0 antes soslayado… que ahora ¡por fin! creen demostrado**; amaño que transmuta la desigualdad A=2A en la igualdad 0=0, que era lo que convenía a sus fines. Así que si tenemos 2 relojes y nos quitan 1, no nos quedará 1 Reloj, sino 1 Reloj=0… o sea, que tener ese reloj y no tener nada es lo mismo… y nadie se sorprende ni alerta de tan insólita solución.

En resolución, la sustitución 0.0=A ha implicado las siguientes contradicciones: 0.0=A=1=1 … 2=0, pero la solución afirman que es 0.0=A=0 que fue la última equivalencia, las otras se ignoran… y aplausos de los espectadores.

Lo realizado por los matemáticos en 0.0=0.0+0.0 a fin de llegar a 0=0 admite un segundo análisis, que aunque les es más favorable, no lleva a ninguna parte. Lo analizaremos, haciendo además la concesión de que la operación 0.0 no será real; es decir, que no será aplicable a nada (concreto o sea, real) del universo, de manera que cuando digamos A=0, no se obtenga un sinsentido, pues nada del universo es igualable a 0, excepto carencia DEMOSTRADA. En consecuencia, denominaremos entelequia al resultado de la operación 0.0; así que por entelequia se habrá de entender algo imperceptible por los sentidos y no equiparable a nada (concreto) del universo.

Avancemos. Resultará que al aceptar la igualdad 0.0=A, no implicará que el valor de A sea algo, sino que significará que hay un A, o sea, un 0.0 cuyo valor se ignora. Por consiguiente la ecuación 0.0=0.0+0.0 nos conducirá a A=2A, que significa que existe un A=0.0 en el primer miembro y dos en el segundo; por ende, podrá simplificarse la expresión y llegaremos a un A equivalente a 0.0, cuyo valor se ignora… y que se nos queda descabalado. Como bien se ve, el cambio de 0.0 por A, en este caso no nos aporta nada; pues que la expresión 0.0=0.0+0.0 contiene un 0.0 en el primer miembro y dos en el segundo, ya se ve a la legua sin necesidad de recurrir al cambio.

Cabe ahora preguntarse si es lícito, tras obtener esa A descabalada, establecer que A=0; la respuesta es sencilla: no existe ningún indicio científico o lógico que avale semejante equivalencia… y lo que es más grave, se realiza sin apoyarse en razonamiento ninguno; ya que de la entelequia A se ignora todo… y como además es imperceptible y no equiparable con nada del universo, no cabe emprender investigación de ningún tipo que pudiere justificar que A sea carencia de algo, demostrada.

En resolución, tras las operaciones realizadas, llegamos a un callejón sin salida y sin haber alcanzado ningún nuevo conocimiento… y además cabe concluir que la igualdad $A=0$ los matemáticos se la sacan de la manga; por lo cual es tan lícita como decir que el sexo de los ángeles es hermafrodita.

En suma, la sustitución $0.0=A$ interpretada de este otro modo, aunque implica muchos menos disparates que en el primer caso, resulta también favorable a la causa de quien suscribe, pues confirma que $0.0=0.0+0.0$, no es una igualdad.

Antes de proseguir nuestra senda compendiaremos todas las conclusiones alcanzadas en este apartado, ya que son dignas de consideración. En cuanto a los matemáticos, los invitamos a proseguir la lectura; pues aún quedan algunas sorpresas que causarán asombro a poco que les guste su profesión… y diluirán restos de dudas que persistan. Comencemos para ello recordando que quien suscribe, sostiene que el producto de 0.0 no es número real, por lo que no se le debe aplicar la propiedad distributiva; en tanto que los científicos, siguiendo antigua tradición, afirman que 0.0 es número real… que por ende tiene que admitir forzosamente la propiedad distributiva.

Seguidamente allanemos el camino abandonando el esotérico lenguaje de las matemáticas… de manera que del producto de $0.0=A$, puesto que A es real, diremos que A son EUROS REALES y de curso legal. Ahora, al ser el resultado algo tangible y codiciado no admite subterfugios; como la arcana A que puede ser despreciable. Pues bien, enfrentados a la desigualdad $A=2A$, lo que se afirma es que sería igual tener un euro que dos euros… si en ambos casos son falsos (lo escribimos en potencial, pues hay otro camino para resolver $A=2A$). En efecto así resulta, tener uno, dos o ningún euro da lo mismo si son falsos; sólo hay un pero que objetar… y es que previamente se afirmó que tenían que ser auténticos. En cualquier caso $2-1=1$ (2 euros, menos 1 euro=1 euro) decir $2-1=0$ equivale a afirmar: es que los euros son falsos… sin comprobarlo.

Cuando $A=2A$ lo dividimos todo por A, lo que se hace es obligar a ser consecuentes en su afirmación hasta el final; eliminamos la incógnita, por ser innecesaria y por enmascarar con su vaguedad el verdadero resultado de la operación… y entonces, se evidencia que el camino de realidad conduce a un disparate… que se pretende disimular arguyendo que los euros que eran reales, se han trocado misteriosamente en falsos.

A eso responden que se divide por cero, a lo que a su vez retruco que NO se divide por cero, sino por la incógnita, que como siempre que aparece en todos los términos es superflua, por lo cual nos limitamos a eliminarla; ya que lo único que hace es estorbar e incrementar los monomios si le damos valor cuantitativo (cualquiera que sea) o esfumarlos, induciendo una igualdad nueva y engañosa, si le damos el valor cualitativo o sea, cero.

Veamos un ejemplo. En la ecuación 4A+3=11, la solución es A=2. Multipliquemos toda la ecuación por A… y obtendremos esta otra: $4A^2+3A=11A$; aquí acaso algunos afirmarán que existen dos soluciones: A=0 y A=2. Yo discrepo de ese parecer y afirmo que sigue habiendo únicamente la solución A=2.

La razón de tan osada aseveración es evidente, si hemos partido de afirmar que A=2 y hemos multiplicado por A, lo que se ha hecho es multiplicar por 2, no por cero. Por tanto, cero no puede ser solución, porque no lo era antes, o sea, porque antes no era A=0.

Obsérvese que la solución A=2, se muestra válida, tanto en la primitiva (4.2+3=11, así que 11=11) como en la derivada (4.2.2+3.2=11.2; así que 22=22). Los términos de la igualdad se han duplicado, ya que los multiplicadores cuantitativos acrecen la igualdad, pero mantienen lo esencial: el valor de la incógnita sigue siendo A=2.

En cuanto a la solución A=0, ni lo era de la ecuación primitiva (4.0+3=11, luego 3=11, que es absurdo) ni lo puede ser de la derivada… SALVO INCURRIR EN LO QUE YO CREO QUE ES EL ERROR de admitir que 0.0=0. Veamos: 4.0.0+3.0=11.0, por tanto 0.0+0=0.

En este punto quien escribe dice: I+0=0 (+) y concluye afirmando que A=0, no puede ser solución de esta ecuación, porque no se llega a 0=0, sino a una anomalía incomprensible (el cero del primer miembro nada necesita en la ecuación (+) para ser igual que el del segundo) digamos que I informa de algo que no se puede ni interpretar, ni despreciar.

Por contra los matemáticos dicen 0+0=0 o sea que 0=0… y concluyen con el sofisma de que A=0 podría ser solución.

Afirmamos que es un sofisma, ya que: $4A^2+3A=11A$, NO ES ECUACIÓN DE SEGUNDO GRADO, sino una ecuación de primer grado multiplicada por su propia variable, POR TANTO NO PUEDE TENER DOS SOLUCIONES DISTINTAS… Y MENOS CUANDO UNA DE ELLAS MUESTRA SER, COMO MÍNIMO, DESCABALADA.

CONCLUSIÓN: La citada falsa ecuación de segundo grado, no puede tener dos soluciones distintas, sino que lo que tiene es dos veces su única solución, que no puede ser otra que $A=2$.

De este modo se evita la extraña incongruencia de que la solución $A=0$, que es falsa, muestre su falsía solamente en la ecuación [41] primitiva pero no en la derivada.

Las conclusiones que aquí hemos obtenido a partir de un caso particular, las generalizaremos algo más adelante, a fin de no desviarnos ahora del recto camino que llevamos… y a propósito de que las ecuaciones de segundo o mayor grado, es imposible que admitan solución cero.

Muy otra cosa es si la ecuación primitiva: $4A+3=11$ (x) la multiplicamos por otro factor que no sea A… y que ahora lo llamaremos B.

Entonces se obtendrá esto otro: $4A.B+3B=11B$ (x') ahora todos los valores cuantitativos posibles de la variable B, nos conducen a una nueva igualdad… pero A seguirá siendo igual a dos.

Además será correcta la equiparación: x=x', debido a que los números cuantitativos respetan las equivalencias de las ecuaciones, aunque la cuantía de ambos miembros se incremente; ya que tanto la corrección de la igualdad como el valor de la incógnita permanecen inalterados, que es lo esencial.

Incluso con $B=0$ obtendremos igualdad… ahora bien, como al multiplicar por el número conceptual o vacío, se diluyen las cantidades, si le damos a B valor cero perderemos el sentido exacto de la ecuación; es decir, el valor $A=2$ se distorsionará … pues llegaremos a la igualdad $0=0$ que resulta engañosa. Ya que: $4.2.0+3.0=11.0$; así que $0+0=0$ y $0=0$.

---

41 A quienes aún tengan dudas, los invito a que vean que en la ecuación real de segundo grado: $X^2+2X-15=0$, cuyas soluciones son 3 y -5, ambas soluciones funcionan tanto en la ecuación de segundo grado, como en la de primero que se deriva de sustituir X por 3 ($3X+6=15$, aquí funciona la solución 3) o bien por -5, o sea: $-5X-10=15$ (aquí funciona la solución -5). Claro que no se pueden mezclar 3 y -5, ya que son soluciones alternativas, no simultáneas.

Es claro por lo tanto que a la variable B, se le podrá dar el valor cuantitativo que se nos encapriche y lograremos resolver la ecuación correctamente; sin embargo, será más práctico dividir todo por B, POR SER VARIABLE SUPERFLUA. Lo único que tendríamos vedado es dar a B valor cero, porque se originaría una igualdad nueva y engañosa, en la que no es averiguable el verdadero resultado de la otra incógnita, es decir, de A.

Creemos que ahora ha quedado probado que dividir por la variable, cuando está en todos los monomios de una ecuación, NO implica que su solución sea cero (o que se haya dividido por cero) SINO QUE SU VERDADERO SIGNIFICADO ES QUE LA ECUACIÓN ESTÁ MULTIPLICADA POR UN FACTOR… y que si a ese factor común a todos los monomios le damos valor cero, nos transformará la igualdad o DESIGUALDAD de partida, en una igualdad nueva y delusoria; para evitar lo cual, se tendrá que dividir por la variable que figura en todos los términos, porque es superflua (es multiplicador innecesario) y así averiguaremos la igualdad o desigualdad verdadera de la que se partía.

Por otra parte, la contradicción aparece en el momento que surge $0.0=2A$ (habiendo partido de que $0.0=A$) antes, pues, de la división por A que aparece por consecuencia de empeñarse en afirmar que $0.0=0$… y que este cero de la solución es número real (que debe admitir la propiedad distributiva) sin haberlo demostrado antes.

Es evidente ya que el problema que surge en $A=2A$, es que se ha multiplicado por A (cada una de las misteriosas unidades que se obtienen del resultado de 0.0) y dándole a A el valor cero, transformaremos en igualdad a bofetones tipo $0=0$… algo que no lo era antes de la multiplicación por cero.

Si 0.0 fuese igual a 0, no nos sucedería este extraño fenómeno, pues $(0+0).0=0.0+0.0$, que equivale a $0.0=0.0+0.0$, pasaría a ser $0=0+0$… y por fin se llegaría a la perfecta igualdad $0=0$; pues $0+0$ no está en litigio… y además no hay la menor duda de que es igual a cero, así que quedaría roborada la hipótesis de partida.

Se hace patente, EN CONCLUSIÓN (como se afirmó en el apartado 3º) que $0=0+0$ y $0.0=0.0+0.0$, no pueden ser iguales entre sí, debido a que la segunda se obtiene de multiplicar la primera por 0; así que la segunda ecuación será falsa y no equivalente a la primera. Además no siendo el número de ceros el mismo en ambos miembros, la segunda ecuación ni siquiera será una igualdad, sino desigualdad que enfrenta un elemento desconocido con dos elementos desconocidos. Véase:

Al hacer 0.0=A, transformamos esa 'igualdad' de tipo desconocido en A=A+A; como el elemento desconocido está dos veces en el segundo miembro y lo sumamos, surge: **A=2A**; es decir, que uno de los elementos ignotos (surgidos de 0x0) es igual a dos de ellos, lo que constituye palpable desigualdad.

Claro que si en ella hacemos A=0 (se obtendría 0=0) se alcanza igualdad correcta, pero engañosa y no equivalente a su precedente A=2A; pues se obtiene de haber multiplicado por el número cero o vacío, cada una de esas unidades ignotas cuyo valor estamos procurando averiguar.

Por ende, cuando en la ecuación A=2A dividimos por el factor multiplicador y eliminamos la posibilidad de hacer A=0, que era la camisa de fuerza que podría igualar ambos miembros de la desigualdad (los restantes valores que se diesen a A no la igualarían si ya no era igual, sino que mantendrían las diferencias, claro que incrementadas, porque los números cuantitativos respetan las igualdades o desigualdades, sólo las acrecientan) nos resurge la desigualdad que portaba que era 1=2 o sea, que un elemento desconocido tiene que ser igual a dos elementos desconocidos.

Vemos, pues, que en A=2A ocurre como en el ejemplo que pusimos páginas atrás de 3.0=7.0, donde al dividir por cero nos aflora que no habíamos partido de una igualdad… y no desde luego que 3 sea igual a 7 que es pura contradicción.

Esos 1=2, es la verdadera solución de la ecuación… e interpretada quiere decir que al aplicar a la operación 0.0 la propiedad distributiva, nos vemos abocados a afirmar que el doble de algo equivale a sencillo. Ahora bien, ese resultado es absurdo, porque no hay ninguna realidad de nuestro universo cuya doble cantidad sea igual a sencilla… o que un ejemplar sea igual que el puro concepto (A=0; eco del tantas veces visto N=0) luego es claro ya que el resultado de 0.0 no puede corresponder a ninguna realidad del universo.

CONCLUSIÓN: el producto de dos ceros no cabe que sea realidad, sino que tiene que ser irrealidad; es decir, algo que excede o rebasa la realidad.

Ahora se comprende mejor por qué los euros, que al principio eran reales, al final tenían que ser falsos, de manera que fuese indiferente poseer un euro, que poseer dos.

También se entiende perfectamente, por qué cuando al resultado de 0.0 lo llamamos patata, al final resultaba que una patata y nada tenían que ser lo mismo; porque el producto del concepto puro de patata por sí mismo, manifiesta ser un redondo despropósito científico… Y las matemáticas, que sirven para multiplicar cantidades, no puros conceptos, se quedan turulatas de que las queramos forzar a resolver un problema metafísico; así que informan mediante tan pasmosa desigualdad que las hemos desquiciado.

Estos razonamientos nos obligan a tener que aceptar que 0.0 no es igual a cero, sino a una unidad nueva y desconocida hasta ahora, que es lo que intentábamos descubrir… y que por eliminación tenemos que aceptar que debe ser ultrarrealidad, infinito, irrealidad, etc. pues no nos queda otra solución.

Además, esas unidades nuevas que resultan de 0.0, no podrán admitir la propiedad distributiva (dentro del conjunto de los números reales) pues no pueden ser pertenecientes al conjunto de la realidad del universo. Ya que las matemáticas nos revelan el dato clave, de que una de esas misteriosas unidades y su puro concepto serán equivalentes; es decir, que o bien la cosa que sea quedará reducida a puro concepto… o bien el puro concepto tendrá que ser tan real como la propia cosa… lo que es imposible en nuestro universo.

Como los conceptos puros no son realidad (esa cuestión la dejó zanjada la filosofía hace bastantes siglos) es claro que el producto de 0.0 nos conduce a un universo más allá de la realidad (ya previmos que nos abocaba a la metafísica) y no les podremos aplicar la propiedad distributiva dentro del conjunto de los números reales… que son los que nos permiten contar la realidad. Los conceptos puros resultan imposibles de contar, pues son imperceptibles por los sentidos, ya se dijo, no son realidades.

En resolución, al enfrentarse a la ecuación A=2A, los científicos en general desde tiempo inmemorial a hoy, han razonado del modo siguiente:

- Como la ecuación A=2A debe ser forzosamente una igualdad, pues la propiedad distributiva ha de cumplirse…

y dándole a A valores cuantitativos no se consigue alcanzarla; hagamos A=0… tendremos la perfecta igualdad 0=0… y de camino hemos demostrado que 0.0=0. Olvidándose de algo tan rudimentario como que al hacer A=0, debido a que multiplicar por cero induce igualdades correctas incluso donde no las había, pero engañosas… lo que han hecho no es demostrar que 0.0=0; sino transformar en igualdad a puntapiés algo que no lo era. Por lo cual su conclusión es falsa, pues A=2A, no es equivalente a 1.0=2.0, aunque ésta proceda de aquélla; ya que se logra mediante el método falaz de multiplicar por cero.

Por contra, quien escribe razona de este otro modo:

- Como A=2A no es igualdad correcta tome A el valor cuantitativo que tome… y si hacemos A=0, la igualdad correcta 0=0 no será equiparable a A=2A, debido a que la igualdad 0=0 está arrancada de A=2A a correonazos… y no por procedimiento matemáticamente legítimo; lo que se debe entender es que la ecuación A=2A no admite solución dentro del conjunto de los números reales, ya que no hay más números reales que los cuantitativos y el cero (que lo es a medias y además no nos vale).

O dicho de otra manera… como la ecuación A=2A no tiene solución real, deberemos concluir que al resultado de 0.0, sea el que sea, no le podremos aplicar la propiedad distributiva dentro del conjunto de los números reales. Por lo tanto, 0.0 no puede dar resultado real, sino ultrarreal, irreal… o como se prefiera. En definitiva, se confirma que 0.0 no puede ser igual a cero real ¡ni a 0+0! porque A=2A no es igualdad real.

Más adelante, una vez que se hayan visto otras cuestiones previas que consideramos imprescindibles, se darán razones convincentes de por qué el resultado 0+0=0 es real o al menos puede serlo… y por contra el resultado de la operación 0.0=0 no puede ser real nunca.

A manera de culminación de todos los razonamientos y argumentos expuestos en este apartado 4º, podemos con certeza absoluta hacer las afirmaciones siguientes:

- La ecuación (0+0)0=0.0+0.0 operando de modo que surja 0.0=0.0+0.0 (Z) que implica A=2A (si 0.0=A) no puede ser igualdad real; ya que al dar a A valores cuantitativos que acrecen los términos absolutos de los miembros, respetando las igualdades (o desigualdades) nos surge una desigualdad.

- Viceversa, cuando a A se le da valor cero (único número que tiene el poder de crear igualdades donde no las había) nos surge una igualdad, luego **la conclusión es clara: la ecuación (Z) no es igualdad real… y tampoco lo será 0.0=0, o sea, A=0.**

- Ahora bien, la diferencia que existe en la ecuación (Z) es que en el primer miembro hubo un 0+0, frente a un 0.0 del segundo; por consiguiente sucede que 0+0 y 0.0 no pueden ser iguales entre sí.

- Además, por una parte, coincidimos (los matemáticos y quien suscribe) en que 0+0=0… pero como por otra parte, las matemáticas nos han revelado con toda evidencia que 0+0 y 0.0 no pueden ser iguales entre sí; por consiguiente la conclusión inapelable es que 0.0 NO ES IGUAL A CERO, ya que 0+0=0… y 0.0 no es igual a 0+0.

Una última cuestión, antes de que abandonemos estas disquisiciones. Puede que alguien diga (en un intento de salvar la incongruencia A=2A) que los matemáticos no afirman que los euros sean falsos, sino que lo que quieren decir es que los euros son de valor nominal cero.

En tal caso lo que se responde es que eso resulta mucho más disparatado, ya que mientras que los euros falsos pueden ser reales, es decir, que aunque no sean de curso legal puede que circulen y que se engañe a los ciudadanos con ellos; euros de valor nominal cero ni son reales ni lo han sido… y cabe vaticinar, con absoluta certeza de atinar en el pronóstico, que nunca habrá papel moneda de valor nominal cero … ¿y si ocurriere? … ¡entonces uno de los ceros deja de ser cero!

La razón de que se pueda augurar que nunca serán reales billetes de valor nominal cero, es que los falsificadores, jamás estarán interesados en fabricar y hacer circular monedas o billetes sin valor nominal, que nadie (y mucho menos los propios inventores de tamaña idea) tendrá interés en poseer.

La única utilidad de tales billetes sería la absurda de darles el cambio, a quienes han pagado con el importe exacto de la compra realizada… o bien abonarles la soldada a quienes trabajen gratis. El mundo es más que chocante, pero de momento no llegamos al disparate de entregar papel moneda de valor nominal cero… a quien nada tiene que percibir; con todo, como ya se ha dicho, si existieren, sería caso de Nx0.

5º .- Se me procuró hacer ver que si no se asume que 0x0=0, el problema que se va a enunciar a continuación daría solución absurda.

Problema: calcular el área del rectángulo limitado por los segmentos A y B, de dimensiones: A=0 y B=0.

Esta objeción no fue difícil de responder… y permitió evidenciar que el problema planteado, no tiene pies ni cabeza por muy diversas razones.

- Habiendo postulado que las dimensiones del supuesto rectángulo (más adelante se evidenciará por qué supuesto) son ambas cero, no existe superficie a calcular; por tanto no hay problema y por consiguiente, no es necesaria la intervención de las matemáticas. Ya que las matemáticas se requieren para resolver problemas, no para afrontar absurdos; pero si nos empeñamos en ello, su solución debe ser: ABSURDO, que las matemáticas lo dicen así: infinito.

- Afirmar que el área de una superficie inexistente es cero constituye un error, ya que equivale a decir que algo inexistente es perceptible, medible, tasable, etc. siendo su superficie cero unidades cuadradas.

CONCLUSIÓN: De algo inexistente sólo cabe corroborar su inexistencia, cualquier otra afirmación o negación, relativa a características o cualidades de lo inexistente es gratuita.

- Puesto que no existe problema, la solución más adecuada a la operación 0x0 (la superficie del supuesto rectángulo sería el producto de la dimensión de la base por la de la altura) debe ser infinito; que NO significa cantidad inconmensurable de unidades cuadradas; sino: problema inexistente, faltan datos, problema absurdo, toda solución es posible, etc. Tal resultado lo reputamos más exacto y científico que el de cero.

Además de las razones expuestas, es posible hacer otras observaciones que se desarrollarán más adelante, por motivos prácticos que en su momento detallaremos.

6º .- Entonces mi interlocutor me planteó el modo en que explicaba, desde el punto de vista de la geometría analítica, que en la función Y=X uno de sus puntos es 0=0, en tanto que en la función $Y=X^2$, si se da a X valor cero, según mi solución no ocurrirá 0=0; sino que para X=0, el valor de Y se tornará Infinito… y viceversa, para Y=0, X=+-Infinito.

A esa objeción repuse que en la función Y=X preguntamos a las matemáticas si toda magnitud tiene equivalente en el otro eje, a lo que responden que en efecto así es, incluso 0 tiene su igual que es también 0.

Sin embargo, en la función $Y=X^2$, demandamos que nos diga la superficie de todos los cuadrados posibles, sea cual sea su lado; a lo que resuelven las matemáticas que si la medida del lado es cero no se podrá determinar la superficie, pues un punto no puede ser bidimensional aunque se eleve al cuadrado; supuesto que semejante cosa tenga sentido. Viceversa, para una superficie cero los lados se hacen inescrutables, por eso para Y=0, X=+-I.

De hecho si representamos la ecuación $Y=X^2$, aunque la función es continua para todos los valores de las variables, sin embargo, la superficie se esfuma en el punto de cruce de los ejes, donde los dos valores se superponen.

Véase que si se hace Y=0, entonces X= $\sqrt{0}$ (cuyo resultado será +-Infinito) con lo que las matemáticas nos confirman que no todas las magnitudes conforman superficies, pues el cero, al ser un punto, no ocupa lugar.

En suma, la función Y=X informa que los ejes cartesianos coinciden en (0,0). Por otra parte $Y=X^2$ nos amplía el saber; aseverando que tal coincidencia se reduce a mera superposición puntiforme y no constituye superficie. Resultado que equivale a decir: PUNTO Y SUPERFICIE SON TÉRMINOS ANTAGÓNICOS. Erróneo sería asignar tamaño (ni cero) al área de un punto, puesto que no tiene dimensiones, ni siquiera una.

Así que la ecuación $Y=X^2$ que nos habla de las relaciones entre lado (X) y superficie (Y) nos ratifica que de algo inexistente, no cabe hacer averiguaciones; por tal razón si damos a X valor cero, la superficie se nos hace infinita (inescrutable) en tanto que si lo que hacemos es dar valor cero a Y, lo que se nos hace imposible de determinar es el lado que corresponde a una superficie cero.

Por otra parte, puesto que cuando en una función se hace infinito el valor de Y, al dar a X valor finito (o viceversa) la interpretación del fenómeno es que surge una discontinuidad o asíntota; lo que hay que entender es que lo discontinuo no es la curva que delimita la superficie, sino que es la propia superficie lo discontinuo, que se esfuma en el punto (0,0).

Viceversa, cuando la superficie es cero, lo que se nos esfuma (se hace discontinuo) es la magnitud del lado que correspondería a esa superficie cero (que las matemáticas responden que es +-Infinito) con lo que informan que ninguno de los posibles valores del eje X satisface las exigencias de ser raíz cuadrada de cero.

También cabe esta interpretación: la curva $Y=X^2$ y el eje X, en el punto X=0, Y=0, son asintóticos, por tanto no se llegan a cortar; sino que se limitan a una mera tangencia puntiforme y por consiguiente adimensional.

Así pues, la figura que queda delimitada por la función $Y=X^2$, podemos entenderla como la yuxtaposición de dos mitades separadas por el eje Y en cuyo valor cero, la superficie se hace inapreciable. A su vez, la parábola no corta al eje X, sino que se le aproxima hasta el contacto, lo que explica que si la superficie es cero (Y=0) el valor de X resulte imposible de determinar, pues un contacto es adimensional.

Veamos un argumento geométrico que auxilia a refrendar que un punto no puede tener superficie, ni siquiera cero… y que de lo contrario se producen contradicciones inadmisibles en ciencia.

Supongamos una línea de cinco (o N) unidades de longitud. Si se desea calcular el área que ocupa esa línea, diremos que es cero, ya que 5.0=0… y estaremos corroborando con ello que una línea es un ente unidimensional, que por lo tanto no ocupa ninguna superficie.

Su superficie determinada de modo científico será, pues, la de cero unidades cuadradas, lo que es coherente debido a que una línea es un trazo ideal que debe carecer de grosor. Ahora bien, una vez que hemos demostrado científicamente que la línea carece de área, nada cabe afirmar ni negar, relativo a sus características; pues no hay superficie que percibir. Según se ha dicho, cabe generalizar y usar N unidades y no 5.

Puesto que una línea no crea superficie y lo no existente nos resulta imperceptible… nada cabe afirmar o negar relativo a la tal NO superficie; aunque captemos las características del segmento trazado y podamos afirmar científicamente que la superficie generada es cero. Una línea determina una dirección o una linde en el espacio.

Pues bien, puesto que de una línea cabe afirmar que su superficie es cero, lo que confirma que es unidimensional; de un punto no podemos decir científicamente que tenga superficie cero, ya que afirmar tal cosa equivaldría a decir que punto y línea son conceptos idénticos: unidimensionales… lo que sería flagrante absurdo.

Un punto no es que carezca de superficie, sino que carece de dimensiones. Un punto es una entidad ideal que marca una posición en el espacio y que al ser adimensional, no ocupa lugar en él; absurdo es, por tanto, asignarle la superficie cero… o cualquier otra característica excepto que señala una posición en el espacio.

En suma, así como se afirmó que de la línea podíamos definir sus características, pero no hacer afirmaciones ni negaciones relativas a la superficie generada por esa (u otra) línea, porque una línea no da lugar a superficie; ahora se podrá decir que el punto definirá una posición en el espacio, pero nada más cabe afirmar referido a tal punto: ni su forma, ni su color, ni su tamaño, etc. ni por supuesto su superficie, por la sencilla razón de que un punto es una entidad ideal y adimensional que no ocupa lugar. Los conceptos de tamaño, forma, color, etc. implican algún tipo de sustrato material en el que fijarse, del que el punto por definición ha de carecer, por ser una entidad ideal. Si las matemáticas afirmasen que un punto tiene por superficie cero unidades, estarían incurriendo en el error inadmisible de establecer que línea y punto son la misma cosa, es decir, objetos unidimensionales.

Al responder las matemáticas que la superficie de un punto es infinita… y que la de un segmento es cero; están al mismo tiempo estableciendo que ambas cosas son distintas… y que es absurdo plantearse cuál sea la superficie de un punto.

Antes de continuar haremos un par de digresiones más, relativas a 0.0, las ecuaciones de segundo (o mayor) grado y la geometría analítica.

I) Cabe que alguien se pregunte… qué ocurre si en una ecuación de segundo grado es 0 una de sus soluciones… pues concedo que no habría más remedio que admitir que 0.0=0. Pero sucede… que es imposible que una ecuación completa de segundo grado (o mayor) dé cero por solución.

He aquí la demostración:

Tendría que ocurrir que -b y el resultado del radical, fuesen iguales. Es decir: $b^2 = b^2-4ac$; así que 4ac=0… y es evidente que para que tal ocurra, 'a' o 'c' tienen que ser cero, lo que nos conduce en ambos casos a ecuaciones de primer grado. Si a=0, será bX+c=0 (se debatirá luego) en tanto que si c=0, entonces: $aX^2+bX=0$; que es lo que antes se llamó falsa ecuación de segundo grado (en realidad, ecuación de primer grado multiplicada por su propia variable, cuyo valor no se altera) que equivale a la siguiente: aX+b=0, donde a y b son números cuantitativos, por tanto, no ceros, téngase esto en cuenta de cara al párrafo siguiente.

Adviértase que en la ecuación $aX^2+bX=0$, si se le aplica la fórmula adecuada para resolver las ecuaciones de segundo grado, conduciría a las soluciones X=0 y X=-b/a… y es evidente que el primero de estos dos resultados no vale en la ecuación aX+b=0; pues nos llevaría al absurdo: b=0… y b ya dijimos que no era igual a cero. Como siempre, sucede que b=0, es decir, que un número que en principio era o debía ser cuantitativo, ha de mutarse, forzosamente, en el número cualitativo o vacío.

LLegamos, pues, a la contradicción sempiterna N=0, que fuerza a admitir que una cantidad de realidad cualquiera y su puro concepto, vacío de realidad, tienen que ser idénticos.

Por el contrario la solución segunda: X=-b/a, que se obtiene también de aX+b=0, es decir, tras dividirla por el factor multiplicador: X, que le confiere a: $aX^2+bX=0$ aspecto de ecuación de segundo grado; es aplicable tanto en: aX+b=0, como en la $aX^2+bX=0$. En ambos casos se obtiene al final la perfecta igualdad 0=0, prueba evidente de que se trata de una ecuación de primer grado multiplicada por su propia variable; por ende con una sola solución que satisface ambas ecuaciones.

Ha quedado, pues, patente que dividir por la incógnita una ecuación cuyos monomios contienen todos la misma variable (ahora ya, según antes prometimos, generalizada) no equivale a dividirla por cero o a que una de sus soluciones tenga que ser cero; sino que su significado verdadero es que se elimina una variable superflua y con ello, al mismo tiempo, se desecha la posibilidad de introducir la solución X=0… que es falsa y que se origina por haber incluido una variable o multiplicador no necesario… que puede tomar todos los valores, incluso cero.

Claro que mientras asignar valores cuantitativos a la variable crea equivalencias nuevas (acrecen las igualdades pero respetan el valor de la variable) el valor cualitativo o vacío distorsiona la solución real; al crear la falsa igualdad 0=0 que carece de equivalencia con la ecuación de partida.

En suma, se ha hecho evidente que en la ecuación A=2A, no cabe la solución A=0, debido a que no existe más camino lícito para operar que el de dividir por la variable que multiplica; que actúa de careta que nos oculta la verdadera desigualdad: 1=2, que contiene.

Se capta también la imposibilidad de que una ecuación de segundo grado tenga una solución que sea cero, por esta otra vía. En la ecuación de segundo grado $aX^2+bX+c=0$ (donde a, b y c son números distintos de cero, pues de lo contrario no es ecuación completa de segundo grado) si X=0… y admitiendo que 0.0=0, sería: $aX^2=0$, bX=0; entonces resultaría que c=0, lo que es absurdo, pues 'c' no puede ser simultáneamente igual a cero y distinto de cero. Así que X, necesariamente, tiene que dar dos soluciones cuantitativas; de ninguna manera una de ellas puede ser concepto puro o vacío.

La única ecuación posible de segundo grado cuyo resultado es cero, no puede ser otra que $X^2=0$… o dicho de otra manera: 0.0=0, que en este ensayo se está poniendo en solfa.

De este modo queda ya patente que no pueden plantearse ecuaciones de segundo grado, con puros conceptos sin valor cuantitativo. Si las matemáticas pudieran resolver ecuaciones de segundo grado con solución cero, afrontarían con éxito la metafísica; pero ya dijeron antes que la metafísica les queda un poco holgada. Exactamente en el infinito.

En el caso de cero por cero, nos lo expresaron informando que si fuera real el resultado de tal multiplicación, entonces doble sería lo mismo que sencillo. Ahora nos lo reafirman al responder que una ecuación metafísica de segundo grado, será posible… si asumimos que 'c' (el término independiente de las ecuaciones de segundo grado y que por extensión cabe que se entienda que es cualquier cantidad de realidad: N) tendrá que ser a la vez algo y nada. Semejante contingencia no es posible en el universo.

Es claro que una respuesta se muestra coherente con la otra. Recuérdese que cuando hicimos la igualdad 0.0=patata, al final ocurría que una patata y su concepto tenían que ser lo mismo. Dicho de otro modo, afirmar que 0.0 es real, equivale a asumir que entre realidad y concepto no hay diferencia… y que por tanto son coincidentes y sinónimos.

Así mismo, véase que puesto que 'c' tiene que tener valor cuantitativo (que lo podríamos expresar con c=N) debido a que si se acepta que la solución de la ecuación pueda ser cero, obliga a que entonces c=0, nos surgiría al cabo la igualdad c=N=0; que de modo recurrente indican las matemáticas que es la condición que se deberá acatar, si nos empeñamos en hacer 0.0=0. Por tanto todo cuadra sin contradicciones.

Téngase en cuenta por lo demás, que en el numerador de la fracción de la ecuación de segundo grado, no se podría operar así: $[-b^2+- \sqrt{b^2-4ac}\ ]^2=0^2$, sino de la manera en la que hemos procedido de forma abreviada, esto es: $-b^2=[\ \sqrt{b^2-4ac}\ ]^2$ que nos ha conducido a: $b^2 = b^2-4ac$, etc.

De haber operado en la ecuación que figura en el tercer renglón del anterior párrafo, elevando el cero al cuadrado, habríamos inducido errores en la operación, pues multiplicar por cero distorsiona las cantidades existentes (incluso la del propio cero).

Además, en este caso concreto, como sólo se multiplica por cero un miembro de la ecuación, ni siquiera obtendríamos una igualdad nueva pero engañosa, sino sencillamente una rara desigualdad.

Así que no se puede elevar el cero al cuadrado sin que se distorsione el resultado. Eso debe ser una regla matemática, como lo es que 1/2+1/4 se debe sumar siguiendo cierta pauta.

Debatiremos ahora (según se dijo párrafos atrás) la ecuación de primer grado resultante de a=0, esto es: bX+c=0; que equivale a bX=c, ya que el signo de c lo imponen las circunstancias. Afirmamos que esa ecuación no admite que a la vez b, c y X sean iguales a cero; sino a lo sumo sólo 2 de las 3 variables. Para defender tan osada aseveración, empecemos por determinar que c es una cantidad cualquiera de algo, por ejemplo patatas; b será el número de sacos, en tanto que X corresponderá a la cantidad de kilos de patatas por cada saco. Es claro que son admisibles infinitos enunciados similares; pero en el fondo no cambian un ápice la cuestión que a renglón seguido se expondrá.

Pues bien, si no se tienen patatas: c=0, podrá ser por una de estas dos razones (y no por las dos a la vez) bien porque no tenemos ningún saco: b=0… o bien porque teniendo cierta cantidad de sacos: b=N, se da la circunstancia de que todos están vacíos: X=0. En el primer caso se llegaría a esto: 0.N=0; en tanto que en el segundo resultaría: N.0=0, no hay más opciones. En los dos casos ha de ser N>0.

Claro que si no se tienen sacos de patatas (b=0) no cabe además sostener que los sacos estén vacíos (X=0) pues resulta contradictorio haber comprobado que se carece de sacos… y al mismo tiempo asegurar que están vacíos. Viceversa, si los sacos están todos vacíos (X=0) ya no cabe además afirmar de modo científico que carecemos de sacos, pues la certeza de que los sacos estén vacíos sólo se alcanza… si tenemos sacos: b=N.

Esperemos que ahora se hará evidente, por qué sostenemos que 0.0=0 es imposible; pues equivale a afirmar que no tenemos patatas porque tenemos cero sacos y además todos están vacíos, que resulta contradictorio. Sólo uno de los ceros del primer miembro es científico, el segundo no lo es, y por lo tanto el resultado de la multiplicación no puede ser cero real, ya que uno de los multiplicandos nunca es real.

Por otra parte, como la ecuación 0/0=0 se deriva de la anterior, resultará ya también evidente que el resultado del cociente del primer miembro no puede ser 0, sino que tiene que tener valor cuantitativo; es decir, debe ser 0/0=N y esa N es cualquier número excepto 0.

La razón es palpable, si no tenemos patatas porque los sacos están vacíos (c=0/X=0) es necesario que tengamos al menos un saco: b=N>0. Si por el contrario no tenemos patatas por carecer de sacos (c=0/b=0) eso no autoriza a afirmar que los sacos han de estar vacíos: X=N; siempre N ha de ser >0.

II) Sí puede ocurrir que el contenido del radical sea cero. Era el caso de la ya citada: $Y=X^2$, en la que el factor 'b' es cero; pero también hay casos de radical 0 en ecuaciones completas de segundo grado. Por ejemplo, se produce en la ecuación: $X^2+4X+4=0$, en que tras su resolución se llegaría a: $X=(-4+-I)/2$ (ya se ha anotado la solución de la raíz de 0 en la forma de +-infinito). La interpretación que hacemos de la solución, es que en el punto $X=-2$, $Y=0$, las matemáticas captan un hecho excepcional o una rareza.

El hecho excepcional es que en tal punto, la ecuación y el eje X son asintóticos; es decir, que en rigor no existe verdadero corte, sino un mero contacto puntiforme y por tanto sin que se llegue a consumar el corte entre ellos.

Tal cosa ocurrirá, pues, en ecuaciones con una [42] sola solución… que está en el mismísimo límite con el resultado imaginario. Así que la solución no es real por un infinitésimo (pues no se produce corte) pero tampoco es imaginaria, puesto que hay contacto. En suma, con esa solución las matemáticas revelan que entre dicha curva y el eje X, existe una mera tangencia en la linde de lo real y lo imaginario, sin ser ni lo uno ni lo otro por un infinitésimo: **solución asintótica.**

Naturalmente el infinito ni suma ni resta, ya que es un concepto… y los conceptos puros carecen de valor cuantitativo; por tal razón el cero se suma o resta sin inducir errores.

Como ya hemos dicho multitud de veces, infinito… que es un solo signo para expresar muchas cosas, no significaba en el caso del resultado de 0.0 (ni tampoco la raíz de cero) cantidad inexpresablemente grande, sino imposibilidad; en este caso la imposibilidad de expresar mediante un número real el concepto de asíntota, que siempre que surgen en geometría analítica se manifiestan mediante el infinito.

Pues bien, esas asíntotas, que antes no surgían y me da la impresión de que nadie las echaba de menos; ahora resulta que por estos insólitos vericuetos se detectan… y hasta se revelan necesarias y coherentes.

Opinamos que ambas cuestiones se han zanjado, con la solvencia suficiente como para empezar a tomarse en serio que $0.0=I$, no es tan disparatado como pudiera parecer a primera vista. Ampliaremos estas explicaciones y procuraremos hacerlas algo más creíbles, pero suponen una aventurada hipótesis que sólo al final se hará.

---

42 En el caso de la ecuación $4X^2+3X=11X$ no admitimos la solución A=0, porque hechas las sustituciones abocamos a I+0=0; y el sentido de la I es inescrutable, pero a la vez innecesario, pues al 0 del primer miembro nada le falta para ser igual que el segundo.

Prosigamos ya nuestro sendero. Expuestas las reflexiones surgidas a raíz de los reparos que se me objetaron, me permito a su vez hacer las siguientes observaciones, relativas al cálculo de la superficie de un rectángulo que se me planteó… y que se aplazaron al final del punto 5º:

- Habida cuenta de que el enunciado del problema, nos informa que las dos dimensiones de la figura cuya superficie se quiere calcular son cero, resulta absurdo afirmar que su forma geométrica sea rectangular; pues la denominación de la figura delimitada por determinados segmentos requiere observación… y no hay figura que observar cuando afirmamos que sus dos dimensiones son nulas.

En consecuencia con ello, llamar rectángulo a la figura delimitada por los segmentos A=0 y B=0, es una suposición, una afirmación gratuita que sólo es dable hacerla por fe o ciencia infusa. Con igual fundamento (la fe o ciencia infusa) podríamos afirmar que se trata de un rombo, un romboide e incluso un triángulo (de base A=0 y altura B=0) o un exágono (de lado A=0 y apotema B=0) etc. Todas las apreciaciones son posibles cuando no hay figura que observar. En rigor se trata de un punto, así que o es A=0, ó B=0; atribuir dos dimensiones a un punto, es incurrir en el yerro de contarlo dos veces o bien transformarlo de concepto ideal, en realidad.

De hecho, que se denomine rectángulo a la figura de dimensiones A=0 y B=0 ya es de salida paradójico, pues un rectángulo se caracteriza por tener desiguales su base y su altura; así que la figura sería más bien cuadrado que rectángulo. Por tanto A=0 ó B=0, según ya se dijo en el párrafo anterior… y eso es un punto, que como ya se ha debatido tiene que ser adimensional y no procede calcular su superficie. (Este aspecto es el que forzó al final del punto 5º, a aplazar estas consideraciones hasta ahora).

Por otra parte, como quiera que la fórmula a aplicar es distinta en cada caso y existe el mismo fundamento para aplicar una que otra; las matemáticas, que 'saben' que con ambas dimensiones igual a cero el problema es inexistente, tienen que responder por solución, si las compelimos a ello: INFINITO. Que insistimos, no quiere decir cantidad inconmensurable, sino: problema absurdo, problema irresoluble, no hay problema, faltan datos, admite infinitas soluciones, etc.

La conclusión final es la siguiente: si afirmamos que de una cierta realidad hay cero ejemplares, no se podrá resolver ningún problema relativo a tal objeto, pues es absurdo hacer cálculos científicos relativos a lo que no se percibe.

Veámoslo con algún detenimiento. Si supiéramos que en esta habitación no hay ninguna mesa, no se podrá plantear el problema de calcular el número total de patas que tienen; pero el enunciado de tal problema sería algo así como:

Calcular el número total de patas de que constan la cantidad de cero mesas.

En este 'problema' para hacer el cálculo, habría que multiplicar el número de mesas: CERO (el multiplicando es, pues, cero real) por el número de patas que tiene cada mesa, que puesto que no lo dice el problema resulta imposible de manejar. Si anotamos que es cero el número de patas que tiene cada mesa, estaremos incurriendo en doble error:

- Primero: poner un multiplicador arbitrario, ya que no está explícito en el enunciado.

- Segundo: inventarnos la peregrina idea de que existen mesas con cero patas. Consideramos que una mesa de cero patas es contradictoria con el enunciado.

Con mucho más fundamento podríamos poner cualquier otro número de patas, pero precisamente cero es inadmisible. No obstante, aunque cualquier otro número sea más verosímil; ni el texto nos permite utilizarlo, ni tampoco la probabilidad nos autoriza a preferir un número en vez de otro.

En cualquier caso, aunque pudiéramos preferir un número cualquiera, eso no nos daría un producto de 0.0, sino 0.N, que no está en discusión. En suma, de la lectura e interpretación del enunciado propuesto no se deduce la formulación de una operación 0.0; pero incluso aunque el enunciado tuviera la información de que el número de patas del modelo de mesa del problema fuese cero, sólo deduciríamos un enunciado absurdo y carente de fundamento lógico.

¿Mesas sin patas? ¿Cómo sabe el redactor del enunciado que las mesas en cuestión son del extraño modelo que carece de patas, si afirma que no tiene ejemplares a la vista?

Por último, si alguien se empeña en afirmar que el citado problema conduce a un planteo de 0.0; el resultado científico debe ser infinito, fruto de multiplicar el cero real del número de mesas, por el cero ficticio de que no deben tener patas. Dando por solución del problema infinito, no querrán las matemáticas significar cantidad inconmensurable de patas; sino que les resulta imposible determinar su número de manera científica.

Una vez visto todo eso, estamos en condiciones de exponer las razones científico-filosóficas, ya prometidas mucho más atrás, que avalan que el resultado de una operación 0+0=0 es real (o al menos puede serlo) en tanto que una tipo 0.0=0 ni es real ni puede serlo nunca.

- Cuando se ejecuta una suma, las matemáticas dejan encomendado a la cordura del artífice que ambos sumandos representen cantidades de una misma realidad, es decir, que se suman burros con burros o ajos con ajos… y no burros con ajos. De hacer esto último el resultado no será real, ni aun en el caso en que ambos sumandos sean cero; pues el concepto burrajo no resulta de sumar cero burros y cero ajos. No tiene sentido semejante suma, pero sí lo tendría de ser la suma de 0 burros que hay en la cuadra y 0 burros que se tienen paciendo, en cuyo caso el resultado sí es real: se tienen cero burros. Debido a esta doble posibilidad, las matemáticas carecen de método de supervisar la cordura de la operación, por eso son necesarios los profesores de matemáticas.

- Si un alumno suma cantidades heterogéneas, el profesor le corrige el error ilustrándolo en la idea de que se suman cosas homogéneas, porque carece de sentido sumar burros con ajos (ni siquiera en cantidad cero) cuyo resultado no tiene realidad.

- Así como en las sumas se debe vigilar que los sumandos sean homogéneos, en las multiplicaciones se ha de cuidar que el multiplicador cuantifique un rasgo del multiplicando; de ser los multiplicadores ajenos entre sí, la multiplicación carece de sentido, tanto si son homogéneos (burros por burros) como si son heterogéneos (burros por ajos). Dicho de otro modo, si se multiplican las 3 cabezas de ajo que se tienen en la alacena, por los 2 burros que se tienen en el establo; el resultado no serán ni 6 cabezas de ajo, ni 6 burros, ni 6 arrobas de burrajo, sino 6 disparates. Lo mismo cabe decir si se multiplican entre sí los burros o los ajos, pues no se trata de un problema de multiplicar. Esto lo supervisaría el profesor, no pueden hacerlo las matemáticas.

- Sin embargo, cuando se multiplica 0.0, aunque aún nadie parece haberse percatado de que una multiplicación de ceros reales (por ejemplo, burros por ajos) carece de sentido; las matemáticas sí están en condiciones de supervisar que si ambos ceros están verificados no cabe multiplicarlos, pues no tiene sentido tal multiplicación. En tanto que si uno de los dos ceros no es comprobable, acaso se trate de un problema de multiplicar; pero el resultado no puede ser real, pues de una realidad de la que se carece no cabe efectuar cálculos. Este último caso sería el de calcular el número de patas de los 0 burros que tiene el vecino, cuyo número de patas por burro no es determinable; así que el resultado no sería científico ni real. Además se trataría de un caso de 0.N (donde N indica el número de patas por burro, imposible de saber, pues del conocimiento empírico… no caben conclusiones apodícticas, como enseñó Hume) y si se expresa del modo: 0.0, la arbitrariedad será doble; pues sin conocimiento empírico asimilamos los 0 burros del vecino a la especie nunca vista de burros sin patas. Debido a que ahora no hay dualidad, sino que 0.0=0 es un disparate en todos los casos; las matemáticas están en situación de supervisar la operación (¡contra la convicción de los matemáticos!) supervisión que realizan mediante las contradicciones ya resaltadas en su momento: 1=2, 7=14, etc. que avisan de importantes errores, porque multiplicar dos ceros implica siempre yerros.

- Creemos que queda claro que el resultado de una multiplicación 0.0 no puede ser real NUNCA; ya que uno de los dos ceros no es verificable… y de serlo ambos, el resultado de la operación es un engendro, pues no cabe multiplicar conceptos, ni homogéneos ni heterogéneos.

Por ende, en la ecuación (0+0).0=0.0+0.0, mientras que en el primer miembro hay un cero real (el de la suma, pues las matemáticas admiten la posibilidad de sumar dos ceros reales:

los de no tener burros ni pastando ni en la cuadra) y otro no real, pues las matemáticas saben que no son multiplicables los conceptos; en el segundo hay la suma de 2 ceros no reales, por tal razón sucede que 1=2. Es decir, que un cero no real debe ser igual a dos ceros no reales… o mejor expresado, que en el primer miembro hay un error y en el segundo hay dos errores; pues carece de sentido la operación 0.0, que aparece una vez en el primer miembro y dos veces en el segundo.

COMPENDIEMOS: Tras aplicar la propiedad distributiva y llegar a: A=2A… debe cesar el proceso deductivo, pues como se ha obtenido evidente desigualdad, ya queda probado que 0+0 es distinto de 0.0, que era lo que se pretendía. La igualdad o desigualdad de las expresiones algebraicas, se juzga por el valor absoluto de sus términos… y NO por el signo que los separa, de lo contrario será cierto que 3=7.

Quizás alguien se pregunte cómo es posible que se haya llegado a una desigualdad; la razón es sencilla y se detalló muchas páginas atrás, por asombroso que parezca: 0.0=0.0+0.0 (o bien 0.0=0) ¡tampoco son igualdades! Así que tras cambiar 0.0 por su equivalente: A, nada se altera, la ecuación toma aspecto más propio de desigualdad, es todo.

Reconozco que es difícil aceptar que 0.0=0 o bien que 0.0=0.0+0.0 NO sean igualdades, sino desigualdades, cuando llevan siglos los matemáticos afirmando lo contrario; pero nada impide captar la desigualdad A=2A… basta tener ojos.

¿Cabe averiguar el valor de A? Pues habida cuenta de lo dicho: 'se ha obtenido una desigualdad', resulta imposible determinar A.

Las igualdades algebraicas (tal como 2x=6) permiten calcular las incógnitas, porque dos cosas sólo pueden ser iguales de una única manera: siendo idénticas. Pero las cosas son desiguales de infinitos modos, lo único aseverable, pues, es: A=Infinito, que expresa las infinitas maneras en que cabe formular las diferencias entre A y 2A.

Veámoslo: si en A=2A hacemos A=1, tendremos 1=2; si tomamos A=2, resultará 2=4; si A=3, obtendremos 3=6; si A=N, será N=2N; etc. como bien se ve en todos los casos la relación entre ambos miembros es de sencillo doble. Como A puede tomar cualquier valor, no sólo entero, sino fraccionario e incluso irracional y siempre resultará entre los miembros la relación 1 a 2, la consecuencia final es que A=Infinito.

Naturalmente si multiplicamos todo por 0 se alcanza una igualdad, pero una igualdad vacía, pues al anular A (A=0) se destruye la desigualdad y con ella su infinidad de matices.

El 0 es número destructivo que aniquila igualdades y diferencias, por lo que jamás resuelve nada; al menos en multiplicaciones. Multiplicar por cero reduce todo a vacío. Decir, pues, que A=0 es la solución de una desigualdad (sea A<2A o cualquier otra) revela no haber entendido ni jota de lo que se maneja… o bien ignorar que el 0 reduce todo a nada… o sea: induce errores.

Veamos que también una desigualdad poco sospechosa de no serlo como 3=7, conduce así mismo a la 'solución' A=0. Basta con recurrir a la misma argucia: 3A=7A, así que 7A-3A=0, por tanto 4A=0 y en fin A=0. Lo que implica aceptar el desatino de que 7 euros menos 3 euros (cabe cambiar euro por cualquier otro vocablo o incluso por nada… y anotar 7-3) no son iguales a 4 Euros y se acabó; sino que deben equivaler a: 4 Euros=0.

¡Claro que ahora un euro tiene que ser igual a cero! pues si se le dice al álgebra que 7-3 no es igual a 4, sino a 4=0; el álgebra (que no se escandaliza… sólo acata órdenes) contesta que si el conjunto vale cero, también tendrán que valer 0 cada una de sus unidades.

Percíbase que para llegar al resultado de A=0, el rasgo común de ambos procesos 'demostrativos' (con A=2A y 3A=7A) es que en el primer caso luego de restar 2A-A=A, se incurre en el camelo de que A=0; en tanto que en el segundo tras 7A-3A=4A, se recurre a la adrolla de que 4A=0.

Esta circunstancia encaja de molde, con algo que se ha venido afirmando desde el primer momento; se hace patente que el mensaje sibilino que envía el álgebra, es el siguiente: **la condición necesaria y suficiente para que 0.0 sea igual a 0, es que algo sea igual a nada;** que en otras ocasiones se ha expresado diciendo que un número cuantitativo se debía trocar en el número vacío.

Como en nuestro universo es imposible que algo sea igual a nada, queda ya palpablemente demostrado que 0.0 no puede ser igual a 0. Así mismo se entiende que 0.0=Infinito; multiplicar dos conceptos puros, es decir, dos palabras; NO es operación matemática, sino metafísica: allende la realidad.

Por tanto, 0.0=0 es una desigualdad porque 0.0 equivale a error: entelequia, quimera; en tanto que 0 expresa carencia de realidad, demostrada… y es evidente que no son sinónimos.

La diferencia, pues, que surge entre ambos miembros es la misma que media entre: metafísica (incomprobable) y ciencia (demostrable) por tal razón las matemáticas dicen que la condición para que 0.0 sea igual a 0, es que algo equivalga a nada.

Por otra parte, la expresión 0.0=0.0+0.0 refleja una desigualdad, porque un error no es igual a dos errores, este caso no ofrece dudas. Por fin, la solución (infinito) que se obtiene para la operación 0.0, admite la interpretación de que el error cometido no cabe cuantificarlo por las matemáticas, pues la metafísica queda más allá de sus alcances.

Véase que cuando la igualdad de partida no se preste a discusión, al final no se llega a una incongruencia, sino a certeza científica: sea A=A, por tanto 0=A-A… y por ser evidente que A-A=0, resultará al final que 0=0. Es decir, que carencia científica de realidad, es igual no a A (sea la realidad o irrealidad que sea) sino a carencia científica de realidad. La entidad A, sea real o no lo sea, se elimina con una entidad idéntica y no se iguala a 0 de modo artificioso.

A=0 no es la solución de ninguna desigualdad… y lo es de todas por el procedimiento de destruirlas. Expresado de otro modo, si destruimos el planeta habremos acabado con todos sus problemas y todas sus desigualdades; pero no por solución… sino por aniquilación. Pues así mismo, A=0 acaba con todas las desigualdades, pero no por resolución, sino por destrucción.

En consecuencia con todo lo visto hasta aquí, podemos afirmar con absoluta certeza, que decir que la solución de A=2A (una desigualdad) es A=0, equivale a haber demostrado que el único número que transforma desigualdades en igualdades es el 0 y ningún otro más; eso no es demostrar que 0x0=0.

Claro que, la ecuación (0+0)0=0.0+0.0 escrita de ese modo, permite operar en el primer miembro bien como ya se ha hecho: primero sumando y después multiplicando (que nos ha conducido a la desigualdad ya ampliamente comentada) o bien podemos primero quitar paréntesis y luego sumar.

En este segundo caso (0+0)0=0.0+0.0 se nos transforma en 0.0+0.0=0.0+0.0, ecuación que es perfecta igualdad tanto en la forma expuesta, como si sustituimos 0.0 por su equivalencia: A; ya que ahora se han cometido los mismos dos errores en ambos miembros, por tanto A+A=A+A o su equivalente 2A=2A, que a su vez es 0=0, pues los errores se neutralizan.

No obstante multiplicar por cero, seguirá siendo poco recomendable, pues si en este caso no se ha llegado al final a un disparate, se ha debido a varias razones. Primero a que se partía de cantidad cero en todos los monomios (así que nada se nos podía esfumar) en segundo lugar porque se han cometido la misma cantidad de errores (dos por miembro, en este caso) y en fin, porque se ha evitado (multiplicando antes de sumar) la equiparación 0+0=0.0 (este ardid ha permitido que el número de errores sea el mismo en ambos miembros).

Esta pequeña digresión nos ha confirmado una vez más, que no es lo mismo 0+0 que 0.0, como lo prueba que cuando primero se suma y luego se multiplica, surge desigualdad, en vez de perfecta igualdad, pues no se suman errores, sino 0+0=0.

Equiparar 0+0=0.0 implica de modo subrepticio la falsa igualdad: 0=A… o sea, que nada y error son idénticos, lo que nos parece inadmisible. Se tilda el resultado de 0.0 de error, porque además de que también lo afirman los matemáticos, que multiplicar por cero induce errores en las operaciones; como ya se evidenció, el planteo 0.0 no ha lugar nunca, sino que lo que procede es N.0 o bien 0.N… y entonces, puesto que N.0 (o su inversa) son 0, habrá igualdad, claro que en tal caso se trata de 0+0=N.0, que no negamos que sea igualdad perfecta.

Así que 0+0=N.0 implica el mismo conocimiento en ambos miembros de la ecuación, es, pues, una igualdad perfecta; en tanto que 0+0=0.0 iguala saber científico con error, quimera o fantasmagoría; niego rotundamente que eso sea una igualdad.

A fin de cuentas se ha logrado que 0=0+0 y 0.0=(0+0)0, ¡que no son equivalentes entre sí! pues multiplicar por 0 induce errores en los cálculos, arrojen el mismo resultado: 0=0. Claro está que bien sabemos que si la segunda ha llevado al resultado 0=0, no se debe a que equivalga a la primera: sino a que escogemos el camino, de manera que induzcamos el mismo número de errores en ambos miembros (en este caso los errores se neutralizan entre sí) e ignorando la liviandad 0=A, es decir, ACEPTANDO que nada y error sean equivalentes. Por su parte los matemáticos llegan al final en ambos casos a 0=0; porque llaman 0 al resultado de 0.0, en lugar de ponerle su verdadero nombre: DISPARATE, INFINITO, IMPOSIBLE, etc.

EN RESUMIDAS CUENTAS, todo se reduce a si la expresión 0.0=0.0+0.0 (o bien 0.0=0) es una igualdad (como dicen los matemáticos) o no lo es como afirma quien escribe, que basa su aseveración en los siguientes argumentos:

- La expresión A=2A tiene todo el aspecto de desigualdad (pocos espectadores imparciales dudarían al respecto) y la única opción de que sea igualdad es: A=0; solución que los matemáticos obtienen de modo fraudulento afirmando que 2-1=0, lo cual es incongruencia inaudita. Si se tienen 2 cosas y se resta 1 nos queda otra; a lo que replican que A no es una cosa (tras haber afirmado que 0x0 es real) sino nada. Por ende se retruca, que si se tienen dos nadas y nos arrebatan una, nos quedará otra nada, no: NADA=0. La igualdad A=0 tan particular del caso 0.0… se la sacan de la manga, es lo que intentan demostrar… y no es admisible que lo afirmen sin ciencia ni razón.

- Puesto que multiplicar por 0 induce errores en las operaciones (en eso estamos de acuerdo ambas partes) y la ecuación 0.0=0.0+0.0 surge de multiplicar por 0 la igualdad 0=0+0, es evidente que no habrá equivalencia entre una y otra expresión. Por otra parte, es cierto que 0=0+0 es una igualdad (en lo que así mismo hay acuerdo) pero como existen dos ceros en el segundo miembro, al multiplicar la expresión por cero se habrá roto el equilibrio; ya que resultará la desigualdad de UN ERROR = UN ERROR + UN ERROR… y como los errores cometidos son del mismo tipo, no se podrá argumentar que la suma de errores del segundo miembro, sea igual al único error del primer miembro. Conclusión 0.0=0.0+0.0 NO ES UNA IGUALDAD, por lo que la escribiremos así: 0.0*0.0+0.0; donde el signo * significa que lo antecedente es desigual a lo subsiguiente.

En consecuencia, al cambiar 0.0 por su equivalente y operar, tendremos: A*2A, es decir: 0*A, cuyo significado es: 0 y A NO SON IGUALES. Lo cual a todas luces le da la razón a quien suscribe. Claro que argumentarán que si se muta el signo igual por otro, se llega a lo que conviene a quien escribe, a lo que se responde que por tal razón no se ha hecho a lo largo de todo el ensayo; sino que se ha procurado evidenciar la desigualdad por otros medios.

- Cuando en la expresión A=2A se da a A cualquier valor cuantitativo, se obtiene una desigualdad, rasgo típico de las desigualdades. Por el contrario si A toma valor 0 surge una igualdad; puesto que sólo el 0 tiene el poder de transmutar desigualdades en igualdades, se hace evidente e inapelable que A=2A es desigualdad y no igualdad.

- Sea la igualdad inapelable 3A=3A, valga lo que valga A. Pues bien, se opere como se opere, surge 0=0, no A=0; véase:

1º) 0=3A-3A, es decir: 0=0   2º) 3A/A=3A/A, o sea: 3=3 y 0=0

¡E incluso así!:   3º) 3.0=3.0,   esto es: 0=0

Como bien se ve en ningún caso surge A=0, pues 0 no puede ser igual sino a sí mismo… o a su equivalente: CARENCIA DE REALIDAD DEMOSTRADA; no a otra cosa… llámese patata, euro, A, 0.0… o como nos plazca.

La igualdad inapelable nos permite hacer… incluso A=0, pues si bien multiplicar por cero induce errores, se comete el mismo error en ambos miembros, pero con signo opuesto… así que se compensan; cosa que no sucede en la desigualdad A=2A, donde se destruye más en un miembro que en el otro. Claro está que la solución sería también correcta en 3A=3A, si se optase por sustituir A por cualquier número cuantitativo.

Obsérvese que cuando la igualdad no admite discusión, no existe temor a que se entre subrepticiamente por la puerta de atrás (usando la ganzúa de 2-1=0) y descubran que A=0, pues siendo 3A-3A=0, no ha lugar a semejante solución; sino que la entelequia 3A (fuere lo que fuere y valga lo que valga) se anula con algo exactamente igual… y surge carencia de realidad demostrada: CERO… que es igual a sí mismo, claro.

V .- CONCLUSIONES FINALES

Debido a la insólita novedad de lo que en este ensayo se afirma, en el cual se propone innovadora y osada solución para la operación 0.0, que contraviene lo aceptado por la ciencia en general desde que hace varios siglos se incorporó el cero, junto con el resto de la numeración arábiga, a la ciencia europea; se compendian los numerosos argumentos científicos que han determinado la toma de tan grave resolución. Que son en esencia los siguientes:

1º .- Por coherencia con otras operaciones afines (tipo N/0, 0/0, N.0, etc.) con las que como se evidenció en la primera parte de este ensayo, encaja perfectamente e incluso lo hace con ventaja sobre la solución clásica: 0.0=0 que se muestra incongruente.

2º .- Porque 0.0 equivale a afirmar que la operación a realizar es sumar un folio en blanco (cuya suma no es cero evidentemente, sino ninguna, vacío) operación que las matemáticas resuelven con la solución INFINITO; lo que equivale a decir: en tanto no se faciliten datos, el resultado puede ser cualquiera.

3º .- Porque el planteo 0.0 es el correspondiente a un problema de enunciado absurdo, uno de cuyo datos nunca es verificable; por lo que la solución matemática debe ser ABSURDO, lo que expresan mediante el signo INFINITO, que no significa, en este caso, cantidad inefablemente grande, sino DISLATE.

4º .- Porque de una realidad de la que carecemos de ejemplares, no podemos corroborar ni negar nada con base científica; por lo tanto no es posible realizar cálculos relativos a sus características, que las ignoramos por completo, pues a partir del conocimiento experimental no nos es lícito hacer predicciones apodícticas de casos futuros… según evidenció el filósofo D. Hume hace siglos.

5º .- Porque en el planteo 0.0 uno de los ceros es ficticio (no verificable) así que incluye un dato falso en el problema, por lo que el resultado debe ser erróneo Lo que expresan las matemáticas con el signo infinito.

6º .- Porque multiplicar por ceros no reales (no corroborados por el enunciado del problema y en verdad comprobados) induce errores en las operaciones; así que el resultado de 0.0 (que incluye un cero no real) debe evidenciar ese error de multiplicar por un cero, que no está justificado por el enunciado.

7º .- Porque el resultado de una operación 0.0 no es científica ni demostrable (lo que debe indicarse mediante el infinito) y una solución REAL… matemática o física, ha de ser verificable siempre, no una conjetura imposible de comprobar.

8º .- Porque la demostración matemática de 0.0=0 se apoya en afirmar, dogmáticamente, que el cero de la solución tiene que ser número real; lo cual constituye una falacia, pues el producto de dos ceros no es real… o sea, no es verificable. Resultado que las matemáticas lo evidencian (tras aplicar la propiedad distributiva) con la solución absurda de que sencillo es igual a doble… o algo igual a nada: A=2A, A=0.

9º .- Porque el cero es número cualitativo, vacío o conceptual… y los conceptos puros no son multiplicables, sólo pueden multiplicarse cantidades, no dos conceptos vacíos de cantidad.

10º .- En consecuencia con lo afirmado en el punto anterior, porque cuando se multiplica algo por cero (cantidad por cualidad vacía) en justa correspondencia la cantidad se nos diluye en puro concepto. Por ende, cuando lo que se pretende es multiplicar 0.0 o lo que es lo mismo, dos conceptos puros; nos salimos del ámbito de la realidad y nos adentramos en la metafísica… o para que suene menos filosófico y más científico, salimos del mundo real y nos asomamos al ámbito imaginario o virtual.

11º .- Porque es imposible que sea cero una de las soluciones de una ecuación completa de segundo o mayor grado… y caso de que alguna de ellas fuese cero, forzaría a aceptar que algo es igual a nada… o dicho de otro modo, que el mundo real y el mundo conceptual o imaginario son idénticos, lo que a todas luces es una conclusión que no se corresponde con la realidad del universo.

12º .- Porque si se acepta que 0.0 es cero; punto (entidad adimensional) y línea (entidad unidimensional) mostrarían científicamente el mismo comportamiento ante el concepto de superficie; lo cual constituye una falacia inadmisible en la que una ciencia que se precie no puede incurrir. La superficie de una línea es cero; la de un punto debe ser inconmensurable: Infinito.

13º .- Porque si se acepta que 0.0 no es cero sino una unidad nueva y hasta ahora no usada, se resuelven con coherencia ciertos aspectos matemáticos (en los ámbitos de la aritmética, la geometría, el álgebra, la geometría analítica, etc.) que actualmente constituyen anomalías o contradicciones que permanecen inexplicadas.

COLOFÓN: A la vista de la cantidad y calidad de pruebas acopiadas que avalan que 0.0 no puede ser cero, sino que tiene que ser otra cosa, unido a que la tradicional demostración matemática (que se basa en la aplicación de la propiedad distributiva: 0.0=A, etc.) se ha evidenciado que no pasa de ser indigesta falacia que resulta imposible de aceptar por cualquier espíritu científico… y contando con la certeza de que algún día tendrá que aceptarse lo que aquí se propone (o algo bastante parecido) por la sencilla razón de que es más coherente que lo que hasta hoy se sostiene; se culminarán estas reflexiones proponiendo una solución para 0.0 que suene menos chirriante que infinito (que obliga, acto seguido, a matizar que significa, no cantidad inefablemente grande, sino absurdo, imposibilidad, irrealidad, etc.) tal solución es 0i, es decir, cero imaginario. Intentaremos en los párrafos que siguen evidenciar la coherencia de lo que se propone.

La propuesta nace de la idea de que puesto que el segundo cero de la multiplicación no es escrutable o si se prefiere; como no tiene sentido multiplicar en el ámbito real dos puros conceptos, la operación sólo es agible en el mundo imaginario, que se define con esa i o unidad de medida imaginaria.

Expliquemos el sentido de lo que se afirma. El número 0 describe carencia de realidad, es, pues, número vacío o límite que constituye el punto de partida, no sólo a lo positivo y lo negativo, sino también hacia lo real o lo imaginario.

Si se amplía más la idea de cero, se trata de un número que no es ni positivo, ni negativo, ni imaginario positivo, ni imaginario negativo; pero tan pronto se incremente su valor en un solo infinitésimo, tomará una de esas cuatro direcciones posibles de los ejes cartesianos.

En consecuencia con lo dicho, el 0 tiene cuatro faces, cada una de las cuales apunta en una dirección, a saber: X+, X-, Y+ e Y-; pero sin dejar de ser 0, un mero punto adimensional, mejor dicho, un vector de módulo cero pero con dirección y sentido.

Por consiguiente, cuando se realiza la operación 0.0 y se responde que el resultado es 0i, se orienta el cero apuntando, por decirlo así, en la dirección del eje Y+, es decir, en la dirección de los números imaginarios positivos… aunque ocioso es decirlo, sin que tome valor cuantitativo.

Ante el planteo 0.0 caben varias opciones, según sea el sentido del segundo 0 del problema a afrontar. Veamos:

- Cálculo de características de algo de lo que se poseen 0 ejemplares (las ya dichas patas de 0 caballos). No es verdadero caso de 0.0 pues el segundo cero no debe ser cero, [43] ya que no es connatural con los caballos el carecer de patas, aunque podría darse la circunstancia, pero en principio es inescrutable; así que nos llevaría al planteo 0.Ni=0i. El número de patas por caballo será el que sea, mas no es dato científico sino conjetura… o sea, imaginario, por tanto la solución final: 0i, será también imaginaria.

- Si en el problema anterior se nos facilita el número de caballos… y se diera la circunstancia de que

---

43 Decimos que no debe ser cero, si el planteo (dentro de lo extraño) no es además paradójico, tal como calcular los pétalos de cero mesas. En este caso sería 0.0i=0i, pues se entiende que una mesa debe carecer de pétalos, aunque no habiendo mesa es dato incomprobable.

por la razón accidental que sea todos carecen de patas; se trataría del problema tipo N.0, reales y verificables ambos y por ende también lo sería la solución: 0 patas.

- Multiplicar dos conceptos puros, entre sí (los ya dichos cero burros por cero ajos) es caso verdadero de 0.0, ambos ceros son reales y verificables, pero no tiene sentido matemático sino metafísico. La solución debe ser infinito, mediante ella las matemáticas informan que tal tipo de operación rebasa la realidad; es decir, que no es problema matemático.

Las matemáticas saben que si ambos ceros son reales, se trata de dos realidades ajenas entre sí; multiplicarlas, pues, constituiría un error matemático. El planteo debe ser 0.0=I, ambos ceros son reales (verificados) pero la solución es pura fábula; pues multiplicar cosas ajenas entre sí, heterogéneas o no es un sinsentido: 2 hombres por 2 caballos no dan 4 centauros, reales; ni 0 peces por 0 mujeres serían cero sirenas… en fin, si hay 5 sillas y se multiplican 2 de ellas por las otras 3, no surgirán 6 sillas. Son casos metafísicos, extraños a las ciencias empíricas… ni procede multiplicar.

- Cabe también ofrecer la solución +0.+0=0i [44] (pues al fin es cuadrado de cero, que veremos en el apartado siguiente). La interpretación de esa solución, es que las matemáticas pueden certificar que el resultado de dicha operación será cuantitativamente cero. Ahora bien, qué tipo de entidad sea la que resultaría de multiplicar dos ceros reales; ni las matemáticas pueden afirmarlo, pues no es problema matemático (sino metafísico) ni es posible averiguarlo mediante ciencias experimentales, pues son investigables las realidades, no los conceptos, que son puros entes de razón, ajenos a la experimentación por completo. Ya se dijo en el punto anterior que se trata de una especulación filosófica, no un problema matemático.

- Cálculo de la superficie de un punto. Sería caso verdadero de 0.0, es decir, elevar cero al cuadrado. La superficie no puede tener valor cuantitativo, pero no es comprobable científicamente, por lo cual la solución debe ser 0i. Considonamos que el planteo correcto del problema sería éste: **+0.0i=0i**, ya que no es escrutable la segunda dimensión del punto, sólo se sabe que hay un punto.

Así que: 0^2= +0.0i=0i

---

44 Matizamos que con +0 expresamos que se trata de cero real y comprobado.

Es claro que los resultados de tales productos (este caso y el anterior) como no conducen a una realidad, sino que se resuelven en cantidad 0 de una entidad imaginaria; no admiten la propiedad distributiva en el conjunto de números reales.

Adviértase además que +0.+0=0i es igualdad correcta, pues ya se dijo que el producto de ceros reales excede la realidad. A su vez 0i cabe mutarlo por Ni sin menoscabo, pues no existe ciencia empírica que aprecie diferencias (sean cualitativas o cuantitativas) en lo imaginario o metafísico. Es decir, las ciencias no detectan error entre N y 0 ejemplares de entes que les son imperceptibles por definición; ya se entiendan por tales: sirenas, fantasmas, centauros, burrajo imaginario, etc. Así se cumple la condición exigida por el álgebra de que la operación 0.0, sólo es posible cuando algo sea igual a nada (N=0) lo que evidentemente es correcto desde el punto de vista de las ciencias empíricas relativo a lo fabuloso o metafísico.

Por fin 0i, Ni e I son compatibles a su vez, puesto que 0 imaginario o algo imaginario, están para las ciencias en el territorio metafísico; o sea, en el infinito… más allá de sus alcances o posibilidades reales.

Prosigamos. Si ahora se quiere aumentar la potencia de 0, los nuevos multiplicadores serán todos tipo 0i, pues también serán conjeturas relativas al concepto +0. Ejemplo, cálculo del volumen de un punto (pues el caso de multiplicar conceptos entre sí, ya se dijo que carece de sentido matemático y se adentra en la metafísica) cuya tercera dimensión (o cualquier otra característica suya) ha de ser así mismo inescrutable. Además volver a multiplicar por cero puro (cero real de algo de lo que científicamente se carece) no conduce a ninguna parte, pues equivaldría a introducir un nuevo concepto en el problema, que no viene a cuento.

Véase esto confirmado por las propias matemáticas: si 0i se multiplica por +0 real ($0i.+0=0^2=0i$) lo que hacemos es, permanecer en el mismo punto… y no puede haber progreso, pues se ha multiplicado por concepto vacío; sin indicar (o sin admitir) que debe ser una nueva conjetura sobre una realidad de la que carecemos. Prosigamos. Como es dable imaginar, las sucesivas potencias de cero tendrán la siguiente expresión:

$$0^3 = +0.0i.0i=0(i)^2$$
$$0^4 = +0.0i.0i.0i=0(i)^3$$
$$0^5 = +0.0i.0i.0i.0i.=0(i)^4$$

y así sucesivamente, por tanto la solución general de las potencias de cero (para valores naturales del exponente) se expresará del modo siguiente:

$$0^n = 0(i)^{n-1}$$

es patente, pues, que calcular las potencias de 0 equivale a ponerlo a girar sobre sí mismo… y hará una rotación completa en sentido antihorario, por cada cuatro unidades que aumente el valor de n. Es claro que la solución es imaginaria y el exponente de i indicará el número de magnitudes no verificadas ni verificables. Nos permitimos las precisiones siguientes:

- el $0(i)^2$ nos indicará que el cero ahora señala la dirección X- o dirección de los números negativos; pues, recuérdese que i^2 es igual a menos uno, así que muestra la cara negativa del cero.

- $0(i)^3$ expresará que se ha puesto el cero a mirar hacia la rama negativa del eje cartesiano Y (faz, pues, imaginaria negativa).

- $0(i)^4$ equivale a puro cero, pues el factor $(i)^4$ es igual al propio i^0; así que $0(i)^4$ vuelve a ser ni más ni menos que el cero tradicional… sólo que después de haber efectuado un giro en sentido antihorario sobre sí mismo, de 360 grados. Todo ello sin abandonar su ser puntiforme… o sea, sin dejar de ser 0, sin tomar valor cuantitativo de ningún tipo, aunque con dirección y sentido.

No obstante, aclaramos que este $0(i)^4$ ó 0^5, aunque es similar al cero puro [el cero de siempre que ahora es $0(i)^0$] no son en rigor iguales, ya que aquél ha efectuado toda una vuelta (360 grados) en su propio punto de partida, cosa que no ha realizado el cero común.

Aceptado lo anterior resultará posible extraer todas las raíces de cero, cualquiera que sea el índice (n) de la raíz… y se obtendrán tantas soluciones distintas como indique el valor dado a n; es decir, al igual que el resto de radicales.

Por tanto raíz cuadrada de cero nos dará dos soluciones (como todas las demás raíces cuadradas de cualquier número cuantitativo) que serán: $\sqrt{0} = 0^{1/2} = 0(i)^{-1/2} = 0(1/\sqrt{i})$ es decir, vector módulo 0, con las dos orientaciones que resultan de obtener esa inversión de la raíz de i).

Ahora quizás se entienda mejor por qué en las ecuaciones de segundo grado de una sola solución (contenido del radical igual a cero) se dijo más atrás que el resultado de $\sqrt{0}$ =+-I ni sumaba ni restaba, pues no hay nada que quitar ni que poner al factor +-b/2a, sino sólo matizar que el citado resultado es asintótico. Es decir, que es tangente y por ende no corta al eje X, sino que sólo contacta con él, por tanto queda en la misma linde (que es un punto) de lo real o lo imaginario, sin ser lo uno ni lo otro. Cero es nulidad, no algo que tiende a 0. El 0 no es un infinitésimo.

Así mismo, será posible la raíz cúbica de cero. Como toda raíz cúbica tendrá tres soluciones, que evidentemente serán: $\sqrt[3]{0}$ =$0^{1/3}$ = $0(i)^{-2/3}$ = $0(1/\sqrt[3]{i^2}$) es decir, la inversa de raíz cúbica de i^2=-1, que proporcionará las tres orientaciones que tome dicho vector de módulo cero.

Como se ve, el procedimiento de obtener las raíces de 0, consiste en restar la unidad a la potencia de cero (al igual que se operó con las potencias) y anotar la solución, como exponente de i (que resulta negativo) de lo que se deduce una fracción cuyo denominador es una raíz de la unidad imaginaria, cuyo índice es el adecuado al caso.

Tras eso, la resolución de dicho radical, ofrecerá las diversas orientaciones que tome ese vector de módulo cero al que se ha extraído la raíz.

Cualquier raíz de 0, pues, es extraíble y tendrá tantas soluciones como indique el índice (n) de la raíz. Aunque todas tendrán por valor absoluto cero, se diferenciarán unas de otras en las distintas faces u orientaciones que propongan… y nos mostrarán tantas faces, como indique el valor que haya tomado la raíz.

Es claro que el resultado no será positivo, ni negativo, ni imaginario positivo, ni imaginario negativo, porque carece de valor absoluto; así que lo que acontece es, como se ha propuesto… que el cero muestra la cara, faz o aspecto de los recorridos a los que se encaminaría si tomase valor, aunque fuese sólo infinitesimal (que no lo tiene). Ahora se entenderá mejor, por qué aseveramos que 0/0 no es un límite, sino el cociente de dos nadas, de dos conceptos puros; por contra, en los límites, el cero ya ha dejado de ser cero absoluto y ha tomado valor infinitesimal.

Los exponentes fraccionarios de la unidad imaginaria (i) marcarían giros del cero sobre su propio centro con ángulos diferentes de los expresados antes… o sea, mayores o menores que los cuadrantes.

Veamos confirmado el aserto del párrafo anterior, con cierto detalle. Supongamos que se desea resolver la extraña operación $0^{3/2}$. Como se razonó páginas atrás, el exponente de i deberemos disminuirlo una unidad. Es decir:

$$0^{3/2} = 0(i)^{1/2}$$

Ya sabemos que 0 será el módulo del vector, en tanto que $i^{1/2}$, indicará el ángulo que 0 habrá de girar sobre su propio centro.

La solución de $i^{1/2}$, es: 1/2 Log i … y como sabemos que Log i equivale a la rotación de un ángulo de 90º, en sentido antihorario; el resultado final de la operación ha de resultar el siguiente: giro del 0 sobre su eje, un ángulo de 45º.

Si por el contrario la operación propuesta fuese: $0^{7/3}$, siguiendo los mismos mecanismos detallados anteriormente; llegaremos ahora a la conclusión de que el resultado de esta operación implicará poner el cero apuntando con un ángulo de 120º ($i^{4/3}$ o sea, 4 veces 30 grados). Claro está, que cabe entender ese $i^{4/3}$, a manera de raíz cúbica de i^4 … o lo que es igual: $\sqrt[3]{1}$ que como es del dominio público, proporciona tres soluciones, con ángulos: 0, **120** y 240 grados. Es evidente que se trata de vectores con dirección y sentido, cuyo módulo ha de ser cero.

Opinamos que la cuestión ha quedado ya suficientemente clara… y que a la vista de estas soluciones, se llega a la conclusión de que el cero contiene en sí todo un universo de matices, ya que implica polinfinitas posibilidades, a saber:

- Infinitos giros sobre su propio centro, que se obtienen mediante exponentes enteros hasta infinito.

- Infinitas posiciones en cada uno de esos giros, que las proporcionarán los exponentes fraccionarios, también hasta el infinito.

Probablemente todos estos matices que constituyen lo que denomino álgebra interna del cero, carecerán por completo de valor científico práctico… y no pasarán de ser curiosidades matemáticas… o al menos, quien escribe, ni siquiera intuye su posible valor práctico. Sin embargo, ya ha sucedido en muchas ocasiones que curiosidades matemáticas sin visos de utilidad; se trocaban de la noche a la mañana en herramientas esenciales que permiten explicar y comprender realidades del universo. Una vez vistas las soluciones de exponentes fraccionarios del cero, con el mínimo detalle imprescindible, continuemos ya con nuestras apreciaciones.

Obsérvese que el planteo de 0/0, es perfectamente posible y real, pues es científicamente determinable que no se tengan caramelos, ni haya niños a quienes repartirlos; será un poco raro querer comprobar a cuántos tocan, pero no anticientífico. Ahora bien, el resultado (N) son a la vez todos los números cuantitativos que abarquen las posibilidades más naturales; pues no es natural que los sacos de patatas sean de nada, ni las mesas o caballos, sin patas. En el caso de caballos el margen de error es despreciable, pero siendo ciega la solución de las matemáticas, ha de cubrir todas las contingencias.

La única excepción en que concedo que el producto de dos ceros es posible… y su resultado será cero real; se trata del caso en que los ceros formen parte de una cifra real.

Veamos un ejemplo: un pastor tiene 10 rebaños de 200 ovejas cada uno, luego tendrá: 10x200=2000 ovejas.

En ambos casos los ceros son reales y comprobables, pues la unidad de las decenas (del número de rebaños) y las dos unidades de centenas (en el de las ovejas) confieren realidad a sus respectivos ceros… así que en tal circunstancia 0x0=0.

Desde luego no son ceros absolutos, sino ceros parciales que conforman una cifra mayor y científicamente comprobable; por lo que las 2000 ovejas del resultado serán perfectamente contables, de modo que podremos verificar que el problema se resolvió correctamente.

Claro que donde hemos anotado 10 y 200, podíamos haber puesto 103 y 7004 u otras cifras, pues en todos esos casos los guarismos significativos situados a la izquierda de los ceros, nos facultarán para efectuar la multiplicación 0x0=0 con todo fundamento científico; así que el resultado de sus productos serán ceros reales.

Recuérdese que al inicio del ensayo se dijo que el cero no es número plenamente real… y que son los restantes números (cuando se sitúan a su izquierda) los que lo hacen participar de la realidad que ellos portan; por tal razón, cuando está el cero solo sin otro número que lo haga significativo, muestra comportamiento errático y desconcertante.

Dicho eso y aceptado, confirmemos que un punto tiene la siguiente superficie: 0i unidades cuadradas. Solución cuya interpretación es que un punto no tiene dimensiones en el mundo real; por lo que la solución no es científicamente comprobable, pues pertenece al mundo imaginario o virtual donde no cabe la aplicación del método experimental.

Podemos seguir haciendo matizaciones de este mismo tipo relativas a ejemplos expuestos en páginas anteriores, como el cálculo de las patas de cero mesas, etc. pero ya es evidente que las soluciones pasarán todas por contener el factor i, que nos indica que la solución hallada pertenece al mundo de lo imaginario y que por tanto no es comprobable científicamente; lo que es coherente y corrobora sin tibiezas todo lo afirmado.

Todas estas observaciones nos permiten ratificar lo que ya se ha afirmado, a saber: el error en que han incurrido los matemáticos desde el punto de vista científico, al afirmar que 0.0=0, no es de tipo cuantitativo, sino sólo cualitativo… o si se prefiere, el error ha sido de tipo conceptual.

Así mismo entender el 0 a modo de número vacío pero con orientación (o sea, vector módulo 0 con dirección y sentido) se ajusta a la realidad de la geometría analítica, ya que las asíntotas a los ejes X e Y, siempre conllevan la determinación del sentido de la tangencia que se produciría.

Queremos decir que una asíntota al eje Y, será bien por su derecha: X=+0, bien por su izquierda: $X=0i^2$; en tanto que si la asíntota lo es al eje X, lo será por su parte superior (Y=0i) o bien por su parte inferior: $Y=0i^3$. Son matices que hasta la fecha, digamos que quedaban en cierto modo al buen sentido del artífice; en tanto que ahora se capta que las matemáticas lo determinan de modo estricto, sin dejar nada a la libre imaginación del operario.

Igualmente ahora queda depurada la contradicción que surge cuando una ecuación de segundo (o tercer) grado, nos aboca a una solución que los matemáticos llaman doble (o triple) porque derivan de la única solución de la raíz de cero que hasta ahora se reconocía.

Ninguna realidad del universo es igual a su doble o su triple; sin embargo, con la solución que se propone en este ensayo, que permite extraer todas las raíces de 0 (que han de ser tantas como indique el índice de la raíz… y todas ellas distintas) habremos disipado la contradicción; pues si bien todas las soluciones son iguales desde el punto de vista cuantitativo, resultan diferentes desde el punto de vista conceptual, al recibir cada una de ellas distinta orientación en el espacio.

A la postre alcanzamos siempre la misma conclusión, que refrenda que la solución que aquí se propone, representa una apreciable mejora sobre la tradicional de 0.0=0, que si desde el punto de vista cuantitativo no es errónea, sí lo es desde el punto de vista conceptual; como se percibe al comprobar que ahora determinadas cuestiones quedan mejor explicadas.

Una postrera observación. Ahora el único número que al multiplicarlo por sí mismo no da otra cosa, sino de nuevo su propia entidad, es el 1 (elemento neutro de la multiplicación) con lo que se ha depurado la anomalía que aparentaba que el cero también lo era (de sí mismo).

Por lo que respecta a elemento simétrico, el cero carece de él, pues el cero es único, ya que es el origen de todos los números y centro de simetrías.

El cero no lo podemos multiplicar por él mismo (salvo la excepción ya dicha de formar parte de una cifra real, cuyos dígitos cuantitativos, a la izquierda de los ceros, avalen que se trata de ceros reales) sino por algo así como su sombra imaginaria… y no nos da cero ni puede darlo, porque no es su propio elemento neutro. Su elemento neutro, como del resto de números, es el uno, por tal razón 0x1=0, como 8x1=8. Véase que en ambos casos el producto es igual al propio multiplicando.

El cero no es elemento neutro de la multiplicación, pues no deja la cantidad tal cual (ese es el poder del 1) sino algo así como elemento destructor de la realidad, pues toda ella la reduce a nada… demostrable. Y cuando ya no hay cantidad que diluir (caso de 0.0) entonces aniquila el concepto de certeza científica. Esto sucede porque ante el vacío de datos, no cabe progreso en el conocimiento… y las matemáticas lo confirman.

Precisamente porque el cero no es elemento neutro de la multiplicación, es por lo que al calcular sucesivas potencias de cero siempre se obtiene otra cosa nueva (aquí el cambio es cualitativo y se manifiesta en giros de una entidad de módulo cero) así que en esto se comporta como el resto de números cuantitativos (excepto el uno) que multiplicados por sí mismos siempre dan otra cantidad (el cambio ahora es cuantitativo).

Sólo el uno es elemento neutro del producto… y únicamente él permanece inalterado, luego de multiplicarse por sí mismo… y sólo él deja inalterados al resto de números en el producto.

Por idéntica razón, al extraer las raíces de cero (de cualquier índice) todas sus soluciones son imaginarias… y ninguna de ellas puede ser cero puro [denomínese 0, +0, ó $0(i)^0$] pues sólo el uno es raíz de sí mismo, ningún otro número es su propia raíz… y en esto el cero sigue al resto de números cuantitativos, aunque con carácter muy peculiar, pues se trata de un número esencialmente distinto de los demás.

Extendiendo a la división lo detallado en estos últimos párrafos, se percibe la coherencia de haber afirmado desde el principio que el resultado de 0/0 no podía ser cero; sino otro número excepto cero (ya demostrado por otros medios) pues de ser 0 la solución de 0/0, lo convertiríamos en número con dos elementos neutros, a saber: el 1 (que a su vez lo es de todos los restantes números) y el propio cero (sólo de sí mismo).

El elemento neutro de la división (como se ha dicho de la multiplicación) es el 1 y únicamente él, deja inalterado al dividendo. Por tal razón: K/1=K y la K del dividendo puede ser cualquier número… incluso el 0, pues en efecto: 0/1=0.

El cero ha de actuar en la división, SIEMPRE, de modo opuesto que en la multiplicación; pues resulta ser como una especie de tornillo sin fin que aniquila la realidad cuando funciona como multiplicador: N.0=0. Y viceversa, cuando se invierte su función y actúa de divisor, transforma el cero en el todo: 0/0=N… y esa N es cualquier número excepto 0. Son dos operaciones inversas multiplicación y división… ningún número puede constituir en ellas anomalías, al igual que tampoco las hay en la suma y la resta, también operaciones inversas.

Entre los doctores en exactas cuya opinión se ha pulsado, uno de ellos negó el valor de este ensayo, con el argumento de que Dedekind, basado en los axiomas de Peano, tiene demostrado que cuando el producto de dos números reales es cero, uno de los multiplicandos o los dos, han de ser cero (y viceversa).

No ponemos en duda el valor de los trabajos de Dedekind y Peano, ante quienes me reconozco sujeto insignificante; pero sin duda la demostración de Dedekind, ha de adolecer de la debilidad prevista por Einstein referida a las matemáticas, por no ser ciencia empírica (nota 34 al inicio de este ensayo) a saber: 'en la medida en que se refieren a la realidad, las proposiciones de la matemática no son seguras… '.

Opinamos que a lo largo de este ensayo ha quedado probado que el producto de dos ceros reales, extralimita el ámbito del universo y entra en la metafísica; viceversa, si el resultado de la operación es cero real, entonces no pueden ser reales los dos ceros multiplicados pues si se carece de algo, resulta indemostrable que no tenga una característica concreta.

En suma, la demostración de Dedekind de que $0\times0=0$, tiene valor en el ámbito abstracto matemático; mas al aplicar dicho producto a la realidad del universo, surge el insalvable óbice de que no es posible enunciar un problema real… que se adapte a tal fórmula. O sea: $0\times0=0$ es cuantitativamente exacto, pero qué sea el 0 final, se ignora… y no cabe investigarlo, pues la carencia a demostrar no es real, sino entelequia inaprensible.

En filosofía (también pura abstracción) cabe afirmar así mismo que el alma existe; pero en el universo no la hallamos. Acaso en el futuro se pueda demostrar la existencia del alma… o que los caballos carezcan de alas, sin tener caballos; pero esa meta no parece cercana… ni siquiera posible al día de hoy.

Pedimos disculpas por haber insistido en demasía acerca de algunas cuestiones… las circunstancias lo han exigido. El juez inapelable del progreso científico, sentenciará qué es acertado y qué lo es menos en estos ensayos; ya que procurar avanzar en cualquier rama del conocimiento, es como adentrarse en una selva virgen, sin brújula… y en mi caso, solo e inerme.

Tarifa, diciembre 2011
Javier de Mosteyrín Hernández

ÍNDICE GENERAL

Índice de $A^N + B^N = C^N$ ¡POLIEUREKA!

Índice de NO HAGAMOS MÁS EL PRIMO

Índice de GÉNESIS DE PRIMOS Y GOLDBACH

Índice de A B C DE COLLATZ

Índice de LAS CUATRO CARAS DEL CERO